JAGUAR

DIE KOMPLETTE MARKENGESCHICHTE

JAGUAR

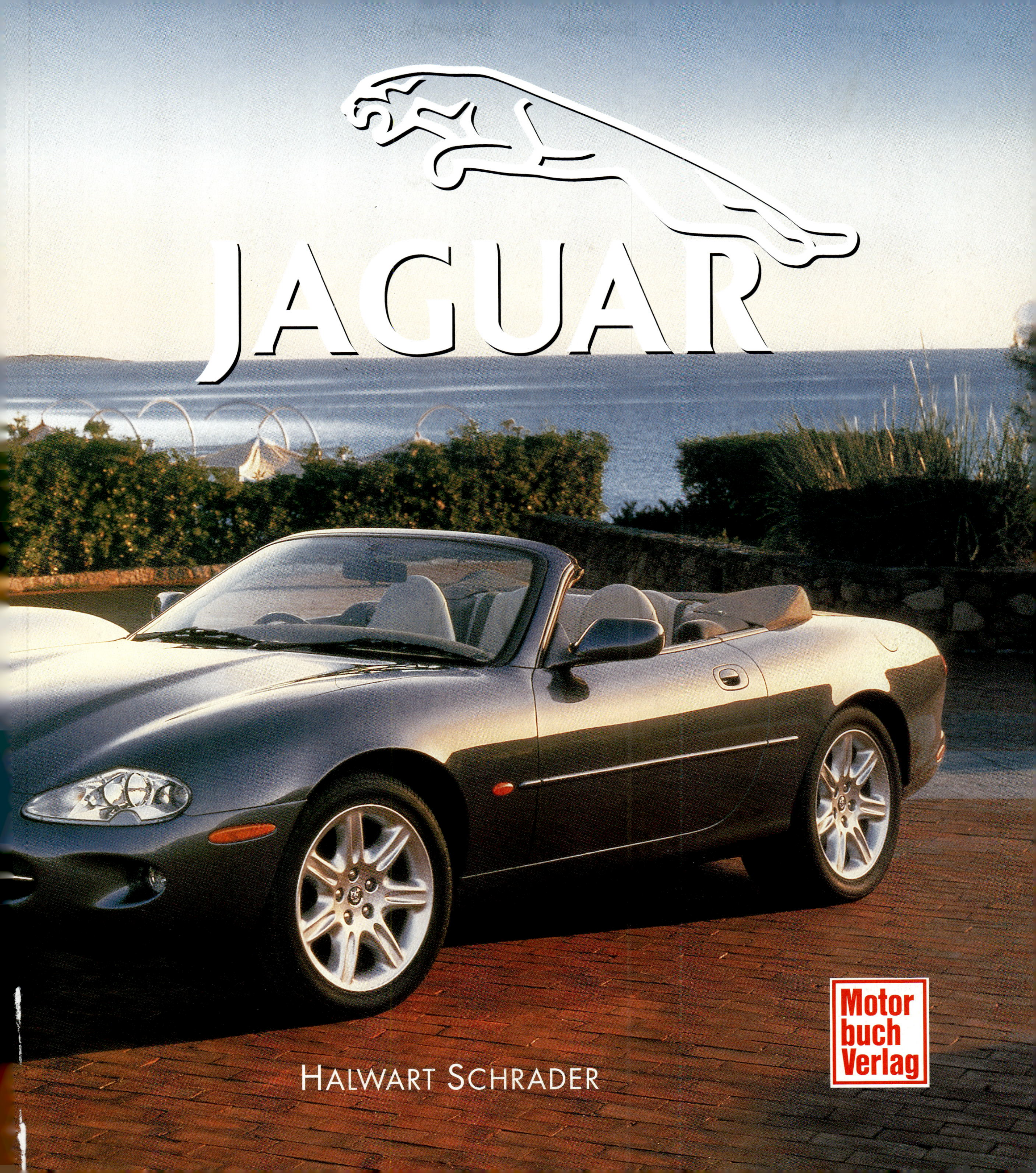

HALWART SCHRADER

Motor buch Verlag

M-YJ 3113

WAX·13

JDU 877E

Ausstellungsräume der Jaguar Deutschland GmbH in Kronberg/Taunus. Offensichtlich hat das hier ebenfalls ansässige Autohaus Kronberg ein Herz für Klassiker: In wechselnder Folge werden auch historische Jaguar Automobile ausgestellt, ein reizvoller Kontrast zu den Fahrzeugen der aktuellen Modellpalette. Ein Foto aus dem Jahr 1986.

INHALT

Zu diesem Buch 12

Standortbestimmung: England in den Roaring Auto-Twenties 17

Motorräder und Kleinwagen kennzeichnen die Marktsituation in den zwanziger Jahren · Wirtschaftskrise: die Großen werden mächtiger, viele der Kleinen sehen sich zur Aufgabe gezwungen

William Lyons: Ein Mann mit Initiative 25

Ein junger Unternehmer, noch nicht volljährig und ohne Kapital, baut Seitenwagen für Motorräder und macht sich einen Namen mit Spezialkarosserien unter der Marke »Swallow«

Jaguar Automobile: Eine Legende nimmt ihren Anfang 35

Vom Swallow Sport zum Jaguar SS 100: Lyons' Firma avanciert zur Automobilfabrik · Aufsehenerregende Modelle erlangen internationale Anerkennung: Mut zum Risiko zahlt sich aus

Kriegszeiten: Bomberkanzeln und Pferdekutschen statt Autos 69

Ein Automobilhersteller wird zum Rüstungsbetrieb · Statt Sportwagen entstehen in Coventry Flugzeugteile und Prototypen für Geländewagen

Neubeginn: Die Wildkatze wird zum Markenzeichen 77

Aus der Marke SS wird Jaguar: Die Welt lernt ein neues Automobilfabrikat kennen · Die Amerikaner entdecken ihre Liebe zum britischen Roadster · Jaguar Klassiker 1.5, 2.5 und 3.5 Litre

Meilensteine: Jaguar auf dem Weg zur Weltmarke 144

Bestseller vom Mk. V und XK 120 bis zum E-Type, vom XJ6 bis zum XK8 Sportwagen

Renaissance: Qualität als Vorgabe für kommende Jahrzehnte 147

Erfahrungen aus der Liaison mit British Leyland · Hohe Qualitätsvorgaben setzen neue Maßstäbe · Frische Impulse durch das Engagement mit Ford

Erfolgsstory: Jaguar Automobile in Deutschland 171

Hintergründe der Peter-Lindner-Legende · Die Automobilnation Deutschland als einer der wichtigsten Exportmärkte Jaguars · Die Geschichte der Jaguar Deutschland GmbH

Typologie: Alle SS und Jaguar Automobile 1931 – 1999 191

Komplette Übersicht der Serienwagen mit ihren technischen Daten und Besonderheiten, einschließlich aller Daimler-Modelle

Tradition: Privileg und Verpflichtung aus dem Daimler-Erbe 265

Modellvielfalt im Spitzensegment durch die Übernahme der Daimler Motor Company, eine der ältesten Automobilfabriken in Großbritannien

Motorsport: Erfolgreiche Renn und Rallye-Jahrzehnte 285

Coupe des Alpes, Brooklands, Silverstone, Le Mans: Konstrukteure und Piloten von Weltrang tragen zum Ruhm der Marke Jaguar bei · Alle Erfolge vom SS 100 bis zum XJR16

Sonderkarosserien und Derivate: Automobile der Haute Couture 359

Automobile als Einzelstücke oder in kleiner Auflage für anspruchsvolle Individualisten

Restaurierung klassischer Jaguar Automobile 372

Jaguar in Zahlen und Daten 380

Stichwortverzeichnis 388

Das Farbbild auf der ersten Seite zeigt die klassische Jaguar-Kühlerfigur; der Wagen auf Seite 2–3 ist ein XJ6 der neuen Generation von 1986/87. Die Limousine auf Seite 4 oben ist ein Mk. IX Modell 1959, darunter ein Mk. II von 1960, gegenüberstehend ein XK 150 S Cabriolet. Der E-Type auf Seite 6–7 ist ein Sechszylinder von 1968.

Fotos: Autohaus Arden · Autohaus Lachswehr Lübeck · Auto-Becker Düsseldorf · AutoCats Ltd. · Autopress France · Bilstein · Birkelbach & Unkrüer · Per-Börje Elg · F.W.R. England · Garage Epper Luzern · Emil Frey AG · Fricke KG · W. Jan Fusaro · Hans Glaser · Thomas D. Heere · Jaguar Association Germany · Jaguar Austria · Jaguar Cars plc · Jaguar Daimler Heritage Trust · Jaguar Deutschland GmbH · Jaguar Switzerland AG · Stefan Knittel · Le Riche Automobile Restorers Ltd · Reinhard Lintelmann · Löwe GmbH · Karl Ludvigsen Library · Bodo Möhrke/Panther Car Club Deutschland · Dan Morley · Thomas Muhs jr. · National Motor Museum Beaulieu · Roadster Group B.V. · Royal Motors · Halwart Schrader · Rainer Simons · Paul Skilleter/Jaguar World · Tony Stone Associates · Streag AG Safenwil · Süddeutscher Verlag München · Petra Triestram · Warwick's UK Ltd. · Andrew J. A. Whyte · Nicky Wright. Die Einbandgestaltung erfolgte unter Einbeziehung eines Fotos von Warwick's UK. Ltd., Coventry.

Einbandgestaltung: Andreas Pflaum

ISBN 3-613-01914-0

1. Auflage 1998

Lektorat: Joachim Kuch
Repro: Repro Schmid, 70469 Stuttgart
Druck und Bindung: Fotolito LONGO, I-39100 Bozen
Printed in Italy

VORWORT

ZU DIESEM BUCH

Die Geschichte der Automobilmarke Jaguar ist ohne Beispiel. Sie steht für den unternehmerischen Mut, für die schöpferische Phantasie und für das Durchsetzungsvermögen eines Mannes, der seinen Weg ohne Vorbild begann, selbst aber zur Vaterfigur einer ihm sehr viel später nachfolgenden Generation von Automobil-Konstrukteuren und -Kaufleuten wurde – ohne daß diese, bei allem Respekt, das Format ihres Leitbildes erreichten. Was aber nichts mit ihrer Befähigung zu tun hat oder hatte, die Zeitumstände spielen hier natürlich eine wesentliche Rolle.

Weil die Arbeiten und Erfolge Sir William Lyons' schon vor Jahrzehnten eine Legende um ihn und seine Automobile prägten, wurde auch schon einige Dutzend Male der Versuch unternommen, seine Lebens- und Unternehmensgeschichte festzuhalten. Es gibt Lyons-Biografien prominenter Autoren, Jaguar-Typologien und Aufzeichnungen der großartigen Sportgeschehnisse rund um die Marke in Mengen. Mit ganz wenigen Ausnahmen beschränken sich diese Publikationen aber auf den englischen Sprachraum. Viele ihrer Verfasser sind mir persönlich seit langem bekannt, und so oft ich sie bat, bei ihren Verlegern doch eine deutschsprachige Lizenzausgabe ihrer Bücher ins Gespräch zu bringen, bekam ich über kurz oder lang zur Antwort: No interest.

In Verkennung der Sympathie, die man auch in deutschsprachigen Landen dem Automobilnamen Jaguar schon seit langem entgegenbringt, wagte sich keiner der großen oder kleinen Verleger in England an ein solches Unterfangen. Und nur wenige meiner britischen Freunde vermochten sich vorzustellen, daß die Begeisterung für Jaguar, wie man sie einem Amerikaner (mit einer obskuren Vorliebe fürs Exotische aus der Alten Welt) noch zugestand, auch in Mitteleuropa vorhanden sein könnte.

Ich war und bin da gänzlich anderer Meinung und messe Bekanntheits- oder Beliebtheitsgrad einer historisch immerhin bedeutsamen Automobilmarke nicht an der Zahl der jährlichen Neuzulassungen. Dann wären die im Jahre 1986 in der Bundesrepublik verkauften knapp 1800 Jaguar-Wagen ein entmutigendes Indiz gewesen. Vielmehr ließe sich fragen, wie viele Ferrari in den letzten fünf Jahren wohl bei uns abgesetzt wurden – und wie viele Ferrari-Bücher – in deutscher Sprache im gleichen Zeitraum auf den Markt kamen und begeisterte Aufnahme fanden. Soviel zur Relationstheorie in Sachen Automobil-Enthusiasmus ...

Die historischen Recherchen zu diesem Buch wurden mir zugegebenermaßen leicht gemacht, vor allem durch eine angenehme Zusammenarbeit mit den hierfür kompetenten Gentlemen. Der langjährige Jaguar-

Pressechef Andrew J. A. Whyte überließ mir, bevor er in den Ruhestand ging, eine Fülle wertvollen Materials, ebenso der später nach Österreich übersiedelte und viel zu früh verstorbene Service- und Rennteamchef F. R. W. »Lofty« England. Zu danken habe ich auch dem ebenfalls nicht mehr unter uns weilenden Journalisten und Schriftsteller Denis Jenkinson, ferner Ian Norris als ehemaligem Direktor des International Affairs Department im Hause Jaguar Cars sowie dessen Nachfolger Colin Cook und seiner Crew.
Auch Edward Lord Montagu vom National Motor Museum (NMM), sein Kurator Michael Ware, G.N. »Nick« Georgano und William Boddy versorgten mich mit wertvollem historischen Material. Die Bibliothek und das Bildarchiv des NMM verdienen besondere Erwähnung: Wer über die Automobilgeschichte Großbritanniens schreiben will, findet hier so gut wie sämtliche Fakten und Daten in Primärquellen.
Ist von Jaguar die Rede, wird der Name mit großartigen Erfolgen im Motorsport assoziiert. Aber es gab in dieser Beziehung auch – im Nachhinein – manche Überinterpretation. Zu Lebzeiten William Lyons' diente der Motorsport bei Jaguar als Mittel zu einem wichtigen Zweck, er wurde nicht seiner selbst willen betrieben.
Zweifellos schuf sich Jaguar einen Namen mit dem Bau brillanter Sport- und erfolgreicher Rennwagen, dennoch waren es immer wieder die Limousinen, die gerade in Krisenzeiten der Marke ein Überleben sicherten. Und zu diesem Kapitel gehören ab 1960 die Automobile der traditionsreichen Marke Daimler – ein wichtiges und im Rückblick faszinierendes Stück britischer Motorgeschichte. Ich habe mich bemüht, ihr in diesem Buch gebührenden Raum zu widmen.
Ein paar Worte zu den Modellbezeichnungen. Ich hielt mich mehr oder weniger an jene, die auch im offiziellen Jaguar-Sprachgebrauch verwendet werden oder wurden. Zwar mag die Schreibweise eines Jaguar Mk. IX gelegentlich auch »Mk. 9« gelautet haben, oder man schrieb Mk. II auch »Mk. 2« (zum Beispiel auf dem Kofferdeckel), ebenso existieren selbst im Werksgebrauch nebeneinander die Bezeichnungen XJS und XJ-S, auch Double-Six gab es mit und ohne Bindestrich, so daß ich die Wahl hatte...
Etwas verwirrend ist es auch, daß ein Motor mit 2483 ccm Hubraum bei Jaguar als 2,4 Liter bezeichnet wird oder der 5343 ccm große V12 als 5,3 Liter, während wir es gewohnt sind, nach oben aufzurunden. Aber es gab nun mal keinen 2,5 Liter Mk. II, und wenn der V12 als 5,4 Liter auftaucht, dann meist im Sprachgebrauch der Exportländer.

In diesem Inserat, veröffentlicht im Juli 1938, erschien eine Firma Neumann Automobile GmbH in Berlin als Jaguar-Repräsentant für Deutschland. Sie taucht indessen, soweit bekannt, in keinen anderen Dokumenten auf.

Im Sommer 1966 hatte ich zum ersten Mal das Vergnügen, am Lenkrad eines Jaguar zu sitzen. Es war Carlo Demands XK 150 S Coupé, das ich für den bekannten Illustrator von London nach München holte. Der rechtsgelenkte Wagen behielt auch in Deutschland noch lange Zeit seine britischen Kennzeichen (für Carlo kein Problem; er besaß einen amerikanischen Paß und scherte sich nicht im geringsten um Zulassungsvorschriften), und so wurden bei fast jedem Tankstop an der Autobahn immer wieder die beiden Fragen an mich gerichtet: »How fast?« und »How much?« – wobei letztere sowohl dem Kaufpreis als auch dem Spritkonsum gelten konnte. Wer mich auf Englisch ansprach, erhielt erwartungsgemäß auch eine Antwort in dieser Sprache, und so stillte ich den Wissensdurst der Frager mit Auskünften wie »one-hundred-eleven-point-nine miles per hour« und (wahrheitsgemäß) »six-hundred-fifty quid« beziehungsweise »twenty-one miles to the gallon«. Vielleicht war es nicht sehr nett, sie so stehenzulassen, zumal damals kaum jemand einen Taschenrechner bei sich hatte.
Bei Leonard Potter in Newbury, Berkshire, bot sich mir erstmals die wundervolle Gelegenheit, einen SS 100 zu fahren, als solche Autos noch für weniger als 20.000 Mark zu haben waren, und Harald Linke, seinerzeit Pressechef beim Importeur Brüggemann & Co. in Düsseldorf, lieh mir aus seiner Testwagenflotte bereitwillig diverse E-Types, XJ6 und XJ12 der ersten Serie für Fahrberichte in twen, Playboy oder anderen Blättern, die man heute als Lifestyle-Magazine bezeichnen würde. Aber da hatte sie mich längst gepackt, die Leidenschaft für britische Autos. Hätte ich mir die Anschaffung eines Jaguar nur leisten können...

Am Steuer immer komfortablerer, immer schnellerer und immer eleganterer Jaguar Automobile legte ich Tausende von Kilometern zurück. Die unterschiedlichsten Erfahrungen wurden mir zuteil, auch der unvergeßliche Sound eines zwölfzylindrigen Hurricanes oder wie immer man das Geräusch eines V12 ohne Schalldämpfer bezeichnen mag, nachdem dieser auf dem Kopfsteinpflaster einer Kleinstadt in Belgien abgeschert war: Abenteuerlicher Verlauf einer Reise mit dem ersten in Deutschland als Testwagen zugelassenen XJ12! In den British-Leyland-Jahren waren nicht immer ausschließlich positive Erlebnisse zu registrieren, aber letztlich überwogen sie doch. Schon durch die stets hervorragende Versorgung, die mir bei spontanen Werkstattbesuchen zuteil wurde, etwa bei Heinz Wolf in München oder bei Norbert Kuntz in Gettorf bei Kiel – sonntags kurz nach zehn, mit abgebrochenem Rückspiegel auf der Durchfahrt von Hammerfest nach Gibraltar.
Jaguar hat es seit der »Verheiratung« mit Ford geschafft, sich auf den Weltmärkten eine Position zu sichern, wie sie dieser Marke aufgrund ihrer Qualitäten zukommt. Zu einem erstklassigen Produkt gehört aber auch ein erstklassiger Service – und auch in dieser Beziehung hat Jaguar sich eine Spitzenposition erobert. Daß aber nicht nur der Kunde, sondern auch der Händler mit »seiner« Marke zufrieden ist, was eine Grundvoraussetzung für eine gesunde Marktposition darstellt, zeigt die zunehmend positive Tendenz im sogenannten Dealer Satisfaction Index, der gerade für Deutschland ganz bemerkenswerte Werte zeigt. In allen Disziplinen dieses seit 1995 erhobenen Panels konzedierten Jaguar-Händler Anfang 1998 ihrem Importeur mehr als vier von möglichen fünf Punkten.
Als Liebhaber britischer Automobile über die Geschichte der Marke Jaguar, vor allem auch über ihre Entwicklung speziell in Deutschland ein Buch zu schreiben, war für mich also in mehrfacher Hinsicht eine angenehme Arbeit. Vielen nach und nach geknüpften Kontakten verdanke ich wertvolle Informationen über die Frühzeit des Jaguar-Geschäfts bei uns, wobei heute nicht mehr sehr viele Autohäuser existieren, die bereits in den späten vierziger Jahren Jaguar Automobile verkauften wie zum Beispiel Birkelbach & Unkrüer in Düsseldorf oder die Firma Speck in Freiburg. Bekanntester deutscher Jaguar-Händler der »early days« war wohl der Rennfahrer Peter Lindner mit seinen Häusern in Frankfurt am Main und in Wiesbaden, gefolgt von Roger Schweickert in Pforzheim (ebenfalls ein sehr aktiver Rennfahrer und gut mit Lindner befreundet) sowie Fendler & Lüdemann in Hamburg, deren Nachfolge das Haus Vidal & Sohn antrat – Schweickert und Vidal sind inzwischen ebenfalls seit mehr als drei Jahrzehnten dabei und hielten Jaguar auch dann die Treue, als die Zeiten so manche risikoreiche Gratwanderung erforderten.
Die Realisierung der um viele Details ergänzten und aktualisierten Neuauflage dieses Buches, das in seiner ersten Fassung 1987 erschien, verdanke ich nicht zuletzt der Mitarbeit zahlreicher Freunde und Kollegen. Bei Jaguar in Coventry waren es außer den eingangs erwähnten Personen der 1996 verstorbene David A. Boole, Rebecca Montague von der Tom Walkinshaw Racing Group, Julia Simpson vom Jaguar Daimler Heritage Trust sowie der inzwischen pensionierte Marketingchef Keith Higgins. Bei der Jaguar Deutschland GmbH halfen mir nach Kräften Helga Tauber-Hofmann und Jutta Schmidt von der Presseabteilung, ebenso Heike Eichhorn, Werner Jörß, seine Vorgänger Peter Schack und Georg F. Canzler sowie Wolfgang Schuhbauer. Hilfreiche Unterstützung erfuhr ich auch vom JD-Geschäftsführer Jeffrey L. Scott, ferner von Christoph Gross und Georges H. Keller bei Jaguar Switzerland und von Udo G. Pöschmann bei Jaguar Austria in Wien. Nicht zu vergessen John Lowe und sein äußerst kooperatives Team von Warwick's UK in Coventry, seit vielen Jahren in der Öffentlichkeitsarbeit für Jaguar aktiv.
Für interessante Informationen zu Dank verpflichtet bin ich ferner Frau Ingrid Langeveld, der langjährigen Jaguar-Pressechefin zu British-Leyland-Zeiten, ihrem einst bei Brüggemann in Düsseldorf in gleicher Position tätigen Vorgänger Harald Linke sowie den Jaguar-Spezialisten Philip Porter und Paul Skilleter als Herausgeber der »Jaguar World«, ebenso Klaus Müller und Renate Günther von der Firma M&R Automobile, Frau Ingrid

Der Jaguar S-Type von 1963 und sein Nachfolger von 1998, vor der Präsentation auf der Birmingham Motor Show noch sorgsam »under cover« gehalten...
Von links nach rechts: Nick Scheele, Chairman der Jaguar Cars plc, und die verantwortlichen Männer für das »Projekt X200«: Nick Barter, David Szczupak, Geoff Lawson.

Möhle, dem Altmeister Roger Schweickert und seinen Branchenkollegen Hans Speck, Edmund und Philip Vidal sowie Wilhelm Cardinal v. Widder. Ohne sie und die Hilfe vieler weiterer, hier nicht genannter Enthusiasten wäre die Substanz dieses Buches längst nicht so ergiebig ausgefallen.

Ein Hinweis zu den Daten und Zahlen in diesem Buch. Vermeintliche Widersprüche können auf Abweichungen hinsichtlich der unterschiedlich verwendeten Bezeichnungen basieren; ferner gibt es bei manchen Modellen differierende PS-Angaben (teils länderspezifisch bedingt) oder Preisunterschiede, je nachdem, ob die Angaben fürs Frühjahr oder den Herbst eines Modelljahres galten oder eine bestimmte Ausstattungsvariante betrafen. Ich habe mich bemüht, das mir zugängliche Material sinnvoll umzusetzen und bitte den Leser um Verständnis, wenn hier und da Lücken in den Angaben zu finden sind oder diese in Einzelfällen vielleicht von jenen abweichen, die andere Quellen aufführen.

Halwart Schrader

MOORE'S
OYSTER BAR
DOUBLE DIAMOND

STANDORTBESTIMMUNG

ENGLAND IN DEN ROARING AUTO-TWENTIES

1914 war Coventry durchaus schon ein Industriezentrum, aber im Stadtkern ging es noch idyllisch zu. Autos und Motorräder eroberten die Straßen erst in den zwanziger Jahren. Der Wagen links ist ein Daimler mit Knight-Schiebermotor.

Die zwanziger Jahre – »vintage years« nennen sie die Engländer – waren von vielerlei Strömungen gekennzeichnet. Heftige Stürme und langanhaltende Flauten wechselten sich in Europa ab; industrieller Aufschwung und politischer Aufruhr hinterließen ihre Spuren ebenso wie wirtschaftliche Depression und gesellschaftlicher Überschwang. Jazz und Expressionismus, Arbeitslosigkeit und Inflation, faschistische Agitation und monarchistische Beharrungsmomente waren schon eigenartige Eckpfeiler eines Jahrzehnts, das nur im verschwommenen Rückblick als die »Goldenen Zwanziger« bezeichnet werden kann. Die Zeiten waren schwer. Aber sie boten auch Chancen.

In Großbritannien, von den Folgen des Ersten Weltkriegs ebenso angeschlagen wie die anderen an diesem großen Konflikt beteiligten Nationen, gedieh die Automobil- und Motorradindustrie 1920 in einer Art von gespaltenem Verhältnis zu ihrem Markt. Auf der einen Seite gab es, wie überall in Europa, einen großen Nachholbedarf an Kraftfahrzeugen, auf der anderen Seite mangelte es an Rohstoffen, an modernen Industrieeinrichtungen – und am Überblick. Man produzierte in Birmingham, London oder Coventry, was man auch 1914 schon produziert hatte, und etliche Hersteller hatten kaum mehr als lokale Bedeutung. Stanhope und Stankette, Castle Three und Wigan-Barlow, Autogear und Wooler waren solche Fabrikate. Dutzende von spartanischen Klein- und Kleinstmobilen entstanden, mit dem Motorrad meist näher verwandt als mit dem Automobil, und es waren einzig die niedrigen Anschaffungs- und Unterhaltskosten, die für den Kauf eines solchen Vehikels vielleicht den Ausschlag gaben.

Konsequenter handelte, wer sich für ein solides Motorrad entschied, denn die etablierten Hersteller dieser Branche hatten durch Militäraufträge in der Zeit zwischen 1914 und 1918 (das Auto spielte im Ersten Weltkrieg ja noch keine allzu bedeutende Rolle) nicht nur intensiv an der technischen Weiterentwicklung arbeiten und daher den Anschluß an den internationalen Standard halten können, sondern sie waren auch in der Lage, sofort und auf vernünftigem Qualitätsniveau zu liefern. Bei einer BSA, Vincent oder AJS wußte man, woran man war – mit Seitenwagen ein akzeptables Gefährt für Mr. Everybody & Family. Was aber hatte man von einem dreirädrigen Launceston oder einem Schmalspur-Trojan zu halten? So kam es in den frühen zwanziger Jahren zunächst zu einem wahren Motorrad-Boom – übrigens nicht nur in England.

Das Zweirad-Geschäft hielt sich sehr lange. Wenn eine Nation sich rühmen durfte, in der Zahl der Motorradmarken und -modelle die größte Auswahl offerieren zu können – dann

Links: London, Ludgate Circus 1926. Doppeldecker waren hier seit jeher eine Selbstverständlichkeit.
Unten: Royal Daimler 1935: Seine Majestät besucht ein Krankenhaus in London.

war das England. Doch mit sich langsam, aber sicher einstellender Normalisierung wirtschaftlicher Verhältnisse zwischen 1923 und 1926 wuchsen auch Ansprüche und Bedürfnisse, und sie waren in weitaus geringerem Maße »suggeriert« im Vergleich zu einem späteren, von den Medien beherrschten Zeitalter der Konsumsteuerung. Umsteigen hieß die Devise – vom Motorrad auf ein kleines Auto.

Damit verlor die Motorradindustrie aber weder an Bedeutung noch an Kundschaft. Motorradkäufer rekrutierten sich stets aufs neue, vor allem in den dichtbevölkerten Midlands, wo eine prosperierende Industrie gute Verdientsmöglichkeiten bot, und die erste größere Anschaffung im Leben eines jungen Geldverdieners war nun eben einmal ein Motorrad.

Die meisten Hersteller obskurer Miniatur- und Hilfsautomobile hatte die Fortüne schon wieder verlassen, als in England eine ernst zu nehmende Welle der Volksmotorisierung in Richtung Auto einsetzte. Aber es waren eigentlich nur die Wagen zweier Fabrikate, die das Umsteigen auf vier Räder mit Klappverdeck in jeder Beziehung erschwinglich machten: Austin und Morris.

Herbert Austin hatte schon vor dem Kriege volkstümliche Fahrzeuge gebaut und verkauft. Sein »Baby Seven« mit 750-ccm-Motor, 1922 vorgestellt und 1932 nur zeitgemäß modernisiert, hatte im Vintage-England etwa den gleichen Motorisierungseffekt wie bei uns das Hanomag-Kommißbrot oder der Opel-Laubfrosch. Der Austin Seven erfreute sich einer rasch zunehmenden Beliebtheit, weil er wirtschaftlich, einfach in der Handhabung und im täglichen Gebrauch hart im Nehmen war. Nachbauten und Lizenzen durfte Austin als Beweis einer auch auf andere Länder und Verhältnisse übertragbaren Konzeption werten: Es gab den Seven später als Dixi in Deutschland, als Rosengart in Frankreich, als Dat in Japan, als Bantam sogar in den USA. Die American Austin Car Company (später Bantam Car Company) war es auch, die für die amerikanische Armee den ersten Jeep baute.

Im Motorsport wurde der Austin Seven Favorit der kleinen Klassen, und es gab Exemplare in Monoposto-Ausführung und mit Kompressor. Auch wurde der kleine Flitzer von zahlreichen Karosseriekünstlern durch spezielle Aufbauten veredelt; es entstand ein regelrechter Seven-Kult. In Deutschland gedieh der Lizenz-Austin alias Dixi 3/15 PS ebenfalls zu einem Sportzweisitzer mit Spezialkarosse – er hieß Wartburg und diente unter anderem Ernst Henne, dem späteren Weltrekordfahrer, als Sport- wie Alltagsfahrzeug. Und der berühmte Ihle-Dixi war ein weiterer Verwandter der großen Austin-Seven-Familie.

William Morris, der spätere Lord Nuffield, war der große Gegenspieler Herbert Austins. Die Marken, die einige Jahrzehnte später unter dem Dach der British Motor Corporation zusammenkommen sollten, lieferten sich damals heiße Rivalitätskämpfe. Bereits mit seinem 1913 präsentierten Modell Cowley hatte Morris so etwas wie einen »Volks«-Wagen auf die Räder gestellt, und seine schon frühzeitig aufgezogene Großserienproduktion ließ ihn in den zwanziger Jahren die Spitzenposition in Englands Automobilindustrie einnehmen. Der Morris Minor als Gegenstück zum Austin Seven kam zwar erst 1928 auf den Markt, etablierte sich aber um so nachhaltiger.

Um die Gunst der Autokäufer, die weniger als 250 Pfund Sterling für ein Fahrzeug ausgeben konnten oder wollten, warben auch viele andere, etwa Triumph, Standard, Singer, Clyno oder Riley. In der Mittelklasse erhielt man natürlich schon sehr viel mehr Auto fürs Geld; hier hatten zwar Morris und Austin ebenfalls allerlei zu bieten, aber auch Rover, Lagonda, Lea-Francis, Humber, Talbot oder Wolseley. Und die klassischen »Großen« wie Rolls-Royce, Daimler oder Lanchester hatten ihre treue Stammklientel, für die Fragen wie Hubraum, Verbrauch oder Fahrzeugsteuern keine abendfüllenden Themen darstellten. Wer viel Geld hatte, um sich einen großen, teuren Wagen halten zu können, leistete sich selbstverständlich auch den Chauffeur dazu, und gerade in England war die Schicht der in hohem Maße Begüterten seit

Oben: Automobilwerkstatt in England, aufgenommen in den späten zwanziger Jahren. Rechts: Und so sahen damals die Abschleppwagen aus!

Unten: Austin 12 HP Landau von 1922/23, ein typischer Vertreter seiner Zeit.

jeher verhältnismäßig groß. Rolls-Royce hatte in den zwanziger Jahren viel ausländische Konkurrenz, zum Beispiel Hispano Suiza aus Frankreich, Mercedes aus Deutschland, Isotta-Fraschini aus Italien, Packard und Cadillac aus Amerika. Daimler in Stuttgart verkaufte gewiß etliche Kompressorwagen mehr nach Großbritannien als Rolls-Royce Silver-Ghost- oder Phantom-Limousinen nach Deutschland.

Als Bewahrer einer großen Sporttradition bezogen die Engländer auch schon früh das Automobil in ihre Outdoor-Aktivitäten ein. Der Rolls-Royce verstand sich um 1912/13 als ein Sportwagen, mit dem man sogar den Alpenpokal gewinnen konnte, und die bedeutsamen Rennerfolge der Napier, Sunbeam, Bentley, Vauxhall, Aston Martin oder Lagonda paßten zu jeder Zeit so recht in das Vorstellungsbild klassisch-britischer Sportivität. Nichts faszinierte gerade die Engländer (mot.) so sehr wie das Ostermontags-Rennen in Brooklands, die 24 Stunden von Le Mans oder eine Langstreckenprüfung wie die Rallye Monte-Carlo oder die Alpenfahrt. So brachte gerade die britische Automobilindustrie im Laufe ihrer Geschichte viele Sport- und Semisportwagen heraus, die auch immer ihre Liebhaber fanden; keineswegs fühlten diese sich deshalb als verkappte Rennfahrer. Es machte ihnen einfach Spaß, einen M.G. Midget, Frazer-Nash oder Austin-Healey hart herzunehmen und ein bißchen damit anzugeben.

Starrachser ohne Differential: Trojan 10 HP 1927. Adrett, aber primitiv und trotz aller Anstrengungen seiner Hersteller nicht zum englischen »Volkswagen« auserkoren. Dieses Rennen machten vielmehr Austin und Morris untereinander aus.

Der technische Standard eines englischen Automobils war in den zwanziger und dreißiger Jahren der gleiche wie in einem kontinentaleuropäischen Wagen – mit ein paar Ausnahmen. Das schon mehrfach zitierte Beharrungsvermögen gewisser Traditionalisten unter den englischen Automobilkonstrukteuren ließ diese noch im eigenen Saft schmoren, als die liebe Konkurrenz ihre Fallstricke schon gespannt hatte. Als rollende Monumente einer längst vergangenen Zeit kämpften die großen und schweren Bentley in Le Mans gegen eine leichtfüßige Bugatti-Armada – ihre Konstruktion, so beeindruckend in der Leistung und bestechend in der technischen Perfektion, basierte auch 1929 noch auf dem technischen Level von 1914. Der geniale Walter Owen Bentley hatte die Zeichen der Zeit übersehen, mußte seine Tore schließen (bekanntlich wurde die Firma 1931 von Rolls-Royce übernommen). Auf der Strecke blieben während jener Zeit der großen Wirtschaftskrise auch andere Unternehmen, denen entweder die Kapitaldecke so knapp geworden war, daß sie weder für den Kopf noch für die Füße reichte, oder sie vermochten sich mit ihrem Modellangebot nicht rasch genug neuen Marktsituationen anzupassen geschweige denn eine Anpassung des Marktes an ihr Angebot zu erreichen.

Es war nicht so sehr der technische Fortschritt, der in England gepredigt wurde; Vorderradbremsen gab es ganz allgemein um 1924 an jedem besseren Auto (nur Rolls-Royce ließ sich damit noch ein wenig mehr Zeit), drei statt vier Vorwärtsgänge galten als Standard der Mittelklasse, und Sicherheitsglas in der Windschutzscheibe war noch lange ebensowenig Vorschrift wie etwa ein zweites Rücklicht oder gar Winker. Obenliegende Nockenwellen boten zwar sowohl der kleine Morris Minor 8 HP als auch der aufregende Sunbeam 3 Litre (einer der wenigen wirklich fortschrittlichen Vintage-Wagen), und bei Vauxhall experimentierte man 1929 mit der Getriebe-Synchronisation, ansonsten aber galt der zugige, blattgefederte Tourenwagen ohne Heizung, mit dem Gaspedal in der Mitte zwischen Bremse und Kupplung sowie rund zwei Dutzend wöchentlich zu versorgenden Schmiernippeln am Chassis in England gleichermaßen als Standardfahrzeug wie woanders auch. Der im Regelfalle seitengesteuerte Vierzylindermotor wies Magnetzündung und Spritförderung mittels Autovac auf, Thermosyphon-Wasserkühlung sowie eine Andrehkurbel für den Fall, daß der elektrische Anlasser wieder einmal streikte.

Mut zu Neuem bewiesen Männer wie Parry Thomas, Raymond Mays oder Cecil Kimber. Letzterer war Chef der Morris-Repräsentanz in Oxford – wo sich auch die Fabrik befand – und machte sich einen Namen durch seine Modifikation braver Morris-Roadster, die erst durch geschicktes Tuning, dann durch konstruktive Veränderungen am ganzen Fahrzeug ein Eigenleben zu führen begannen. Kimber gab ihnen auch einen Namen, nämlich den seiner Firma: M.G. – die Abkürzung für Morris Garage. Mit einem »frisierten« Morris Bullnose hatte es 1923 angefangen, mit reinrassigen Sport- und Rennwagen hatte sich Kimber und seine M.G. 1927 schon so stark profiliert, daß William Morris – der den Werbewert sportlicher Betätigung mit seinen Autos durchaus erkannte – nicht länger zögerte und den Laden schlichtweg aufkaufte. Zumal Kimber ohnedies ausschließlich Morris-Utensilien für seine Renner verwendete. So blieb alles in der Familie, der sich zur gleichen Zeit auch die Traditionsmarke Wolseley anschloß, später Riley. Der Morris-Konzern wuchs und gedieh. Durch ein geschicktes Baukasten-System waren eine Menge Morris-, M.G.- und Wolseley-Teile austauschbar, was sich später bei Restaurierungsarbeiten an Oldtimern dieser Fabrikate als äußerst nützlich erweisen sollte...

Allein aus einem sportlichen Engagement heraus Autos zu bauen und sonst nichts, war einem Walter Owen Bentley zum Verhängnis geworden. Kimber hätte es ohne Backing durch Morris allein ebenfalls nicht lange durchgehalten, denn auch ihn interessierten »normale« Autos kaum. Raymond Mays, der nicht nur als Bugatti-Rennfahrer, sondern auch als Schöpfer des ERA-Grand-Prix-Wagens bekannt wurde, vermochte sich ebensowenig als Autohersteller zu etablieren wie der berühmte Renn- und Rekordfahrer Parry Thomas, der zuvor bei Leyland Lastwagen und Luxusautomobile gebaut und dann beschlossen hatte, es auf eigenen Füßen zu versuchen. Noel Macklin und Oliver Lyle, Gründer der Marke Invicta, mußten ähnliche Ambitionen ebenfalls mit dem Bankrott bezahlen. All ihre Autos erlangten Weltruhm, stiegen zu heute kaum mehr bezahlbaren Sammlerstücken auf. Eine Existenz konnte man von derlei (noch in den Sternen stehenden) Aussichten in den zwanziger Jahren indessen nicht absichern. Nur durch großzügige finanzielle Sponsorschaft von seiten enthusiastischer Gönner vermochten sich zum Beispiel Firmen wie Aston-Martin oder Railton zu halten; nach streng kaufmännischen Gesichtspunkten waren die Hersteller dieser Wagen stets pleite.

Eine weitere Gruppierung großer Autonamen war die im Roots-Konzern, ursprünglich eine Immobilien-Verwaltungsfirma. Ihre ältesten Fabrikate waren Humber und Sunbeam; später kamen Hillman und Singer hinzu. Bei Roots leistete man sich keine Superlative, keine Experimente. In den späten sechziger Jahren übernahm die Europatochter des Chrysler-Konzerns (Simca/Talbot) diese Gruppe. Fast bescheiden nahm sich dagegen der Appetit des Hauses Rolls-Royce aus, das sich mit der Übernahme Bentleys begnügte, oder die Fusion Lanchesters mit der BSA-Daimler-Gruppe, die seit dem Jahre 1910 bestand. BSA (Birmingham Small Arms) war ein Waffenhersteller, der ins Motorradgeschäft

Ahnherr des späteren Jaguar: Standard 9.5 HP Cabriolet Baujahr 1914. Die Zuverlässigkeit des Standard wurde stets gerühmt.

Wer's sportlich mochte, entschied sich in den zwanziger Jahren für einen Bentley, Bugatti oder Aston Martin. Rechts ein AM-Rennwagen von 1922, mit seinen Vorderradbremsen vielen Zeitgenossen ein Stück voraus.

Links: Der Austin Seven, der in den zwanziger Jahren Englands Volksmotorisierung einleitete.

Links: Austin-Konkurrent Morris Minor, 1931 als offener Zweisitzer für nur 100 Pfund zu haben.

Unten: Die Große Welt fuhr natürlich Rolls-Royce. Der 1927er Phantom Tourer ist eine besonders sportliche Version.

und ab 1907 auch in den Automobilbau eingestiegen war. Offenbar mit profitablem Ergebnis, denn die Übernahme der zweitältesten britischen Automobilfabrik, der Daimler Motor Company Ltd., kostete eine Menge Geld. Der Nobelwagen Daimler blieb aber ein Daimler, und daß der alte Name – 1896 in Form einer Lizenz von den Deutschen erworben – seinen Prestigewert auch in späteren Zeiten beibehielt, wurde nach der Übernahme Daimlers durch Jaguar im Jahre 1960 deutlich: Ein Daimler avancierte zu einer Art Jaguar de Luxe.

Lanchester, mit dem Geburtsjahr 1895 Englands älteste Autofirma, behielt seine Selbständigkeit bis 1931, überlebte mit BSA/Daimler bis 1956. Der einst hochrenommierte Name degradierte sich indessen durch Imageblässe allmählich selbst. Noch in den zwanziger Jahren galt ein Lanchester zwar als ein feines und technisch perfektes Automobil, aber es ließ sich nirgends so recht positionieren. Nur der distinguierte Typ 40 HP mit seinem Achtzylinder-ohc-Motor und der etwas kleinere Straight Eight 30 standen noch für die einstige Noblesse. Die Wirtschaftskrise besorgte den Rest. Als die Standortnachbarn ihr Netz unter den Balanceakt der Lanchester Motor Company ausspannten, wäre es beinahe zu spät gewesen. Daimler fing den Sturz gerade noch ab, und ein weiteres Kapitel englischen Badge-Engineerings begann. War früher ein BSA eine Art Volks-Daimler gewesen, so hatte diese Rolle jetzt die Marke Lanchester übernommen. In den frühen dreißiger Jahren gab es aber auch die Automarke BSA noch, und zu einigen Modellen dieses Fabrikats gab es Lanchester-Parallelen. Vielleicht hätte Jaguar mit der Übernahme Daimlers den Lanchester wiederbeleben und ihm eine neue Profilierung geben können, aber an der Konservierung historisch so bedeutsamer Branchennamen hatte man damals offenbar kein besonderes Interesse. Schließlich erlebten ja auch berühmte Markennamen wie Humber oder Wolseley (gegründet 1898 bzw. 1899) einen sang- und klanglosen Untergang, so wie man später mit der Reputation eines M.G. oder Triumph nichts mehr anzufangen wußte…

All diese Unternehmen hatten ihren Sitz in Birmingham oder in der Nachbarstadt Coventry. Ebenfalls in Coventry angesiedelt war ein weiteres, in der Zeit der Weltwirtschaftskrise heil über die Runden gekommenes Unternehmen der Branche: Die Standard Motor Company, gegründet im Jahre 1903. Was sich in den fünfziger Jahren als ein Begriff des bescheidenen Mittelmaßes festschrieb, als man Autos nach »Standard« oder »Deluxe« einteilte, galt um die Jahrhundertwende als eine Auszeichnung. »Standard of the World« wurde zu einem Slogan des Hauses Cadillac, wo man sich rühmte, die besten Autos der Welt zu bauen, und »Standard« als Maßstab fürs Feinste klang auch für R. W. Maudslay angenehm, als er diesen Namen seinen Autos gab. Die Standarte des Standard – kein zufälliges Namensspiel – prangte in Form einer Union-Jack-Plakette am Kühler.

Unter dem Markennamen Standard gab es noch andernorts Autos; ein solcher Name schien nicht schützbar zu sein. Maudslays Fahrzeuge zeichneten sich durch ein hohes Qualitätsniveau aus, die dem Namen des Fabrikats durchaus entsprachen – eine geraume Weile jedenfalls. 1912/13 bot man ausschließlich Sechszylinder an, und das wollte damals schon etwas bedeuten. Das größte Modell, ein 25-HP-Tourenwagen, wartete mit einer Besonderheit auf, die einzigartig blieb: Sank der Ölpegel im Motor auf ein bestimmtes Minimum ab, ertönte zur Warnung ein Pfeifsignal...

In den zwanziger Jahren hielt Standard wakker mit den Branchenführern mit, sowohl in bezug auf Attraktivität als auch im Preis. Denn rechtzeitig genug hatte man einen kleinen Vierzylinder herausgebracht, der in Großserienproduktion preiswert herzustellen war – der 9 HP zu 199 Pfund Sterling erwies sich als eine interessante Alternative zum Morris oder Austin. Die Fabrikationsanlagen, wo der Standard entstand, waren um jene Zeit zwar hoffnungslos veraltet, aber die Fahrzeuge up to date – ein Phänomen, das sich als Tradition in der britischen Automobilwirtschaft noch jahrzehntelang halten sollte. Verschiedene Generationen aufmerksamer Werksbesichtiger können das bestätigen. Die Qualität des Standard-Materials – ganz nach der Maxime des Firmengründers Maudslay – war indessen in den frühen dreißiger Jahren so ausgezeichnet, daß ein in dieser Beziehung recht anspruchsvoller junger Mann die Fahrzeuge als konstruktive Basis für seine eigene Produktion auserkor. Standard hatte gewiß einen guten Namen im Autogeschäft, der für Solidität, Leistung und Lebensdauer stand, Patriotisches verkörperte (in Australien, Indien und überall im Commonwealth sah man den Standard als »das« englische Automobil!), zugleich aber auch ein typisches Beispiel für zeitgemäße Farblosigkeit abgab. Erst durch das, was William Lyons aus dem Standard-Standard machte, nämlich einen Deluxe-Standard, wurde erkennbar, daß es Wege aus der automobilen Anonymität Coventrys gab.

Rechts: Alltags-Mittelklasse – ein Morris Oxford Vierzylinder von 1928.

Unten: Zwei Leyland Lastwagen der Chemischen Werke Boots, aufgenommen 1929.

Swallow Coachwork
THORNLEY & KNIGHT LTD
Head Office & Works
BORDESLEY GREEN Rd
BIRMINGHAM
London Depot
LONDON W.1
ESTABLISHED 1797.
EXIT
74
184
& ADAMS LTD
CUTTER STREET, E.C.4.
LUXURY FLOORING
MOTOR BODY
CARRIAGE BUILDERS
Established 1822
STANDARD-SWALLOW
CARRIAGE & CHASSIS WORK
MADE IN ENGLAND
DUNLOP
SWALLOW
CARRIAGE &

WILLIAM LYONS

EIN MANN MIT INITIATIVE

Daß der wenig bemittelte Jungunternehmer William Lyons aus Blackpool es darauf abgesehen hatte, die britische Automobilindustrie herauszufordern, ließ sich 1931 noch nicht erkennen. Vielleicht hatte das Jung-William zunächst auch gar nicht vor. Seine Kontaktaufnahme zur Standard Motor Company, mit der sein eigentlicher Einstieg ins Autogeschäft begann, war eher zögernder und schüchterner Art – wer war er schon. Als zwanzig Jahre später die Firma Austin sich mit einem Donald Healey in Verbindung setzte, um ihm ein großzügiges Angebot zu machen, wonach er seine Autos doch bittesehr in der schönen großen Fabrik in Longbridge bauen lassen durfte, standen die Vorzeichen genau andersherum. Mit Austin hatte Lyons zunächst gute, dann weniger angenehme Erfahrungen machen müssen, als er begann, seinem Betrieb professionelle Formen zu geben. Vielleicht hätte sich alles gänzlich anders abgespielt, wäre man bei Austin damals in der Lage gewesen, Lyons' Aufwartungen etwas mehr Bedeutung zuzumessen. Aber der Reihe nach.

Will man die Jaguar-Historie mit einem ganz bestimmten Datum beginnen lassen, könnte man beispielsweise hierfür den 28. Januar 1921 wählen. An jenem Tage ließ sich nämlich ein motorradfahrender Jüngling in der englischen Industriestadt Stockport bei Manchester ein Kennzeichen für seine Maschine zuteilen, die er schon vor einem halben Jahr aus überzähligen Militärbeständen erworben und – schwarz – mit der längst ungültigen Militärnummer gefahren hatte. Die Nummer lautete DB 1238.

Das Immatrikulieren einer feldgrauen Triumph wäre nichts besonderes gewesen, hätte der Eintrag ins Log Book (wie man in England den Fahrzeugbrief nannte) nicht auch einem Seitenwagen gegolten. Keinem gewöhnlichen eines bekannten Fabrikats, wie sie es damals zu Dutzenden gab, sondern einem der Marke Eigenbau. Und mit Bill Walmsleys zeppelinförmigem »sidecar« beginnt die eigentliche Jaguar-Geschichte.

Bill war Sohn eines wohlhabenden Kohlenhändlers, der in Cheshire über eine Reihe großer Lagerplätze verfügte und, wie das damals üblich war, seine Ware durch Pferdefuhrwerke von Haus zu Haus brachte. Für das Schwarze Gold interessierte sich Bill Walmsley aber nicht; er hatte eine Lehre im Waggonbau absolviert und verbrachte jede freie Stunde auf dem Motorrad. Nicht allein, versteht sich – mit von der Partie waren stets junge Damen, die er in seinem selbstgebauten Beiwagen plazierte. Konstruktion und Bau von diesen »Booten« war zwar nicht unbedingt Bills erklärtes Berufsziel, aber irgend etwas in dieser Richtung würde sich eines Tages schon ergeben. Bill war schon fast dreißig Jahre alt, hatte in einem angese-

Ein historisch bedeutsames Foto: Es zeigt den Ausstellungsstand der Firma Swallow auf der Londoner Motor Show 1929. Vorn links ein Swift 10 HP, rechts ein Standard 9 HP, im Hintergrund ein Fiat 509. Noch hatten die von Swallow karossierten Automobile nicht ihre extrem niedrige Bauhöhe, die William Lyons so favorisierte.

Rechts: Emil Frey mit seinem Swallow-Gespann; eine Aufnahme von 1926. Darunter William Lyons auf einer ex-Army Sunbeam, die man mit Benzin startete und dann mit Petroleum weiterfuhr.

Links: Lyons im Renndreß auf dem Sattel seiner Harley Davidson Daytona, die er 1919-22 in etlichen Wettbewerben an den Start brachte.

henen Regiment der British Army gedient und war in erster Linie der verwöhnte Sohn seines unternehmerisch sehr viel aktiveren Herrn Vater.

Etwa fünf Meilen von Stockport entfernt, in Gorton bei Manchester, lebte ein anderer Motorradschwärmer, der es ebenfalls ablehnte, sich für das Business seines Vaters zu engagieren. William Lyons hatte wenig Lust, das von seinem Vater gegründete »Lyons's Music and Pianoforte Warehouse« zu übernehmen und ging statt dessen lieber als Lehrling zur Fahrzeugfirma Crossley, die in Gorton Betriebe besaß und überwiegend Militärvehikel herstellte.

Noch vor seinem zwanzigsten Geburtstag gab Lyons seinen Job bei Crossley wieder auf. Die Atmosphäre in einer lärmenden Fabrik behagte ihm ganz und gar nicht – er bewarb sich bei einer Sunbeam-Vertretung in der Küstenstadt Blackpool, rund 40 Meilen von Gorton entfernt, als Verkäufer. Lyons' vorrangiges Interesse galt dem Motorrad. Er nahm mit seiner alten Harley-Davidson Daytona Special an diversen Wettbewerben teil, besaß auch eine Indian. Für sie hielt er Ausschau nach einem extravaganten Seitenwagen.

Inzwischen hatte Walmsley senior seine Kohlenhandlung verkauft, da sein Sohn Bill an einer Übernahme kein Interesse gezeigt und es vorgezogen hatte, sein eigenes Geschäft zu gründen. Mit einem seiner Vettern und einem Schwager richtete er eine kleine Motorrad-Werkstatt ein, mit der sie sich vor allem auf die Montage von Seitenwagen spezialisieren und von Kunden beigebrachte Boote gegen eigene Konstruktionen auswechseln wollten. Soweit überliefert, entstanden hier drei der zeppelinförmigen Seitenwagen auf Watsonian-Chassis, und nebenher verkauften die Burschen auch einige ehemalige Militär-Triumph-Motorräder. Aber es gab in Stockport offenbar zu wenig Interessenten, mit denen sich ins Geschäft kommen ließ, und da Walmsley und Konsorten auch kaum Anstrengungen unternahmen, zur Belebung der Umsätze etwas Effektvolles zu unternehmen, tat sich in der Werkstatt nicht viel; man beschränkte sich aufs Herrichten der eigenen Maschinen. Gemeinsam mit seinen Eltern zog Bill Walmsley kurze Zeit später nach Blackpool, wo die Familie ein größeres Grundstück erworben hatte – samt Werkstatt. Hier konnte Bill seiner Leidenschaft weiterhin nachgehen, zumindest was seine privaten Basteleien betraf.

Die nahmen dann aber doch bald professionelle Formen an, weil Bills Schwager Aufträge hereinbrachte. Vier Seitenwagen-Boote entstanden in der neuen Werkstatt in Blackpool pro Monat, und allmählich sprach es sich herum, daß sie hervorragend verarbeitet waren. Walmsleys Verlobte war für die Anfertigung der Sitzpolster zuständig.

In Blackpool trafen Walmsley und Lyons das erstemal zusammen. Lyons arbeitete, seinen Ambitionen entsprechend, als Salesman bei der Firma Brown & Mallalieu, die mit neuen und gebrauchten Sunbeam-Motorrädern handelte und ihren Sitz in der King Edward Avenue hatte, eine Querstraße der berühmten Queen's Promenade an der Küste. Eine breitangelegte Allee, auf der auch schon Auto- und Motorradrennen stattgefunden hatten.

William Lyons fuhr jetzt ebenfalls eine Sunbeam, die ihm eines Tages ein Kollege im Tausch gegen einen kleinen Sportwagen Baujahr 1913 abschwatzte. Es war ein gelber Buckingham, der als sportliches Fabrikat durchaus einen Namen hatte und ihm anfangs gut gefiel, aber ständig an Defekten litt, so daß Lyons das Autofahren bald wieder aufgab und reumütig zum Motorrad zurückkehrte. Er legte sich ein Norton-Gespann zu, dessen Beiwagen eben wie alle Beiwagen jener Zeit aussah – eckig, von kubischer Geometrie, hochbordig. Nun, mit solchen Vehikeln fuhr halt jeder damals herum. Und dann erspähte Lyons eines Tages das flotte Gespann seines erst kürzlich aus Stockport nach Blackpool zugezogenen Nachbarn Bill Walmsley. Genau so etwas hatte er schon lange gesucht. Für 29 Pfund Sterling wurde er kurze Zeit später ebenfalls Besitzer eines solchen Gefährts, das den Namen »Swallow« (Schwalbe) trug.

Der Beiwagen an Walmsleys Maschine sah aus wie ein Ding vom andern Stern – schlank, stromlinienförmig, silbrig glänzend. Er war aus blankem Aluminium und wog sicher höchstens die Hälfte eines herkömmliches Bootes. Daß so etwas auffiel, war kein Wunder.

Jetzt gab es schon fast ein Dutzend solcher aufsehenerregenden Gespanne in der Stadt. Lyons wurde immer wieder angesprochen und wegen seines eleganten *sidecars* beneidet, was ihn auf den Gedanken brachte, mit Walmsley doch einmal über eine regelrechte Serienproduktion zu sprechen. Der zunächst aber wenig Interesse daran zu haben schien. Für ein paar Freunde sei er ja bereit, hin und wieder einen seiner Spezialwagen zu bauen, aber mehr als vier Stück pro Monat anzufertigen, läge ihm nicht. Es gab nächtelange Diskussionen, und Lyons, dem das irische Temperament seines Vaters mit der Fähigkeit, Begeisterung zu vermitteln, im Blut lag, vermochte seinen neuen Freund umzustimmen. Walmsley und der um zehn Jahre jüngere Lyons wurden Partner: Anfang August 1922 beschlossen sie die Gründung der »Swallow Sidecar Company«. Ein entscheidender Zeitpunkt im Leben William Lyons'.

Thomas Walmsley hatte größeres Interesse an der Gründung der Firma als sein Sohn Bill und vertraute dessen jüngerem Partner Lyons auf Anhieb. Er war es auch, der für das Unternehmen erst einmal einen Bankkredit beschaffte – in Höhe von 1000 Pfund Sterling. Und er sorgte auch dafür, daß die Firma einen ordentlichen Buchhalter bekam, einen Mr. Haworth. Tom Walmsleys Fürsorge hatte einen ganz realen Hintergrund: Er sah in William Lyons die treibende Kraft der Swallow Sidecar Company, andererseits war jener noch nicht volljährig und mußte jede Unterschrift durch einen Bürgen gegenzeichnen lassen. Auf Tom Walmsleys oder Vater Lyons' Unterschriftshilfe konnte man erst vom 4. September 1922 an verzichten, als William Lyons 21 Jahre alt und die Firmengründung somit auch amtlich rechtskräftig wurde. Eine großartige Feier fand nicht statt – dafür gab es viel zu viel zu tun…

In einem kleinen Werkstattgebäude an der Bloomfield Road nahmen die Aktivitäten im Herbst 1922 ihren Anfang. Zuerst wurden einige Mitarbeiter eingestellt, Karosseriebau-Handwerker und ein Spezialist für Polsterarbeiten. Zehn Seitenwagen pro Woche zu bauen nahm man sich vor.

Walmsley unterstand der Produktionsbereich, Lyons kümmerte sich um die kaufmännischen Angelegenheiten und um die Werbung. Besser als erwartet gingen die Swallow-Seitenwagen weg, und es stellte sich schon bald heraus, daß die angemieteten Räume in der Bloomfield Road zu wenig Platz für eine Ausdehnung boten. Also mietete man zwei weitere Räume an, einen für die Einlagerung von Rohmaterial, den zweiten zur Lagerung der fertigen Boote. Man mußte auch für eine stabile Verpackung in Holzkäfigen sorgen, denn etliche Seitenwagen wurden per Bahn an Abnehmer in anderen Städten geschickt. Die Werbearbeit begann ihre Früchte zu tragen. Dabei hatte der von Lyons entworfene erste Seitenwagen-Prospekt gar nicht einmal verteilt werden dürfen: Die darauf abgebildete Schwalbe als Markenzeichen der Swallow Sidecar Company sah dem Emblem der Automobilfirma Swift zu ähnlich – es hätte mit Sicherheit einen Rechtsstreit gegeben.

Aber die Motorpresse begann, über die neuen Seitenwagen aus Blackpool zu berichten, und das blieb nicht ohne Wirkung. Die Bank sah es mit Zufriedenheit – sie hatte verständlicherweise Vorbehalte gehabt.

Schon im ersten Geschäftsjahr hatte es die Swallow Sidecar Company geschafft, auf der Londoner Motorcycle Show in der Olympia Hall einen Stand zu erhalten. Bei der wichtigsten Ausstellung des Jahres vertreten zu sein, war von entscheidender Bedeutung. Der Platz war teuer und deshalb eng bemessen, er reichte gerade für zwei Maschinen – es waren Brough-Superior Twins – und zwei Sessel. Prospekte gab es aus den oben geschilderten Gründen nicht…

Eine Automobil-Karosserie der Übung halber

Einer der ersten Walmsley-Teilhaber aus der Stockport-Zeit, Bills Schwager Fred Gibson, kreuzte eines Tages in der Bloomfield Road auf und meinte, er habe einen netten Sonderauftrag zu vergeben – die Anfertigung einer Karosserie für das ausgebrannte Chassis eines Austro-Daimler. Viel Muße habe man dafür zwar nicht, meinten Walmsley und Lyons, aber man könne es ja mal versuchen. Zwei der jüngsten Mitarbeiter – Harry Gill war 19, Arthur Whittaker 18 – erhielten den Job, sich des Fahrgestells anzunehmen. Sie hatten den ganzen Sommer des Jahres 1923 über Zeit, täglich zwei, drei Stunden dem Austro-Daimler zu widmen und bauten für ihn tatsächlich eine ganz passable Karosserie aus Leichtmetall. Walmsley kaufte seinem Schwager den Wagen schließlich ab und benutzte ihn ein weiteres Jahr lang als sein Geschäftsauto.

Arthur Whittaker erwies sich als ein Universalgenie. Der gelernte Metzgergeselle war nicht nur ein geschickter Karosseriespengler, sondern auch ein guter Verkäufer. Auf der Motorcycle Show hatte er den Swallow-Stand betreut und nebenher nach neuen Kunden Ausschau gehalten, die für einen Karosserieauftrag in Frage kommen könnten. Aber Arthur mußte sich in Geduld fassen – es sollte noch ein Weilchen dauern, ehe die Swallow

Sidecar Company in Blackpool zu weiteren lukrativen Aufträgen kam.
Walmsley baute 1926 sogar ein komplettes Auto, nämlich ein Tretauto für seinen kleinen Sohn Robert – es handelte sich um einen umfunktionierten Seitenwagen. Abgesehen von dieser privaten Zweckentfremdung eines Swallow-Bootes (in England sprach man von einem »chair«, also Stuhl) blieben Lyons und Walmsley ihrem Geschäftsgegenstand treu und nahmen – vorerst – keine weiteren Karosserieaufträge entgegen. Allerdings hatte Lyons Appetit darauf bekommen und sich bereits mit Zeichnungen beschäftigt, die einem neuen Aufbau für seinen kleinen Austin galten. Gleich nach der Hochzeit mit seiner Braut Greta Brown hatte er sich ein solches Gefährt zugelegt, um nicht auf seines Vaters Talbot oder Walmsleys Austro-Daimler angewiesen zu sein – wenngleich Lyons auch nach wie vor am liebsten Motorrad fuhr. Längst hatte er beste Verbindungen zur Motorradindustrie, mit Firmen wie Brough, Zenith, Matador und DOT, die gute Abnehmer waren und ihrerseits Swallow-Kombinationen anboten; auch tauchten Swallow-Gespanne bald öfters im Rennsport auf, so bei Jawa, F.N., Chater-Lea, Sunbeam, Norton.
Besonders gute Geschäftskontakte hatten sich zu einem Motorradhändler in der Schweiz angebahnt. Der junge Mann hieß Emil Frey und lebte in Zürich. 1924 hatte er sich selbständig gemacht, und schon kurze Zeit später war er imstande, große Laden- und Werkstatträume anzumieten. Frey vertrat eine ganze Reihe ausländischer Fabrikate, unter anderem auch die Firma Swallow. Und er nahm aktiv an Rennen teil. Mit einem Sunbeam-Gespann gewann er 1927 seine Klasse auf der Solitude bei Stuttgart: Swallow hatte einen ersten Sieg im Motorsport zu verzeichnen. Die Zusammenarbeit mit der Emil Frey AG vertiefte sich im Laufe der Jahre, setzte sich später mit dem Import von SS- und Jaguar-Automobilen fort – heute darf sich diese Firma weltältester Auslands-Repräsentant für Jaguar nennen.
Ende 1926 war die Firma um weitere acht Angestellte gewachsen, die sich auf wenigen Quadratmetern in den Betriebsräumen drängten. »Bill und ich hatten keine eigenen Büros. Es gab ein ständiges hin und her zwischen der Bloomfield Road und unseren anderen beiden, weiter entfernt liegenden Lagern. Es mußte etwas geschehen«, erinnerte sich Lyons später. Und es geschah auch etwas: Tom Walmsley trat wieder einmal als guter Geist in Aktion. Er kaufte ein größeres Betriebsareal am nördlichen Stadtrand Blackpools und überließ es für einen durchaus freundschaftlich kalkulierten Mietpreis der Swallow Sidecar Company. Der Umzug in das neue Gebäude fand an einem Wochenende mittels eines geliehenen Lastwagens statt. Und das Firmenschild am Gebäude in der Cocker Street trug die Aufschrift: Swallow Sidecar and Coach Building Company.
Das mit dem »Coach Building« war ernst gemeint. In der Cocker Street hatte man nämlich so viel Platz, daß ein Angehen zusätzlicher Aktivitäten geradezu notwendig erschien, wollte man nicht Kapazitäten ungenutzt lassen. Unter Walmsleys Regie entstand

Eine der ersten Zeitschriften-Anzeigen der Karosseriefirma Swallow, erschienen im Juli 1931. Die offerierten Wagen zeichneten sich vor allem durch ihre Preiswürdigkeit aus.

Oben: Karosseriebau bei Swallow in Blackpool. Das Geschäftsleben in dem kleinen Städtchen an der Irischen See galt stets als recht rege.
Rechts: So sahen die Gespanne der 20er Jahre aus. Das Boot war eine Gondel…
Ganz rechts: Der Seitenwagenbau blieb bis in die späten dreißiger Jahre hinein für Lyons ein wichtiger Erwerbszweig.

eine Abteilung für Polster- und Verdeckarbeiten sowie ein Raum für Lackierarbeiten. Lyons konnte jetzt seine insgeheim gehegten Vorstellungen Gestalt annehmen lassen.

Es war ein mutiger Schritt, quasi über Nacht neben der etablierten Seitenwagenherstellung auch den Automobil-Karosseriebau in Angriff zu nehmen. Das Risiko bestand in erster Linie im Engagieren erstklassiger Fachleute, die eine Voraussetzung für vernünftiges Arbeiten darstellten, und diesen Männern mußte man schließlich auch Lohn zahlen, wenn es keine oder nur sehr wenige Aufträge gab. Und es ließ sich in der Tat sehr schleppend an, das Coach Building Business. So manchen Samstag mußte sich Lyons persönlich zur Bank begeben, um den Überziehungskredit für die kommende Woche neu auszuhandeln. Zum Glück lief das Seitenwagengeschäft gut; manchmal verließen an die 100 Stück pro Woche den Betrieb.

Dann kam der Prüfstein in Form eines Sportwagens, den eine Autowerkstatt den Leuten in der Cocker Street zur Neukarossierung hinstellte, ein französischer Talbot, der sich bei einem Rennen überschlagen hatte. Innerhalb weniger Wochen entstand aus dem Wrack ein rasanter Zweisitzer. Der Wagen gefiel nicht nur dem Kunden sehr viel besser als das Originalfahrzeug, sondern bestärkte auch Lyons in seinen Überlegungen: Genau so, mit abgerundeter Kühlermaske, Bootsheck und spitzwinkliger Windschutzscheibe, müßte man doch den kleinen Austin Seven karossieren können. Solche Aufbauten herzustellen wäre doch sehr viel reizvoller als die Anfertigung von Cabrioletdächern oder das Ausbügeln von Unfall-Blechschäden…

Der Seven, derzeit Englands Volksautomobil Nummer eins, kam in einer simplen Badewannenform auf den Markt, die vielleicht als zweckmäßig und in der Großserienfertigung problemlos zu bezeichnen war, nur schön oder gar »sportlich« war sie gewiß nicht. Allerdings gab es im Austin-Angebot auch auch einen rassigen Roadster mit Spitzheck – der war aber auch nicht das, was Lyons vorschwebte. Er war für ein bißchen mehr Pfiff, vor allem mußte sein Wagen eine andere Frontpartie bekommen. Für einen ausgefallenen Seven sah Lyons 1926 ebenso viele Chancen wie für einen extravaganten Motorrad-Seitenwagen fünf Jahre zuvor. Er bat seinen Karosserie-Spezialisten Cyril Holland, die von ihm angefertigte Zeichnung für die Talbot-Karosserie auf die Abmessungen des Austin-Seven-Fahrgestells zu übertragen.

Mit Hollands und auch eigenen Entwürfen besuchte William Lyons einen ihm bekannten Automobilhändler in der Nachbarstadt Bolton: Ob Stanley Parker sich vorstellen könnte, solche Fahrzeuge zu verkaufen? Der Mann war begeistert: Selbstverständlich! Er

Links: Austin Swallow Sports von 1927, eine Art Hardtop-Coupé mit Frischluftklappe im Dach. Die Schwalbe als Kühlerfigur symbolisierte Lyons' Markenzeichen.

Rechts unten: die geschlossene Version des Austin Swallow. Die großflächigen Seitenscheiben und die Art der Lackierung durften damals als ungewöhnlich gelten.

sei zwar skeptisch, ob Austin bereit sei, der Firma Swallow unkarossierte Fahrgestelle zu liefern, aber man könne es ja einmal versuchen...

Parker vertrat die Fabrikate Talbot und Chrysler, erhielt aber dennoch von der Austin Motor Company in Longbridge ein Chassis für Lyons. Es hatte die Seriennummer CHAI 2203, kostete einschließlich Fracht 115 Pfund Sterling und traf am 21. Januar 1927 in Blackpool ein.

In der Cocker Street ging man sofort ans Werk. In allen Einzelheiten war der geplante Aufbau festgelegt, man hatte exakte Zeichnungen und die geeigneten Aluminiumbleche parat. Lyons legte zunächst einen adretten Zweisitzer auf mit schmalen Kotflügeln, die dicht über den Rädern saßen, und mit einer geneigten Windschutzscheibe in V-Form. Nicht, daß dies eine formale Erfindung Lyons' gewesen wäre; solche Karosserien gab es zum Beispiel bereits in Frankreich bei Amilcar, Salmson oder Bugatti. In England aber sah man derlei sehr selten.

Daneben entstand auf einem zweiten Chassis auch der Prototyp einer kleinen Limousine. Das Besondere an der vierplätzigen Karosserie war hier ein abnehmbares Hardtop, das sich über das Fahrzeugheck abkippen und entfernen ließ. Aber es war kein Coupédach in heutiger Hardtop-Diktion, sondern eher eine Art »Deckel«, den man eigentlich nur zum Zwecke des bequemeren Ein- und Aussteigens öffnen sollte – der Austin Seven war immerhin ein Kleinwagen, den durch die winzigen Türen zu besteigen zumindest für großgewachsene Personen sich als etwas schwierig erwies.

Der vorn am Rahmen der Windschutzscheibe mittels kleiner Schnappverschlüsse zu befestigende Deckel war zunächst nicht ganz klapperfrei, wie Lyons feststellen mußte, auch lösten sich die Verschlüsse auf Holperpflaster auch schon mal von selbst. Die Sache mit dem Klappdach gab man später schnell wieder auf...

Negative Erfahrungen machte man auch mit den viel zu schwach dimensionierten Halterungen für die Aluminium-Kotflügel. Alles war auf Leichtbau ausgelegt – ein wenig zu sehr wohl, denn die Halterungen brachen bald weg, die Kotflügel schleiften auf den Pneumatiks und bremsten den Wagen brüsk ab. Eine Art von TÜV, der die Konstruktion hätte genehmigen müssen, kannte man in den zwanziger Jahren nicht; um so höher war die Verantwortung, die ein Karosseriehersteller trug, wenn er eine Eigenkonstruktion unters Volk brachte. Letztlich hing seine Existenz davon ab, welche Reklamations- oder gar Unfallquote seine Fahrzeuge aufwiesen.

Formal war der Swallow Seven als Roadster wie als Limousine als äußerst gelungen zu bezeichnen. Das abgerundete Heck der Miniatur-Limousine harmonisierte mit der gewölbten Kühlermaske, und die helle Lackierung der Flanken kontrastierte gut mit den dunklen Kotflügeln, Rädern und dem Dachaufsatz. Bei Brown & Mallalieu, dort, wo Lyons in Blackpool seinen ersten Job bekommen hatte, wurden hin und wieder die in Creme und Dunkelrot lackierten Wagen im Showroom ausgestellt.

Sofort nahm sich die Presse des ersten Austin mit Swallow-Karosserie an – und entdeckte prompt alle Schwachstellen. Der Artikel in *Autocar* erschien am 20. Mai 1927. Zu dieser Zeit war man in der Cocker Street aber schon selbst auf diverse Mängel gestoßen und hatte Abhilfe geschaffen: Abbrechende Kotflügelhalter gab es nicht mehr.

Ein Dutzend Fahrgestelle folgte dem ersten. Die Limousine blieb zunächst ein Versuchswagen, der Roadster war preiswerter und hatte Vorrang. Er kostete 198 Pfund Sterling. Und wieder mußten ein paar zusätzliche Leute eingestellt werden, denn die Nachfrage nach Seitenwagen nahm im gleichen Umfang zu wie die nach Swallow-Austin-Automobilen. Einen Engpaß stellte die Lackierabteilung dar: Ein Wagen benötigte etwa sieben Stunden, bis er staubtrocken war. Und mehr als zwei Wagen bekam man nicht in die Trokkenkammer, die damals ja noch unter normaler Raumtemperatur stand. Selbst bei zehn Arbeitsstunden am Tag kam man pro Woche auf nur elf bis zwölf Wagen. Oft genug arbeitete man auch das Wochenende durch, um auf vierzehn zu kommen – keine Gewerkschaft machte in jenen Tagen hier Einschränkungen.

Der Nachschub an Fahrgestellen von Austin funktionierte nicht immer gut. Man hatte in Longbridge selbst Engpässe zu bewältigen, es gab Lieferfristen für die Händler. Um nicht von einem einzigen Lieferanten abhängig zu sein, trat die Firma Swallow auch mit Morris in Verbindung – der Kontakt kam über Cecil Kimber zustande. Dieser in Oxford als Morris-Vetriebsmann tätige Gentleman hatte bereits in eigener Regie Autos auf Morris-Basis gebaut, bestens bekannt geworden unter der Markenbezeichnung M.G., und er hatte durchaus Veständnis für Lyons' Wunsch. Er arrangierte eine Lieferung von zwölf Cowley-Fahrgestellen mit 1,5-Liter-Motoren, auf denen man bei Swallow zweisitzige Sportwagen-Aufbauten setzte. Die etwas schwerfällig aussehenden Holzspeichenfelgen verkleidete man mit flachen Aluscheiben. Später war Kimber nicht mehr so glücklich über seine Vermittlerrolle: Die von Walmsley und Lyons angebotenen Morris Roadster waren sehr viel preiswerter als seine eigenen M.G. Sportwagen...

Lyons war es ohne Zweifel, der stets neue Ideen hatte und die Initiative, sie zu realisieren, während Walmsley nicht viel von seiner Mentalität zu verleugnen vermochte und es dabei bewenden ließ, den Fleiß seiner Werkmänner zu bewundern. So war es auch der jüngere Partner, der sich bald um den Nachschub von Material, um die Anstellung einer neuen Sekretärin, um den Ausbau neuer Verkaufskanäle zu kümmern hatte. Als eine zuverlässige rechte Hand entwickelte sich dabei der junge Whittaker, dem der Karosseriebau besonders viel Spaß machte und der zudem ein ausgezeichnetes Organisationstalent bewies. Noch lange war geschicktes Improvisieren das Gebot des Tages, und hier

war Whittaker ein einfallsreicher Kopf. Wenn wieder einmal sechs oder acht Austin-Fahrgestelle mit der Bahn von Longbridge eingetroffen waren, zog er mit einem Firmenwagen los und schleppte sie alle im Konvoi vom Bahnhof zur Cocker Street. Solch ein Chassis kam normalerweise komplett mit Motor und allen anderen Aggregaten und den Rädern zum Versand; man konnte durchaus ein Fahrgestell ans andere hängen. Der somit an die zwanzig Meter lange Schleppzug stellte natürlich eine arge Verkehrsbehinderung dar, aber es gab niemanden, der in diesem Manöver einen Verstoß gegen irgendwelche Gesetze oder Verordnungen der Stadt Blackpool gesehen hätte.

Wie die Verbindung mit Emil Frey in Zürich, kamen auch gute Geschäftskontakte im Inland zustande, denn Lyons versuchte, so viel wie möglich im Gebiet der Midlands herumzukommen und Autohändler zu bewegen, einen Swallow Seven ins Fenster zu stellen. In der Industriestadt Birmingham gelang ihm das auf Anhieb bei der Percy J. Evans Ltd.

Im März 1987 feierte man bei Jaguar ein sechzigjähriges Jubiläum. Vorn ein offener Austin Swallow Baujahr 1927 mit seiner typischen Windschutzscheibe in V-Form und der voluminösen Kühlerverkleidung, im Hintergrund ein neuer, um sechs Jahrzehnte jüngerer XJ40, zu dessen Kiellegung Sir William Lyons noch beigetragen hatte.

Verkaufsleiter Norman Steeley warf nur einen flüchtigen Blick auf Lyons' frischgewaschenen Austin Swallow, dann sagte er: »Liefern Sie mir fünfzig Stück – möglichst schnell.« Noch ziemlich benommen von einem solchen Erfolg berichtete Lyons anderntags einem Mitarbeiter bei Brown & Mallalieu davon, nicht ahnend, daß er dicht vor dem Abschluß eines Auftrages stand, der noch zehnmal größer sein sollte. Hohe Erwartungen hegte Lyons kaum; Steeleys Order hielt er für eine besondere Ausnahme, für einen vielleicht unverdienten Glücksfall...

Der Mann, mit dem Lyons bei Brown & Mallalieu gesprochen hatte, war Charles Hayes. Und der war soeben im Begriff, zu kündigen und nach London zu gehen. Quasi als Einstand bei seiner neuen Firma, für die er Verkaufsleiter wurde, brachte er William Lyons im Kielwasser mit – und es dauerte keine Stunde, bis der Vertrag mit der ersten Swallow-Repräsentanz in Englands Hauptstadt aufgesetzt war. Herbert Henlys Autohaus in der Great Portland Street war damals eines der größten Unternehmen der Branche, und eine dementsprechende Größenordnung machte dann auch der erste Auftrag aus: Swallow sollte 500 Fahrzeuge bauen.

So viele Fahrgestelle würde Austin mit Sicherheit nicht an ihn liefern, meinte Lyons. »Kein Problem«, antwortete Henly, »die werden wir für Sie bestellen.« Was auch klappte. Und Henly wollte nicht nur die preiswerten Roadster, sondern auch elegante Swallow-Limousinen.

Lyons kam mit gemischten Gefühlen nach Blackpool zurück. Zwanzig bis dreißig Fahrgestelle würden im Lauf des nächsten halben Jahres pro Woche in die Cocker Street kommen, und ebenso viele Wagen würden im gleichen Zeitraum den Betrieb fix und fertig verlassen müssen. Ganz ohne Zweifel bedeutete dies: abermals umziehen. Natürlich war Walmsley gegen solche Pläne, er hielt Lyons' Expansionsideen für gefährlich und konnte sich nicht vorstellen, daß Henly und andere Händler tatsächlich in solchen Größenordnungen einsteigen wollten. Mit wenig Behagen sah er Cyril Holland neue Entwürfe zeichnen und Lyons Unteraufträge an Firmen vergeben, die Kotflügel und Motorhauben herzustellen imstande waren...

Dennoch mochte Walmsley sich nicht gegen den Erfolg stellen und seinem Partner keine Steine in den Weg legen. Vielleicht fehlte ihm der kaufmännische Durchblick. Er war aber auch nicht weniger stolz auf die Kreationen seiner Firma und fuhr einen von Holland gezeichneten Sportwagen auf dem Chassis eines Clyno. Aber nicht, um damit in der Umgebung nach neuen, größeren Betriebsstätten Ausschau zu halten – das tat wieder Lyons.

Eigentlich kam nur noch ein Umzug nach Coventry oder Birmingham in Frage, denn dort hatten die meisten Lieferanten der Firma Swallow ihren Sitz, und je näher man an sie heranrückte, um so weniger kostenaufwendig waren die Transporte. Die Lieferung von Fahrgestellen und Motoren nach Blackpool bedeutete jeweils einen großen Aufwand; Blackpool verfügte über keinen eigenen Güterbahnhof und erfuhr stets eine regelrechte Blockierung des Schienenverkehrs, wenn von Austin eine größere Sendung eintraf, und jedes Chassis schlug mit umgerechnet 150 Mark Transportkosten zu Buche. So kam es dann letztlich zu einer Entscheidung zugunsten der Industriestadt Coventry, wo Lyons bereits viele einflußreiche Leute zu seinen Bekannten zählte. Und wo es Erschließungsgebiete am nordöstlichen Stadtrand gab, die gewerblich genutzt werden sollten. Es war kein leichter Entschluß, zumal Walmsley immer wieder seine Vorbehalte zur Sprache brachte und auch auf die mittlerweile an die 50 Mitarbeiter umfassende Belegschaft hinwies, der man kaum zumuten könnte, samt ihren Familien den Wohnsitz zu wechseln. Was aber weitaus weniger schwierig war als gedacht – 32 gingen mit. Aber sie verlangten auch höhere Löhne, denn in Coventry herrschte ein höherer Lebensstandard als in Blackpool. Die Verlegung des Firmensitzes in eine 120 Meilen entfernte Stadt wurde überhaupt das teuerste Unterfangen in der jetzt sechs Jahre alten Firma, denn es waren auch Schulden zu begleichen, Darlehen bei der örtlichen Bank zu tilgen und Vater Walmsley auszuzahlen, der einst mit so viel Verständnis geholfen hatte, die Firma auf die Beine zu stellen. Coventry lag noch fast zweimal soweit weg wie Blackpool von Manchester, wo sich an der südöstlichen Stadtperipherie Walmsleys Heimat Stockport befand. Auch lag Coventry lange nicht so idyllisch an der Irischen See, sondern in Englands großem Industriebecken, mit gänzlich anderen Menschen und anderem Lebensrhythmus. Die Umsiedelung würde zweifellos einen völligen Neuanfang darstellen.

Swallow in Coventry

Lyons war optimistisch, sah auch gar keine andere Möglichkeit. Sein Durchsetzungsvermögen hatte er schon mehr als einmal unter Beweis gestellt, und was er sich vornahm, pflegte er auch durchzusetzen. Im Laufe des November und Dezember 1928 fand also ein Umzug auf Raten statt. Es war ein organisatorisches Kunststück, die Produktion möglichst nahtlos fortzusetzen, denn große Ausfälle in der Fertigung konnte man sich nicht erlauben. Schließlich gab es Verpflichtungen aus wichtigen Aufträgen, die man nicht aufs Spiel setzen durfte. Aber die Pannen blieben natürlich nicht aus, und eine Zeitlang hatte es den Anschein, als geriete die Swallow Sidecar & Coach Building Company doch in eine größere Krise. In ihre eigene – ganz abgesehen von jener, die sich jenseits des Atlantiks, von der New Yorker Wall Street kommend, zusammenbraute und auch in Europa bald für sehr schwere Zeiten sorgen sollte.

VL 9344

1929: EINE LEGENDE NIMMT IHREN ANFANG

Jaguar SS 100 von 1937 – ein Stück Motorsportgeschichte. Obwohl einige Exemplare ins Ausland verkauft wurden, gab es keins mit Linkslenkung. Die Bezeichnung »100« stand für 100 Meilen pro Stunde, ein Tempo, welches der Wagen auch – fast – erreichte.

Lyons? Fragte man um die Jahreswende 1928/29 einen Mann aus der Motorbranche nach jemandem, der diesen Namen trug, kam sicher keine spontane Reaktion. Nur wenige hatten ihn vielleicht schon irgendwann einmal gehört. Lyons – das mußte wohl der junge Mr. Swallow aus Blackpool sein. Sidecars und Swallow, mit diesen Begriffen konnte man schon eher etwas anfangen, aber die Namen der Männer hinter der Markenbezeichnung sagten einem weniger. So wie auch nur wenige einen Mr. Roesch kannten, wohl aber seine Talbot Automobile, oder einen Mr. Maudslay, der den Standard baute. Einen Herbert Austin, William Morris, Henry Royce, W. O. Bentley oder Percy Riley jenem Fabrikat zuzuordnen, für das ihr Name stand, war natürlich nicht einmal für Auto-Laien ein Problem, und viele der Männer der ersten Motorisierungsstunde lebten Ende der zwanziger Jahre ja noch als Patriarchen in ihrem Reich. Auf dem Kontinent waren es die Ettore Bugatti, Gabriel Voisin, Karl Maybach, Gustav Röhr oder Nicola Romeo, die man mit den Fahrzeugen gleichen Namens personifizieren konnte, oder zumindest gab es noch entsprechende Namensträger, welche Positionen auch immer sie bekleideten, in einem Hause Opel oder Peugeot, Stoewer, Benz oder Horch.

Walmsley und Lyons war es nie in den Sinn gekommen, ihren Produkten den eigenen Namen oder eine Kombination daraus zu verleihen (solche Zusammensetzungen stellten die Automarken Amilcar, Koco oder Raulang dar); auch die volle Nennung beider Namen wäre zwar denkbar gewesen, hätte aber weniger gut geklungen als vergleichsweise Rolls-Royce, Isotta-Fraschini oder Hispano-Suiza.

Ein neutraler Name wie Swallow ließ keine Besitzverhältnisse erkennen. Denn es wäre ja denkbar gewesen, daß eines Tages andere Partner ins Geschäft einstiegen, und dann hätte man eventuell Auseinandersetzungen wegen der Firmenbezeichnung gehabt. In der Automobilgeschichte gibt es hierfür genügend Beispiele, die schon damals bekannt waren: Horch war im Unfrieden aus der Firma seines Namens geschieden, Paul Daimler hatte die Daimler Motoren-Gesellschaft verlassen und arbeitete für die Konkurrenz, David Dunbar Buick war ausgekauft worden, George N. Pierce hatte seine Selbständigkeit an Studebaker verloren.

Niemand konnte 1928 voraussehen, ob die Swallow Sidecar & Coach Building Company überlebensfähig war, am wenigsten die Firmeninhaber Lyons und Walmsley. Es hatten um jene Zeit Unternehmen ganz anderer Größenordnung die Segel streichen müssen oder sie standen kurz davor. Wenn Institutionen wie Pierce-Arrow oder Marmon, Napier oder Itala der Boden unter den Füßen

Links: Der Prototyp des SS 90 mit Brian Lewis am Lenkrad. Dieser 1935er Wagen war der einzige mit schräg abfallender Heckpartie; die nachfolgenden SS 90 wiesen einen Huckepack-Benzintank auf.

Gegenüberliegende Seite: SS 1 20 HP Limousine von 1933. Mit seinem Tiefrahmen und den schlanken Proportionen sah dieses Auto sehr gut aus.

schwankte, sprach die Automobilbranche darüber; wen aber kümmerte es, wenn die Karosseriefirma Swallow in einer Krise steckte?

Zunächst konnte bei Swallow von einer Krise keine Rede sein. Bill Walmsley hatte die Expansionsbestrebungen seines Kompagnons Lyons jedoch mit großer Skepsis zur Kenntnis genommen. Das Geschäft mit dem Seitenwagenbau hätte man auch von Blackpool aus weiterführen können; es war ja das Auto-Business, das einen Umzug nach Coventry bedingte. Die Meinungsverschiedenheiten wurden nicht weniger, und sie führten eines nicht allzu fernen Tages dann auch dazu, daß sich die Wege der Firmengründer Walmsley und Lyons trennten.

Der Umzug war aber nun einmal beschlossene Sache, Lyons hatte ein geeignetes Areal ausfindig machen wollen. Aber es war kein Geld da, um ein entsprechendes Grundstück oder Gebäude kaufen zu können. In Frage kam nur ein Mietobjekt.

Das preiswerteste Anwesen, das in Frage kam, stellte eine ehemalige Munitionsfabrik dar, die seit Kriegsende nicht mehr benutzt worden war und am Rande eines noch zu erschließenden, neuen Gewerbegebietes an einem nordöstlichen Außenbezirk Coventrys lag. Die Gegend nannte sich verheißungsvoll Whitmore Park und gehörte zur Gemeinde Foleshill. Vier Gebäude umfaßte das Objekt, an einem sanften Hang gelegen und mehr schlecht als recht über eine unbefestigte Straße erreichbar.

Man benötigte für die Firma höchstens zwei der Gebäude, denn jedes allein war schon fast zweimal so groß wie die bisherige Betriebsfläche in Blackpool. Nach einem Ablauf von drei Mietjahren, so wurde vereinbart, sollte Swallow eine Kaufoption erhalten.

Es gab bereits bekannte Firmen in der Nachbarschaft, so etwa die Motorenfabrik White & Poppe und die Karosseriefirma Motor Panels, auch residierte die Niederlassung der Firma Dunlop an der Hauptstraße nach Coventry.

Die zehn Jahre unbenützten und total verwahrlosten Baulichkeiten zu reinigen, war allein eine über zwei Wochen in Anspruch nehmende Arbeit. Und all die Mühen des Säuberns, der Verlegung neuer elektrischer Leitungen, der Installation aller Einrichtungen, die zu einem halbwegs modernen Industriebetrieb gehörten, dann der Umzug selbst, das sich Akklimatisieren in neuer Umgebung und in neuen Räumen, das Wiederherstellen von Verbindungen zu alten und das Aufnehmen solcher zu neuen Lieferanten – all das setzte das volle Engagement aller 32 Mitarbeiter voraus, die mit nach Coventry gekommen waren. »Wir arbeiteten jeder mehr als zwölf Stunden täglich«, erinnerte sich einer der Männer später, »und das ein halbes Jahr lang. Oft sogar auch sonntags.« Man hatte so viel mit sich selbst und der Erledigung der bestehenden Aufträge zu tun, daß Lyons und Walmsley es kaum mitbekamen, was sich in der Welt außerhalb der Gemeinde tat.

In den ersten Monaten des Jahres 1929 hatte man genug damit zu tun, die 50 geplanten Fahrzeuge pro Woche zu karossieren. Und das vollzog sich in Foleshill jetzt doch sehr viel einfacher als in Blackpool. Probleme gab es anfänglich nur mit der Holzarbeit; schließlich wies jeder Austin Swallow ein Gerüst aus gebogenem Eschenholz unter seinem Aluminiumkleid auf. Cyril Holland – der zunächst aus familiären Gründen in Blackpool geblieben, dann aber nachgekommen war – gelang es schließlich, hierfür einen Spezialisten zu finden, der sich bestens aufs Dampfbiegen verstand: Fred Gardner. Wie so viele Männer jener Jahre, gehörte auch er zu jenen, die bis zu ihrem Pensionsalter bei Lyons blieben. Weitere treue Seelen dieses Schlages waren Harry Teather, George Lee und Harry Atkins. Teather und Atkins durften sich später ins Goldene Buch des Hauses Jaguar als die einzigen eintragen, die außer William Lyons volle fünfzig Jahre der Firma treugeblieben waren... Sie und einige weitere Fachleute ergänzten die Belegschaft zu jener Stärke, die sie zuvor in Blackpool gehabt hatte. Es hätten mehr sein müssen, um die Überstunden jedes einzelnen abbauen zu können, aber qualifizierte Leute fanden sich erst später, als andere Betriebe in der Umgebung infolge der Krise vom Herbst 1929 ihre Arbeit einstellen mußten – und dann brauchte auch Swallow sie nicht mehr.

Sparsamkeit war nach wie vor oberstes Gebot. Die Löhne hatte man leicht anheben müssen, die meisten Überstunden wurden dafür aber unentgeltlich geleistet. Regulär hatte der Arbeitstag ohnedies zehn Stunden. Nicht umhin kam Lyons aber, den Umzüglern Quartierkosten beizusteuern, bis sie Wohnungen gefunden hatten, auch an Wochenend-Heimreisen beteiligte sich die Firma. Das soziale Klima war ausgezeichnet, und das sprach sich herum. Die Bewerbungen, bei Swallow arbeiten zu dürfen, nahmen täglich in großer Zahl zu.

Obwohl noch jung an Jahren, war William Lyons die väterliche Autorität. An ihn wendete man sich, wenn man Sorgen hatte, er war es, der sich auch um Kleinigkeiten kümmerte, wenn ihm dies geboten schien. Solange er Frau und Kind noch nicht nach Coventry hatte nachkommen lassen, verbrachte er fast Tag und Nacht im Betrieb. In seinem Hotel, das er als Übergangsbleibe gewählt hatte, sah man ihn nur selten. Meist kam er sehr spät und war einer der ersten, die das Haus morgens – ohne Frühstück – verließen. Als Transportmittel diente ihm eine Weile noch ein kleiner Austin Seven mit zweifarbiger Swallow-Karosserie.

Der Henly-Auftrag hielt die Männer in Foleshill zwar in Atem, aber es mußte nach weiteren Orders Ausschau gehalten werden. Ein Kunde brachte einen Alvis, der mit einem sportlichen Aufbau versehen werden sollte, dann kam Lyons mit der Londoner Fiat-Vertretung in Verbindung. Ein sportlicher Zweisitzer mit Swallow-Karosse schien eine Lösung zu sein, einige überzählige, ansonsten schwer verkäufliche Fahrgestelle vom Typ 509 an den Mann zu bringen. Es entstanden schmucke Roadster, alle zweifarbig in ver-

Oben: Betriebsräume an der Bloomfield Road in Blackpool, 1926. Die Wagen sind Austin Swallow Seven.

Links: Karosseriebau in den neuen Räumen in Foleshill, 1928. Rechts: In solchen »Kammern« pflegte man damals zu lackieren.

schiedenen Kombinationen lackiert, das Stück für nur 255 Pfund Sterling. Dann bestellte wieder Henly ein paar Wagen, allerdings nicht auf Basis Austin, sondern ausgerechnet Swift – jenes Fabrikat, dessen Markenzeichen der Schwalbe von Swallow so ähnlich war. Wie im Falle Fiat, hatte Herbert Henly von der Fabrik billig eine Anzahl Fahrgestelle vom Typ 10 HP bekommen können; Swift war in Nöten und begann 1929 so etwas wie einen Ausverkauf. Mit der zweitürigen Saloon-Karosserie à la Austin, nur etwas größer, sah der von Swallow karosssierte Swift direkt aufregend aus. Und da man das Auto – das war neu bei Henlys – sogar auf Teilzahlung kaufen konnte, ging das erste Dutzend schnell weg; weitere folgten bald. Vielleicht hätte ohne die Aktivitäten Henlys die Produktionseinstellung bei Swift schon zu einem früheren Zeitpunkt erfolgen müssen...

Herbert Henly und seine cleveren Autoverkäufer – man führte außer Austin und Swift auch die Marken Citroën, Standard, Humber und einige andere – hatten das Interesse an Swallow-Autos natürlich registriert, doch die Zeiten hatten sich verschlechtert; es wurde immer schwieriger, vom Autohandel zu leben. Als im Oktober 1929 der New Yorker Bankenkrach Schlagzeilen um die Welt schickte, stellte die Firma Swallow gerade ihre neuesten Kreationen auf der Londoner Motor Show aus. Einerseits ein Grund zum Feiern, denn es war das erstemal, daß die

Bezeichnung »Swallow« für Automobile, nicht allein für Motorrad-Seitenwagen in einem offiziellen Katalog stand. Andererseits sah man drohende Wolken am Horizont aufziehen. Die Zeiten, vor denen Bill Walmsley immer gewarnt hatte, schienen sich jetzt anzukündigen.

Keine Zukunft für den Karosseriebau?

Die Londoner Motor Show 1929 war aus einem bestimmten Grund eine der markanten Stationen für die Firma Swallow auf ihrem Wege zu späterem Weltruhm. Neben einem Swift, einem Fiat und einem Austin war nämlich ein weiterer Wagen mit der typischen, zweitürigen Karosserie in den Linien des Hauses ausgestellt: ein Standard. Und mit diesem Automobilfabrikat stellten sich die Weichen für Swallow.

Die Fahrzeuge auf dem Stand Nummer 74 in der Olympia Hall waren durch ovale Holztafeln gekennzeichnet. Standard Swallow, abgekürzt SS, war hier erstmals zu lesen. Aber auch eine abgewandelte Firmenbezeichnung: Swallow Carriage & Chassis Works. Mit anderen Worten: Man wollte darauf hinweisen, daß man sich sowohl mit Karosserien als auch mit Automobil-Fahrgestellen beschäftigte. Ein Griff zu den Sternen? Zumindest ein Vorgriff auf zukünftige Entwicklungen. Swallow-Seitenwagen waren für die Motor Show natürlich kein Thema.

Weder der Standard vom Typ Big Nine mit seinem 1287-ccm-Vierzylindermotor noch der Fiat oder der Swift wiesen jene abgerundete Kühlermaske wie die des Austin auf, sondern den klassischen Flachkühler wie jeder andere zeitgenössische Wagen jener Zeit. Aber die verhältnismäßig niedrig gehaltene Dachpartie, die tief montierten Scheinwerfer und die raffinierte Lackierung mit dem weit herabreichenden, dunkel gehaltenen »Oberkörper« ließen dieses Auto eleganter erscheinen als die anderen Exponate. Selbstverständlich war der Aufbau in Henlys Auftrag entstanden, und diese Firme bedingte sich Vertriebsexklusivität für London und den gesamten englischen Süden aus.

So schick sich der Standard Swallow ausnahm: Er fand keinen Käufer. Enttäuscht nahm man ihn nach Ausstellungsende wieder mit nach Coventry – und William Lyons stellte Cyril Holland nur eine Aufgabe: Der eckige Flachkühler mußte verschwinden.

Tatsächlich war der Wagen auf der Motor Show 1930 erneut zu sehen, jetzt mit einer eleganter geformten Kühlerverkleidung, die nach unten etwas breiter wurde und in der Senkrechten geteilt war. Ein Design, das kurze Zeit danach von der Firma Standard in der Serie übernommen wurde. Und die auch bei den ersten, später unter der Markenbezeichnung SS erscheinenden Automobilen zu sehen war...

Für Besuche in London und bei besonders wichtigen Geschäftspartnern konnten sich Lyons und Walmsley nicht mehr in einem kleinen Austin oder Swift sehen lassen. Sie kauften zwei Alvis-Fahrgestelle, dann zwei Vauxhall mit repräsentativen Limousinen-Aufbauten, wobei die Originalkarosserien nur geringfügig geändert wurden – hauptsächlich in der Dachpartie.

Wenn jetzt Aufträge vom Swallow-Kunden Nummer eins, nämlich Henlys, hereinkamen, dann galten sie indessen offenen Sportzweisitzern. Die Fahrgestelle besorgte man von den Firmen Austin, Morris und Wolseley, auch eine Anzahl Swift-Chassis wurden noch eingekleidet. Aber es gab keine 500-Stück-Orders mehr – diese Zeiten schienen fürs erste vorbei zu sein. Doch Serien zwischen 50 und 100 wurden in regelmäßigen Abständen nachbestellt. Mit Intensität widmete man sich den Verkaufsanstrengungen, und Henlys Partner und Marketingchef Frank Hough (der diesen Titel damals natürlich noch nicht führte) ließ sich so manchen Superlativ einfallen, um die Swallow-Autos in großformatigen Inseraten besonders herauszustellen. Ein ehemaliger Henlys-Mann fungierte als Werbeberater und Annoncenexpedient.

Swift war im April 1931 endgültig zahlungsunfähig, Henly sicherte sich die letzten Fahrgestelle. Etwa einhundert Wagen mögen bei Swallow durch Henlys Initiative karossiert worden sein. Der Fiat, der durch die Swallow-Karosserie sich stark von der Original-Limousine unterschied, dürfte es auf gut 50 Exemplare gebracht haben; genaue Aufzeichnungen liegen hierüber nicht vor. Auch die Anzahl der Morris- und Wolseley-Swallows ist nicht bekannt. Die bis zum Frühjahr 1932 karossierten Austin Seven hingegen sind einigermaßen genau zu belegen. Es waren knapp 800 offene Zweisitzer und 1700 Limousinen. Erst für die Zeit ab Anfang 1932 lassen sich einigermaßen exakte Zahlen rekonstruieren.

Den Morris-Ableger Wolseley, den Swallow in diversen Varianten anbot, stellte den letzten Typ dar, den man auf Bestellung haben konnte, bevor Lyons und Walmsley mit einem eigenen Automobilprogramm debütierten. Im August 1933 wurde das letzte von insgesamt 530 Exemplaren ausgeliefert, ein apfelgrüner, offener Viersitzer. Der flotte Sechszylinder in seiner Version als Hornet Special galt als einer der interessantesten Sportwagen jener Zeit; er war eine echte Konkurrenz zum M.G. (aus gleichem Hause) – und zum Standard Avon Special.

Zu der ebenfalls in Coventry beheimateten Standard Motor Company und ihrem Generaldirektor John P. Black unterhielt Lyons seit 1929 gute Beziehungen, wenngleich die Standard-Swallows in nur vereinzelten Stückzahlen entstanden, so auch eine sehr große Limousine auf Basis des Sechszylinders 15 HP Ensign mit 2054 ccm Hubraum. »Sie sieht wie ein 1000-Pfund-Wagen aus!« hieß es in einem Inserat der Firma Henly, doch sie koste nicht mehr als 265...

Der für Standard von den Brüdern Jensen karossierte Avon Special Sportwagen war dem Swallow Wolseley Hornet Special in der Charakteristik recht ähnlich, aber Konkurrenz belebte das – ohnedies zeitweilig recht flaue – Geschäft. John Blacks Sympathien mochten sich indessen zugunsten der Firma Swallow verlagert haben, und es kamen erste Gespräche über eine Vertiefung der Zusammenarbeit zustande. Die Jensens zogen daraus ihre Konsequenzen und überlegten ih-

Der SS 1 als Coupé oder Faux-Cabriolet. Die Sturmstangen an der hinteren Dachpartie waren Attrappen – seinerzeit sehr beliebt. Im Unterschied zur Limousine hatte dieses Coupé helmartige Vorderkotflügel und keine Trittbretter.

rerseits, sich in das elitäre Lager der Automobilhersteller zu begeben.
Captain John P. Black, verheiratet mit einer Tochter seines Chefs im Hause Hillman, war 1929 zur Standard Motor Company gewechselt, um sich nicht »familiär ans Geschäft binden zu lassen«. Reginald Maudslay hatte ihn als Generaldirektor engagiert, so daß er über alle Vollmachten verfügte. Die ohnedies reputable Automobilfirma Standard hatte damit einen erstklassigen Mann mit besten Branchenkenntnissen bekommen, und dieser verstand sie gut zu nutzen. Blacks Bekanntschaft mit Lyons war – wie konnte es anders sein – über Henly zustande gekommen, und er war es, der den Mut hatte, Lyons' bislang unwiderstehlichem Optimismus in aller Freundschaft eine kalte Abfuhr zu erteilen. Die natürlich gut gemeint war, an schonungsloser Offenheit und Nüchternheit aber nichts zu wünschen übrig ließ.
Es war genau die Kerbe Walmsleys, in die Black schlug, als er Lyons prophezeite, daß es in absehbarer Zeit keine Chancen für Sonderkarosserien nach Swallow-Art mehr geben würde. Aus zwei Gründen, die er klar darlegte: Zum einen würde es immer kostspieliger werden, aufwendige Handarbeit in ein solches Geschäft, das sich zwangsweise mit relativ niedrigem Output zufriedengeben mußte, zu stecken; zum anderen zeichne sich der Trend zur Großserienproduktion von Personenwagen im Einheitsstil in so deutlichem Maße ab, daß es nur eine Frage der Zeit sei, um Firmen wie Swallow vom Markt glattweg verschwinden zu lassen. Black mußte gar nicht einmal Giganten wie Ford oder General Motors – die ja auch längst in Großbritannien maßgebliche Akzente setzten – als Beispiele bemühen, um sich verständlich zu machen.
Sein Gesprächspartner begriff schnell, wovon Black sprach, der schließlich ein Mann war, der die Hand am Puls des Zeitgeschehens hatte. Vielleicht hatte William Lyons die Entwicklungen in der Automobilindustrie tatsächlich bisher aus einem zu engen – nämlich seinem – Blickwinkel gesehen, auch die Wirtschaftskrise und ihre Auswirkungen unterschätzt, die ihn noch nicht allzu sehr in Bedrängnis gebracht hatte. Doch die Gespräche mit Black hatten ihn dennoch nicht deprimiert. Im Gegenteil – Lyons sah die von Black gemalten Zeichen an der Wand als eine Herausforderung an.
Nicht als eine Herausforderung, etwas durchzusetzen, was über kurz oder lang schiefgehen mußte. Wenn er auch eine Art von Glückspilz zu sein schien, wollte er es nicht mehr darauf ankommen lassen; die Verantwortung als Unternehmer war inzwischen viel zu groß geworden, als daß ein »jetzt erst recht« zu vertreten gewesen wäre. Die Herausforderung, wie Lyons sie sah, bezog sich vielmehr auf den nächsten, eigentlich logischen Schritt, den auch Black mehr oder weniger angedeutet hatte: Die Swallow Carriage & Chassis Works mußten zu einer richtigen Automobilfabrik avancieren.

Liaison mit Folgen

Automobilhersteller nannten sich noch in den späten dreißiger Jahren in England auch Firmen, die – in durchaus ehrenwerter Weise – nichts weiter als sogenannte »Assembler« waren und in dieser Eigenschaft einen kleineren oder größeren Teil aller Komponenten jener Wagen, die sie stolz mit ihrem Namen schmückten, bei anderen Zulieferern einkauften und lediglich die Montage, also das Assembling, durchführten. Der Teile-Einkauf erstreckte sich manchmal nur auf die Motoren, manchmal auch auf Fahrgestelle und Motoren, manchmal auch auf 99 Prozent aller Bestandteile. »Assembler« oder »Manufacturer«: Wer sein Geschäft seriös betrieb, befand sich im Dachverband namens SMMT und damit in bester Gesellschaft.

1935er SS Airline Saloon, ein avantgardistisches Design um 1935. Spätere Ausführungen wiesen wie das Coupé helmartige Kotflügel auf; das Reserverad lag im Kofferraum.

Viele bekannte Automobilfirmen hatten jahre-, wenn nicht jahrzehntelang als Assembler die Szenerie belebt. Lagonda kaufte Motoren von Crossley und Meadows; Invicta und später Railton, Frazer-Nash und vor allem etliche Amerikaner verfuhren ähnlich, kauften von Lieferanten jeglicher Couleur. Vergaser, Elektrik, Instrumente, Räder, Bremsanlagen – alles Produkte spezialisierter Hersteller. Jeder verwendete sie, das war selbstverständlich. Nur ein paar der größten Detroiter wie GM oder Ford oder auch Fiat in Italien hatten die wichtigsten Zulieferindustrien in eigener Konzernhand.

Die Art der Komposition, die Solidität der Verarbeitung bestimmte den Charakter eines Wagens, die Reputation seiner Marke. Erst in zweiter Linie interessierte es, ob Morris- und M.G.-Motoren identisch waren, die Vergaser von SU oder Zenith kamen, die Zündmagneten von Scintilla oder Bosch. Die Identität eines Automobils in seiner Gesamterscheinung war nicht von der Herkunft einzelner Bauteile abhängig.

Zu einer Zeit, als es immer weniger Geld, immer mehr Arbeitslose und eine rasch zunehmende Zahl von Pleiten gab, an den Aufbau einer Automobilfabrik zu denken, war schon tollkühn. Lyons war sich aber mit Black einig: Die Zeiten würden sich auch wieder bessern. Resignation war der schlechtere Weg – man mußte Initiative zeigen und handeln, ehe es andere taten. Solange Lyons und Walmsley pro Monat ihre 200 Pfund Sterling Miete bezahlen und ihre Mitarbeiter entlohnen konnten, gab es keinen Grund zur Panik. Vor allem bot John Black seine hilfreiche Hand dar, und das meinte er ernst. Er sah in den Swallow-Leuten ein Potential, das für Standard nutzbar zu machen war, und für jene eine Chance, sich den Weg in die Zukunft zu ebnen. Die Gefahr, daß ihm in Lyons ein Konkurrent erwachsen würde, sah Black nicht als gegeben, solange er die Kontrolle über die Liaison behielt.

Es muß die Persönlichkeit eines William Lyons gewesen sein, die dem Standard-Boß John Black Veranlassung gab, der jungen Firma Swallow mehr Sympathie entgegenzubringen als den Brüdern Allan und Richard Jensen, mit deren Avon-Karosserien auf Standard-Fahrwerk schließlich ebenfalls Staat zu machen war. Theoretisch hatte Avon die gleichen Chancen wie Swallow, allerdings nicht das gleiche Backing durch einen Herbert Henly.

Standard hatte durchaus einen eigenen Karosseriebau, war also in dieser Beziehung nicht auf Fremdbetriebe angewiesen. Es ging John Black also keineswegs um einen leistungsfähigen, neuen Zulieferer, sondern um den Aufbau eines potentiellen Abnehmers einer möglichst großen Zahl von Fahrgestellen und Motoren, um seine Serienproduktion besser auslasten oder gar aufstocken zu können. Die attraktiven, sportlichen Linien eines Standard-Deluxe alias Swallow würden in einem starken Kontrast zum konservativen Standard-Standard stehen, ohne mit ihm direkt zu konkurrieren. In die fünfziger Jahre projiziert, ließe sich der SS mit einem Porsche vergleichen, der Serien-Standard mit einem VW-Käfer, die ebenfalls beide – zumindest in der Anfangsphase – auf demselben Basisfahrwerk aufbauten. Je länger William Lyons über den Inhalt seiner Gespräche mit John Black nachdachte, um so stärker leuchteten ihm dessen Argumente ein. In der Tat zeichnete sich ein Trend zur Einheits-Limousine ab, die nur in Massenherstellung einen gewissen Komfort zu erschwinglichen Preisen bieten konnte. An den durch Ford, General Motors (Vauxhall), Austin und Morris vorgezeichneten Linien gedachte nach klaren Aussagen Blacks auch Standard sich zu orientieren. Individuelle Einzelanfertigungen waren im Mittelklassebereich unrentabel geworden, auch in Serien von zwanzig oder fünfzig Stück. Und bei aller Preiswürdigkeit erwartete man Anfang der dreißiger Jahre

zunehmend größere, geräumigere Autos – die englische Autofamilie war den zehn Jahre zuvor so beliebt gewesenen Winzlingen nach Art des Austin Seven oder Morris Minor entwachsen. Das große Umsteigen fand nicht mehr vom Motorrad zum Kleinwagen statt, sondern vom Kleinwagen zum etwas komfortableren Mittelklasseauto.

Wenn relativ kleine Autos noch akzeptiert wurden, dann in Form sportlicher Zwei- oder Viersitzer, wobei es meist jüngere Leute waren, die sich für solche Fahrzeuge interessierten. War es ihr erstes Auto überhaupt, was in der Mehrzahl der Fälle vorausgesetzt werden durfte, mußte der Wagen aber auch recht preiswert sein. Hier hatte M.G. eine besonders starke Position erlangt.

Im Juni 1931, nach einer Reihe weiterer Begegnungen zwischen Lyons und Black, setzte letzterer jenes historisch gewordene Schreiben auf, das quasi die Gründungsurkunde einer Automobilfabrik darstellt. Es ist das erste schriftliche Dokument einer Zusammenarbeit, die beiden ersprießliche Früchte bringen sollte. Es hieß darin: »Um unser heute vormittag geführtes Gespräch zu bestätigen und allen Zweifeln oder Mißverständnissen vorzubeugen, halten wir unsere getroffenen Vereinbarungen für die Saison 1932 hiermit wie folgt fest:

Wir erklären uns bereit, Ihnen Serienfahrgestelle unserer laufenden Produktion gemäß dem Ihnen kürzlich unterbreiteten Angebot zu liefern. Wir liefern Ihnen außerdem spezielle Sechszylinder-Fahrgestelle gemäß Ihren speziellen Karosserie-Vorgaben. Diese Fahrgestelle werden Ihnen exklusiv zur Verfügung gestellt.

Dem Vertriebsnetz der Standard Motor Company Ltd. ist bei der Belieferung mit Swallow Automobilen Vorrang einzuräumen. Von dieser Verpflichtung enthoben ist Swallow, wenn einzelne Standard-Händler als Abnehmer ausscheiden; in diesen Fällen gelten keinerlei Verkaufseinschränkungen.«

Black sicherte der Firma Swallow seine Unterstützung zu in allen Fragen, die sich aus einer zukünftigen Zusammenarbeit ergeben könnten.

Die Bezeichnung der neuen Automarke aus Foleshill ergab sich zwangsläufig – sie setzte sich aus zwei gleichen Buchstaben zusammen, die für Standard Swallow standen, nämlich SS. Daß es weniger angenehme Assoziationen mit einer solchen Bezeichnung dereinst speziell in Mitteleuropa geben sollte, ließ sich 1931 nicht voraussehen.

Ein Start mit Kompromissen

Die Londoner Motor Show im Oktober des Jahres 1931 sollte dazu benutzt werden, der Marke SS ein feierliches Debüt zu geben. Präsentationen außerhalb dieser für die Branche so wichtigen Ausstellung waren nicht üblich, und es wäre unmöglich gewesen, ein neues Modell britischer Herkunft etwa zuerst in Berlin oder Paris zu zeigen – später dachte man in diesem Punkt allerdings anders.
Der SS 1 für die Motor Show 1931 war in den Augen William Lyons' so etwas wie eine Katastrophe. Aber er konnte sie nicht mehr verhindern, als sie acht Wochen vor Ausstellungsbeginn erkennbar wurde, und so mußte er einen Kompromiß in Kauf nehmen. Angefangen hatte die Geschichte mit einer Blinddarmoperation, die Lyons für mehrere Wochen außer Gefecht geworfen hatte. Er, der es gewohnt war, fast zu jeder Tages- und auch Nachtzeit alle wichtigen Vorgänge in der Firma zu steuern und zu kontrollieren, war just in jener Zeit nicht zur Stelle, als Entwurf und Bau des Ausstellungs-Prototyps anstanden. Die Leitung des Projekts hatte sein Partner Walmsley in die Hand genommen, und der gute Cyril Holland hatte auch nicht widersprochen, als ein Wagen Gestalt anzunehmen begann, dessen Anblick Lyons bei seiner Rückkehr aus dem Krankenhaus fast ohnmächtig werden ließ: »Es war ein Gebilde, das aus einer langen Motorhaube und zwei Kisten im Heck bestand, eine für die Insassen, die andere fürs Gepäck.«
Nicht Walmsleys stilistisches Unvermögen hatte zum Bau eines solchen Wagens geführt, sondern das Drängen Henlys, man möge doch endlich einen Swallow mit ein bißchen mehr Sitzkomfort bauen: Ihm waren die bisherigen Limousinen allesamt zu niedrig erschienen. Zehn Zentimeter mehr Bauhöhe verdarben aber die ganze Silhouette des Fahrzeugs.
Es gab einen handfesten Krach, aber Lyons mußte sich damit abfinden, daß die Zeit nicht reichte, um für die Motor Show einen neuen Wagen aufzubauen. Seinen Einstand als »Manufacturer« in der Olympia Hall hatte er sich mit einem Sportcoupé vorgestellt gehabt, bei welchem die Betonung ohne Zweifel auf der ersten Silbe lag…
Außenstehende sahen in dem Standard Swallow Nr. 1 indessen einen Wagen mit perfektem Styling. In einem vorab lancierten Bericht in der Zeitschrift *The Autocar* war von einem »phantastisch gezeichneten, niedrigen Zweisitzer-Coupé modernster Linienführung« die Rede, das einen praktischen Außenkoffer habe und auf dem Chassis eines Standard 16 HP basiere, das eigens zu diesem Zweck modifiziert worden sei.
Das mit dem Spezialchassis, bereits in Blacks Bestätigungsschreiben an Lyons erwähnt, war ein Anliegen, das Lyons mit dem neuen Standard-Chefkonstrukteur Edward Grinham ausgehandelt hatte. Im Normfall wies ein Leiterrahmen damals üblicher Bauart unterhalb der Längsholme Blattfedern auf, deren Länge und Grad der Sprengung die Bauhöhe des gesamten Autos diktierten. Mittels Auslegefedern oder sogar Schraubenfedern ließ sich hier zwar manipulieren, solche Extravaganzen waren aber teuren Fahrzeugen oberer Preiskategorien vorbehalten. Grinham wandelte den Standard-Einheitsrahmen insoweit ab, als er die Blattfedern neben die Rahmen-Längsholme plazierte und diese zwischen den Achsen auch noch um etwa zehn Zentimeter tieferlegte. Ein solches Chassis ergab einen tiefen Fahrzeugschwerpunkt, zumal der Motor ebenfalls ein Stück weiter zur Wagenmitte versetzt und der Radstand etwas verlängert worden waren.
Ein Entwicklungskosten-Beitrag in Höhe von symbolischen 500 Pfund und eine Abnahmeverpflichtung von mindestens 500 Fahrgestellen innerhalb von zehn Monaten stellten die Eckpfeiler eines endgültigen Vertrages

Links: Jaguar SS 100 2.5 Litre als Teilnehmer an einer Rallye im September 1952.

Rechts: Konkurrenz zum SS 100, aber in nur geringen Stückzahlen gebaut und auch viel teurer – Riley MPH 1,7 Liter von 1934.

1938 konnte man den Jaguar SS 100 wahlweise auch als 3.5 Litre bekommen. Äußerlich unterschieden sich die Modelle nicht, doch mit dem größeren Motor lief der Roadster echte 100 mph.

zwischen Swallow und Standard dar. Der Stückpreis pro Chassis wurde auf 130 Pfund festgelegt (er betrug 82 Pfund für das Fahrgestell eines Little Nine). Im Unterschied zu dem vorangegangenen Schreiben räumte man Lyons nunmehr völlige Distributionsfreiheit ein. Tatsache aber war, daß dieser den Vertrieb mehr oder weniger voll und ganz Herbert Henly und seiner hervorragenden Organisation überließ, ebenso die gesamte Werbe- und PR-Arbeit.
Noch während des Anfangsstadiums seiner Verhandlungen mit Black und Grinham hatte Lyons bei Herbert Austin seine Aufwartung angemeldet, um auszuloten, wie sich vielleicht eine engere Geschäftsbeziehung zu Longbridge anbahnen lassen könnte. Konkrete Vorstellungen hierüber hatte Lyons nicht, er glaubte indessen, seine bisherige Position als Chassis-Abnehmer sei für Austin wichtig genug, um über zukünftige Formen einer Zusammenarbeit auf breiterer Basis mit ihm sprechen zu können. Aber Lyons mußte einen schlechten Tag erwischt haben – Mr. Austin war für ihn nicht zu sprechen. Verärgert und in der Absicht bestärkt, Blacks Offerte anzunehmen und zukünftig ausschließlich mit Standard zusammenzuarbeiten, fuhr er nach Foleshill zurück.
Als die Olympia Motor Show am 15. Oktober ihre Pforten öffnete, waren auf dem Stand der Firma Swallow (»Exclusive Coachwork« stand auf der Unterzeile des Firmenschilds) vier Wagen ausgestellt: ein Wolseley Hornet

Special, ein Austin Seven und zwei Standard. Der kleinere, basierend auf dem Standard Little Nine, war die stilistische Variante eines bekannten Swallow-Themas; ein in Hellblau mit Elfenbein lackierter Zweitürer in rundlicher Limousinenform. Der andere, 16 HP SS 1 genannt, war jener Kompromiß mit dem hohen Aufbau auf dem niedrigen Chassis. Der Swallow Standard Little Nine zu 235 Pfund Sterling figurierte bereits ebenfalls als ein Wagen der Marke SS, genannt SS 2, während die letzten, spezialkarossierten Austin Seven oder Wolseley-Tourenwagen das blieben, was sie waren: spezialkarossierte Austin und Wolseley. Beide Modelle verkaufte Henly noch bis zum Sommer 1933.
Dem 16 HP sah man nicht gleich an, daß er nicht fahrbereit war. In letzter Minute hatte er zwar Ausstellungsreife erlangt, doch in etlichen Details fehlte das ordentliche Finish. Was *The Autocar* kurz zuvor seinen Lesern verraten hatte, bestätigte jetzt der *Daily Express* in einem Bericht, der seine Wirkung sicher nicht verfehlte. Der Verfasser sprach von einem »Traumwagen, der die Figur einer schlanken, jungen Dame« aufweise, und er griff den Henly-Slogan auf von dem 1000-Pfund-Look dieses Coupés, das aber nur 310 koste. »Der neue SS ist sicher der niedrigste Wagen englischer Herkunft, den ich je gesehen habe. Zwei kleingewachsene Menschen können sich übers Dach noch die Hände reichen, und trotzdem gibt es innen genügend Kopffreiheit.«
Die bequemen Sitze (»Wie im Chefzimmer bei Henlys«), das Schiebedach, die flach geneigte Lenksäule, die geschmackvolle, lindgrüne Lackierung hatten Chefreporter Pemberton ebenso imponiert: »Einen solchen Wagen verkaufen zu dürfen, muß geradezu ein Vergnügen sein.«
Was hätte man erst von einem Wagen gesagt, der – wäre es nach Lyons' Vorstellungen gegangen – noch niedriger, noch schnittiger ausgesehen hätte? Eine Zeichnung, wie er hätte geraten sollen, garnierte neben einigen Fotos des Ausstellungsobjekts diesen vielbeachteten SS-Bericht in der Presse.
Weitere Veröffentlichungen folgten; sie alle widmeten zwei oder drei volle Seiten der neuen Marke SS und ihrem ersten Exponat auf der Motor Show. Der in Schwarz und Dunkelrot gehaltene 16 HP wurde stets als geräumig und äußerst komfortabel, elegant und rassig bezeichnet. Man lobte die breiten (nach vorn zu öffnenden) Türen, die gelungene Form des Kühlers, die einteilige Windschutzscheibe. Das mit Kunstleder bespannte Coupédach wies Sturmstangen-Attrappen auf – das galt als *dernier cri.* In der Schreibweise der neuen Marke war man sich nicht ganz einig. In Anzeigen las man sowohl SS als auch S.S., und Black schrieb in seinen Briefen stets S/S.

Kinderkrankheiten à la carte

Mit einer Disposition von 500 Fahrzeugen der neuen Marke SS durch das Londoner Autohaus Henly hatte die Firma Swallow ihr eigenes Risiko gering halten können, denn diese Zahl entsprach genau der Fahrgestell-Abnahmeverpflichtung bei Standard. 500 Fahrzeuge wollten aber auch erst einmal verkauft sein in einer Zeit wirtschaftlicher Depression. Vor allem stellte sich schon bei den ersten Exemplaren heraus, daß sie an unterschiedlichen Mängeln litten. Einige ließen Regenwasser herein, bei anderen gab es Motorüberhitzungen oder sie sprangen schlecht oder gar nicht an, ließen sich nicht gut schalten. Vergaserdefekte waren die am häufigsten gemeldeten Ausfallursachen. Henlys Kundendienstabteilung hatte viel zu tun, reklamierende SS-Käufer zu beschwichtigen. Der Swallow-Techniker Harry Gill und ein Mann von Standard waren zwischen Coventry und London ständig auf Achse.
Im Showroom nahm sich der SS 1 nach wie vor blendend aus. Um sicherzugehen, daß man den ersten Wagen so vorteilhaft wie möglich plazierte, war Lyons beim Anliefern in der Great Portland Street persönlich dabei; es war ein Parallelexemplar zum endlich fertiggestellten Ausstellungsfahrzeug. Anschließend fuhr er nach Glasgow, wo gerade die schottische Motor Show eröffnet und ein zweiter SS 1 gezeigt wurde. Er bekam eine nicht minder enthusiastische Presse als der Wagen in der Londoner Olympia Hall.
William Lyons gewöhnte sich an die »unmögliche« Form des Coupés dennoch nicht und ließ die zweite Serie von Fahrzeugen mit der von ihm favorisierten, niedrigeren Dachpartie bauen, auch erhielten einige Wagen einen etwas weiter ausladenden Kofferkasten mit dem damals so beliebten Klappsitz (»dickey seat« nannte man das).
Den Wagen Nummer 1 erwarb aus Henlys Schaufenster weg – wo er knapp vier Wochen verblieben war – der Inhaber einer Schiffswerft. Erst den fünften sicherte sich John Black, während das Ausstellungsexemplar aus der Olympia Hall Henlys Vorführwagen wurde. Das neunte Fahrzeug ging ins Ausland, wo der österreichische Importeur Koch es auf der Wiener Automobilausstellung im Februar 1932 präsentierte, und drei Wochen später hatte auch Swallow-Importeur Emil Frey seinen 16 HP. Weitere prominente Käufer waren der Motorradhersteller George Brough und Charles S. Sharrock von der gleichnamigen Kompressorenfabrik, Stewart W. B. Hailwood (der Vater des berühmten Rennfahrers Mike Hailwood) und ein gewisser Mr. Nehru »c/o Indische Regierung, New Delhi«.
Der SS 1 hatte in seiner Ausführung als 16 HP, wie bereits erwähnt, einen Six als seitengesteuerten 2054-ccm-Motor (65,5 x 101,5 mm), der 48 PS bei 3600/min leistete. Bei einem Radstand von 2844 mm hatte das Auto eine Gesamtlänge von 4830 mm – das war eine beachtliche Dimension. Es gab aber auch einen 20 HP, dessen Motor eine auf 73 mm erweiterte Bohrung und einen Gesamthubraum von 2663 ccm hatte. Diese Maschine, 62 PS stark, war für 120 km/h gut, während der 16 HP es auf etwa 105 km/h brachte. Die 1931er Ausstellungswagen hatten das größere Aggregat unter der langen Motorhaube.
Den SS 1 gab es bis zum Juli 1936 in diversen Ausführungen. Ins Programm kam nach dem Coupé 1934 eine viertürige Limousine und ein sogenannter »Airline Saloon«, ein

Oben: Jagur SS 100, Chassisnummer 39001. Dieses Fahrzeug war für den rumänischen Kronprinzen Michael bestimmt.

Links: So sah der Standard 9 HP von 1937 aus, auf dessen Basis Lyons seinen Jaguar 1.5 Litre baute. Welten trennten diese Autos!

Rechts: 1939er Jaguar SS 3.5 Litre Saloon. Das Gebäude mit dem Firmensignet gehörte zum Werk in Foleshill und diente oft als Fotohintergrund.

geschlossener Zweitürer mit Fließheck, der wieder einmal ganz gegen Lyons' Vorstellungen entstanden war. Die Zahl von 573 verkauften Exemplaren bewies aber, daß dieses Auto seine Liebhaber fand, zum Beispiel war Pandit Nehru (sein zweiter SS!) einer von ihnen. 1936 gab es auch ein Cabriolet und einen viersitzigen Tourer. Die Gesamtzahl aller ausgelieferten SS 1 addierte sich auf stolze 4254 Exemplare. Auch John Black konnte mit den Umsätzen recht zufrieden sein.

Die Preise bewegten sich zwischen 310 und 395 Pfund Sterling. Der SS 1 sah wirklich nach »mehr« aus, und als seine Kinderkrankheiten behoben und die Reklamationsquote auf ein Minimum gesunken waren, warf die Produktion eine ordentliche Rendite ab.

Der kleine SS 2 Vierzylinder alias Standard Little Nine (9 HP) hatte aber nach wie vor ebenfalls viele Abnehmer. Mit seinem 1004-ccm-Motor (60,3 x 88 mm), 28 PS stark bei 4000 Touren, gab es diesen Wagen bis Ende 1933, zuerst mit Dreigang-, dann mit Vierganggetriebe. Durch einen längeren Hub (106 mm, 1052 ccm), dann aber auch erweiterte Bohrungen (63,5 bzw. 69,5 mm) mau-

CARS

serte sich der Nine zu einem Ten, dann zu einem Twelve; diese Bezeichnungen standen üblicherweise für britische Steuer-PS. Die kleinen Limousinen für zwei Erwachsene und zwei Kinder und die etwas geräumigeren Tourenwagen glichen im Stil dem SS 1. 1736 Stück wurden bis Mitte 1936 gebaut, die überwiegende Zahl mit geschlossenem Aufbau, wobei auch hier die Sturmstangen-Attrappen (»Faux-Cabriolet«) als attraktives Dekor das kunstlederbezogene Dach schmückten. Der SS 2 kostete zwischen 210 und 260 Pfund Sterling.

Lyons' Traumwagen wird Realität

Wurde die erste Serie von 500 SS 1 noch so gebaut, wie der Prototyp auf der Motor Show von 1931 ausgesehen hatte, so war der 1932 präsentierte Wagen eine nach Lyons' Vorstellungen modifizierte Version. Sie wies nicht nur eine niedrigere Dachpartie auf, sondern hatte auch den berühmten Underslung-Rahmen mit 178 mm mehr Radstand. Die Rahmen-Längsholme verliefen jetzt unterhalb der Achsen. Jetzt stimmten alle Proportionen auch in den Augen William Lyons'... Der *Daily Express* erinnerte seine Leser an die Berichterstattung vom Vorjahr: »Wir hatten behauptet, der Wagen sähe nach 1000 Pfund Sterling aus. Jetzt könnte man von einem 1500-Pfund-Wagen sprechen – und er kostet noch immer nur 325.«
Erste Testberichte bestätigten, daß der neue SS 1 nicht nur sehr gut aussähe, sondern auch alle Probleme seiner Anfangszeit überwunden habe. Bei strömendem Regen sei er absolut wasserdicht, außerdem verfüge er über sehr gute Bremsen und ein ausgezeichnetes Kurvenverhalten. »Die Lenkung geht leicht und präzise, die Beschleunigung ist rapid, der Platzkomfort hervorragend. Auch nach 1000 Meilen Parforcefahrt gibt es kein Ermüden dank bester Sitzposition. Auch die Sicht könnte nicht besser sein«, schrieb Douglas Clease im *Autocar*. Und *The Motor*

Im Sommer 1938 erschienenes ganzseitiges Inserat für die Modelle der nächstfolgenden Saison. Eine grafisch ungewöhnliche Lösung.

Standard 12 HP 1938. Das Chassis und den Motor dieses Wagens bezog Lyons für seinen 1,8 Liter Jaguar. Den 12 HP gab es noch bis Ende 1948.

bezeichnete den SS 1 als »the world's most beautiful sports car«. Bei den damals zahlreich veranstalteten Schönheits-Wettbewerben war der SS 1 oft unter den Siegern.

Im Frühjahr 1933 gab es in Großbritannien bereits über 100 Händler, bei denen man einen SS kaufen konnte. Größter Verteiler war und blieb natürlich die Firma Henlys. Alle Vertriebsdinge regelte Lyons von seinem Schreibtisch aus, auch die Exporte, sofern sie nicht über Henlys liefen. Um Details kümmerte sich Lyons' Sekretärin Alice Fenton, Mädchen für alles fast im Wortsinne.

Der neue SS 1 war das Auto, zu welchem William Lyons ohne Einschränkungen stand (ausgenommen jene Exemplare mit der Airline-Karosserie). Als die ausgezeichneten Abschlüsse der 1932er Automobilausstellung – nicht weniger als 1000 Kaufverträge waren unterzeichnet worden – auf seinen Tisch kamen, wurde die Frage akut, ob man die beiden weiteren Gebäude, die zum Gesamtkomplex des Werksareals gehörten (aber seinerzeit nicht mit angemietet worden waren), nicht ebenfalls in Beschlag nehmen sollte. Die Frage brauchte nicht lange diskutiert zu werden: Man kam gar nicht daran vorbei, zumal es ja nach wie vor den Seitenwagenbau gab, der ebenfalls florierte. Ein Bereich, der gänzlich in Walmsleys Regie geführt wurde. Vor allem mußte man eine neue Lakkierabteilung einrichten, noch immer ein Engpaß in Foleshill. Später überdachte man die Partien zwischen den einzelnen Gebäuden und schuf somit zusätzliche Nutzflächen, zugleich von Witterungseinflüssen unabhängige Verbindungswege.

Eine weitere Überlegung galt der Frage, inwieweit sich beim 16 und beim 20 HP die Motorleistung erhöhen ließ. In verschiedenen Wettbewerben, an denen private Fahrer mit ihren SS 1 teilgenommen hatten, war die Leistungsüberlegenheit etlicher Konkurrenten deutlich geworden. Die Standard Motor Company verspürte wenig Lust, eine »scharfe« Version zu liefern, hatte wohl auch keine Spezialisten im eigenen Lager, die sich hierfür engagierten, so daß Lyons sich nach einem Experten umsah, den man fürs Tuning im eigenen Hause gewinnen konnte. Die Wahl fiel auf einen jungen Mann namens Harry Weslake, der zusagte und sich erste Gedanken machte, wie aus dem seitengesteuerten Sechszylinder ein ohv-Aggregat zu machen war. Es dauerte aber eine geraume Weile, bis sich hier brauchbare Lösungen zeigten. Bis dahin mußte konventionelles »Frisieren« des sv-Motors ein paar zusätzliche PS lockermachen.

Die Zusammenarbeit mit Standard war dennoch ausgezeichnet. Jeder SS wurde vor seiner Auslieferung durch einen professionellen Einfahrer der Firma auf Herz und Nieren getestet. Von hier kamen auch wertvolle Anregungen, die Weslake gerne aufgriff, etwa in bezug auf die anfangs so oft aufgetretenen Überhitzungsprobleme.

SS als offizielles Automobilfabrikat

Ein Auto ohne signifikantes Emblem auf dem Kühler – das durfte es nicht geben. Schon der Swallow Austin hatte zumindest eine eigene Kühlerfigur erhalten, natürlich eine Schwalbe, und so wurde auch für den SS mit dessen Erscheinen ein Markenzeichen kreiert, das die beiden Initialen (ohne Punkte), etwas hölzern-kantig, in einem mutternähnlichen Sechseck zeigte.

In den Jahren 1931 bis 1933 aber hatten die verantwortlichen Herren der Society of Motor Manufacturers and Traders (SMMT) die Firma Swallow nicht als Automobilhersteller klassifiziert. Fahrzeuge der Marke SS waren nicht in der Haupthalle der Motor Show zu sehen, sondern in der Karosseriebau-Abteilung. Es kostete Lyons viel Mühe und zwei

Jahre Geduld, um den Präsidenten der SMMT davon zu überzeugen, daß die Automobilmarke SS eigentlich in die ihr zustehende Halle gehörte. Jener Präsident war Herbert Austin, der ganz offensichtlich kein Interesse daran hatte, Lyons einen Gefallen solcher Größenordnung zu erweisen. Die Firma Armstrong-Siddeley brachte das Thema dann als Antrag auf einer der Sitzungen der SMMT im Frühjahr 1934 ein, und es fand sich tatsächlich eine Mehrheit, die Lyons Wunsch befürwortete – ein weiteres Indiz für die Anerkennung und das Wohlwollen, das der junge Unternehmer immerhin bei den meisten in der Branche genoß. Später wurde Lyons selbst SMMT-Präsident.

Das SS-Programm auf der 1934er Motor Show umfaßte eine Vielzahl von Modellvarianten. Den Sechszylinder SS 1 gab es als 16 oder 20 HP (2143 bzw. 2552 ccm, auch 2.1 und 2.5 Litre genannt), der SS 2 war als 10 und als 12 HP zu haben (1052 bzw. 1608 ccm). Jede Version wurde als Limousine, Sportcoupé und Tourenwagen geliefert; den von William Lyons ungeliebten Airline gab es nur als SS 1.

Aussteller in der Olympia Hall war nicht mehr die Firma Swallow, sondern eine SS Cars Ltd., die Lyons am 1. Oktober 1933 mit einem Kapital von 10 000 Pfund Sterling gegründet hatte. Bis jetzt war dieses Unternehmen nicht aktiv geworden; für ihre Existenz hatte Lyons nur als Präventivmaßnahme gesorgt für den Fall, daß die ständigen Auseinandersetzungen mit seinem Partner Walmsley zu einem Punkt führen sollten, an welchem es zu einem endgültigen Zerwürfnis kam. Anlässe gab es oft genug, doch hatte Lyons sich mittlerweile so weit in Geduld und Diplomatie geübt, daß es nicht zum großen Krach kam. Wider Erwarten vollzog sich die Trennung der beiden dann gänzlich frei von äußerlich wahrnehmbaren Emotionen. Lyons zahlte Walmsley am 28. November 1934 aus, alle Rechte und Pflichten der Firma Swallow wurden von der SS Cars Ltd. übernommen. Das erste Kapitel, das der Gründungsphase, der Jaguar-Historie war damit in

Cockpit des Jaguar SS 100 von 1937. Der Frischluftgenießer fährt mit Aero Screens bei heruntergeklappter Hauptscheibe – und das keineswegs nur bei Sommerwetter!

aller Stille und in einem Zeitraum von acht Tagen beendet worden.
Auch Walmsley muß erleichtert gewesen sein, als die Partnerschaft mit Lyons ihr Ende gefunden hatte. Zu verschieden waren die Charaktere der beiden Männer, von denen der eine mit überdurchschnittlichem Beharrungsvermögen gesegnet, der andere mit viel Mut zur Risikobereitschaft ausgestattet war. Walmsley blieb aber nicht untätig, er ging in die Wohnwagenbranche und war dort recht erfolgreich. Aber nur zwei- oder dreimal ergab es sich für Lyons und Walmsley später, einander wiederzusehen, und um der Wahrheit die Ehre zu geben: Sie suchten solche Gelegenheiten auch nicht gerade.

SS Cars geht an die Börse

Am 10. Januar 1935 veröffentlichte die *Financial Times* die Nachricht, daß die Firma SS Cars Ltd. in eine Aktiengesellschaft umgewandelt worden war und man ab sofort Anteile zeichnen könne. Es gab 100 000 Vorzugsaktien zu je einem Pfund Sterling, ausgegeben zu 21 Shilling und 6 Pence, und normale 5-Shilling-Aktien über eine Summe von 140 000 Pfund zu 10 Shilling 6 Pence das Stück. Es folgte der Hinweis, daß man die Firma Swallow Coach Building übernommen und innerhalb von zwölf Monaten ein Umsatzplus von 100 Prozent erreicht habe. Der Gewinn im Geschäftsjahr 1933/34 belaufe sich auf 34 645 Pfund Sterling. Der Eröffnungsbilanzwert sei mit 179 857 Pfund ermittelt worden.
William Lyons befand sich in der Position eines Vorstandsvorsitzenden seines Unternehmens; zu seinem Stellvertreter bestimmte er einen Mann aus den ersten Blackpool-Tagen, Arthur Whittaker. Das erste, was sie ausbauten, war die Verkaufsorganisation, denn der Zeitpunkt war längst erreicht, an welchem Lyons und seine Sekretärin Alice Fenton das Sales Department nicht mehr quasi nebenher bewältigen konnten. So kam aus dem Hause Triumph Alec Blythe hierfür zur SS Cars Ltd., und seine ersten Aktivitäten bestanden aus dem Anmelden der Firma auf den großen Automobilausstellungen in New York, Amsterdam und Brüssel.
In die USA waren schon 1934 die ersten SS-Automobile gelangt und hatten dort für Aufsehen gesorgt. Der seinerzeitige Importeur hieß Richard G. Taylor, kümmerte sich um das Geschäft aber nur ein knappes Jahr lang. In Holland und Belgien war SS wie auch in der Schweiz und Österreich seit Anbeginn eingeführt, aber diese Positionen ließen sich natürlich noch beträchtlich ausbauen. Eine

Gemeinschaftsanzeige einiger Jaguar-Händler von 1938. Ian Appleyards väterliche Firma war großformatig vertreten.

»zweite Verkaufsfront« bildete der frisch gegründete SS Car Club, der William Lyons zum Ehrenvorsitzenden erkor. Es gab eine Clubzeitschrift, die auch als PR-Medium über Autohändler ausgegeben und von Ernest Bill Rankin publiziert wurde, jenem Mann, dem auch stets die besten Werbesprüche für SS-

LGP 724
46

Autos (Reklame, für die noch immer Henly zu bezahlen pflegte) einfielen.
1935 tauchten zwei neue Modelle auf, ausnahmsweise mitten im Jahr. Eins war das bereits erwähnte Cabriolet auf Basis des SS 1, im Unterschied zum Tourer mit gefüttertem Verdeck und Kurbelscheiben in den Türen versehen, das andere nannte sich SS 90 und war ein zweisitziger Roadster auf kurzem Chassis, Radstand 2465 mm. Mit seiner 2663-ccm-Maschine – noch immer seitengesteuert – war der 140 km/h schnelle, schlanke und niedrige Sportwagen mit seinen kühn geschwungenen Kotflügeln wieder so ganz nach Lyons' persönlichen Vorstellungen entstanden. Und sofort nach seinem Erscheinen wurde der SS 90 – die Zahl sollte auf die Höchstgeschwindigkeit hindeuten – auch im Motorsport eingesetzt, wo er mit ersten Anfangserfolgen Akzente setzte.
Der SS 90 gehörte konstruktiv noch in die Familie des SS 1, wurde auch in den Verkaufszahlen (als 20-HP-Derivat) ihm zugerechnet. Nach Andrew J. A. Whytes Aufzeichnungen wurde er nur in 24 Exemplaren gebaut (23 im Jahre 1935, ein letztes 1936). In einigen kamen angeblich Weslakes erste ohv-Motoren zur Erprobung. Aber es bedurfte noch der gründlichen Durchentwicklung dieses Aggregats. Die ersten beiden »richtigen« ohv-Motoren fanden Eingang in zwei Fahrzeuge vom Typ SS 1, die von Polizeidienststellen in Bolton gekauft wurden.

Neue technische Konzepte

Harry Weslake bekam im April 1935 die notwendige Unterstützung in der Person eines Ingenieurs, der bisher bei Humber gearbeitet hatte, er hieß William Munger Heynes und war ein Jahr jünger als Lyons. Seine Qualifikation veranlaßte den Boß, ihn zum Cheftechniker zu ernennen, was Weslake wohl oder übel in Kauf nehmen mußte. Drei, vier Mitarbeiter folgten Heynes nach Foleshill. Es gab für sie sofort viel zu tun, denn Lyons wollte auf der Londoner Automobilausstellung im Oktober etwas Neues zeigen, und man hatte nur noch wenig Zeit.
Um sich zur Gänze auf das Automobilgeschäft konzentrieren zu können, hatte Lyons den Seitenwagenbau ausquartiert und in eine eigene Firmenkonstruktion gebettet. Eine neue Swallow Coachbuilding Company Ltd. führte diesen Zweig weiter, Lyons blieb Inhaber des Unternehmens.
Mit dem neuen Stab guter Techniker, die sich nicht nur um den Motorenbau, sondern auch um Verbesserungen am Chassis und Fahrwerk kümmerten, kam es zu einer Neuordnung der vertraglichen Verhältnisse mit der Standard Motor Company. Noch war Lyons Großabnehmer, bestimmte aber in zunehmendem Maße Modifikationen, die den Standard-Leuten nicht bequem sein konnten. So lange Lyons' Automobile aber die Markenbezeichnung SS trugen, die John Black gern als »Standard Special« interpretierte (zumal das Swallow-S ja offiziell nicht mehr existierte), waren ihm Extratouren recht. Sein Chefkonstrukteur Grinham erhielt die Anweisung,

Links: SS 100 mit klassischer Kulisse – Castle Walton Hall.

Rechts: Schneller und mindestens ebenso klassisch in seiner Erscheinung wie ein SS 100 war der offene Sporttourer vom Typ Alvis Speed 25. Im Motorsport blieb dieser Wagen dennoch ohne nachhaltigen Eindruck.

den Leuten aus Foleshill weiterhin nach Kräften behilflich zu sein. Die Situation änderte sich erst allmählich, als der Name SS einem anderen Platz zu machen begann, ein Vorgang, der einherging mit neuen technischen Konzeptionen eigener Prägung.
Swallow war ein fröhlicher Name gewesen für eine Reihe von Produkten, zu denen er paßte: Motorrad-Seitenwagen, kleine, flotte Autos in der Kategorie eines Morris Minor oder Austin Chummy. Aber schon beim SS 1 hatte man ganz bewußt auf den Namen »Schwalbe« verzichtet; »Adler« oder »Falke« wären vielleicht passender gewesen. Die beflügelte Fauna war aber bereits reichlich strapaziert, was ihre Verwendung im Automobilbereich betraf, und es war in den frühen dreißiger Jahren auch kein vordringliches Anliegen Lyons' gewesen, sich über eine Taufe seiner Fahrzeuge den Kopf zu zerbrechen. SS als sinnvolle Abkürzung für Swallow und Standard taugte durchaus für das, was dafür stand.
Werbemann Rankin war es, der Lyons darauf aufmerksam machte, daß man auf Dauer aber mit einem klangvollen Namen, der Qualität, Leistung und Anspruch assoziierte, besser dran sei. Und welche Gelegenheit für die Einführung eines solchen Namens wäre passender als die einer Neuvorstellung von Modellen auf einem Automobilsalon?
Eine Anzahl Vorschläge wurde von Rankin zu Papier gebracht, und seltsamerweise kamen die meisten wieder aus der Tierwelt. So richtig einprägsam war aber nur einer, der zugleich auch all die Eigenschaften ausdrückte, die Lyons seinen Automobilen zuerkannt wissen wollte – Jaguar.
Da gab es nur noch einen kleinen Haken. Es hatte im Ersten Weltkrieg einen Flugmotor gegeben, der unter diesem Namen gebaut worden war, und zwar von Siddeley. Man mußte sich vergewissern, ob der Inhaber der Namensrechte, die Firma Armstrong-Siddeley, noch Ansprüche auf diese Bezeichnung geltend machte. Da man aber noch nichts nach draußen dringen lassen wollte, mußte die Anfrage in aller Diskretion erfolgen. Sie wurde positiv entschieden: SS Cars Ltd. durfte den Namen Jaguar verwenden.
Eine Umbenennung der Firma stand zunächst nicht zur Diskussion; der Name Jaguar sollte lediglich als Modellbezeichnung in Erscheinung treten. Die schnell davonlaufende Zeit bis zum Oktober 1935 erzwang eilige Maßnahmen, wollte man das neue Auto fertigbekommen; eine davon war die Vergabe

Rechts: Eine Klasse größer, aber um mehr als dreifach so teuer im Vergleich zum Jaguar war das Lagonda LG 6 Drophead Coupé der dreißiger Jahre.

Links unten: SS 2.5 Litre Tourer von 1936. Obwohl nach Amerika verkauft, hatte der Wagen Rechtslenkung wie alle SS Jaguar vor dem Kriege.

von Blechpreßarbeiten an die in der Nachbarschaft residierende Firma Motor Panels. Auch mußte man den Personalbestand erneut aufstocken, der im Sommer 1935 bereits an die 600 Mann umfaßte.
Dennoch kam eine eigene Motorenfertigung natürlich nicht in Frage. Die Etablierung eines leistungsfähigen Konstruktionsbüros band ohnedies viele Mitarbeiter, und man war froh, daß John Black sich nach anfänglichem Zieren letztlich bereiterklärte, den von Weslake entwickelten ohv-Motor zu fertigen – eine Mindestabnahme von 1000 Stück voraussetzend. Dafür räumte man der SS Cars Ltd. aber auch wieder die Exklusivität ein. Und da dieser Sechszylinder im Grunde auf dem bereits vorhandenen 2663-ccm-Aggregat basierte (jetzt mit zwei SU- statt der bisherigen RAG-Vergaser bestückt), war die Umstellung nicht allzu problematisch. In der seitengesteuerten Ausführung verwendeten sowohl SS als auch Standard die 20-HP-Maschine außerdem weiterhin.
Jene sportlichen Wagen, die man auf der 1935er Motor Show zu präsentieren gedachte, unterschieden sich äußerlich nicht sehr von ihren Vorgängern. Man konnte sie für Fahrzeuge vom Typ SS 1 Tourer und SS 90 Roadster halten. Doch die kleine viertürige Limousine mit dem 1608-ccm-Vierzylindermotor des bisherigen 12 HP war mehr als ein aufgewerteter SS 2 – ein Wagen in gänzlich frischem Gewand. Es war gerade dieses Auto, mit dem eine neue Modellgeneration ihren Anfang nehmen sollte.
Mit den schon traditionellen Vorschußlorbeeren auf das, was in drei Wochen auf der Motor Show zu sehen sein würde, pries die Presse einen Wagen, den sie noch gar nicht gesehen hatte. Am 21. September aber stellte Lyons anläßlich eines Lunch, den der Händlerverband gab, den Prototyp der neuen Limousine vor, und es fiel auch der Name Jaguar. Die Zeitschrift *The Motor* war es, die ihn zum erstenmal als Typenbezeichnung für einen SS-Wagen veröffentlichte, in ihrer Ausgabe vom 24. September 1935.
Vor lauter Aufregung um den 1.5 Litre Jaguar stand der ebenfalls neue SS 100 etwas abseits vom Rampenlicht. Die Ähnlichkeit mit dem bisherigen SS 1 Tourer hielt einer genaueren Prüfung indes nicht stand. Allein die Kühlerpartie und die breiteren Kotflügel nach Art des zweisitzigen SS 90 unterschieden diesen Sportwagen von seinem Vorgänger, und unter der Motorhaube steckte die eigentliche Delikatesse – der neue ohv-Motor mit einer Leistung von 102 PS bei 4600 Touren. Die Zahl 100 hatte für jeden Engländer magische Bedeutung: Sie verhieß ein Spitzentempo von 100 Meilen pro Stunde! Objektive Tests ergaben allerdings ein etwas geringeres Höchsttempo, es lag bei etwa 96 Meilen, also 154,5 km/h.
Im Angebot waren nun also ein SS Jaguar Tourer als offener Viersitzer sowie der Roadster SS 100, beide mit ohv-Motor. Aber auch die 1.5 Litre Limousine war mit dem ohv-Sechszylindermotor zu haben, sie figurierte dann als Jaguar 2.5 Litre. Die ersten dieser geräumigen Viertürer verließen das Werk Anfang Dezember 1935, und um jene Zeit erschienen auch die ersten Testberichte in der Motorpresse. Vor allem machten die neuen Jaguar im Sport ihre Aufwartung, in der Alpenfahrt, in der Rallye Monte-Carlo, in zahlreichen nationalen Veranstaltungen. Allerdings handelte es sich bei den dort eingesetzten Fahrzeugen um einige wenige Werkswagen; die Fertigung des SS 100 begann erst im Frühjahr 1936. Schon bald erwiesen sich auch die Serienwagen als potentielle Klassensieger im Rallyesport. Und damit als harte Konkurrenten zum 1936 vorgestellten BMW 328, zum Alfa Romeo und auch ganz sicher zum Aston Martin.
Mit 395 Pfund Sterling war der SS 100 zwar der zur Zeit teuerste Jaguar, dennoch der preiswerteste Wagen dieser Kategorie in ganz Europa. Jeder andere 100-Meilen-Wa-

Oben: Zwei Wagen der 1932er Alpenfahrt-Mannschaft. Hinter den SS 1 die Bugatti-Equipe.

Links: Ein SS 2.5 Litre Tourer am Start zur Welsh Rally 1937; Matthews besteigt seinen Wagen.

Blackfriars' Bridge, London. Auch in den zwanziger Jahren gab es in europäischen Großstädten so etwas wie chaotische Verkehrsverhältnisse . . .

gen kostete zwischen 500 und 800 Pfund. Der Rahmen des Roadsters entsprach in der Konstruktion dem des SS 90, hatte auch den gleichen Radstand, während Aufhängungen, Bremsen (Girling-Gestänge) und Lenkung (Burman-Schneckenrolle) denen der Limousine entsprachen. Vorne hatte der SS 100 Reibungs- sowie Teleskop-, hinten nur Teleskopstoßdämpfer von nicht allzu großer Wirkung. Die 18-Zoll-Speichenräder kamen von Dunlop (beim SS 90 von Rudge-Whitworth). Die großen Lucas-Frontscheinwerfer vom Typ P 100, die auf manchen zeitgenössischen, vor allem aber auf später gemachten Fotos zu sehen sind, gehörten nicht zur Standardausstattung. Viele Eigner eines SS 100 tauschten die Originallampen später gegen die eindrucksvolleren P 100 aus. Serienmäßig war damals auch nur ein einzelnes Rücklicht einschließlich Bremsleuchte.

Mit seinem Huckepacktank und dem dahinter montierten Reserverad sah der SS 100 recht sportiv aus. Es gab nur recht wenig Platz fürs Gepäck, denn hinter den Sitzen konnte man gerade – fuhr man offen – das zusammengelegte Verdeck und die Steckscheiben für die Türen unterbringen. Aber der Wagen war ja ein Sport- und nicht so sehr ein Reisefahrzeug. Damit man sogleich wußte, mit wem man es zu tun hatte, trug die Verbindungsstange zwischen den Scheinwerfern eine Plakette mit der Bezeichnung »100«. Unterhalb des Kühlwasserstutzens saß das neue Flügelemblem mit dem Namen »SS Jaguar«. Außer einer normalen Windschutzscheibe stattete man jeden Wagen mit den damals so beliebten kleinen Rennscheiben aus, sogenannte »aero screens«.

Die für ihre Karosseriearbeiten vor noch gar nicht langer Zeit so berühmt gewordene Firma Swallow beziehungsweise SS Cars Ltd. sah sich kapazitätsmäßig nicht in der Lage, die einzelnen Karosserieteile für ihre neuen Fahrzeuge im eigenen Hause herzustellen. Es gab weder Pressen noch andere große Maschinen, und all die handwerkliche und räumliche Potenz, die zur Verfügung stand, mußte man auf die Montage und Ausstattung der Wagen verwenden. Bis zu 100 Einheiten pro Arbeitswoche mußten das Werk verlassen. So gab es nicht nur lukrative Aufträge für Panel Motors in Coventry, sondern auch für Cooke & Sons in Nottingham, eine Firma, die noch in den achtziger Jahren bestand und Jaguar-Blechteile alter Baumuster zu liefern imstande war.

Das am 31. Juli 1937 endende Geschäftsjahr 1936/37 zeitigte für die Jaguar-Aktionäre ein hervorragendes Ergebnis. 12,5 Prozent Divendende kamen zur Ausschüttung. 2470 Fahrzeuge hatten ihren Weg zum Käufer gefunden, die im Schnitt sechs Monate Geduld aufbringen mußten, um beliefert zu werden. Einen Testwagen zu erhalten, bedingte eine fast zwölfmonatige Wartezeit. Die Presse mußte schon sehr gute Beziehungen zu Lyons haben, wollte sie in der Warteliste eine Position hinaufrücken . . .

Im Herbst 1937 gab es zwei weitere heiße News. Einmal war es die Einführung von Ganzstahlkarosserien, zum anderen betraf es einen neuen Sechszylindermotor von 3485

ccm Hubraum. Aus dem 1,6-Liter-Modell war ein 1,8-Liter geworden (Basisaggregat war die 1776-ccm-Maschine des Standard Fourteen). Alle Motoren hatten Zylinderköpfe mit hängenden Ventilen und wurden nach wie vor bei der Standard Motor Company fabriziert. Feinabstimmung und besondere Tuningarbeiten fanden indessen bei der Firma SS in Foleshill statt.

Als Jaguar 1.8, 2.5 und 3.5 Litre bot man Limousinen und neuerdings auch Cabriolets an, daneben den SS 100 in 2.5- und 3.5-Litre-Version. Während die Sportwagen sich bis Ende 1939 äußerlich nicht veränderten, gab es Modifikationen bei den Limousinen, wie ein vom vorderen Kotflügel in den Kofferraum verfrachtetes Reserverad. Die Ganzstahlbauweise stellte die Jaguar-Montagemannschaft jedoch vor nicht vorausgesehene Schwierigkeiten. Mit der Aluminiumverarbeitung kannte man sich bestens aus, doch eine zunehmende Verteuerung dieses (auch korrosionsanfälligen) Materials auf dem Weltmarkt hatte schon 1931/32 zu einer Umdisposition auf Stahl gezwungen. Auch die Verarbeitung von Stahlblechtafeln auf Holzrahmen, wie man es im Automobilbau allenthalben noch praktizierte, wurde von den Jaguar-Männern meisterhaft beherrscht. Beim »all steel body« aber ließ sich der arbeitsintensive Holzrahmen der Karosserie einsparen. Eine Rationalisierung in dieser Richtung bedeutete aber keineswegs eine Verminderung der Mitarbeiterschaft, im Gegenteil: Im Sommer 1937 standen bei der SS Cars Ltd. an die 1500 Personen auf der Lohnliste. Die Schwierigkeiten in der Stahlblechverarbeitung ohne Holzunterbau hatte man indessen erst gegen Ende März 1938 im Griff. Ein gewaltiger Rückstau hatte sich bis dahin gebildet, entsprechend war es zu Umsatzeinbußen gekommen, denn vier Monate lang hatte man außer dem SS 100 keinen Jaguar ausgeliefert. Solange für jeden einzelnen Wagen nicht eine hundertprozentige Garantie gegeben werden konnte, was die Verarbeitung der Karosserie betraf, ließ Lyons kein Exemplar herausgehen. Es war eine spannungsgeladene Zeit, in der viele Abteilungen wieder einmal permanent Überstunden leisten mußten, während andere über Gebühr unfreiwilligen Leerlauf hatten.

Diese Interimsspanne war aber auch dazu benutzt worden, den Arbeitsablauf zu reorganisieren. Moderne Punktschweißgeräte waren installiert worden, eine neue Lackierabteilung und alles, was dazugehört. An einer Stahlkarosse zu arbeiten, bedingte völlig andere Vorbereitungen als bisher. Allein Details wie Scharnierbefestigungen, Fensterführungen, Verankerungspunkte für die Sitze und dergleichen, deren präzise Durchkonstruktion heute ganze Heerscharen computerunterstützter Fachingenieure ernähren würde, warfen Fragen auf, wie sie im herkömmlichen Karosseriebau (klassisches »coachbuilding«!) seit Jahrzehnten niemand mehr gestellt hatte. Alle Lösungen, die dann in die Serie eingingen, waren empirischer Natur, und hatte man endlich den vermeintlich richtigen Weg gefunden, mußten die entsprechenden Vorrichtungen und Werkzeuge hierzu angefertigt werden. Daß solche Entwicklungsprozesse überhaupt in ein paar Monaten zu bewältigen waren, kennzeichnet den Einfallsreichtum und den unerhörten Fleiß der damit befaßten Männer.

Eine ganze Anzahl von Fahrgestellen verließ das Werk auch unkarossiert. Spezialaufbauten entstanden vor allem auf dem Kontinent, so in der Schweiz und in Belgien. Doch nur wenige konnten sich in Stil und Eleganz mit dem Original messen – ein SS Jaguar aus Coventry war in seiner Linienführung schließlich kaum zu übertreffen.

Die geschilderten Schwierigkeiten fanden natürlich ihren Niederschlag im Geschäftser-

gebnis. Statt der 12,5 Prozent Dividende vom Vorjahr gab es diesmal nur 5 Prozent. Betroffen vom Umsatzrückgang waren auch Henlys und alle anderen Händler – um so größer sahen ihre Erwartungen für den nächsten Zeitraum aus. Man hatte viel Vertrauen in die neuen Produkte und in die Herstellungsmethoden, die Lyons eingeführt hatte. Daß ihr Optimismus, den Lyons stets auszustrahlen verstand, durchaus gerechtfertigt war, bewiesen die 5000 Jaguar-Wagen, die im nächstfolgenden 12-Monats-Zeitraum weggingen.
Eintausendfünfhundert Mann in Foleshill – längst ließ sich ein solches Unternehmen nicht mehr wie eine große Familie führen. William Lyons brauchte fähige Köpfe wie Arthur Whittaker oder Bill Heynes, die ihrerseits über Führungsqualitäten verfügten und in ihren Entscheidungsbereichen eine zweite Ebene aufbauten. Heynes und Weslake suchten vor allem Verstärkung in der Technik und waren froh, Walter Hassan kennenzulernen, einen ehemaligen Bentley-Ingenieur, der vom Motorenbau kam. Zur Jahreswende 1938/39 verstärkte er das Jaguar-Team. Hassan sollte später einer der einflußreichsten Männer im Unternehmen werden.
Lyons betraute Hassan mit der Position eines Versuchsingenieurs und stellte ihm die vordringliche Aufgabe, sich des Themas Einzelradaufhängung anzunehmen. Noch waren alle Jaguar-Wagen Starrachser, und als ehemals aktiver Rennfahrer wußte Hassan sehr gut, wohin die Entwicklung ging. Er nahm sich auch der Vorbereitung jener Wagen an, die an großen Rallyes teilnahmen – nicht ohne Erfolg: Ein 3.5 Litre Saloon qualifizierte sich als bester britischer Wagen bei der 1939er Rallye Monte-Carlo.

Enttäuschte Erwartungen

Es blieb nicht aus, daß die SS Cars Ltd. auf ihrem Expansionskurs nicht auf Dauer Fremdaufträge größeren Umfangs vergeben konnte, sondern daran denken mußte, entsprechende Betriebe eher zu absorbieren. So kam es 1939 zur Übernahme der Panel

Gegenüberliegende Seite: So sah der SS 100 als Coupé aus, der 1938 auf der Motor Show stand. Das Einzelstück existiert noch heute.

Coventry wurde schon in den ersten Kriegsjahren stark zerstört. Besonders die Luftangriffe im November 1940 richteten große Schäden an.

Motors, wo man schon länger Jaguar-Karosserieteile fertigte. Der Zukauf dieser Firma war ein dicker Brocken, und Lyons' Hausbank sah die Transaktion mit Skepsis. Vor allem in Anbetracht der Unwägbarkeiten, die sich durch die politischen Entwicklungen auf dem europäischen Kontinent abzuzeichnen begannen. Die »splendid isolation« Britanniens gab es schon lange nicht mehr, und es konnte Neville Chamberlains Regierung nicht gleichgültig sein, was sich beispielsweise in Deutschland abspielte. William Lyons, politisch wenig interessiert, setzte alles auf die Karte seiner unermüdlichen Aktivitäten. Aber schon der Herbst des Jahres 1939 ließ deutlich werden, wie sehr die Bankmanager recht gehabt hatten: Große Teile Europas befanden sich seit Anfang September im Kriegszustand.
Zunächst aber konzentrierte man sich in Foleshill auf die Mehrung sportlichen Ruhms für den SS 100, und man kann durchaus behaupten, daß die Erfolge dieser leistungsstarken Fahrzeuge das Jaguar-Image in aller Welt auf einen Level brachten, der auch die Basis für alle Erfolge der Nachkriegszeit darstellte. 1936 bis 1939 entstanden 190 dieser Roadster als 2.5 und 115 als 3.5 Litre; zwei lieferte man als unkarossierte Fahrgestelle aus, ein Wagen bekam im Werk 1938 den Aufbau eines Coupés. Die beiden Fahrgestelle wurden im Auftrage der Händlerfirma Newsome Ltd. in Coventry zu Cabriolets aufgebaut; Lyons gefielen sie gar nicht. Das hatte vielleicht auch einen speziellen Grund: Newsome hatte die Karosserieaufträge an das Konkurrenzunternehmen Avon Coachbuilding vergeben.
Einen ganz speziellen Jaguar 3.5 ließ sich Standard-Chef John Black karossieren. Der Aufbau entstand bei der Firma Mulliner in Birmingham, eine recht kantige Angelegenheit ohne jegliche Anleihe an die eleganten Jaguar-Linien. Dafür hatte das Fahrzeug eine Trennscheibe zum Fond – ein richtiger Direktionswagen. Die Serienwagen – sämtlich in Stahlbauweise – sahen alle gleich aus, egal, ob mit 1,8-Liter-Motor (gleichwohl hieß der Vierzylinder 1.5 Litre!), als 2.5 Litre (2663 ccm) oder 3.5 Litre. Unterschiedlich waren natürlich die Fahrleistungen, und die 1300 kg Leergewicht des 1.5 Litre machten den Viertürer zu einer behäbigen (um nicht zu sagen: untermotorisierten) Kutsche. Maximal ließen sich mit ihr 115 km/h erreichen. Mit dem 3485-ccm-Motor, den ja auch der SS 100 aufwies, waren 145 km/h drin, und Beschleunigung wie Elastizität wurden oft gelobt. Die Gewichtsdifferenz zwischen

dem Vierzylinder- und dem großen Sechszylindermotor betrug immerhin rund 280 Kilogramm.
Limousinen sportlichen Zuschnitts nach Vorbild des Jaguar gab es ab Mitte der dreißiger Jahre auch bei anderen Herstellern, in erster Linie bei jenen, die ohnedies sportives Image hatten, zum Beispiel M.G., Alvis und Lagonda. Auf dem Kontinent konkurrierte Jaguar mit Alfa Romeo, BMW, Delage, Talbot und Bugatti, doch waren deren Fahrzeuge um ein Vielfaches teurer. Allerdings boten sie auch aufwendigere Technik – ein Jaguar war in dieser Beziehung ein stockkonservatives Auto, das mit seinem Standard-ohv-Motor à la Weslake und einem zwar soliden und erprobten, aber dem technischen Fortschritt nicht gefolgten Fahrwerk mit einem Alfa 8 C 2900 B kaum zu vergleichen war. Doch die bestechende Optik, die Qualität der liebevollen Verarbeitung und die Zuverlässigkeit eines Jaguar wogen die Distanz zur technischen Avantgarde auf. Wo ein SS 100 nicht unter den Erstplazierten einer Langstrecken-Rallye zu finden war, erhielt er zumindest den Schönheitspreis beim nachfolgenden Concours d'Elegance.
Der SS 100 mochte das Flaggschiff des Hauses sein, doch er machte keine zehn Prozent der gesamten Jaguar-Produktion aus. Und so fasziniert gerade die Fans im Ausland von diesem Sportwagen waren, fanden nur 50 Exemplare einen Käufer außerhalb Großbritanniens (die meisten gingen erst nach 1945 außer Landes, meist nach USA). Sie alle hatten sich mit der Rechtslenkung abzufinden – nicht ein einziger SS 100 wurde je mit Linkslenkung ausgeliefert. Interessant ist die Tatsache, daß mehr als ein Drittel, nämlich über 100 Stück, aller SS 100 die Wirren der Zeit überlebt hat und noch heute existiert.
Für 1940 hatte man bei Jaguar interessante Pläne ausgearbeitet gehabt. Das 1938 auf der Motor Show als Prototyp gezeigte SS 100 Coupé sollte durchkonstruiert und serienreif gemacht werden (der Ausstellungswagen, graumetallic lackiert und mit roten Lederpolstern versehen, hätte noch viel Detailarbeit erfordert, wurde dennoch in unfertigem Zustand an einen Liebhaber verkauft), und das neue Fahrgestell mit vorderer Einzelradaufhängung sollte ebenfalls in die Fertigung gehen. Newsome sah eine Zukunft für sein Cabrio-Projekt, hatte Lyons auch bereits die Zusage abgerungen, 50 Fahrgestelle bei Avon mit einem entsprechenden Aufbau versehen lassen zu dürfen. Da dieses Auto um 200 Pfund teurer als der serienmäßige Jaguar SS 100 werden sollte, hatte Lyons keine Konkurrenz-Bedenken gehabt.
Mit großem Interesse verfolgte John Black als Chef der Standard Motor Company den Weg seines Kunden und Geschäftspartners Lyons. Noch vor zwei, drei Jahren hatte er nicht geglaubt, daß die Entwicklung der Firma in eine solche Größenordnung führen würde. Es war ein Fehler gewesen, bei der Umwandlung in eine Aktiengesellschaft sich nicht einen größeren Batzen von Anteilen gesichert zu haben. Und es sollte nicht der letzte Fehler sein, den John Black in bezug zu Lyons gemacht hatte.
Immer auf gute Chancen bedacht, hatte Lyons unterdessen mitbekommen, daß die ebenfalls in Coventry beheimatete Triumph Motor Company Ltd. in Schwierigkeiten steckte. Im September 1939, wenige Tage nach Kriegsausbruch, mußte sie Zahlungsunfähigkeit anmelden. Vielleicht hätte Lyons in Friedenszeiten Triumph übernommen, um das ausgezeichnete Potential, die modernen Maschinen, die Talente einer Anzahl hervorragender Männer gewinnbringend nutzbar zu machen. Aber er hätte bei einer solchen Angelegenheit mehrere Banken in Anspruch nehmen müssen, und das widerstrebte Lyons aus Prinzip. Er schlug sich die Sache aus dem Kopf – eines Tages, nach Kriegsende, würde die Marke Triumph ohnedies verschwunden sein, denn jetzt fand sich gewiß niemand, der einstieg. Die Zeiten, zu denen ein eleganter Triumph Dolomite mit Achtzylindermotor als Konkurrent zum SS 100 in Erscheinung getreten war, konnte man also vergessen.
Das Triumph-Kapitel sollte 1939 aber nicht abgeschlossen sein. Niemand anderes als Mr. Black kam noch vor Kriegsende darauf zurück und übernahm die bankrottgegangene Firma, und jetzt war es Lyons, der glaubte, wohl doch ein schweres Versäumnis begangen zu haben. Der 1946 vorgestellte Triumph Roadster und die ihm nachfolgenden Sportwagen der TR-Modellreihen durfte man durchaus als eine Herausforderung in Richtung Jaguar betrachten...
Der Ausbruch des Krieges machte alle Planungen, gleich welcher Art, erst einmal zunichte. Voller Enttäuschung mußte man in Foleshill die Automobilproduktion, die jetzt so schön ins Laufen gekommen war, anhalten. 200 Fahrzeuge hatte man pro Woche ins Auge gefaßt gehabt. Im Dezember 1941 wurde ein letzter, vereinzelter 3,5-Liter-Wagen über Henlys ausgeliefert.
Die politischen Umstände setzten neue Prioritäten, denen sich auch die SS Cars Ltd. nicht entziehen konnte. Lyons blieb zwar Herr im Hause, verdiente als Contractor des Kriegsministeriums auch genug Geld, um den Betrieb selbst mit einem Bruchteil der Belegschaft aufrechtzuerhalten, hatte nach einiger Zeit sogar wieder die Gelegenheit, seinen geschäftlichen Ambitionen nachzugehen – doch die Einschnitte waren tief und schufen gänzlich neue Blickwinkel für das, was die – 1939 noch sehr ungewisse – Zukunft betraf. Konzernfreie Automobilhersteller vergleichbarer Größenordnung saßen im gleichen Boot, etwa Morgan oder Frazer-Nash, und in ähnlichem Maße wie bei SS Cars stieg oder sank bei ihnen auch die Chance für einen späteren Neubeginn mit den ganz persönlichen Fähigkeiten und Möglichkeiten jener Männer, die als Patriarchen allein in ihrem Reich herrschten.

Rechts: SS-Jaguar 3.5 Litre Saloon, Modell 1938, mit der neuen Ganzstahl-Karosserie.

THATCHES
KLO 747

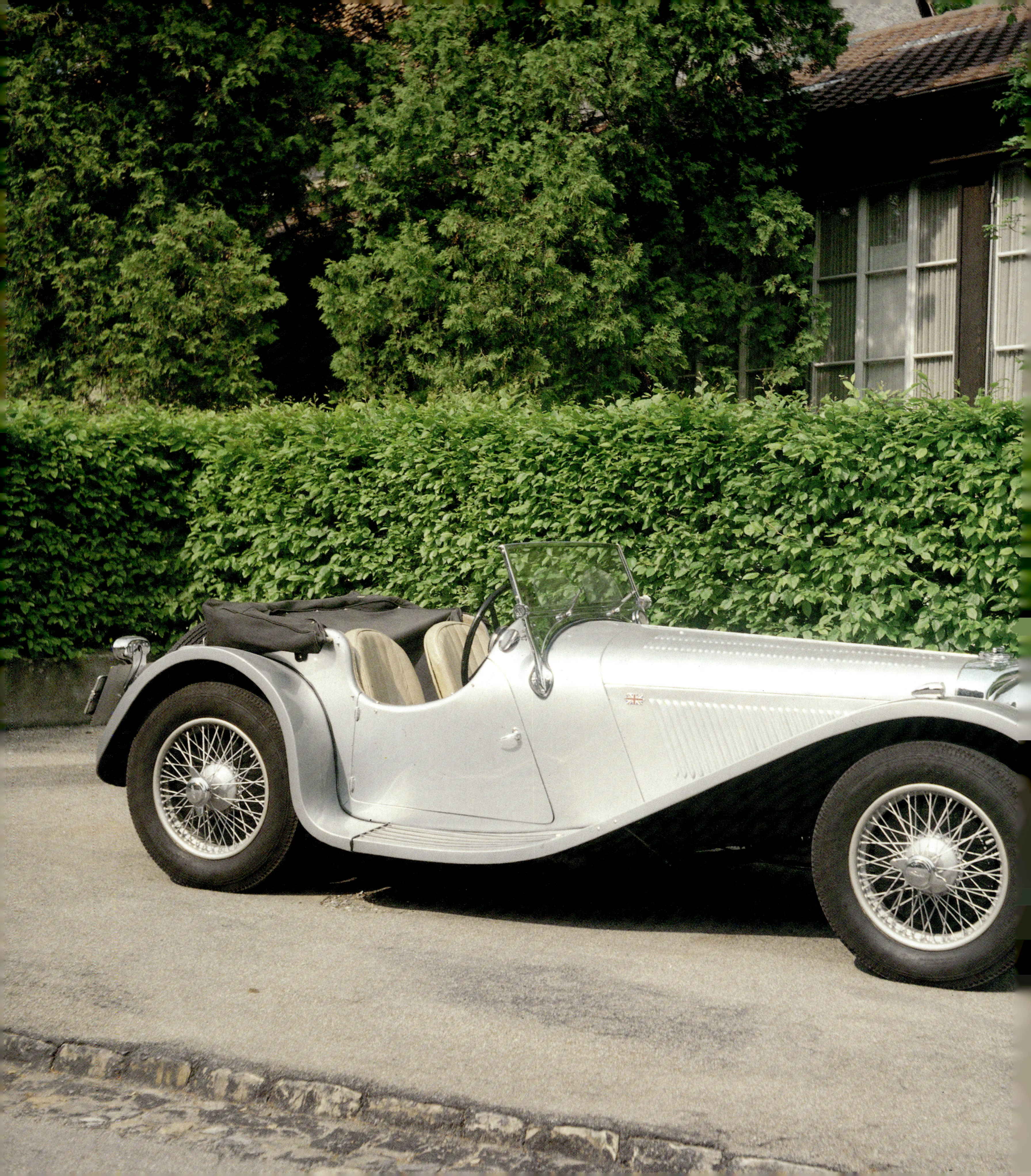

Links: Der legendäre SS 100, einer der interessantesten Sportwagen der späten dreißiger Jahre.

Oben: In Schweden existiert eine große Zahl seltener Veteranen-Automobile, so auch diese SS 1 Limousine, von der damals nur wenige exportiert wurden.

Unten: SS Tourer von 1933. Nur 150 Stück wurden von diesem Modell gebaut.

SS-Jaguar 3.5 Litre Drophead Coupé Baujahr 1938/39. Bei vielen Cabriolets war es damals üblich, daß sich das vordere Verdeckteil bis zur Dachhälfte öffnen ließ – im Fond reiste man inkognito. Speichenräder mit Zentralverschluß gehörten beim Jaguar zur Serienausstattung.

Links: Jaguar Mk. V von 1949 mit Zigarrenlade im Armaturenbrett für den Havanna-Liebhaber. Einer der wenigen Wagen dieses Typs in Deutschland – ein echtes Sammlerexemplar!

Unten: Jaguar Mk. VIII 1957. Typisch die zweifarbige Lackierung, die damals en vogue war. Das Auto kommt aus Dänemark.

Oben: Dieser Mk. VII gehörte einst der Queen Mother; er steht heute in der Jaguar-Werkskollektion in Allesley.

PMP 362
HM 715

BOMBERKANZELN UND PFERDE-KARREN STATT AUTOS

Den Krieg bekam die SS Cars Ltd. in aller Härte zu spüren. Man durfte ab Mitte September 1939 nur die Arbeiten der gerade in der Fertigstellung befindlichen Fahrzeuge noch vollenden; mit ganz wenigen Ausnahmen war die Personenwagenherstellung damit beendet. Im Geschäftsjahr 1938–39 hatten 5378 Autos das Werk verlassen, bis zum 31. Juli 1940 waren es nur noch 899 – die meisten davon in den Monaten August und September. Eine Handvoll Fahrzeuge lieferte man dann noch bis Herbst 1941 aus.

Inzwischen hatte das Britische Kriegsministerium die gesamte Automobilindustrie des Landes zu Rüstungsbetrieben erklärt und nach einem komplizierten Plan Projekte plaziert, die sich nicht in allen Fällen mit dem vorhandenen Maschinenmaterial in Einklang bringen ließen. Nicht weniger als sechzig gänzlich verschiedene Produkte oder Produktteile umfaßte das Auftragspaket, das man im Verlauf der Kriegsjahre der SS Cars Ltd. überantwortete. Als sich herausstellte, daß man für zahlreiche Artikel in keiner Weise produktionstechnische Voraussetzungen in Foleshill hatte, wurden sie dort kurzerhand geschaffen. Die zuständigen Behörden veranlaßten den Bau neuer Gebäude, richteten sie ein, organisierten die Belieferung mit den erforderlichen Materialien. Eine nahegelegene, seit einiger Zeit stillgelegte Schuhfabrik wurde vorübergehend den SS-Betrieben zugeordnet und ebenfalls neuen Zwecken zugeführt.

William Lyons' Seitenwagen-Business erlebte eine Wiedergeburt: Die Armee bestellte 9308 Stück, eine Anzahl davon als kastenförmige Transportbehälter oder als mobile Kameraträger für Kriegsberichterstatter. Der Auftrag hierfür war nicht von London sozusagen aus heiterem Himmel gekommen – Lyons und seine Männer hatten sich sehr darum bemüht: Vom Seitenwagenbau verstanden sie schließlich etwas. In der Hauptsache aber produzierte man Transportanhänger mit wasserdicht verschweißten Wannen für Humber-Geländewagen sowie einen kleineren, leichteren Typ für den Fallschirmabwurf. Munitionskästen, Öl- und Benzintanks für Flugzeuge, Lastwagenspriegel, Pferdekarren und leichte Panzerspähwagen waren weitere recht unterschiedliche Auftragsposten.

Am interessantesten und den Jaguar-Leuten am ehesten auf ihre Profession zugeschnitten war die Herstellung von Flugzeugrümpfen und Tragflächen beziehungsweise Teilen davon aus Aluminium. Die berühmten Whitley-Bomber, zahlreiche Meteor-, Spitfire- und Mosquito-Maschinen erhielten »Jaguar«-Teile aller Art, ohne daß die Piloten es wohl je ahnten. Komplette Cockpits, Kanzeln, Fahrwerke entstanden in Foleshill, aber auch Kleinteile wie Scharniere für Bomben-

Links: Die Ersatzteil-Versorgung der Wellington- und Whitley-Bomber, die Renovierung von Teilen aus beschädigten Maschinen und der Neubau von Flugzeugkanzeln aus Leichtmetall gehörten in den Kriegsjahren zu den Aufgaben der Jaguar-Produzenten.

Oben: Kurz vor Kriegsbeginn erschien dieses Inserat, und anderthalb Jahre vor Kriegsende die Anzeige links daneben. William Lyons schmiedete 1943 bereits Pläne für neue Aktivitäten.

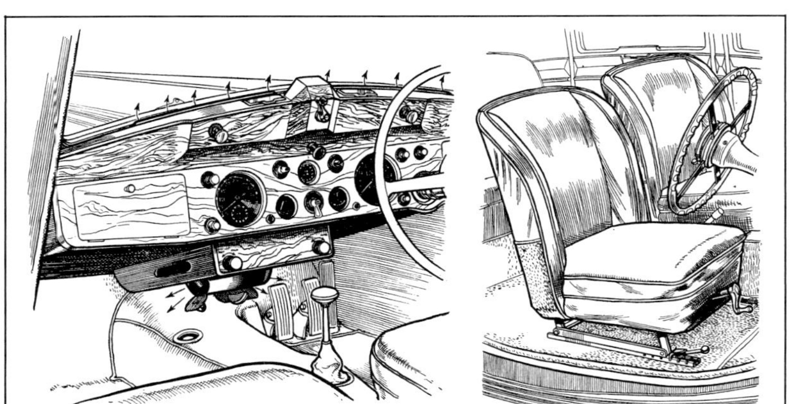

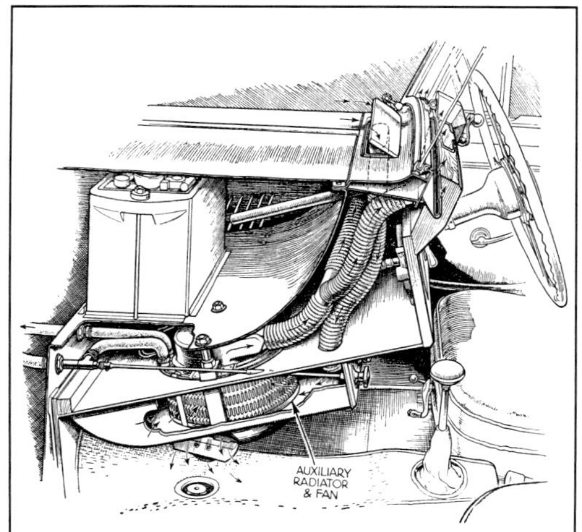

Die Skizzen erschienen 1939 in der Presse und zeigen Details des 2.5/3.5 Litre.

Oben: Im Kofferraumdeckel der Limousine war das Werkzeug untergebracht.

Unten: Eine Selbstverständlichkeit bei feinen Autos aus England ist das Picknicktischchen in der Rückenlehne des vorderen Sitzes.

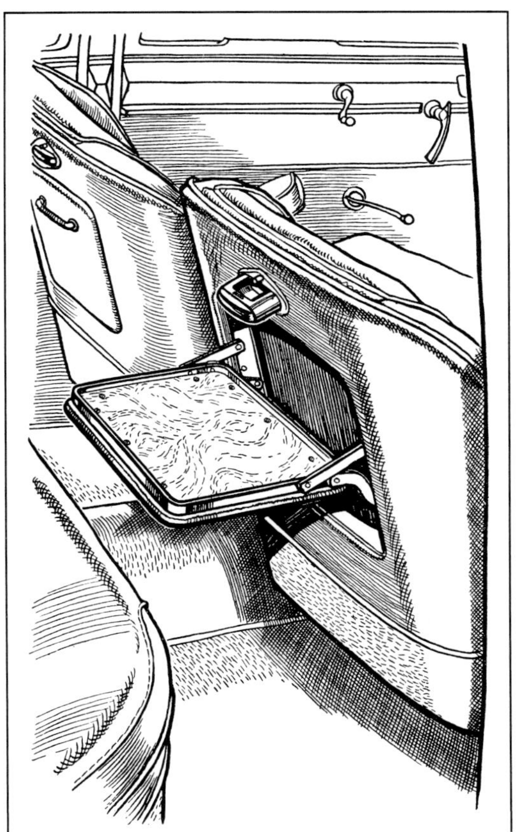

schachtklappen an der großen Lancaster oder Gehäuseteile für das Rolls-Royce-Cheetah-Triebwerk. Für die Instandsetzung und das Verwerten von Teilen beschädigter Whitley-Bomber rekrutierte man eine mobile Truppe, die Tag und Nacht im Einsatz war und zwischen dem Flugplatz Leamington und Coventry pendelte. Unter den Fahrern waren sehr viele Frauen. Viele Jaguar-Familien hatten zudem Heimarbeit übernommen.
Als in London die ersten Bomben fielen, erlebte auch Coventry seine Schreckenstage und -nächte. Und es gab viele davon. Die Stadt gehörte zu den meistgetroffenen Englands. Die Familie Lyons nahm eine größere Zahl obdachlos gewordener Nachbarn auf; an eine vorherige Evakuierung hatte niemand gedacht. Die Innenstadt, aber auch zahlreiche der dicht besiedelten Randbezirke wurden in riesige Trümmerfelder verwandelt, auch das Areal der SS Cars Ltd. blieb nicht verschont. Hier hielt sich der Bombenschaden indessen noch einigermaßen in Grenzen, die Produktion wurde nur geringfügig unterbrochen.
Vier Männer wurden während der Kriegsjahre den Jaguar-Werken als Ingenieure zugewiesen, die auch nach 1945 blieben und großen Anteil an der Weiterentwicklung auf dem Automobilsektor hatten: Thomas Jones, Robert Knight, John Silver und Claude Bailey. Sie arbeiteten an einem Projekt, das in den vierziger Jahren für die Briten größten Stellenwert hatte – es galt dem Düsentriebwerk der Meteor III. Besonders gut klappte die Zusammenarbeit zwischen Bailey und Hassan. Diese beiden waren es auch, die den Auftrag erhielten, einen leichtgewichtigen Geländewagen für Fallschirmabwurf zu entwickeln. Unter der Arbeits-Chiffre VA bauten sie ein erstes Versuchsfahrzeug mit einzeln aufgehängten Rädern und einem luftgekühlten JAP-Motorrad-Twin im Heck. Das kurze, gedrungene Vehikel erlebte aber ebenso wenig einen Testabwurf wie ein zweites, das als Modell VB einen wassergekühlten Frontmotor (von Ford) hatte. Mit diesem Fahrzeug unternahm die Army zwar tagelange Erprobungen, und vielleicht wäre es auch zu einer Weiterentwicklung oder gar Serienherstellung gekommen, hätten sich die Militärs nicht für die Übernahme des amerikanischen Jeep entschieden. Den Landrover gab es damals bekanntlich noch nicht. Der allradgetriebene Jeep von Willys-Overland und Ford eignete sich in einer Spezialausführung aber auch für den Fallschirmabwurf, und damit galten die Projekte VA und VB als zu den Akten gelegt.
Thomas Jones wurde während des Jahres 1943 für einen längeren Zeitraum freigestellt, um sich in der Konstruktionsabteilung einem »zivilen« Projekt zu widmen. Von ihm stammen die Entwürfe zu einer neuen Limousine, deren Bau drei Jahre später aktuell werden sollte: Es war der Jaguar Mk. V. Fast alle Pläne zu diesem Fahrzeug entstanden damals zu Kriegszeiten. Daß überhaupt detaillierte Konstruktionszeichnungen angefertigt wurden, war für SS Cars Ltd. etwas neues; ein Umstand, der im voranstehenden Kapitel ausführlich erläutert wurde.
Privates Unternehmertum war während der Jahre 1939-45 in England keineswegs eingefroren. Mochten auch Bomben fallen, große Industrie- wie kleine Gewerbebetriebe Rüstungsaufträge zu erfüllen haben, Männer (und auch Frauen) aller Jahrgänge der Wirtschaft entzogen und an den Fronten die Schrecknisse des Krieges ausgesetzt sein – die traditionsreiche Handelsnation Britannien ging ihren Geschäften nach wie (beinahe) eh und je. Mit starken Einschränkungen, gewiß, denn es gab ja weder einen freien Arbeitsmarkt noch Rohstoffe oder gar Devisen für den Zahlungsverkehr mit dem – befreundeten – Ausland. Aber Kampfhandlungen an der Normandie, keine halbe Flugstunde von der Londoner City entfernt, konnten einen William Lyons weder davon abhalten, sich mit dem Jaguar-Automobil von morgen zu beschäftigen, noch seine Initiative blockieren, wenn es um eine Neuordnung seiner Firmenstruktur ging.
So suchte noch im Jahre 1944 – D-Day und Invasion hatten bereits stattgefunden – Lyons einen Käufer für den Swallow-Firmenmantel. Er benutzte den Namen nicht mehr, auch

nicht für die im Kriege hergestellten Seitenwagen, andererseits war die Swallow Coachbuilding Ltd. ein Begriff und der Name es wert, einer neuen oder auch seiner ursprünglichen Bestimmung zugeführt zu werden. Lyons fand schnell einen Käufer, eine Firma namens Heliwell, die später den Seitenwagenbau aufgriff und 1946 auch einen Motorroller unter der Bezeichnung Swallow auf den Markt brachte. Später gingen die »Swallow«-Namensrechte an ein anderes Unternehmen über – es war jene Firma, die 1954 einen ausgezeichneten, kleinen Sportwagen mit Triumph-Motor herausbrachte, genannt Swallow Doretti. Es gibt also einen weitläufigen Zusammenhang zwischen diesem Fabrikat und Jaguar…

Das bedeutete aber noch nicht das Ende der Swallow Coachbuilding Ltd. Es war der alte Seitenwagenhersteller Watsonian, der 1955 nach Einstellung der Swallow-Doretti-Produktion Interesse an der Übernahme des Firmennamens hatte, ihn erwarb – und noch immer besitzt. Bill Walmsleys erster, zeppelinförmiger Motorrad-Seitenwagen war übrigens auch auf dem Chassis eines Watsonian entstanden. Hier schloß sich der Rundflug des berühmten Schwalbenvogels.

Eine andere geschäftliche Transaktion, die Lyons noch während des Krieges vornahm, war der Verkauf der Motor Panels Ltd., die er 1939 erst übernommen hatte, um in eigener Regie Ganzstahlkarosserien herstellen zu können. Da Lyons den Betrieb gut genug kennengelernt hatte, um seine Leistungsfähigkeit zu beurteilen, war er auch imstande vorauszusehen, daß er eine Sackgasse darstellte. Den Maschinenpark zu modernisieren, hätte weitaus mehr Geld gekostet als das Plazieren entsprechender Aufträge bei anderen Firmen mit einer Austattung, die up to date war. Mochte die Nutzung der Einrichtungen bei Motor Panels für 1939er Maßstäbe ausgereicht haben – was Lyons für die Nachkriegszeit plante, lief zwar auf weitere Expansion hinaus, aber wenn investiert werden mußte, dann nicht gerade in Karosseriepressen. Quantität hatte Lyons nicht im Sinn; fünfbis sechstausend Einheiten pro Jahr, für die man Karosserien auch woanders in Auftrag geben könnte, so rechnete er, würden vorerst genug sein.

Von einer »Massenproduktion«, die künftig bei der SS Cars Ltd. geplant sei, war im Herbst 1944 indessen in der Fachpresse zu lesen. Sofort trat Lyons auf den Plan und dementierte Gerüchte dieser Art energisch: Er denke nicht daran, Großserienfahrzeuge herzustellen, sondern würde nach Beendigung des Krieges damit beginnen, Qualitätsfahrzeuge noch höheren Anspruchs als vorher in moderaten Stückzahlen zu bauen. Es wäre bedauerlich, so führte er aus, wenn sich

Links: Bau von Bomberkanzeln im Jaguar-Werk 1942. Jeder Zoll Betriebsfläche wurde genutzt; dieses Bild entstand in der ehemaligen Kundendienstabteilung. Man beachte den Hinweis auf die Luftschutzräume!

Prototyp eines geländegängigen Fahrzeugs (Vierradantrieb mit Einzelradaufhängung!) für den Fallschirmabwurf, der im Krieg bei Jaguar entstand. Der VA hatte einen JAP-Twin aus einem Motorrad als Antrieb, blieb aber ein Versuchsmodell.

treue SS-Kunden durch derlei Gerüchte verunsichern lassen würden.
Besitz und Betrieb privater Autos war in Großbritannien während der Kriegsjahre kein absolutes Tabu, wie etwa in Deutschland. Zivilfahrzeuge wurden nicht requiriert, ihre Benutzung höchstens durch Kraftstoff-Rationierung eingeschränkt. Natürlich gab es auch kaum neue Reifen zu kaufen.
Streng geachtet wurde auf die Einhaltung neuer Vorschriften, was die Verdunkelung betraf. Wie bei uns, gab es auch in England schon Anfang 1940 strikte Anweisungen, Gebäudefenster abzudecken, aber auch Lichtquellen anderer Art zu »tarnen«, bevorstehender Luftangriffe wegen. Wahlweise war der rechte oder linke Hauptscheinwerfer am Auto außer Funktion zu setzen, der verbleibende mußte mit einer geschlitzten Blende versehen werden. Es war ausnahmsweise sogar gestattet, nachts gänzlich ohne Beleuchtung zu fahren. Die Reflektoren von Positionslampen oder Begrenzungsleuchten mußten geschwärzt, die Gläser mit Papier hinterlegt oder matter Farbe abgedeckt werden, gleiches galt für die Rücklichter. Kennzeichenbeleuchtung war nicht mehr erlaubt. Der Gebrauch von Nebellampen wurde ausdrücklich nur für Fälle gestattet, bei denen ein Vorankommen ohne diese gänzlich unmöglich gewesen wäre.

Abschied von Standard

Die meisten britischen Automobilunternehmen bemühten sich noch während der Kriegsjahre, ihre Weichen für die Zukunft zu stellen, nicht nur die SS Cars Ltd. Etliche sahen sich später zwar noch lange außerstande, ihre Pläne zu realisieren, wobei vor allem jene Firmen, die schon 1939 einen stark überalterten Maschinenpark aufzuweisen hatten, den Anschluß entweder erst sehr spät – oder auch nie mehr fanden. Wo aber genügend Kapital in Reserve war, konnte man die Startlöcher um so früher verlassen.
Aber man mußte auch Ballast abwerfen, wollte man sich auf einem zweifellos härter umkämpften Markt behaupten. Realisten wie Sir John Black – vom König für seine Verdienste um die britische Automobilwirtschaft längst geadelt – sahen das lange voraus. Zu seiner Art von Ballast gehörte, wie Black meinte, die Belieferung der SS Cars mit kleineren oder größeren Serien spezieller Fahrgestelle und Motoren, auch und erst recht auf Exklusiv-Basis. Im Sommer 1944 ließ Black seinen Kunden Lyons daher in aller Freundschaft wissen, daß – sobald Friedenszeiten eingekehrt seien – er sich wohl nicht mehr in der Lage sähe, Fahrgestelle und Motoren nach Foleshill zu liefern. Black hatte vor, seinen Betrieb rigoros durchzurationalisieren und nur noch einen einzigen, brandneuen Fahrzeugtyp herzustellen – mit selbsttragender Karosserie.
Die Einrichtung eines eigenen Fahrgestellbaus hätte für Lyons kein Problem dargestellt, zumal es längst Pläne gab, die ebenfalls eine Abkehr vom konventionellen Chassis, wie es Standard lieferte, vorsahen. Unmöglich aber war es, eine eigene Motorenfertigung aufzuziehen. Daher kam ihm Blacks Offerte entgegen, die Poduktionseinrichtungen für die beiden Sechszylinder zu übernehmen und bei sich zu installieren. Der Handel wurde abgeschlossen, Lyons zahlte ohne zu zögern die von Black geforderte Summe und

Oben: Nicht nur die Anfertigung von Flugzeugteilen, sondern auch die Instandsetzung beschädigter Bomber oblag der Jaguar-Belegschaft im Zweiten Weltkrieg.

Links: Ein weiterer Geländewagen-Prototyp mit Allradantrieb, genannt VB, entstand bei Jaguar im Jahre 1944. Er hatte einen 990-ccm-Vierzylindermotor von Ford.

Oben: Seitenwagen zu bauen, erwies sich in den Kriegsjahren als neuerliche Notwendigkeit, allerdings trugen sie keinen Hinweis auf die berühmte Firma Swallow.

war somit unversehens zu seinem eigenen Motorenfabrikanten avanciert.
Noch im gleichen Jahr bedauerte Sir John seinen Entschluß zutiefst. Zu spät war ihm klargeworden, daß er einem Konkurrenten, an dessen stetigem Wachstum er nicht unerheblich beteiligt war, zu einem weiteren, wichtigen Schritt in die Unabhängigkeit verholfen hatte. Zwar schienen sehr unterschiedliche Konzepte beiden Unternehmern ebenso unterschiedliche Marktsegmente zuzuweisen, aber Black hatte Lyons' spontane Kaufbereitschaft nachträglich zu denken gegeben. War es unklug gewesen, den Bau eines großen Sechszylinders aufzugeben und sich künftig unter die Hersteller von Einheitsautos zu reihen, dadurch gleichzeitig einen Mitbewerber zu stärken? Standard hatte an den großen Modellen bislang gut verdient, die Einrichtungen und Werkzeuge hatten sich längst amortisiert.
Black trug seine nachträglichen Bedenken Lyons vor, der aber keine Lust hatte, den Handel wieder rückgängig zu machen. Ein Angebot seines alten Geschäftsfreundes, beide Firmen zusammenzulegen und gemeinsame Sache zu machen, zog bei Lyons erst recht nicht, der sich dadurch nur bestätigt sah, bestens gehandelt zu haben. Black mußte einsehen, daß er seine Entschlüsse zu voreilig gefaßt hatte, und tröstete sich mit einer anderen Braut: Er übernahm die Triumph Motor Company, die seit 1939 unter Konkursverwaltung stand, nichtsdestoweniger über einen ausgezeichneten Ruf verfügte, was ihre Fahrzeuge betraf. So konnte Black auf der einen Seite bei Standard seine *One-Model*-Politik realisieren, auf der anderen aber dem Bau anspruchsvoller, sportlicher Fahrzeuge frönen, und sei es nur, um seinem Nachbarn William Lyons damit ein bißchen Konkurrenz zu machen...

Gegenüberliegende Seite oben: Englischer Mosquito-Bomber des Zweiten Weltkriegs. Viele Teile an diesem Flugzeug wurden in der Jaguar-Fabrik in Foleshill produziert.

Rechts: Triumph 1800 Roadster, der als Konkurrenz zum Jaguar gedacht war. Sein 1,8-Liter-Motor hatte vor der Trennung von der Standard Motor Company im Jaguar 1.5 Litre Saloon Verwendung gefunden.

Unten: Erste Auslieferung neuer Fahrzeuge nach dem Kriege. Es sind Jaguar 3.5 Litre Limousinen mit Linkslenkung für den Export, 1946 fotografiert in der Swallow Road.

1945: DIE WILDKATZE WIRD ZUM MARKENZEICHEN

Serienfertigung bei Jaguar im Jahre 1948. In England waren neue Autos nur schwer erhältlich, die Ausfuhr hatte Vorrang. Erst war Australien, dann USA Exportland Nummer eins.

Am 21. September 1945 erfuhren die Leser englischer Tageszeitungen, daß Jaguar wieder Autos herstelle. Jaguar hieß es explicitum – nicht die Firma SS Cars Limited. Das Sechseck mit den beiden Buchstaben, die inzwischen in aller Welt einen unangenehmen Beigeschmack durch schwarzuniformierte Stiefelträger erhalten hatten (ihr Schutz-Staffel-Emblem wies in Form germanischer Runenzeichen ein entfernt ähnliches Schriftbild auf, und die beiden Lettern hatten auch die Nummernschilder ihrer Autos dekoriert), gab es nicht mehr. Bereits im März 1945 war die Umbenennung in Jaguar Cars Limited erfolgt; eine mehr als neun Jahre lang benutzte Modellbezeichnung war zum Namen eines Automobilfabrikats aufgestiegen.

Für William Lyons bedeutete die Umfirmierung sehr viel mehr als eine symbolische oder durch Zeitumstände bedingte Angelegenheit. Für ihn verkörperten die Buchstaben SS weniger eine gedankliche Verbindung zu einer nationalsozialistischen Organisation (bei M.G. gab es schließlich auch ein Modell, das die Typenbezeichnung SA trug) als ein Erbe, von dem er sich befreien wollte. Ein S stand schließlich noch für Swallow, das andere für Standard, und beide Namensträger hatten jetzt keinerlei tragende Funktionen in Lyons' Unternehmen mehr. In nostalgischen Werten erging sich Lyons zu keiner Zeit, für ihn zählten Gegenwart und Zukunft. Ein Vorgang wie bei der Auto Union, die 1965 einen seit mehr als 25 Jahren nicht benutzten Markennamen neu belebte, indem sie ein neues Modell wieder »Audi« nannte, wäre bei Lyons undenkbar gewesen. Tradition zählte für ihn nur, wenn sie lebendig war, wie etwa im Falle Daimler, jenes Autofabrikat made in Coventry, das sich später zu Jaguar gesellen sollte. Nur eins wechselte Lyons nicht: Den Namen »Swallow Road« für jene Anliegerstraße, die von der Holbrook Lane aus der Richtung Coventry zum Werksgelände führte.

Als man sich in Foleshill daranmachte, die Kriegsschäden zu beseitigen und Voraussetzungen für eine Wiederaufnahme der Automobilproduktion zu schaffen, war die alte Belegschaft sofort zur Stelle – sofern die Männer nicht gefallen waren oder wegen Invalidität ihre Jobs nicht mehr ausführen konnten. Auf manchen fähigen Mann mußte Lyons verzichten, etwa auf Cyril Holland, den Meisterkarossier, der mit Einführung des Ganzstahlaufbaus für seinen Job keine Chancen mehr sah und sich zurückzog; auch der »Dampfbieger« Fred Gardner war nicht mehr dabei. Walter Hassan, der während des Krieges an anderer Stelle gearbeitet hatte, kehrte zurück, und mit ihm kamen neue Leute zu Jaguar, etwa »Lofty« England als Service-Manager, der dem Unternehmen mehr

Schon im November 1946 warb Jaguar wieder für seine eleganten Limousinen und wies vor allem auf die gute Heizungs- und Entlüftungsanlage hin. Aber kaum ein Engländer kam in den Genuß, sich 1946 einen neuen Wagen kaufen zu können.

als vierzig Jahr verbunden bleiben sollte. Whittaker und – ab 1946 – Heynes gehörten unter Lyons zum Direktorium der Firma.

Die noch im Kriege unter Claude Bailey, Thomas Jones und William Heynes ausgearbeiteten Pläne für einen neuen Wagen waren schon im Laufe des Jahres 1945 ein aktuelles Thema. Durch die Übernahme der kompletten Motorenbaustraße von Standard hatte man nun auch die Möglichkeit, neue Ideen in bezug auf das Antriebsaggregat zu realisieren, und es gab durchaus klare Vorstellungen vom Konzept eines zukünftigen Jaguar-Motors. Es sollte ein Sechszylinder mit zwei obenliegenden Nockenwellen sein.

Um aber den Anschluß an die Automobilszene möglichst sofort und ohne sich in Experimente zu verlieren wahrnehmen zu können, mußte man erst einmal dort weitermachen, wo man 1939/40 aufgehört hatte. So bot Jaguar wie vor Kriegsbeginn drei Basismodelle an, genannt 1.5, 2.5 und 3.5 Litre. Die Motoren der beiden größeren Modelle, ohv-Sechszylinder von 2663 und 3485 ccm, kamen nun aus eigener Produktion, den Vierzylinder mit 1776 ccm Hubraum lieferte wieder die Standard Motor Company. Trotz der seit 1944 merklich abgekühlten persönlichen Beziehungen zwischen Sir John Black und William Lyons gab es nach wie vor geschäftliche Bindungen; allerdings war Jaguar kein Vorzugskunde mehr. Den 1776-ccm-Motor baute man bei Standard auch in ein eigenes Modell ein (Blacks seit langem geplanter Einheitstyp, der Ponton-Vanguard, erschien erst 1948), und die gleiche Maschine fand man auch im Triumph Saloon 1800 sowie im Roadster 1800 aus gleichem Hause. Die Fahrzeuge der von Black übernommenen Firma Triumph – zumindest die Limousine – waren unmittelbare Konkurrenten zum Jaguar 1.5 Litre. Zwischen dem Roadster und dem später von Jaguar herausgebrachten XK-Sportwagen mit dohc-Motor klafften Welten.

Engpässe in der Materialbeschaffung bedingten einen sehr schleppenden Anfang. Karosseriestahlblech gab es in kleinen Quantitäten und auch nur auf Zuteilung. Leichter erhältlich war Aluminium, und zuvor im Flugzeugbau stärker engagierte Firmen wie etwa Bristol waren in der Lage, aus dem Vorrat großer, bei Kriegsende nicht aufgebrauchter Leichtmetallbestände ihren Automobilbau zu versorgen.

Auch der Nachschub an Verdeck- und Polsterstoffen, Kupfer, Kautschuk und Nickel ließ noch lange zu wünschen übrig. Immer wieder mußte die Produktion unterbrochen werden, weil die Galvanik mit dem Verchromen nicht weiterkam, es keine Benzinleitungen gab, kein Zinn für den Karosseriebau zur Verfügung stand. Einen großen Engpaß bildete auch lange Zeit noch die Beschaffung von Reifen; hier genoß zunächst die Nutzfahrzeugindustrie Vorrang. So mußte man sich bei Jaguar 1945 bis 1948 damit begnügen, nur Limousinen zu bauen; die Beschaffung verschiedener Materialien, die man beim Cabrio benötigte, war ein Ding der Unmöglichkeit. Wie vor dem Kriege, sahen sich die Viertürer alle gleich, die Art der Motorenbestückung war von außen nicht ersichtlich.

Gegen Ende des Jahres 1945 hatte die Belegschaft schon fast wieder Vorkriegsstärke erreicht – 1400 Personen. Aber vieles hatte sich mit ihrer teilweise neuen Zusammensetzung im Vergleich zu 1939 geändert, nicht zuletzt die Einstellung zum Arbeitgeber. Man begann, sich in Gewerkschaften zu organisieren und Forderungen zu stellen, die auf eine allmähliche Besserstellung des Automobilarbeiters abzielten. Sicherlich berechtigte Forderungen, denn lange genug hatte gerade ein William Lyons immer wieder an die Opferbereitschaft, die Loyalität und die Notwendigkeit appelliert, mit ganzer Kraft sich für das Wohlergehen der Firma einzusetzen. In den dreißiger Jahren, in der Periode des Aufbaus, akzeptierte jeder Mitarbeiter solche Parolen; man sah es als einen Vorzug an, zu Lyons' Mannschaft zu gehören. Die hohe Arbeitslosenzahl hatte ebenfalls dazu beigetragen, ein Verhältnis von Abhängigkeit zu schaffen.

Niemand biß in die Hand, die einen fütterte. Ab 1945 sah man die Welt mit anderen Augen. Die Konfrontationen rechter und linker Ideologien schuf schärfere Trennungslinien, und das Thema einer Vierzigstundenwoche geriet vom persönlichen Anliegen derer, die bisher an sechs Tagen von acht bis fünf gearbeitet hatten, zur Kampfparole organisierter Shop Stewards.

Lyons, Zeit seines Lebens stets selbst ein harter Arbeiter, der von anderen nicht mehr – aber auch nicht viel weniger – forderte als von sich selbst, hatte zwar Verständnis für derlei Anliegen und war sich auch bewußt, daß es sinnlos war, gegen den Strom zu schwimmen. Aber das Jahr 1946 erschien ihm entschieden zu früh, um sich in Auseinandersetzungen mit gewerkschaftlichen Interessensvertretern verwickeln zu lassen. »Wenn wir einander jetzt unsere Kräfte in Arbeitskämpfen verschleißen, haben wir jegliche Chancen verspielt. Die Vierzig-Stunden-Woche wird mit Sicherheit kommen, ich wünsche sie für mich selbst nicht weniger. Wir machen uns aber etwas vor, wenn wir glauben, sie uns schon jetzt leisten zu können.« Der Jaguar-Chef gehörte nicht zur alten Garde der Herren mit Bowler und Regenschirm, sondern war jemand, der selbst mit anpackte, wo immer es nötig war, Allüren haßte und die Sprache seiner Leute verstand und beherrschte – Umstände, die es ihm immer wieder leichter als manchem anderen in vergleichbarer Position machten, wenn es um heikle Themen ging. Die Rolle zunehmenden Einflusses, den die Gewerkschaften gerade in England ausübten, begriff Lyons sehr schnell, und er war klug genug, sich nicht mit ihnen anzulegen. Er galt als ein geschickter Verhandler, der nicht lange um die Dinge herumredete. Und der zu seinem Wort stand. Oft genug verstand er es, seinen Betrieb durch offene Gespräche mit Arbeitnehmervertretern von Streiks freizuhalten, wenn andernorts Arbeitsniederlegungen unvermeidlich schienen.

In solchen Situationen pflegte William Lyons sich auf sein Verhandlungsgeschick zu verlassen, niemand zu konsultieren oder zur Entscheidungsfindung hinzuzuziehen. Wichtige Beschlüsse faßte er allein. Auch bei der Gründung der SS Cars Ltd. im Jahre 1935 hatte er allein gehandelt, ebenso wußte niemand außer ihm, wann und in welcher Form er seine Firma an der Börse einführen würde. Die Namensumwandlung im März 1945, knapp vier Wochen zuvor von ihm persönlich bekanntgegeben, war ebenfalls ein Alleingang Lyons': Er war der Chef.

Ein ausgezeichneter Interpret seiner Politik

Jeder Motor hatte in den vierziger Jahren einen umfangreichen Probelauf auf dem Bremsstand zu absolvieren. Die Einrichtungen hatte Lyons von der Firma Standard erworben; er war nach 1945 sein eigener Motorenhersteller – zumindest in bezug auf den Sechszylinder.

Neuwagen, bereit zur Auslieferung, vor der Fassade des Verwaltungsgebäudes in Coventry-Foleshill im Jahre 1947.

Das SS-Markenzeichen wurde ab 1945 nicht mehr verwendet. Offizielles Emblem der Firma war ein kopfloser Raubvogel.

stand Lyons in der Person des PR-Strategen Bill Rankin zur Verfügung, der ab 1946 nicht nur das hausinterne *Jaguar Journal* redigierte, sondern auch die Händlerorganisation bei der Stange hielt, den SS/Jaguar-Club betreute und auf Dutzenden von Veranstaltungen mit und für Jaguar dafür sorgte, daß die Marke bestens ins Rampenlicht der Branche gerückt wurde.

Gespart wurde in den frühen Nachkriegsjahren an allen Ecken und Enden. Für motorsportliches Engagement stand so gut wie kein Etat zur Verfügung; die Einsätze eines äußerst aktiven Ian Appleyard auf einem 1939er SS 100 erfolgten auf dessen eigene Rechnung.

Als die Bewilligungen auf Stahlzuteilung in England der Automobilindustrie etwas mehr Spielraum gewährten, nahm auch die Fertigung bei Jaguar wieder professionelle Formen an. In der Zeit vom 31. Juli 1945 bis zum 31. Juli 1946 war man auf 1132 Fahrzeuge gekommen, wie bereits erwähnt alles Limousinen. Die Zahl erhöhte sich 1946/47 dann auf 4342, und 4186 Autos waren es 1947/48. Doch war der Bezug von Karosserieblechen an eine Auflage geknüpft: Ein bestimmter Prozentsatz der Fahrzeuge mußte in den Export gehen. Das konnte Lyons nur recht sein, dem Export gab er große Chancen.

Das Auslandsgeschäft war für Jagaur damals noch nicht gleichbedeutend mit dem Fahrzeugverkauf nach USA. Hauptabnehmer außerhalb Englands war zunächst Australien. Das hatte nebenher den Vorteil, die Fahrzeuge nicht auf Linkslenkung umrüsten zu müssen. Vor dem Kriege gab es grundsätzlich nur rechtsgelenkte SS bzw. Jaguar; die ersten Wagen mit dem Lenkrad auf der »falschen« Seite gehörten zu einer Serie von 25 Stück, von denen ganze sieben Käufer in den Vereinigten Staaten fanden. Emil Frey in Zürich, rangältester Auslandsgeschäftspartner Lyons' – nämlich seit 1926 – überhaupt, er-

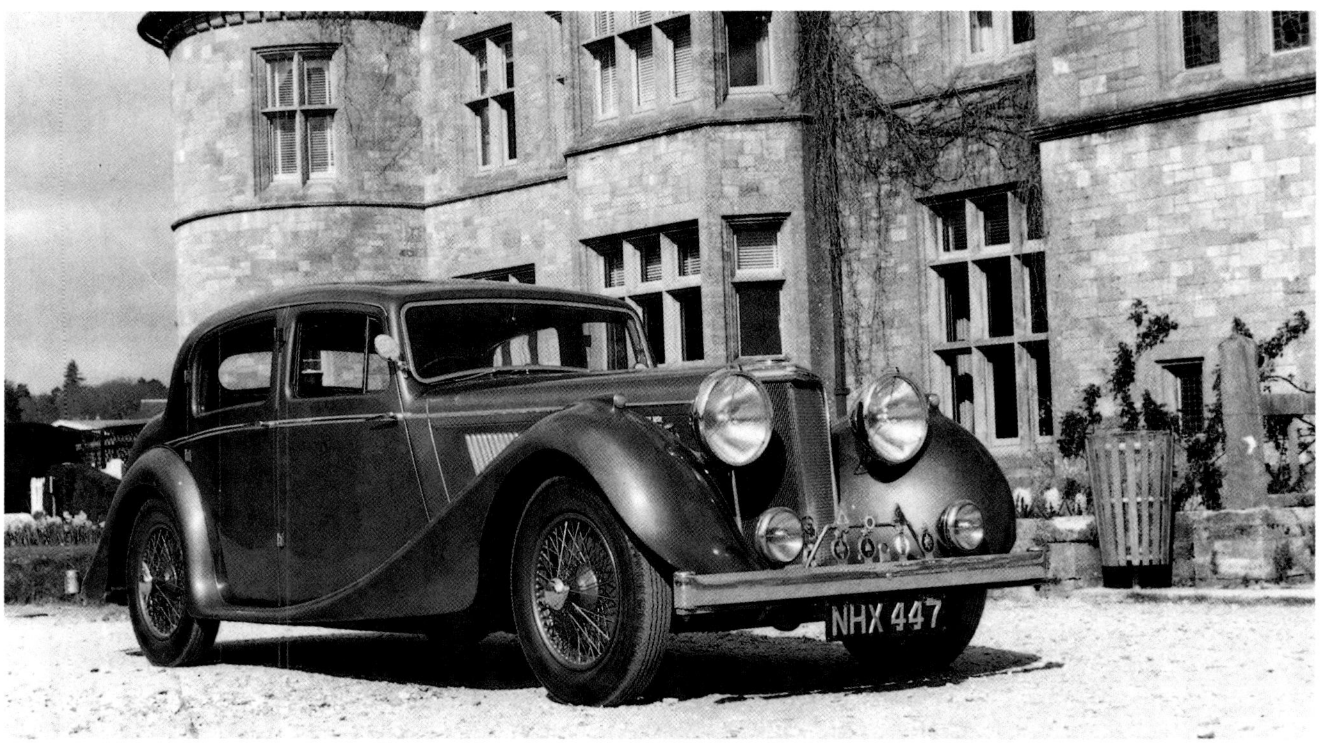

2.5 Litre Saloon Baujahr 1947. Als diese Aufnahme gemacht wurde, hatte der Wagen bereits 245 000 Kilometer auf langen Europatouren hinter sich. Der Maschendraht vor dem Kühler anstatt der Grillstäbe sollte eine bessere Kühlluftzufuhr bei Bergfahrten gewährleisten.

hielt zehn, der Rest verteilte sich auf Frankreich und Belgien. Bis Ende Juli 1948 waren es aber 245 Wagen, die nach Amerika gelangten (und noch immer kein einziger nach Kanada). Von insgesamt 11 952 Jaguar, die bis Mitte 1949 gebaut und verkauft wurden, gingen 4166 ins Ausland, also etwa 35 Prozent. Nur 646 waren als Cabriolet karossiert, ein Modell, das ab Februar 1948 endlich wieder ins Programm genommen wurde.

Je mehr Wagen ein Automobilhersteller ins Ausland zu verkaufen vermochte, um so höher fiel die Quote des ihm zugeteilten Stahls aus. Die enormen Anstrengungen der britischen Automobilindustrie in jenen Jahren, vor allem in den Währungsbereich des Dollar zu exportieren, sind unter diesem Gesichtspunkt zu sehen. Aber auch der europäische Kontinent war als Markt interessant. Vor der in Westdeutschland im Juni 1948 durchgeführten Währungsreform, die aus der wertlosen Reichsmark die Wirtschaftswunder-D-Mark machte, gehörten die drei westlichen Besatzungszonen zwischen Rhein und Elbe allerdings nicht zu den favorisierten Absatzgebieten Englands; wer hier einen britischen Wagen fuhr, tat dies entweder als Offizier der Rhine Army oder als Reisender in diplomatischen Angelegenheiten. Die in Bielefeld, Hamburg oder Osnabrück gesichteten Jaguar trugen britische Militärkennzeichen und rangierten auch nicht in der Export-Kategorie. Im übrigen gab es mehr Volkswagen-Käfer im GB-Oliv als ausgerechnet Jaguar-Limousinen. Wenn es repräsentative Aufgaben gab, denen ein hoher Mann des Militärs per Automobil nachzukommen hatte, ließ er sich üblicherweise in einem Humber chauffieren, Vorzugsfabrikat Feldmarschall Montgomerys.

Zu den ersten Jaguar-Abnehmern des Jahres 1946 gehörte das britische Diplomatische Korps in Belgien. Die technische Betreuung ihrer Fahrzeuge oblag einer Garage, die von einer jungen Frau geführt wurde, Joska Bourgeois (und ihre Pressearbeit betreute ein junger Journalist namens Paul Frère). Kurze Zeit später erhielt sie den Status des offiziellen Importeurs, durfte sich dessen aber nicht lange erfreuen, denn der belgische Staat

Rechts: Jaguar 1.5 Litre Saloon 1947, darunter ein 1948er 2.5 Litre. Speichenräder mit Zentralverschluß gehörten bei diesen Wagen noch zur Serienausstattung.

hatte Importbeschränkungen für so teure Fahrzeuge erlassen, wie sie Jaguar-Automobile ganz im Gegensatz zur Vorkriegszeit darstellten. Die Währungsverhältnisse hatten sich in aller Welt verschoben, Rohstoffpreise und Löhne waren enorm gestiegen, und ein Jaguar kostete längst nicht mehr 365, sondern 1199 Pfund Sterling. Joska Bourgeois suchte einen Ausweg, indem sie zwei Fahrgestelle ohne Karosserie orderte, um sie in Brüssel bei der Firma Van den Plas mit Aufbauten versehen zu lassen. Lyons schickte eigens ein Team von zwölf Mechanikern über den Ärmelkanal, damit sie mit Hand anlegen konnten. 1949 wurden die Beschränkungen wieder fallengelassen.

In Frankreich war es der Mercedes-Importeur Delecroix, der sich um das Jaguar-Geschäft kümmerte, in Österreich – wie schon vor dem Kriege – die Firma Koch, in Holland Jan W. Lagerwij, in Dänemark Erik und Ole Sommer. Senior Erik galt als unerhört ehrgeizig und erfolgreich und hinterließ seinem Sohn den Grundstein zu einem Unternehmen, das dieser gut auszubauen und weiterzuführen verstand. Ole Sommer sollte später auch Spezialfahrzeuge mit Jaguar-Motoren bauen, so etwa Europas schnellsten Feuerlöschwagen für den Kopenhagener Flughafen Kastrup. Die Aktivitäten des Schweizers Emil Frey, der auch deutsche Privatkunden – als dies später wieder aktuell wurde – mitversorgte, wurden bereits mehrfach erwähnt. Der wichtige Mann in Australien hieß Jack Bryson. Er hatte schon vor dem Kriege englische Motorräder *»down yonder«* verkauft

Links: Autosalon Genf 1948. Die Firma Emil Frey stellte den neuen Jaguar aus.

Unten: Das Gebäude des Schweizer Importeurs Frey an der Baadener Straße in Zürich.

und Geschäftsbeziehungen zum Sportwagenhersteller Morgan geknüpft. Zur Abrundung seines Importgeschäfts nach oben bewarb er sich um die offizielle Jaguar-Repräsentanz für den fünften Kontinent, und seine Verkaufserwartungen waren so optimistisch, daß er schon seinen ersten Auftrag über 2000 Wagen formulierte. Das war ein Volumen, dem Jaguar zunächst gar nicht zu entsprechen vermochte... Brysons Aufträge waren aber durchaus ernstzunehmen, und sein Absatz war exzellent. Weder Lyons noch einer seiner Mitarbeiter waren je in Australien; erstmals 1981 bereiste eine offizielle Jaguar-Delegation den Fünften Kontinent. Und in 25 Jahren Jaguar-Repräsentanz kam Bryson auch nur zweimal nach Europa. Dennoch war seine Verbindung nach Coventry eine der besten, die sich denken ließ.

Gegen Brysons Umsätze nahm sich die Zahl der in die USA verfrachteten 2.5 und 3.5 Litre recht bescheiden aus. Aber Max Hoffmann, ex-Österreicher und innerhalb weniger Jahre der prominenteste Autoimporteur und -vermittler der Vereinigten Staaten, holte bald auf. William Lyons hatte ihn anläßlich eines Besuches in Amerika kennengelernt, und es war wieder einmal Herbert Henly gewesen, der die Kontakte vermittelt hatte. Hoffmann (später strich er das zweite n am Ende seines Namens) hatte als erster den Volkswagen in den USA vorgestellt, ein Auto, das keineswegs eine so lächerliche Figur machte, wie es ihm prophezeit worden war; später gehörten zum Hoffman-Programm Exoten wie der Facel Vega, Bristol, Ferrari 250, Mercedes-Benz 300 SL, BMW 507, Iso Grifo oder Volvo P 1800. Es gab kein europäisches Qualitätsfahrzeug, das Hoffman nicht zu verkaufen imstande war, und daß ihn die Jaguar-Repräsentanz reizte, ist klar.

Der Aufbau und Ausbau des Vertriebsnetzes im Inland ging einher mit den Exportanstrengungen. Jaguar hatte keine Alleinstellung; sportliche Limousinen der Nobelklasse boten ebenso die Hersteller Bristol, Alvis, M.G., Lea-Francis, Jensen und Sunbeam-Talbot an. Aston-Martin im Verbund mit Lagonda nicht zu vergessen, und Donald Healey war mit einem Auto eigener Marke auch mit von der Partie. In bezug auf Leistung und Komfort wollte Lyons den Jaguar indessen lieber in der Nähe des Bentley Mk. VI angesiedelt wissen, jenes 4,3-Liter-Automobil, das vor dem Kriege schließlich den Titel *»The Silent Sports Car«* getragen hatte. Das sportliche Image, das bei Bentley aus den Vintage-Jahren herrührte, war im Laufe der Jahre aber in den Hintergrund getreten zugunsten betulicher Noblesse – schließlich kam dieses Auto aus dem Hause Rolls-Royce. Im Erscheinungsbild war der Mk. VI Bentley – wie auch ein LG.6 Lagonda und ein 1939er Jensen – vom Jaguar nicht sehr weit entfernt. All diese Wagen waren »typische« Engländer ihrer Zeit, und William Lyons hielt sich zugute, daß er auf diese Stilrichtung einen nicht unerheblichen Einfluß ausgeübt hatte.

Bei William Lyons' Drang zu weitestgehender Unabhängigkeit von Motorenlieferanten war mit der Übernahme der Standard-Motorenbaustraße einer der wichtigsten Schritte in dieser Richtung getan worden. Über eine Gießerei verfügte Jaguar zwar nicht, aber über alle Einrichtungen zur Bearbeitung und Montage sämtlicher Aggregatteile. Die Basis für Weiterentwicklungen war gegeben. Die Bescheidung eines H. S. F. Morgan, der seinen Betrieb stets auf knapp 100 Mitarbeiter beschränkte und wegen entsprechend gerin-

Rechts: Ein Mk. VII und zwei Mk. VII sowie die Frontpartie eines XK 120 im Frey-Showroom an der Zürcher Werdmühlstraße.

Unten: William Lyons (ganz rechts) und »Lofty England« (ganz links) mit zwei amerikanischen Importeuren in Denver, Colorado, im Sommer 1952. Der Jaguar ist ein Mk. VII.

ger Produktionskapazität von den Einkaufskonditionen seiner Lieferanten mehr oder weniger abhängig war, diente Lyons nicht als Vorbild. So trauerte er auch der Einstellung des 1,8-Liter-Vierzylinders bei Standard nicht nach, als Sir John Black 1948 seinen Typ Fourteen von den Bändern nahm und durch den lang angekündigten Vanguard mit 2,1-Liter-Motor (jetzt ebenfalls in ohv-Bauweise!) ersetzte. Die Anlagen zum Bau des Vierzylinders ebenfalls zu übernehmen, gelüstete es Lyons nicht; einen Vierzylinder sollte es unter der Marke Jaguar nie mehr geben. Die letzten Limousinen mit 1,8-Liter-Motor entstanden in Foleshill um die Jahreswende 1948/49; sie wurden dem Jaguar-Firmenfuhrpark überlassen. Sir Johns Vanguard-Motor blieb bis 1961 im Programm, war auch in etlichen Triumph-Modellen zu finden.

1961 sollte für die Standard-Triumph-Gruppe übrigens zum Schicksalsjahr werden – sie tat sich mit Leyland zusammen; zwei Jahre später war der Name Standard vom Markt verschwunden. Die schon 1944 vermeintlich »tote« Marke Triumph überlebte beträchtlich länger, nämlich bis 1984. Daß ihr diese weiteren vier Lebensjahrzehnte vergönnt waren, hatte sie eigentlich nur John Blacks Trotzreaktion zu verdanken, der damals einigen Wiederbelebungsaufwand trieb, um Lyons und dessen Jaguar paroli bieten zu können. Triumph Vier- und Sechszylinder-Sportwagen etablierten sich in den fünfziger und sechziger Jahren ganz ausgezeichnet, stellten echte Alternativen zum M.G. und Austin-Healey dar. Ihre Popularität erreichte ein viel größeres Ausmaß als jenes, das sich John Black von seinem Stromlinien-Vanguard erhofft hatte, ein etwas zu amerikanisch aussehendes Auto, das vermutlich gerade deshalb in den Staaten nicht recht ankam, obwohl es eigens auf den – vermeintlichen – US-Geschmack zugeschnitten war. Stilistische Zugeständnisse solcher Art machte der Jaguar nicht, und diese Konsequenz dürfte einen erheblichen Teil seines Erfolges ausgemacht haben.

In der ersten Augustwoche 1946 stand im Inseratenteil der Tagespresse von Coventry eine Annonce, mit der William Lyons einen Service Manager suchte, also einen Mann für Händler- und Kundendienstbelange. Er hätte sich die Kosten für die Anzeige sparen können, denn noch vor ihrem Erscheinen stellte sich bei ihm ein junger Mann, ehemaliger Fliegeroffizier der Royal Air Force, namens F. R. W. England vor, der von seinem Freund Walter Hassan gehört hatte, daß in Foleshill eine solche Position ausgeschrieben war.

Lyons musterte den hochaufgeschossenen Burschen und fragte nach seiner Qualifikation. Mit Interesse nahm er zur Kenntnis, was der einstige Daimler-Lehrling an einschlägigen Erfahrungen vorzuweisen hatte: Mechanikerpraxis bei Sir Henry Birkin, dem berühmten Bentley-Piloten, und beim ERA-Rennteam, Anstellungen bei Prinz Bira-bongse und Whitney Straight – Namen, die im Rennsport besten Klang hatten. Dann war England als Kundendienstmann zu Alvis gegangen, ehe der Krieg ihn zur RAF brachte, wo er zum Fluglehrer ausgebildet wurde.

»The Old Man« ließ sich schnell überzeugen: Hier hatte er den richtigen Mann für einen wichtigen Posten gefunden. Am 1. September 1946 trat F. R. W. England seine neue Stelle an. Daß er einst zum Generaldirektor dieser Firma aufsteigen würde, konnte Lyons allerdings noch nicht ahnen. Mit der Vergabe von Posten ging man 1946 ohnehin sparsam um; neben Lyons gab es Whittaker als General Manager, Heynes als Chefingenieur, Wells-Daffern als kaufmännischen Direktor, Huckvale als Chefsekretär, Silver als verantwortlichen Mann für die Produktion und Orr-Ewing als Betriebsleiter. Mit England erhielt man einen Mann für den Kundendienst, um den sich vor dem Kriege Dan Warren gekümmert hatte. Warren war inzwischen bei der alliierten Kontrollkommission für Deutschland, kehrte erst sehr viel später in die Autobranche zurück.

Einen Verkaufsdirektor gab es nicht – dieser Bereich unterstand William Lyons selbst. Seine rechte Hand war Miss Alice Fenton, anfangs Sekretärin, später zur Leiterin des Inlandverkaufs ernannt und damit die erste Person bei Jaguar, die außer Lyons ab 1956 eine Art von *Sales Department* leitete.

Die Kontakte zu in- wie ausländischen Jaguar-Händlern basierten mehr auf persönlicher Wertschätzung und alter Freundschaft denn auf verträglichen Ebenen. »Es ging wie in einer großen Familie zu«, erinnert sich England. »Man rief irgendwo an, wenn man etwas wissen wollte, und bekam auch prompt eine Antwort. Schriftliche Kontrakte brauchten wir nicht. Mündliche Bestellungen und Zusagen hatten ihren Wert. Selbst die Beschaffung von 120 Flaschen Sauerstoff zum Schweißen war – wenn in einem Zulieferbetrieb wieder einmal gestreikt wurde – die Sache eines Telefonanrufs bei guten Freunden im Ausland. Mit der nächsten Kanalfähre war das Zeug da, die Arbeit konnte in ein paar Stunden weitergehen. Natürlich durften solche Aktionen nicht an die große Glocke gehängt werden. Aber man konnte sich auf einander verlassen, und wenn es schwierig wurde, schaltete sich Lyons ein. Sein Wort galt – und es war definitiv. Lyons wußte stets ganz genau, was er wollte, und wer sich in seine Denkweise einarbeitete, kam glänzend mit ihm zurecht.« Charly Delecroix in Paris, Emil Frey in Zürich, Joska Bourgeois in Brüssel, später auch Peter Lindner in Wiesbaden – mit ihnen allen pflegten Lyons und England sowohl geschäftliche als auch gute private Beziehungen. So etwas gab es damals allenfalls noch im Porsche-Lager.

England mußte – wie alle führenden Mitarbeiter – nicht nur seinen eigentlichen Job ausüben, sondern sich auch in anderen Talenten bewähren. Er wurde ganz nebenbei der verantwortliche Mann für den Motorsport (obwohl es den Titel einen Sports Managers bei Jaguar niemals gab), für den Export und Public Relations. Das Empfangen und Versorgen prominenter Werksbesucher, Fahrzeugvorführungen zum Wohlgefallen königlicher Familienmitglieder oder die Übergabe neuer Wagen an wichtige Kunden gehörten ebenso zu seinen Obliegenheiten wie das Organisieren von Le-Mans- oder Silverstone-Einsätzen, die Ausarbeitung von Kundendienstbroschüren oder das Auseinandersetzen mit Kunden, die Ersatzteile für einen betagten SS suchten oder eine Reklamation hervorzubringen hatten. Die wirtschaftlichen Umstände waren zudem alles andere als rosig. Vielerorts hatte man in den späten vierziger und frühen fünfziger Jahren ganz andere Sorgen als die der Anschaffung eines

neuen Jaguar. In Großbritannien gab es noch Lebensmittelkarten – weitaus länger als etwa in Westdeutschland – und Tankstellen, die mangels Spritbelieferung nur einmal in der Woche geöffnet hatten...
Ungebrochen war der Sportsgeist der Engländer. Motorsportliche Veranstaltungen gab es an jedem Wochenende, und sie waren stets sehr gut besucht. Autorennen, vor allem auch die schon früher so beliebten Bergprüfungen, hatten ihre Faszination nicht verloren.

Links: Diese mit 262 Maschinen bestückte Halle in Foleshill war etwa 100 Meter lang. Hier fand die komplette Motorenfertigung statt; das Bild stammt von 1948.

Unten: Ein berühmter Rallyefahrer und seine Wagen. Es ist Ian Appleyard mit seinem SS 100 und dem XK 120, beide in zahlreichen Wettbewerben erfolgreich.

KLR 19

JAGUAR AUF DEM WEG ZUR WELTMARKE

Im Jahre 1946 hatte niemand in Europa Veranlassung, in besonderem Maße optimistisch zu sein. Man verhielt sich abwartend und versuchte, die Tagesprobleme zu bewältigen – zu schwer lastete auf allen Nationen noch die Bürde des vor nicht allzu langer Zeit zu Ende gegangenen Krieges; auch jene, die sich zu den Siegern zählen durften, waren aus dem Desaster schwer angeschlagen hervorgegangen. Viele Dinge des täglichen Bedarfs blieben in England beispielsweise länger rationiert als in Deutschland, und mit dem Wiederaufbau zerstörter Städte wie gerade Coventry, wo man fast alle der berühmten Automobilfabriken des Landes zeitweilig zu Rüstungsbetrieben umfunktioniert hatte, tat man sich mangels benötigter Materialien besonders schwer.

Das Ärgste war ausgestanden, gewiß. 1948 fuhren aber elf von zwölf Briten, sofern sie überhaupt zu den Automobilisten im Lande zählten, einen Wagen aus den dreißiger oder sogar zwanziger Baujahren. Nostalgische Beweggründe waren dafür weniger ausschlaggebend (so sehr ein ausgeprägter Konservatismus nun einmal zu den Nationaleigenschaften des Engländers gehört) als die Tatsache, daß es kaum neue Autos zu kaufen gab.

Export – ein Schlagwort, das sich damals in sehr großen Lettern schrieb. Devisen ins Land zu bekommen, um beispielsweise im Währungsbereich des Dollar Rohstoffe einkaufen zu können, war Anliegen Nummer eins. Bis in die späten fünfziger Jahre hinein änderte sich das in nur ganz geringem Maße, wie im folgenden noch ersichtlich wird. Aber während in späteren Jahren zunehmend der US-Markt von ausschlaggebender Bedeutung wurde, stellte in der ersten Nachkriegszeit Australien das wichtigste Exportland für England und auch für Jaguar dar.

Dennoch: Es gab durchaus die Möglichkeit, in England einen englischen Wagen zu erwerben, sofern man über Geduld, Geld und gute Beziehungen verfügte. Als 1948 erstmals nach dem Kriege in London wieder eine Automobilausstellung ihre Pforten öffnete, gab es nicht weniger als einundzwanzig neue Modelle einheimischer Produktion zu bestaunen. Und eine Vielzahl solcher, die nur so geringfügig vom 1939er Jahrgang differierten, daß man schon sehr genau hinsehen mußte, um Unterschiede zu entdecken.

Vier Wochen vor der Eröffnung der Motor Show, am 30. September 1948, hatte William Lyons der Presse Gelegenheit gegeben, die neue Jaguar-Limousine kennenzulernen, die als Modell Mk. V Geschichte machte. Bei dieser Gelegenheit sprach er auch von Plänen, die einen neuen Sportwagen betrafen, ohne aber ins Detail zu gehen – und jedermann wurde hellhörig. Würde der berühmte Roadster vom Typ SS 100 der Vorkriegsjahre eine Neuauflage erleben?

Meilensteine bei einem Jaguar-Meeting in der Schweiz: E-Type 4.2, XJ-SC, SS 90, E-Type 5.3, XK 20. Dem Automobil-Liebhaber schlägt das Herz schneller bei einem solchen Anblick!

Daß ein solches Fahrzeug bereits so weit gediehen war, daß man es kurze Zeit später auf der Automobilausstellung zu sehen bekam – das hätte niemand für wahrscheinlich gehalten. Auch Firmenchef Lyons nicht, denn er hatte in der Tat an einen späteren Zeitpunkt gedacht, was den Bau eines neuen Sportwagens anging. Spekulationen nahmen ihren Lauf. Im Frühjahr 1949 rechnete man mit einer Vorstellung, und wahrscheinlich, so meinten vermeintlich Gutinformierte, würde der neue Sportwagen wohl einen Vierzylindermotor bekommen, entsprechend jenem XJ, der sich als Versuchsaggregat – so viel war an die Öffentlichkeit gedrungen – von Chefkonstrukteur William Heynes und seinen Mitarbeitern Walter Hassan und Harry Weslake im Teststadium befand.
Der Buchstabe X als Kürzel für »experimental« hatte bereits für eine Reihe von anderen Versuchsmotoren gestanden, so für einen XF mit 1360 ccm Hubraum und zwei obenliegenden Nockenwellen oder einen XG mit hängenden Ventilen und seitlicher Nockenwelle. Der XJ war eine Zweiliter-ohc-Maschine mit 83 mm Bohrung – und all diese Motoren waren Vierzylinder. Mit einem solchen Motor hatte man auch einen Vorkriegs-Weltrekord-M.G. bestückt, um Hochgeschwindigkeitsprüfungen zu absolvieren, gefahren von Goldie Gardner. Er erreichte eine Geschwindigkeit von 284 km/h.
Den XJ hatte William Heynes aber auch in einer Sechszylinder-Version gebaut. Bei einem Hub von 98 mm kam man auf 3,2 Liter Hubraum, doch Heynes vermißte das gewünschte Drehmoment bei niedrigen Tourenzahlen. Durch eine Hubverlängerung auf 106 mm, was ein Gesamtvolumen von 3442 ccm ergab, kam Heynes seinen Zielen näher. Bei einer Verdichtung von 7:1 erreichte der Motor auf dem Prüfstand eine Leistung von 160 PS – und genau diese Maschine, und kein Vierzylinder, war dann in jenem Jaguar-Sportwagen vom Typ XK 120 zu finden, der die große Überrraschung auf der Motor Show darstellte.
So stand neben der neuen Mk. V Limousine auch ein Roadster auf dem Jaguar-Stand, der für allerhand Aufsehen sorgte. Und der eigentlich eine Notlösung darstellte, denn noch wenige Tage vor jener Pressevorstellung des Mk. V im September hatte man eigentlich auf dem Chassis des XK 120 den Aufbau einer weiteren Limousine montieren wollen, ein Fahrzeug, das mit dem Mk. VIII erst sehr viel später Gestalt annahm. Bill Heynes soll es gewesen sein, der auf die Idee kam, das unfertige Fahrgestell samt dohc-Motor rasch noch mit einem Roadsteraufbau zu versehen, um außer dem Mk. V in seiner traditionellen Erscheinungsform noch etwas »Flottes« zeigen zu können. Daß es eine der besten Ideen war, die in Foleshill je realisiert wurden, sollte sich schon bald erweisen.
Den XK 120 bot Jaguar 1948 nicht als einzigen Sportwagen an. Es gab im Katalog noch einen zweiten, der XK 100 hieß, und der hatte tatsächlich ein Doppelnockenwellen-Vierzylinder-Aggregat unter der langen Haube – jenen Rekordmotor mit zwei Liter Hubraum nämlich. Zumindest auf dem Papier, denn kein einziger Wagen dieser Konfiguration kam zur Auslieferung. Der Sechszylinder erfreute sich eines so lebhaften Zuspruchs, daß der XK 100 nach Ausstellungsende völlig in den Hintergrund gedrängt wurde. Zwar geisterte der Wagen noch ein

Links: Ob diese Aufnahme einen 2.5 oder 3.5 Litre Mk. V zeigt, ist nicht zu erkennen – die Aufbauten waren identisch. Von den Limousinen vorangegangener Baureihen unterschied sich der Mk. V durch die hintere Tür mit Anschlag am Mittelpfosten, auf die Vorderkotflügel aufgesetzte Scheinwerfer und eine wesentlich massivere Stoßstange. Auch gab es jetzt Scheiben- statt Speichenräder.

Rechts: Jaguar Mk. VII, Nachfolger des Mk. V in der klassischen »Lyons-Linie«.

ganzes Jahr in den Katalogen und auch in der Jaguar-Werbung herum, gebaut wurde er indessen nie.

Lyons hatte zwar seine Zustimmung gegeben, was den Bau des Ausstellungswagens betraf, war aber skeptisch gewesen: »Gut, wir zeigen den XK 120. Mehr als 240 Stück legen wir nicht auf – falls es überhaupt zu so vielen Bestellungen kommen sollte«. Mit den 240 sollte er recht behalten, aber in ganz anderer Weise. Diese Zahl war es, die man in Foleshill tatsächlich baute, zumindest in Form von Karosserien für eine solche Serie – das Gesamtvolumen sollte fünfstellig ausfallen.

»Die Modernisten werden mit ihm zufrieden sein, die eher Konservativen können ihn noch akzeptieren«, beschrieb *The Motor* den Jaguar XK 120 vorsichtig. Im übrigen entspreche das Kastenrahmen-Fahrgestell genau jenem des bereits vorgestellten Mk. V Saloon, sei nur um 46 Zentimeter kürzer, so daß sich ein Radstand von 2514 mm ergab. Mit seinem vielversprechenden Motor, der Einzelradaufhängung und großdimensionierten Bremsen entspreche der rassige Zweisitzer der Idealvorstellung eines Sportwagens schlechthin, zudem war er preisgünstig: Jaguar bot ihn für 998 Pfund Sterling an. Ein Aston Martin kostete 1600 Pfund – und lief keine 165 km/h wie der XK 120.

Die Karosserie des XK 120 bestand zunächst aus Aluminium. Aus einfachem Grunde: Leichtmetall war in England eher aufzutreiben als Karosserie-Stahlblech. Die Hinterräder versteckte man hinter Abdeckungen *(spats)*, die den gesamten Radausschnitt des Kotflügels füllten. Der Roadster mit seinen geschwungenen Linien hatte einen akzeptablen Kofferraum, dessen unteren Teil das Reserverad füllte. Das schlichte Armaturenbrett wurde von einem großdimensionierten Tacho und einem ebensolchen Drehzahlmesser beherrscht; weniger wichtige Instrumente und ein paar Schalter gruppierten sich dazwischen.

Der XK 120 war zwar als Roadster ausgestellt worden, wurde später aber auch in zwei weiteren Versionen gefertigt. Den Zweisitzer mit einfachem Verdeck nannte man Open Tourer Sports, abgekürzt OTS; ein Cabriolet mit klassischem Verdeck figurierte als Drophead Coupé oder DHC, gebaut ab April 1953, und ein Coupé mit festem Dach, wie es ab März 1951 in den Handel kam, als FHC.

Nachdem der anfänglich XK 120 Super Sports genannte Wagen eine so positive Aufnahme gefunden hatte, wurden nicht nur die Vorbereitungen für die dohc-Limousine (die man eigentlich hatte zeigen wollen) zurückgestellt, zumal der Mk. V trotz seiner konservativen Linie ebenfalls hervorragend angekommen war, sondern William Lyons hatte auch Veranlassung, seine anfänglich geäußerte Skepsis aufzugeben. Mit Vehemenz richtete man sich im Werk auf die Bereitstellung einer neuen *assembly line* ein, denn die Aufbauten für den XK 120 wollte man in Foleshill selbst herstellen, im Unterschied zur Mk.-V-Stahlkarosserie, für die man die meisten Teile von der Pressed Steel Ltd. in Oxford bezog. Im Juli 1949 kamen die ersten serienmäßig gebauten Nachkriegs-Sportwagen von Jaguar zur Auslieferung. Der erste Rechtslenker trug die Chassisnummer 660001; der erste Jaguar XK 120 als Linkslenker, fertiggestellt im September 1949, hatte die Nummer 670001.

Hatte man im Herbst 1948 noch angenom-

Links: Die ersten Mk. V auf dem Seeweg nach USA. Unten: der Mk. VIII mit seiner typischen Zweifarben-Lackierung.

Oben: William Lyons und Herbert Henly, der bedeutende Londoner Jaguar-Händler (im Mantel), auf einer USA-Reise.

men, daß der Ruhmesglanz der Weltrekordmaschine als »Zugpferd« in einem XK 100 für den Verkauf eines neuen Jaguar Sportwagens in hohem Maße ausschlaggebend sein würde, so durfte man sich schnell eines besseren belehren lassen. Was ein Jaguar war, wußte man aus der Zeit des SS 100 offenbar noch gut genug, und der Rekordruhm des mit einem Jaguar-Versuchsmotor im Gardner-M.G. erreichten Tempos verblaßte dann doch relativ schnell. Jaguar hatte mit seinem neuen dohc-Motor eine eigene »Performance«-Identität gefunden und sie durch einen neuerlichen Rekordversuch in eigener Regie etabliert – und zwar im Mai des Jahres 1949. Auf einem belgischen Autobahn-Teilstück in der Nähe der Kanalküste bei Jabbeke, das man für zwei Stunden sperren lassen konnte, demonstrierte man mit einem XK 120 der Vorserie (es war der zweite überhaupt, der entstanden war), wozu der Wagen taugte – zu 203,46 km/h. Der Fahrer des weißen Roadsters war Ron Sutton. Ohne Windschutzscheibe und mit einem zusätzlichen Bodenblech unter dem Wagen kam er sogar auf 213,35 km/h.

Ein Serienfahrzeug, mit dem man von Null auf 100 km/h in weniger als 11 Sekunden kam, das über 200 Spitze fuhr, bestechende Linien hatte und das alles zu einem sensationell günstigen Preis – das machte natürlich Schlagzeilen. Der Jaguar XK 120 wurde in 12 078 Exemplaren verkauft; es gab ihn bis zum September 1954.

Das Vorhaben, den Karosseriebau für den Sportwagen im eigenen Werk aufzuziehen, hätte sich bei geringen Stückzahlen sicher durchführen lassen. Schließlich kam die Firma Jaguar ursprünglich aus dieser Branche und verfügte auch über genügend Know-How und Spezialisten. Aber als offenkundig wurde, daß es mehr Aufträge gab, als man sich je erhofft hatte, mußte Konstruktionschef Heynes nach neuen Wegen suchen. Man kam überein, auch die Aufbauten für den XK 120 bei der Pressed Steel in Auftrag zu geben – die ersten dieser *All Steel Jags* verließen das Werk im Juni 1950. Aber die Türen, die Motorhaube und der Kofferdeckel blieben auch beim Stahl-Roadster aus Alu, schon aus Gründen der Gewichtseinsparung. Weil die gesamte Unterstruktur der Stahlkarosse anders sein mußte, konnte die Herstellung bei der Pressed Steel nicht zu einem früheren Zeitpunkt einsetzen.

So kamen im ersten Produktionsjahr des XK 120 nicht mehr als 60 Fahrzeuge, einzeln in aufwendiger Handarbeit gebaut, zur Auslieferung. Am 1. Mai 1951 verließ der letzte von 240 mit Leichtmetallaufbau versehenen XK 120 Foleshill. Diese Exemplare sind heute unter Liebhabern natürlich besonders hoch gehandelte Stücke…

Immer wieder wurden die »very fine lines« des XK 120 hervorgehoben. William Lyons war stolz darauf, welche Beachtung man den Linien des XK 120 schenkte – war doch das Design der Karosserie zum überwiegenden Teil sein Werk. Als man im Oktober 1948, nur kurz vor der Motor Show, in Foleshill darangegangen war, den Wagen auf der Basis eines verkürzten Mk.-V-Fahrgestells zu bauen, ging man von Lyons' Entwürfen zu einem Sportzweisitzer aus, der schon 1947 von ihm entworfen worden war. Übrigens erinnerte auch das später hinzugekommene Coupé (FHC) an eine Modellstudie früherer Zeiten: Einen SS 100 hatte man zur Autoschau 1938 versuchsweise mit ähnlichem Aufbau auf die Räder gestellt gehabt.

Importeurs-Diner: Von links nach rechts Madame Joska Bourgeois, Marcel Fleury, Benjamin Mason (Jaguar Export Division), Jean Mercier, Emil Frey.

Von den 12 078 XK 120 gab es 7612 als OTS, 2678 als FHC und 1769 als DHC. 19 Fahrgestelle lieferte Jaguar unkarossiert aus beziehungsweise bildeten die Basis für den C-Type Wettbewerbswagen, der auf dem XK 120 basierte.

Natürlich ließ sich ein XK mit allerlei Zubehör noch optimieren. In erster Linie gehörten dazu Speichenräder (serienmäßig kam der Wagen mit Scheibenfelgen zur Auslieferung), auch gab es Tuningsätze, die unter anderem spezielle Nockenwellen und einen Doppelauspuff umfaßten und eine Leistungssteigerung bis zu 30 PS brachten. Einen speziellen Zylinderkopf (C-Kopf genannt) konnte man ab April 1953 haben; er ergab bei höherer Verdichtung, größeren Vergasern, »schärferen« Nockenwellen und modifizierten Ansaugkrümmern eine Leistung von 210 PS bei 5750/min. Das Paket kostete 192 Pfund Sterling.

Wie an anderer Stelle ausführlich beschrieben, kam es wegen des Auftragsbooms in Foleshill zu argen Kapazitätsproblemen, so daß ein Umzug in größere Räumlichkeiten notwendig wurde. Die meisten XK 120 entstanden daher nicht mehr in Foleshill, sondern in der neuen Fabrik in der Browns Lane, Allesley, einem anderen Vorort Coventrys. Hier entstand auch der Nachfolger des XK 120, der XK 140. Seine Zeit schloß sich im

Diese Aufnahmen entstanden einen Tag nach der großen Brandkatastrophe bei Jaguar im Februar 1957. Durch eine Aufräumungs-Aktion ohnegleichen konnte die Produktion aber schon kurz danach wieder aufgenommen werden.

Rechts: Foleshill im Luftbild. Das Werk hatte in den 50er Jahren eine Betriebsfläche von rund 56 000 Quadratmetern.

Oktober 1954 nahtlos an die Produktion seines Vorgängers an, und auch dieses Modell offerierte Jaguar in den Versionen OTS, FHC und DHC.

Was den XK 140 von dem bisherigen Sportwagen unterschied, war ein Motor, der sich mit dem des XK 120 in der Basis zwar absolut identisch gab, aber durch die serienmäßige Einbeziehung des »special equipment« (SE) gleich als 190-PS-Bolide auf den Markt kam. Speichenräder und alle anderen Extras bot man natürlich auch wieder an, ebenso die C-Type-Zylinderköpfe samt Doppelauspuff, die ein Plus von 30 PS ausmachten. Was zunächst nicht auffiel, war die um knapp acht Zentimeter nach vorn versetzte Position des Motors – in der Fahrpraxis aber erwies sich diese Veränderung als äußerst vorteilhaft. Durch eine Erhöhung der vorderen Achslast hatte man nämlich ein stabileres Fahrverhalten geschaffen; der XK 140 war weniger seitenwindempfindlich als der XK 120 und hatte bessere Geradeauslaufeigenschaften. Eine etwas stärkere Tendenz zum Untersteuern nahm man in Kauf.

Neu waren aber auch hintere Teleskop- statt der bisherigen Hebelstoßdämpfer sowie eine Zahnstangen- statt Kugelumlauflenkung. Was aber sofort ins Auge fiel, waren die wesentlich massiver gewordenen Stoßstangen vorn und hinten mit entsprechend großen Hörnern. Dies waren ganz ohne Zweifel erste Stylingzugeständnisse an den amerikanischen Markt, der die XK-Sportwagen längst als exotische Lieblinge entdeckt hatte. Geändert hatte sich aber auch der Kühlergrill mit seinen sieben dicken Stäben statt der bisherigen 13 dünnen und einem Emblem innerhalb der Einfassung – beim XK 120 hatte man den klassischen Jaguarkopf darüber plaziert gehabt.

Durch etwas geschicktere Raumaufteilung dank der nach vorn gerückten Maschine und Verlegung der beiden Sechs-Volt-Batterien vom Fond in die vorderen Kotflügel hatte man im XK 140 sogar eine schmale Notsitzbank hinter den Frontplätzen geschaffen. Ihn als Zwei-plus-Zwei zu bezeichnen, war vielleicht vermessen, aber für zwei (kleine) Kinder war notfalls Platz, zumal im Coupé, bei welchem man den Aufbau eine Kleinigkeit weiter nach hinten ausgedehnt hatte. Für besseren Einstieg sorgten verbreiterte Türen. Nur der OTS blieb, was er war – ein reiner Zweisitzer in Roadsterform, mit Steck- statt Kurbelscheiben in den Türen.

Das 210-km/h-Auto kostete zwischen 1127 und 1160 Pfund Sterling und wurde bis zum Februar 1957 gebaut. Durch die hohe Kaufsteuer in Großbritannien verteuerte sich der Autokauf ganz beträchtlich, so daß ein Jaguar XK 140 auf umgerechnet 20 000 Mark kam. Er war damit noch immer ein preiswertes Fahrzeug, doch in Deutschland war 1957 ein Triumph TR3 für weniger als 10 000 Mark erhältlich. Für den Export galten subventionierte (weil steuerbegünstigt) Preise, daher war ein Jaguar in der damaligen Zeit im Ausland besonders günstig zu haben. Die Lieferfristen entsprachen indessen stets denen exklusiver Automobile im allgemeinen...

Mit einer Pause von rund acht Wochen, bedingt durch Installation neuer Werkzeuge und Veränderung der Pressen, kam als Nachfolger des XK 140 im Mai 1957 der XK 150 auf den Markt, und zwar zuerst als FHC und DHC, dann ab März 1958 auch als Roadster OTS. Äußerlich unterschied sich dieses Fahrzeug durch eine weniger stark ausgeprägte seitliche Kotflügelform und eine gedrungenere Frontpartie nach Art der zeitgenössischen Limousinen; der XK 150 hatte einen Prozeß des »streamlining« durchgemacht. Weniger massiv gab sich jetzt die vordere Stoßstange, eleganter wirkte auch die nunmehr ungeteilte, gewölbte Frontscheibe.

Das Chassis hatte man unverändert vom XK 140 übernommen, mit einer wichtigen Ausnahme: Das neue Modell wies vorn und hinten Scheibenbremsen auf. Eine Neuerung, die von Jaguar mit großem Erfolg im Rennsport erprobt worden war: 1953 hatte ein scheibengebremster C-Type den Gesamtsieg in Le Mans errungen; seither war die »Bremse der Zukunft«, wie sie damals noch hieß, allmählich Realität geworden. Nur zögerte die Automobilindustrie, sie serienmäßig im Personenwagen einzubauen – hier leistete Jaguar Pionierarbeit.

Sir William Lyons, wie ihn viele kannten – als amüsanten Redner und guten Unterhalter. Neben ihm die belgische Jaguar-Repräsentantin Bourgeois sowie Bill Heynes und seine Gattin. Es ging um die Verabschiedung eines alten Mitstreiters des Chefs.

Scheibenbremsen waren beim XK 150 zwar ebenso ein »Extra« wie Speichenräder, aber es gab praktisch kein Exemplar, das nicht beides in Form des SE-Pakets (*special equipment*) aufgewiesen hätte. Auf Wunsch ließ sich der XK 150 auch mit Getriebeautomatik versehen oder, beim normalen Vierganggetriebe, mit einem Overdrive. Im Interieur hatte sich einiges für den Komfort der Insassen getan; es gab Armstützen in den Türen, neue Sitze im Fond und eine gepolsterte Armaturenbrett-Oberkante. Diese und andere Späße ergaben indessen ein höheres Gewicht, für das man nur durch ein bißchen Tuning das entsprechende Equivalent schaffen konnte. Durch eine Drei-Vergaser-Anlage ließ sich die serienmäßige 190-PS-Leistung auf 210 bis 230 erhöhen; aber der generelle Bedarf an etwas mehr *power* war auch nach Allesley gemeldet worden: Im Frühjahr 1959 bot Jaguar den XK 150 in einer S-Version (für »Sport«) an, 250 PS stark, gut für 215 km/h. Kernstück des von Harry Weslake überarbeiteten Motors war ein neuer Kopf mit modifizierten Ein- und Auslässen sowie angehobener Verdichtung, die jetzt 9:1 betrug. Zudem gab es beim XK 150 S eine verstärkte Kupplung und ein im Gewicht vermindertes Schwungrad.

Erst war es der Roadster (der durch Kurbelscheiben und andere Annehmlichkeiten schon lange kein bretthärter Sportwagen mehr war), den man mit dem S-Motor auslieferte; die DHC und FHC folgten etwas später. 1960 erschien eine letzte Variante des XK-Modells, der XK 150 mit 3,8-Liter-Motor. Es war die gleiche Maschine wie im großen Mk. II beziehungsweise Mk. IX. Auch den 3.8 Litre konnte man in einer S-Version bestellen, ebenso mit automatischem Getriebe. Ein sportlich gefahrener XK 150 3.8 S war eine aufregende Angelegenheit, zumindest für den Copiloten, und jeder Vergleich zu einem Ferrari oder Aston Martin DB4 war gerechtfertigt. Nur war ein XK noch immer ein Wagen, der nicht einmal ein Drittel dieser Traumautos kostete...

Im Oktober 1961 verließ der letzte XK 150 das Werk. Ein halbes Jahr zuvor war der E-Type präsentiert worden, ein ebenso aufregendes Automobil, wie es der XK 120 bei seiner Präsentation im Jahre 1948 dargestellt hatte. Der XK 150 hatte es als Cabriolet auf 2671 und als Coupé auf 4462 Exemplare gebracht; als OTS auf nur 2265. Die meisten dieser Wagen, die letzten Sportfahrzeuge von Jaguar in konventioneller Chassisbauweise, gingen nach USA. Die seltenste Version war der Roadster mit 3,8-Liter-Maschine: ihn gab es nur 36mal.

Mochte man es bei der Einführung des Jaguar XK 120 noch für wünschenswert erachtet haben, die Leistungsfähigkeit des neuen dohc-Motors durch gelegentliche motorsportliche Einsätze unter Beweis zu stellen, so waren aber der XK 140 oder der XK 150

1952er Jaguar XK 120 mit Speichenrädern, die als Extra galten. Der Roadster war nicht unbedingt ein Viersitzer!

So erschien der erste XK 120 Roadster (OTS) 1948 – mit einer aus Aluminium angefertigten Karosserie auf hölzernen Unterzügen. Normalerweise hatte der Wagen hintere Radabdeckungen (spats) und Scheibenfelgen. Die hintere Stoßstange bildeten zwei senkrechte Bügel. Türgriffe gab es nur auf der Innenseite. Das Auto sah nicht nur ausgezeichnet aus, sondern war für seine Qualitäten auch ungewöhnlich preiswert.

»Lofty« England und Chefkonstrukteur Bill Heynes (links) bei einer Clubveranstaltung mit einem XK 120, den der Service Direktor damals kurzzeitig besaß.

Straßenrennen in Hong-Kong 1959. Das recht gemischte Feld zeigt vorn einen E-Type, dahinter zwei Jaguar XK 140.

erst recht keine Wettbewerbswagen. Wohl bestritten Privatfahrer auf solchen Fahrzeugen zahlreiche Rallyes und sogar Rundstreckenrennen, das Werk aber engagierte sich für den Wettbewerbseinsatz mit den neuen XK-Modellen nicht.

Vielmehr waren es die berühmten C- und D-Types, die im Motorsport Schlagzeilen machten, und das *feedback* großartiger Le-Mans-Siege genügte durchaus, um auch einen XK-Serienwagen mit entsprechender Aura zu umgeben. Es handelte sich ja auch um die gleichen Konstrukteure, die für die Entwicklung der Renn- und Serienwagen zuständig waren. Und F. R. W. »Lofty« England bekleidete schließlich nicht nur die Position eines Leiters der Kundendienstabteilung, sondern war zugleich – wenn auch mehr nebenher als hauptamtlich – Chef des kleinen, aber feinen Jaguar-Werksrennteams.

Im Sommer 1958 stellte die Zeitschrift *auto, motor und sport* ihren Lesern den XK 150 vor. Paul Frère meinte, es gäbe mittlerweile zwar Sportwagen, die schneller als der Jaguar seien, »aber es gibt kaum einen anderen, der bei Fahrleistungen, die auch den Ansprüchen sehr verwöhnter Fahrer genügen sollten, sich noch so zivilisiert verhält…«

Laufruhe und Elastizität des Sechszylindermotors lobte Frère besonders: »Ruck- und vibrationsfrei kann man von 10 bis 200 km/h im vierten Gang beschleunigen. Wenn auch der Jaguar-Motor dank seiner Elastizität gegen eine faule Fahrweise in keiner Weise protestiert, werden Fahrer, die am Schalten keine Freude haben, trotzdem besser daran tun, sich für das auf Wunsch erhältliche Borg-Warner-Automatikgetriebe zu entscheiden«. Im großen und ganzen sei das manuell schaltbare Getriebe nicht so gut wie das Triebwerk. Der dritte Gang, der bis 170 km/h hinaufreiche, sei »etwas zu viel des Guten. Im Interesse noch besserer Beschleunigungen im mittleren Geschwindigkeitsbereich wäre uns ein etwas stärker untersetzter dritter Gang lieber.«

Trotz seines beachtlichen Gewichts von immerhin 1440 kg sei der XK 150 aber ein wendiger Wagen geblieben, der sich auch in Kurven vollkommen neutral verhalte. »Wenn er sich bei höheren Geschwindigkeiten der Adhäsionsgrenze genähert hat, besteht keine Tendenz, hinten wegzuwischen« – was beim XK 120 noch eher der Fall gewesen war. Unter allen Umständen lasse er sich sauber fahren, neige sich in den Kurven nur mäßig und biete auch auf nasser Straße gute Fahrsicherheit.

Daß die Bremsanlage des XK 150 alle Tester, so auch Paul Frère, besonders beeindruckte, lag auf der Hand. »Auch aus Geschwindigkeiten von etwa 175 km/h konnten wir Verzögerungswerte messen, die nahe am Maximum liegen. Diese Messungen konnten in schneller Reihenfolge wiederholt werden, ohne daß irgendwelche Anzeichen von Fading einsetzten. Allerdings wurde nach einiger Zeit, wahrscheinlich infolge leichter Verformung der stark erhitzten Bremsscheiben, der Pedalweg etwas länger. Bei derartig harter Beanspruchung konnte gelegentlich auch eine plötzlich auftretende starke Erhöhung des vom Pedal ausgeübten Gegendrucks festgestellt werden. Das ist angeblich auf das un-

Vorstandssitzung bei Jaguar 1961. Von links nach rechts: F.R.W. England, Service Direktor und späterer Nachfolger des Chefs; E.F. Huckvale, Finanzchef; Arthur Whittaker, Generalbevollmächtigter; Sir William Lyons, Chairman; William M. Heynes, stellvertretender Vorsitzender und Chefingenieur; John Silver, Produktions-Direktor; R.W. Grice, Betriebschef.

genaue Verhalten des Ausströmventils im Hauptbremszylinder zurückzuführen, wodurch auf den Kolben der von der Vakuum-Bremshilfe ausgeübte höhere Druck zur Wirkung kam. Dieser Mangel wurde inzwischen behoben; die Jaguar-Vertretungen haben Anweisung erhalten, alle schon im Betrieb befindlichen Wagen entsprechend umzuändern«. Es sei nie vorgekommen, daß ein Rad zu früh blockiere – und ein weiterer Vorteil sei das automatische Nachstellen der Bremsen. Nur die Handbremse entspreche nicht ganz den Erwartungen.

Das von Paul Frère getestete Coupé kostete beim Importeur Lindner in Wiesbaden, später Frankfurt am Main, 21 250 Mark. 750 Mark Aufpreis verlangte man für den Overdrive, 2000 Mark für die Getriebeautomatik. Alle 4000 Kilometer empfahl das Werk einen Ölwechsel, und die Haftpflichtversicherung für einen Wagen der 200-PS-Kategorie machte 1958 keine 500 Mark aus.

Als das Ende der XK-Zeit gekommen war, trauerten nicht wenige Jaguar-Fans dem »klassischen« Zweisitzer nach. Andererseits war ein Modellwechsel längst fällig. Der relativ schwergewichtige XK mit seiner Geburtsurkunde aus dem Jahre 1948 hatte sich überlebt. Er stellte ohne jeden Zweifel einen weiteren Meilenstein in der Jaguar-Geschichte dar und ist eines der großartigen Zeugnisse brillanter Automobilbaukunst der Mannschaft um William Lyons. 1961 stand der XK immerhin in seinem dreizehnten Lebensjahr, und das war auch für britische Automobilverhältnisse schon ein beachtliches Alter.

E-Type ante portas

Bevor die Spotlights des großen Automobil-Salonspektakels ihr Licht auf den Jaguar E-Type warfen, gab es ein paar Generalproben. Ganz offenkundig ist zum Beispiel die Verwandtschaft des D-Type-Rennsportwagens mit dem E-Type, und da gab es auch noch den legendären XK SS.

Dieses Auto sollte vor allem in den USA verkauft werden. Es handelte sich um einen Wettbewerbswagen, der auf Anregung des Vertragsfahrers Duncan Hamilton in ein Straßenfahrzeug verwandelt worden war – durch eine etwas bequemere Cockpiteinrichtung, durch eine weit herumgezogene Windschutzscheibe und ein Allwetterverdeck. Den seitlichen Rennauspuff deckte man durch eine perforierte Chromblende ab, an der Beifahrerseite bekam der Wagen eine kleine Tür. Die damals nicht zimperlichen Verkehrsbehörden Großbritanniens erteilten diesem Fahrzeug ohne weiteres die Straßenzulassung – so wie es ja auch einige Ford GT 40 und andere rasante Kaliber im Straßentrimm mit Kennzeichen gab.

In 5,5 Sekunden beschleunigte das 250-PS-Leichtgewicht von Null auf 100 km/h; die

Spitze betrug etwa 240. Als der Wagen mit Straßenzulassung das erstemal im Spätsommer 1956 zu sehen war, liefen ein paar Enthusiasten »Lofty« England fast die Tür ein: Dieses Fahrzeug mußten sie einfach haben. Man rechnete aus, was eine kleine Serie kosten würde und kam auf einen Stückpreis von 3878 Pfund Sterling – für Jaguar-Maßstäbe ein außerordentlich hoher Betrag. Es gingen jedoch über dreißig Bestellungen ein, als im November der XK SS als potentielles Wettbewerbsfahrzeug offeriert wurde. Der Sports Car Club of America wollte eine Renn-Homologation erreichen und sich für eine weitere Verbreitung des Wagens einsetzen. Doch nur 16 Exemplare entstanden schließlich bis zum Februar 1957, denn ein Großbrand im Jaguar-Werk vernichtete über Nacht sämtliches Material. Man hatte Mühe, die Serienfertigung ziviler Fahrzeuge schnell wieder in Gang zu bringen; am D-Type alias XK SS wurden keine Wiederbelebungsversuche unternommen. Zwei D-Types wurden übrigens zu einem späteren Zeitpunkt noch in der XK SS-Spezifikation umgebaut, was somit eine Gesamtzahl von 18 Exemplaren dieses seltensten aller seltenen und sehr reizvollen Jaguar-Sportwagen ergibt.

Zu jener Zeit existierten aber schon Pläne für einen Nachfolger des XK 150, auch der erste Prototyp eines solchen Wagens entstand. Und nicht von ungefähr trug der Nachfolger zumindest in den USA zunächst die Chiffre XK E und wies auch genügend Familienähnlichkeit mit dem XK SS auf. Auf dem Genfer Salon des Jahres 1961 lüftete sich dann der Schleier des Geheimnisses: Der neue Jaguar erstrahlte im Rampenlicht.

Es handelte sich um ein Coupé mit extrem langer Frontpartie, niedriger, breiter und gedrungener als sein Vorgänger, mit in die Kotflügel integrierten Scheinwerfern, die etwas zurückgesetzt und durch transparente Kunststoffhauben abgedeckt waren. Der E-Type hatte kein eigentliches Fahrgestell mehr, sondern wies einen Fahrzeugkörper in Monocoque-Bauweise auf. Ein vorderer Hilfswagen trug Motor und Vorderradaufhängungen mit Querlenkern und Drehstabfederung sowie Querstabilisator, und ein Stahlprofil-Stützrahmen trug auch die Hinterachse. Rechts und links gab es je zwei Schraubenfedern mit innenliegenden Stoßdämpfern; das tragende Element der beiden Achshälften bildete ein gegabelter Querlenker. »Eine aufwendige Konstruktion«, schrieb die Fachpresse, »bei der Sturzveränderungen der Hinterräder vermieden werden«.

Vom XK 150 hatte der E-Type den 3,8-Liter-Motor, das Getriebe und die vier Scheibenbremsen übernommen. Das Moss-Viergang-getriebe war nicht frei von Fehlern und schaltete sich unter Umständen hakelig; der auf 265 PS getrimmte Motor hingegen war – nahm man einen gewissen Ölverbrauch in Kauf – als eine mustergültige Maschine bekannt und brachte den E-Type spielend auf 220 km/h. Das Coupé wog mit seinen 1183 kg Trockengewicht gut 260 kg weniger als die letzte Version des XK 150 3.8 Litre. Die aufsehenerregende Form des neuen Jaguar täuschte über seine wahre Länge – das Fahrzeug war sogar vier Zentimeter kürzer als der XK 150, dafür aber breiter und viel niedriger. Zu haben war der Wagen natürlich nicht nur als Coupé, wie in Genf gezeigt, sondern auch als Roadster (OTS).

Zwei Prototypen des E-Type, im Werk unter

Die Silhouette des Jaguar Mk. X läßt schon einiges vom XJ6 erkennen. Der Mk. X galt 1962 mit seiner selbsttragenden Karosserie als eine ausgereifte Konstruktion und bestach durch perfekte Technik und formschöne Linien.

Gegenüberliegende Seite: Wie die Kreuzung eines XK 150 mit einem Ml. II sieht dieses Modell aus, das nicht in Serie ging. Es war die Stilstudie eines zweitürigen 3.4 Litre.

der Chiffre E1A und E2A geführt, waren 1957 bis 1960 als fahrende Versuchslabors unterwegs. Der erste Wagen hatte einen 2,4-Liter-Motor und eine Alukarosserie, der zweite, etwas später angefertigte mit Stahlblechaufbau wies einen 3,8-Liter-Motor (mit Trockensumpfschmierung) sowie innenliegende Scheibenbremsen auf. Verschiedene Hinterachskonstruktionen mit Einzelradaufhängung kamen zur Erprobung. Der E2A wurde 1960 beim 24-Stunden-Rennen von Le Mans vom amerikanischen Cunningham-Team (ziemlich erfolglos) und anschließend auch in den USA ein paarmal eingesetzt. Später kehrte der Wagen nach Coventry zurück. Sehr viel Nährwert in rennsportlicher Hinsicht mochten diese Einsätze kaum gehabt haben, denn auch der E-Type war – wie der XK 150 – ja nicht als Wettbewerbswagen konzipiert. Nun, ein schnelles Auto war das Coupé jedenfalls, und die 220 bis 225 Spitze ließen sich noch erhöhen, nämlich mit der ab Oktober 1962 von 3,31:1 auf 3,07:1 verminderten Hinterachsübersetzung und Rennreifen. Jetzt ging der E-Type an die 240 bis 250 km/h.
Allerdings waren bei solchen Tempi die früher so gelobten Scheibenbremsen überfordert. Und es tauchten thermische Probleme beim Motor auf, die sich nicht zuletzt auf den Innenraum des Coupés übertrugen. Die Belüftung ließ zu wünschen übrig, auch wurde Kritik wegen des engen Fußraums geäußert. Vor allem fanden die Sitze eine Längsbegrenzung, die es Fahrern mit langen Beinen schwermachte, eine bequeme Position einzunehmen.
Im Laufe des Modelljahres 1962 änderte man einiges am E-Type. Es gab hinter den Sitzen etwas mehr Platz, um sie weiter verstellen zu können, auch änderte man vorn die Bodenwanne, was mehr Fußraum ergab. 1962 bot Jaguar für den Roadster auch ein aufsetzbares Hardtop aus Kunststoff an.
Die 3,8-Liter-Version, später als Serie I bezeichnet, offerierte Jaguar von März 1961 bis Oktober 1964. Insgesamt 15 496 wurden gebaut, etwa je zur Hälfte offene und geschlossene Wagen. Die großen Stückzahlen trugen zu einem relativ günstigen Preis bei: Der Roadster kostete anfangs nur 26 000, das Coupé 27 000 Mark. Allerdings schlug sich der niedrige Preis auch in der Verarbeitungsqualität nieder. Erstmals war ein Jaguar nicht in allen Punkten ein Synonym für Spitzenqualität. Vor allem zeigten sich Mängel in der Karosserie; sie war rostanfällig, besonders an unsauberen Verschweißungen, nicht klapperfrei und auch nicht überall wasserdicht. So mancher E-Type-Kunde hätte einen um zehn Prozent höheren Preis gern in Kauf genommen, wäre das Finish des Wagens ebenfalls um zehn Prozent besser gewesen. Enthusiasten im trockenen und sonnig-warmen Südwesten der USA mochte dies weniger tangieren – und in der Tat kamen die meisten Bestellungen für den E-Type wie auch für die kontemporären Jaguar-Limousinen aus diesen Gegenden.

Ein Sportwagen, an den man sich gewöhnen kann

Traditionell zum Herbst 1964 gab es nach drei E-Type-Jahren wieder etwas Neues bei Jaguar. Man bot das Fahrzeug nun auch mit dem 4,2-Liter-Motor der großen Nobellimousinen (420 G, Mk. X) an. Die Leistung hatte man nicht angehoben; sie betrug wie im 3.8 Litre ausreichende 265 SAE-PS, nur gab es bei dem 4235-ccm-Aggregat ein noch besseres Drehmoment, nämlich 39,1 mkp gegenüber 35,9 bei 4000/min beim kleineren Motor. Das bedeutete mehr Musik von unten heraus und ein Plus an Elastizität, gleichzeitig aber auch ein erhöhtes Gewicht. Die 1250 kg für den OTS hatten um 30 kg zugenommen.
Einen Schwachpunkt des E-Type hatte man schon vor der Präsentation des 4.2 Litre beseitigt – durch die Einführung eines neuen Getriebes. Neu waren auch eine Wechselstromlichtmaschine, eine Anlaß-Wiederholsperre sowie eine modifizierte, wirkungsvollere Servo-Bremsanlage.
Ein äußerlich sichtbares Zeichen, daß man es mit dem 4.2 Litre zu tun hatte, waren die neuen, bequemeren Sitze sowie die Verkleidung des Instrumentenbretts mit schwarzem Kunstleder; vorher hatte hier blankes Aluminium geblinkt. Dies und ein verchromter Schriftzug, der auf dem Heckdeckel die Typenbezeichnung angab, waren aber auch die einzigen Merkmale, wodurch man den neuen Wagen vom bisherigen zu unterscheiden vermochte. Was man erst nach längerer Gebrauchszeit merkte: Die Verarbeitungsqualität hatte sich gebessert. Rostprobleme waren jetzt so schnell kein Thema mehr. Nur 18 Pfund betrug der Preisunterschied zwischen dem 3.8 und dem 4.2 in England; bei

Dieser XK 140 gehört einem Sammler in Norddeutschland, ein absolut originalgetreues Coupé mit den typischen Abdeckungen der hinteren Räder.

uns mußte man für den neuen Wagen sogar weniger als für seinen Vorgänger bei dessen Vorstellung bezahlen. Das Coupé kostete 28 640, der Roadster 27 200 Mark.
Mit einer weiteren Novität wartete Jaguar auf dem Genfer Salon 1966 auf. Man hatte den Radstand des E-Type von 2438 um 229 mm verlängert und einen Zwei-plus-Zwei geschaffen. Das hatte ihn allerdings in den Augen der Puristen nicht schöner gemacht, zumal auch die Windschutzscheibe einen steileren Winkel hatte. Irgendwie sah dieses Fahrzeug mit seinen 70 kg Mehrgewicht nicht so wohlproportioniert aus, hatte auch etwas von seinen sportlichen Fahreigenschaften eingebüßt. Diesen ausschließlich als Coupé angebotenen Wagen konnte man auch mit automatischem Getriebe erhalten. Als sehr vorteilhaft erachteten Vielfahrer einen effizienteren Kühler mit neuer Pumpe und zwei Ventilatoren, die sich zuschalten ließen. Als Beinahe-Viersitzer mit Borg-Warner-Automat sprach der 4.2 2+2 vor allem die amerikanische Kundschaft an. Ohnedies stellten über 60 Prozent aller E-Type-Abnehmer die Amerikaner; der Gesamtexport machte bei Jaguar damals etwa 85 Prozent aus.
Das war die Zeit, in welcher Jaguar mit BMC jene Verlobung einging, aus der sich die British-Motor-Holding-Ehe ergab. Aus einer Art Interessengemeinschaft entstand 1968 durch die Fusion mit der Leyland-Gruppe dann der BL-Konzern. Zunächst hatte man Lyons zugesagt, er würde für Jaguar größtmögliche Autonomie behalten, und man war sicher auch stolz darauf, ein so angesehenes Automobilfabrikat im Markenverbund zu haben.
Später änderten sich die Ansichten einiger Manager bei British Leyland, was die Rolle Jaguars betraf. Doch zunächst sah es gut aus für Allesley, die Umsätze stimmten und Sportwagen wie Limousinen erfreuten sich im In- wie im Ausland zunehmender Beliebtheit.
Einen E-Type bis zum Baujahr 1967 vermag man leicht an den Abdeckungen seiner Scheinwerfer (*perspex covers*) zu erkennen. Von jenem Zeitpunkt an nahm man sie ihnen ab, veränderte aber die Position der Lampen nicht. Im Dezember des gleichen Jahres stattete man die E-Types, die auf den europäischen Kontinent geliefert wurden, mit einer abermals »verlängerten« Hinterachsübersetzung aus, sie betrug jetzt 2,88:1. Einen solchen Wagen fuhr lange Zeit der bekannte Motorjournalist Denis Jenkinson, dessen Urteil nicht nur in England etwas galt. »Einen 4.2 Litre E-Type zu fahren, kann man sich angewöhnen, und dann mag man kaum mehr ein anderes Fahrzeug besitzen«, sagte er. »Allerdings hatten mich Freunde gewarnt. Wenn du dir einen E-Type zulegst, sagten sie, wirst du nicht mehr viel Zeit für uns haben. Du wirst sie nämlich darauf verwenden müssen, all die Teile aufzulesen, die der Wagen während der Fahrt verliert...« Tatsache ist, daß Mr. Jenkinson mit seinem Auto sehr zufrieden war und sich später einen zweiten E-Type zulegte, von der Serie II.
Als am 18. Oktober 1968 in Earls Court der E-Type der Serie II vorgestellt wurde, erhielten die 1967 umgerüsteten Wagen des Modelljahres 1967 nachträglich die (inoffizielle) Bezeichnung »Serie 1½«. Die Anzahl aller Fahrzeuge seit ihrer Präsentation vor sechs Jahren hatte bis jetzt 38 412 Exemplare betragen.
Was sofort auffiel am E-Type der zweiten Generation, war sein um zwei Drittel größeres »Maul« mit der kräftigeren, herumgezogenen Stoßstange und etwas weiter nach vorn versetzten Frontscheinwerfern (die man auch schon den Wagen der Serie 1½ gegeben hatte). Gegen Aufpreis erhielt man eine Klimaanlage, verchromte Scheibenräder und eine Servolenkung. Amerika ließ grüßen!
Auch den 2+2 hatte man verändert, und zwar in der Form des Aufbaus. Jetzt hatte die Windschutzscheibe einen schrägeren Winkel, was der Gesamtlinie des großen Coupés sehr zugute kam. Vorn und hinten gab es größere Blinker, die Endrohre des Auspuffs saßen etwas weiter auseinander. Was auf den ersten Blick kaum erkennbar war, war die Entschärfung des Wagens innen und außen, eine Auflage der amerikanischen Zulassungsbehörden. Sie machten viel Detailarbeit er-

forderlich, die mit über einer Million Mark zu Buche schlug. Diese Summe enthielt aber auch Arbeiten an der Kraftstoff- und Auspuffanlage, um den neuen US-Abgasgesetzen zu entsprechen. Stromberg- statt SU-Vergaser wurden für Amerika eingebaut, die eine Menge Leistung schluckten. Sie betrug jetzt nur noch 171 PS. Aber der E-Type war in den USA nach wie vor präsent, hatte alle Hürden genommen. In den letzten beiden Baujahren des Serie-II-E-Type, nämlich 1970 und 1971, gab es auch in Europa nur noch die Ausführung mit Stromberg-Vergasern.

Wer um Weihnachten 1970 herum sich für die Anschaffung eines neuen E-Type entschieden hatte, mußte sich gedulden. Die Erfüllung aller Aufträge zog sich bis Ostern hin. Aber das Warten lohnte sich für jene, die schon Bescheid wußten: Ab März 1971 gab es den Wagen mit V12-Motor.

Bereits fünf Jahre zuvor hatte man bei Jaguar einen Vee Twelve einsatzbereit gehabt. In der BL-Chefetage hatte man indessen wenig Appetit auf ein solches Aggregat, und Sir William Lyons wollte keinen Alleingang unternehmen ohne die Zustimmung des BL-Generals Lord Stokes. Im Frühjahr 1967 kam es zu ersten ausgedehnten Versuchsfahrten mit einem V12-Sportwagen. Damals hoffte man auf eine triumphale Rückkehr der Marke Jaguar ins Renngeschehen, und mit dieser Zielsetzung hatte William Heynes die Entwicklung des Zwölfzylindermotors seinerzeit auch in Angriff genommen.

Im Abseits gedieh der V12 dennoch zu einem veritablen Gebrauchsmotor, als von einer Wiederaufnahme rennsportlicher Aktivitäten keine Rede mehr war. Und schon lange vor seinem Debüt im E-Type Serie III war das Aggregat zur Serienreife gediehen. Trotz seiner Größe – der Motor hatte 5343 ccm Hubraum (90 x 70 mm) – wog er dank konsequenter Aluminiumbauweise nur wenig über 300 kg und paßte beinahe unter die Motorhaube des E-Type. Beinahe – das hieß, daß man die vorn angelenkte Motorhaube oben mit einer Ausbuchtung versehen mußte.

Der dohc-Motor war mit vier Vergasern bestückt und leistete bei 5850 Touren 272, später zurückgenommen auf 268 DIN-PS. Das Drehmoment betrug beachtliche 42 mkp. In abgasentgifteter US-Form kam man auf 240 PS.

Die Rohrrahmen-Konstruktion des Wagens hatte man wegen Größe und Gewicht der V12-Maschine verstärken müssen; das Wagenheck mit der Führung der Hinterräder konnte man indessen beibehalten. Eine verstärkte Kupplung und Servolenkung gehörten zur Standardausstattung des V12.

Weiter ausgewölbte Kotflügel wegen breiterer Pneus, vier statt zwei Auspuffrohre und eine optisch stärker betonte Frontpartie mit Kühlergrill unterschied den Serie-III-Wagen auch äußerlich vom Sechszylinder-Vorgänger. Zur Wahl standen der Roadster und das Coupé, beide mit 2667 mm Radstand als 2+2 ausgelegt.

Wer vom Sechszylinder auf den neuen Zwölfzylinder umstieg, stellte im Handling durchaus Unterschiede fest. Beschleunigung und Höchstgeschwindigkeit – etwa 230 km/h – waren imponierend, ebenso die Laufruhe und die Geschmeidigkeit des volumigen Kurzhubmotors. Beim schnellen Durchfahren enger Kurven aber mußte man sich an gewisse Schlingerneigungen gewöhnen und an einen raschen Wechsel von anfänglichem Unter- zu abruptem Übersteuern. Da aber auch der Serie-III-Wagen in erster Linie an Amerikaner verkauft wurde, die ihren E-Type nicht im Stil der Alpenrallye zu pilotieren pflegten, blieb Kritik am Fahrverhalten unter Extrembedingungen gegenstandslos. Was

Jaguar XK 140 Roadster (OTS) 1955, ein echter Klassiker unter den Sportwagen jener Zeit – heute erst recht ein gesuchtes Liebhaberstück.

auch Paul Frère in einem Test bestätigte, der im März 1972 im *Motor* veröffentlicht wurde. Er hatte mit dem Wagen eine Tour durch ganz Europa absolviert, dabei auch eine exakte Ermittlung des Benzinverbrauchs vorgenommen. Sein Gesamtschnitt bei rund 5000 Fahrkilometern: 25,4 Liter auf 100 Kilometer. Allerdings beinhaltete Frères Reisestrecke zahlreiche Autobahn-Etappen, auf denen er oft zwischen 180 und 200 km/h fahren konnte. Damals...

In den Vereinigten Staaten konkurrierte der V12 Jaguar gegen Sportwagen vom Schlage des Porsche 911, Mercedes-Benz 450 SL, Ferrari Dino und Chevrolet Corvette. Und nur der letztgenannte Wagen vermochte den Briten zumindest in punkto Höchstgeschwindigkeit zu erreichen – sofern man überhaupt Gelegenheit hatte, in den USA irgendwo ungestraft solche Tempi auszukosten, denn bald gab es dort überall die 55-Meilen-Geschwindigkeitsbegrenzung. Und was die Handhabung betraf, so gaben Experten dem Dino den Vorzug. Aber in Amerika gab es genügend Puristen, die einen Jaguar allein von seiner Ausstrahlung her favorisierten, seinen Komfort und seine Rasse schätzten. 15 287 E-Type mit V12-Motor wurden gebaut, etwa 10 000 davon gingen nach USA.

Aber der Absatz ließ allmählich nach. Im September 1973 gab Jaguar den Bau des Coupés auf. Bis zum Februar 1975 bot man ausschließlich noch den Roadster an. Als sein Produktionsende angekündigt wurde, setzte wider Erwarten nicht einmal ein Run auf die letzten Exemplare des legendären E-Type ein. Nur jene 49 Roadster waren im Nu ausgebucht, die man mit tiefschwarzer Lackierung als spezielle Serie in den Handel brachte: Vorausblickende Liebhaber sicher-

Unten: Eleganz und handwerkliche Gediegenheit strahlt dieser Mk. II aus. Die Weißwandreifen deuten auf einen nach USA verkauften Wagen hin; in Europa sah man dergleichen nur verhältnismäßig selten. Speichenfelgen aber wurden sehr oft bestellt, der Aufpreis war gering.

ten sie sich zwecks Einmottung. Den allerletzten E-Type behielt Jaguar für die hauseigene Kollektion.
Mit dem E-Type ging eine Ära zuende – mit dem XJ-S begann eine neue. Länger als die einzelnen Modelle aber lebten ihre Motoren. Der 4,2-Liter-Sechszylinder, der im Oktober 1964 im Mark X sein Debüt gegeben hatte, wurde bis zum Mai 1986 hergestellt, und der V12, längst mehrmals totgesagt, schien noch im Frühjahr 1987 dazu auserkoren zu sein, im XJ12 ein beinahe ewiges Leben zu führen – schließlich sah es so aus, als habe sich BMW durch ihn herausgefordert gefühlt, es nun endlich auch einmal mit zwölf Zylindern zu versuchen. Eigentlich hatte man den XJ12 schon 1982 auslaufen lassen wollen, überraschenderweise hielt die Nachfrage nach diesem Wagen aber noch immer an; als es schließlich amtlich war, daß der bayrische V12 Ende 1986 Serienreife erlangt haben würde, sprach in Coventry niemand mehr von einem Stop. Zu spät war es indessen, dem seit langem in der Entwicklung befindlichen XJ40 ebenfalls einen (neuen) Zwölfzylinder zu verpassen. Dieses Auto – siehe Seite 158 – präsentierte sich im Herbst 1986 als Sechszylinder.

Oben: Jaguar Mk. II 3,8 Liter von 1961, wie er in vielen englischen Städten von der Polizei gefahren wurde.

Rechts: Instrumentenbrett in Edelholz, eine Selbstverständlichkeit beim 1964er S-Type.

Rechts: Das mit viel Holz und Leder bestückte Interieur des Jaguar 3,8 S-Type Baujahr 1964. Dieses Modell war der Übergang zum Mk. X.

Vom Sportwagenbau kann man nicht leben

Als William Lyons sich 1935 entschloß, seinen unter dem Firmennamen SS Cars vermarkteten Automobilen eine Zusatzbezeichnung zu geben, die auf markante Weise der Charakteristik seiner Fahrzeuge entsprach, bemühte er die Fauna nicht ohne speziellen Grund. Es ging ihm schließlich um einen Begriff, der auch ein Anklingen an seinen Familiennamen (Lion gleich Löwe) sicherte. Jaguar – das klang aufregend, verhieß Spannung und Abenteuer, Kraft, Geschmeidigkeit, Überlegenheit, weckte Fernweh. England war noch eine große Kolonialmacht, Indien (Kipling!) hatte in der britischen Begriffswelt einen hohen Stellenwert. Bei der jüngeren wie bei der älteren Generation konnte der Name Jaguar in den dreißiger Jahren nichts als erwünschte Assoziationen hervorrufen. Besser hätte Lyons Wahl für eine Automobilmarke kaum ausfallen können.
Die Autos mit dem Raubkatzen-Image standen seit Anbeginn für Rasanz und Stärke. Genau die richtigen Attribute eines Sportwagens. Lyons wußte aber schon immer, daß man vom Bau und Umsatz sportlicher Roadster allein keine Existenz bestreiten konnte, keine Chancen zur Expansion hatte. Wollte man sich ein Marktsegment, sei es auch noch so schmal, auf Dauer sichern, mußte man das ganze Spektrum anbieten, Sportwagen, Familienkutschen, Repräsentationsfahrzeuge.
Ein so aggressiver Name wie Jaguar störte dabei keineswegs. Aber er war auch Ver-

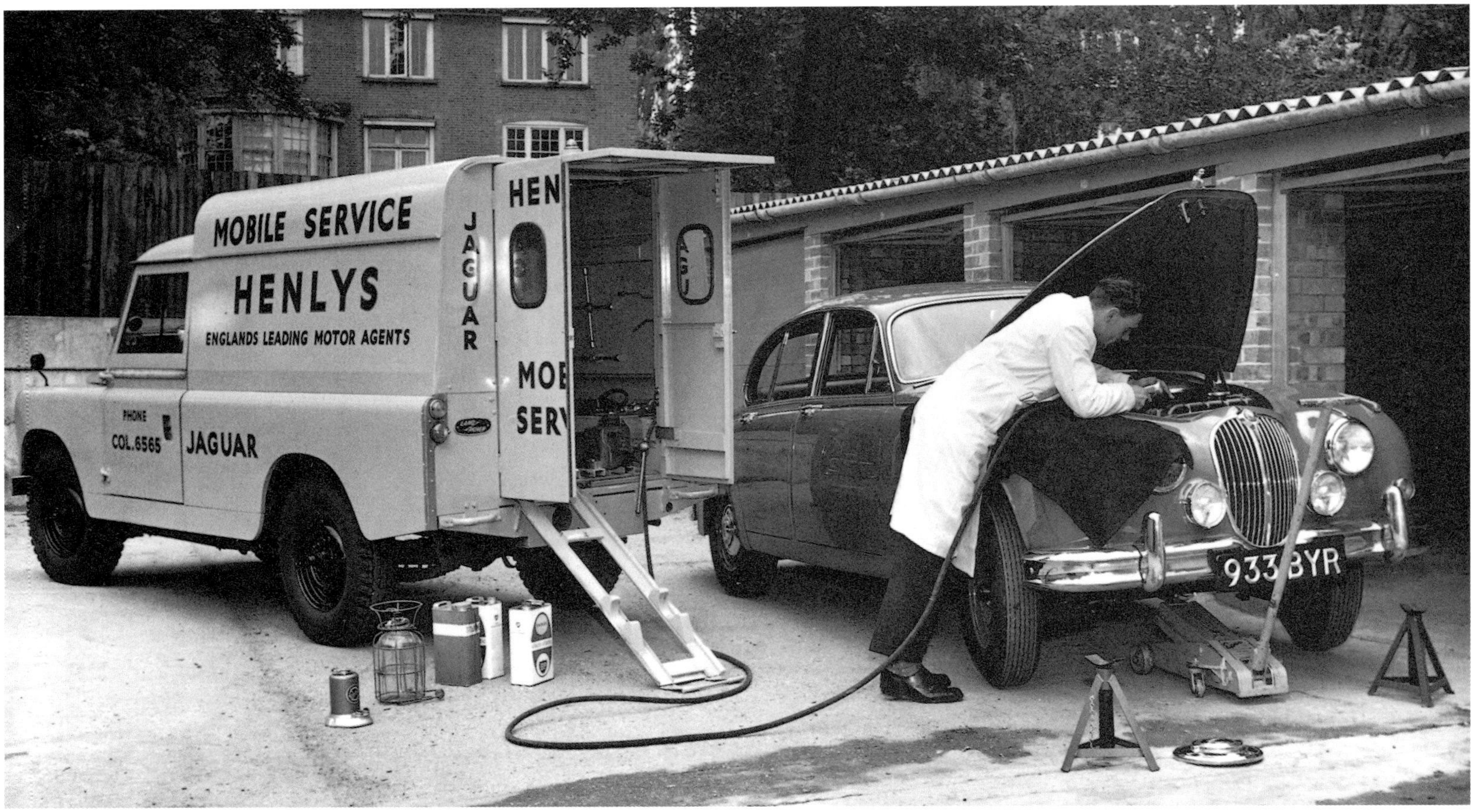

pflichtung. Konnte eine Großlimousine namens Jaguar zwangsläufig schon nicht die sportlichen Charakteristika eines leichten Zweisitzers aufweisen, mußte eine überdurchschnittliche Qualität dem Namensanspruch gerecht werden. Daß man mit einer Jaguar-Limousine schon immer sehr »sportlich« fahren konnte, ist eine andere Sache.

Der SS 90 und der SS 100 als erste echte Jaguar-Automobile waren Meilensteine und prägten ein für allemal die Wesenszüge auch aller nachfolgenden Sportwagen aus dem Hause Lyons. Aber diese Roadster und Tourer stellten nur einen Teil der Produktion dar. Umsatzträger Nummer eins waren die bürgerlichen Limousinen – bürgerlich im Sinne ihrer Aufgaben als *daily means of transportation*. Natürlich auf gehobenem Level, denn ein Jaguar war kein Austin, Morris, Wolseley oder Vauxhall. Natürlich auch kein Rolls oder Bentley – aber das war ja genau die Chance, die sich Lyons errechnet hatte. Vielleicht eine Marktnische, wie BMW-Manager Paul Gustav Hahnemann 1962 gesagt hatte, als er die »Neue Klasse« dort ansiedelte, wo man Mercedes meinte, wenn man Opel sagte. BMW und Jaguar haben im übrigen vieles gemeinsam – die sportliche Ausprägung ihrer technischen Konzepte, die Sonderstellung in ganz bestimmten Marktbereichen, die Loyalität ihrer Kunden, die weit über dem Durchschnitt liegt. Ein starkes Identifizierungsmoment zwischen Automarke und Fahrer mag es bei vielen Fabrikaten und bestimmten Modellen geben (siehe etwa Citroën 2 CV oder Mercedes 300 SL, um zwei extreme Beispiele zu nennen), doch bei BMW wie bei Jaguar spielen ganz andere, emotionale Komponenten mit hinein. Ein Mercedes-Mann nimmt die Ratio zu Hilfe, wenn er Argumente für den Guten Stern vorträgt, ein Ford-Fan – in welchem Lande auch immer – mag günstige Ersatzteilpreise und Verbrauchswerte ins Feld führen, die mit Si-

cherheit unwidersprochen bleiben. Einen BMW aber fährt man, weil dies einer bestimmten Philosophie oder Mentalität entspricht, nicht weil vorgeschobene Sachgründe dies zwingend vorschreiben könnten. Ähnlich ist es wohl auch bei Alfa Romeo. Und eben bei Jaguar. Was es Werbetextern besonders schwermacht, für solche Produkte überzeugende Ijzes zu finden, vor allem in Gegenüberstellung mit traumhaften Farbaufnahmen, die heute das Bild einer guten Automobilwerbung prägen und weitaus höhere Reizeffekte vermitteln (wofür der Begriff des *visualizing* geprägt wurde) als *sophisticated copywriting*. Leichtmetallmotor, elektronische Zündung, zwölf Zylinder, Antiblockiersystem, nun gut – aber das »Plopp« einer sanft ins Schloß fallenden Tür, der Geruch echter Lederpolster, die Walnußholzfurniere, nicht zuletzt natürlich der Name Jaguar, verheißungsvoll und maskulin – siehe oben. *That's it.*

Im voranstehenden Kapitel wurde die Entwicklungsgeschichte der Jaguar-Sportwagen in der Zeit nach dem Zweiten Weltkrieg geschildert. Nachfolgend die Familiengeschichte der Jaguar-Limousinen, beginnend mit dem Mk. V, der in verschiedener Hinsicht Akzente setzte. Und die Limousinen waren es auch in den achtziger Jahren wieder, die Geschichte machten, die zugleich aber auch die Erinnerung an den guten alten XK 120 oder E-Type 4.2 Litre wachhalten und letztlich einem flotten XJ-SC die Startposition ermöglichten, mit dem ein Anknüpfungspunkt zum – vorläufig – letzten Jaguar-Roadster von 1975 gesetzt wurde.

Wildkatzen auf dicken Pfoten

Mit augenscheinlich besonders großem Interesse nahmen die Amerikaner, die den europäischen Sportwagen in den späteren vierziger Jahren sozusagen »entdeckt« hatten, die Automobil-Entwicklung in Großbritannien zur Kenntnis. Aus England kamen Autos wie der M.G., der Bristol, der Triumph und der Jaguar. Alles Namen, die jenseits des Atlantiks Faszination verhießen – eine Faszination, die sich aber nicht allein auf einen M.G. TC oder Triumph TR3, einen Bristol 400 oder einen Jaguar XK 120 erstreckte, sondern auch auf die Limousinen oder Sedans britischer Herkunft, wie man sie drüben nennt. Aber eigentlich gab es nur ein englisches Fabrikat, dessen Limousinen das gleiche Image aufwiesen wie die Sportwagen aus demselben Hause: Jaguar. Bei einem Triumph TR3 zum Beispiel gab es nicht einmal eine entfernte Familienähnlichkeit mit dem Mayflower Saloon.

In nur sehr geringen Stückzahlen waren die 3.5 Litre Jaguar 1947/48 in die USA exportiert worden. Aber die begeisterte Aufnahme, die sie gefunden hatten, war Ansporn für die Männer um William Lyons. Und Verpflichtung zu technischem Fortschritt. Langweilige Autos hatte man drüben genug, so modisch sie sich in jeder neuen Saison äußerlich auch gaben – Autos aus Coventry mußten einfach besser sein.

Mit den Konstrukteuren William Heynes und Walter Hassan (Lyons nannte sie nicht, wie sonst in England üblich, bei ihren Vor-, sondern bei ihren Familiennamen) hatte man zwei ausgezeichnete Männer im Stab, die geradezu darauf erpicht waren, neue Maßstäbe zu setzen. Eine 100-Meilen-Limousine (160 km/h) zu einem erschwinglichen Preis auf die Räder zu stellen, schien ihnen eine reizvolle wie wichtige Aufgabe, vor allem in Anbetracht potentieller US-Käufer. In Eng-

Gegenüberliegende Seite: Henlys mobiler Kundendienst um 1960. Darunter das unverkennbare »Gesicht« eines Jaguar Mk. II.

Rechts: Jaguar 420, wie es ihn von 1964 bis 1966 gab.

land waren schnelle Autos, gleichbedeutend mit hohem Kraftstoffkonsum, derzeit noch kein Thema – lange nach Kriegsende war hier das Benzin noch rationiert... »For Export Only« hieß die Devise, und entsprechende Hinweise trugen auf den Ausstellungen zahlreiche der damals im United Kingdom produzierten Güter.

Die äußere Form ihrer Familienwagen zu verändern, schien den Jaguar-Männern im Coventry-Stadtteil Foleshill zunächst kein vordringliches Anliegen zu sein. Der britische Konservatismus war in der Automobilbranche besonders stark ausgeprägt – auch bei Rolls-Royce/Bentley oder Daimler, Rover oder Riley zum Beispiel hielt man eisern an tradierten Karosserieformen fest. Aber es war auch eine Frage der Mittel, wollte man neue Karosserien einführen – und das Geld war knapp. Gern hätte auch William Lyons seinen Karosseriebau modernisiert, sowohl im Design als in der Produktion, doch man verwendete seine mühsam erwirtschafteten Gewinne auf das, was wichtiger schien – auf die Entwicklung des neuen Sportwagens vom Typ XK 120 und last not least auf die Optimierung vorhandener Motoren und Verbesserungen an Fahrwerk und Chassis. Und das führte für die Saison 1949 zu einer in vieler Hinsicht neuen Jaguar-Limousine, genannt Mk. V.

Die Typenchiffren Mk. I, II, III oder IV hatte man ebensowenig benutzt wie später Mk. VI, um das vorwegzunehmen. Zwar gab es im internen Sprachgebrauch 1947/48 die Bezeichnung Mk. IV für die Limousine mit 3,5-Liter-Motor, und später nannte man die neuen »medium sized« Saloons Mk. II. Mit dem Begriff Mk. V aber begann bei Jaguar eine neue Typenfolge, die sich bis zum Mk. X fortsetzte – den Mk. VI auslassend, weil es einen zeitgenössischen Bentley gab, der so genannt wurde. Die Schreibweise in römischen Lettern wurde bevorzugt, aber es kursierten, vor allem vom Mk. IX und Mk. X, auch Werksprospekte und andere offizielle Veröffentlichungen, in denen vom Jaguar Mk. 9 oder Mk. 10 die Rede war beziehungsweise vom Jaguar Mark Nine oder Mark Ten.

Das Fahrgestell des Mk. V unterschied sich in ganz wesentlicher Hinsicht von dem seiner Vorgänger. Der kräftige Profilstahl-Kastenrahmen mit seinen Diagonalverstrebungen wies nämlich vordere Einzelradaufhängung an Dreieckslenkern mit durchgeführten Teleskopstoßdämpfern sowie Torsionsfederung auf. Die Drehstäbe verliefen an den Innenseiten der vorderen Längsträger (ähnlich wie beim Citroën Traction Avant) und waren je 1,30 Meter lang. Über einen kurzen,

gekröpften Hebel wirkten sie auf den unteren Anlenkpunkt des Achsschenkels. Im Fond störte keine hohe Tunnelaufwölbung mehr – die Kardanwelle hatte man geteilt, man konnte sie jetzt unterhalb des hinteren Wagenbodens verlaufen lassen. Der kleine Buckel unterm Fondteppich war kaum noch wahrnehmbar. Der Wagenboden bestand aus einer durchgehenden Stahlwanne, wohingegen es beim vorangehenden Jaguar noch einen eingelegten Holzfußboden gegeben hatte!
Für neuen Fahrkomfort sorgten längere Blattfedern und bessere Federwege, wozu man die hinteren Chassisenden hochgekröpft hatte. Der Mk. V hatte also keinen Underslung-Rahmen mehr wie seine Vorgänger. Die breiten Super-Comfort-Reifen (6.70×16) lieferte Dunlop.
Auch die Bremsen, entwickelt von Girling, waren neu und wiesen breite Lüftungshutzen auf. Professionelle Tester bescheinigten ihnen nur minimalstes Fading auch bei hoher Beanspruchung. Und die Kugelumlauflenkung System Burman mit dreigeteilter Spurstange brillierte durch Leichtgängigkeit.
Bei einer geringfügig verbreiterten Spur, aber gleichgebliebenem Radstand und auch fast gleichen Außenabmessungen hatte man den Innenraum des Mk. V etwas geräumiger ausfallen lassen. Das neue Chassis-Layout und eine etwas weiter nach vorn gerückte Maschine hatten das angenehme Plus an Beinfreiheit ergeben.
Heizung und Lüftung per Gebläse waren beim Mk. V selbstverständlich – bei vielen zeitgenössischen Personenwagen jener Ära aber noch immer ein teurer Luxus. Ebensosehr verstand es sich, daß die Limousine Lederinterieur aufwies und alle Flächen des Armaturenbretts, die Fensterleisten in den Türen und andere ebene Partien nobles Walnußholzfurnier zeigten.
Den Mk. V bot Jaguar als viertürige Limousine (mit Schiebedach!) und als zweitüriges Cabriolet an. Das Verdeck des *drop head coupé* ließ sich auch in halb geöffneter Position fixieren, wodurch eine Art *Coupé de Ville* entstand. Extrem breite Türen ermöglichten einen bequemen Durchstieg zu den hinteren Sitzen.
Man konnte den Mk. V mit den bereits bekannten Sechszylinder-ohv-Motoren von 2663 oder 3485 ccm Hubraum bestellen. Die Höchstgeschwindigkeiten bewegten sich bei gut besetztem Fahrzeug zwischen 125 und 145 km/h. Einige Mk. V tauchten hin und wieder in Langstreckenprüfungen auf; 1951 gab es sogar einen dritten Platz in der Rallye Monte-Carlo.
Von dem in Earls Court 1948 für die kommende Saison präsentierten Mk. V baute man bis 1952 insgesamt 10 466 Exemplare. 1675 davon erhielten die kleinere Maschine. Und nur 1005 Wagen wurden als Cabriolet karossiert.
Noch während der Laufzeit des Mk. V, von welchem mehr als die Hälfte ins Ausland abgesetzt wurde, stellte Jaguar eine neue Generation von Reisewagen vor, die sich nicht nur äußerlich von der herkömmlichen Linie, die schließlich aus den dreißiger Jahren stammte, sondern auch in der Motorenbestückung vom braven Mk. V unterschied. Als »striking new export saloon« bezeichnete *The Motor* den in der Tat sensationellen Wagen, der im Oktober 1950 in letzter Minute auf den Jaguar-Stand der Londoner Motor Show geschoben worden war.

Streiks legten auch in den fünfziger Jahren immer wieder das Verkehrsgeschehen und die Wirtschaft Englands lahm. Jaguar war oft von solchen Situationen betroffen.

Gegenüberliegende Seite: Jaguar XK 140 Roadster (OTS) 1954.

Rechts: XK 120 Cabriolet (DHC).

Eine volumige Limousine mit dem Doppelnockenwellen-Aggregat eines heißen Sportwagens – so etwas zu präsentieren durfte sich nur das Haus Jaguar erlauben. Der 160 PS starke Sechszylindermotor, der es in Rennen und Rallyes innerhalb kurzer Zeit zu einem großen Bekanntheitsgrad gebracht hatte, machte aus dem 1,8 Tonnen schweren Viertürer ein 165-km/h-Auto. So schnell fuhr 1950 eben nur ein reiner Sportwagen, keine »bürgerliche« fünfsitzige Limousine der gehobenen Kategorie.

Aber es waren nicht die beeindruckenden Leistungsdaten allein, die den Jaguar Mk. VII zum Tagesgespräch machten. Eine ebenso lebhafte Laudatio erfuhr die geräumige, ganz im Stil des XK-Sportwagens gehaltene Karosserie mit ihren lang ausladenden vorderen Kotflügeln, die der Pontonkarosse unbeschreibliche Eleganz verliehen. Die hinteren Radausschnitte verdeckten abnehmbare *spats* wie beim XK 120. Natürlich war die Großraumlimousine ganz bewußt auf amerikanische Kundschaft hin konzipiert worden, denn wenn es je ein Argument für die Anschaffung eines US-Familienwagens gab, dann war es dessen Geräumigkeit. Amerikaner, die sich für europäische Wagen interessierten, übertrugen diesen Anspruch auch auf diese, und Max Hoffmann, der österreichische US-Autoimporteur vieler Fabrikate aus der Alten Welt, hatte seine reine Freude daran, daß er nun auch einen Jaguar wahrhaft amerikanischer Dimensionen anbieten konnte, der dazu mit einer sportwagengemäßen Leistung aufwartete.

Mit gut 3 Meter Radstand war der Mk. VII genau 5 Meter lang und wog ebensoviel wie der Mk. V, dessen Fahrgestell-Layout er auch geerbt hatte. Da beide Modelle auch im Radstand identisch waren, machten der vordere und hintere Überhang die Gesamtlänge aus. Immer wieder wies die Jaguar-Werbung auf die überaus breiten Sitze hin (Ellenbogenfreiheit vorn: 1,44 Meter!), auf den ungewöhnlichen Komfort und auf den großen Kofferraum. Ausstellfenster und Schiebedach gab es wie beim Mk. V, und auch das exzellente Heizungs- und Lüftungssystem hatte man übernommen. Kleiner Gag mit großer Wirkung: In der linken Vordertür war innerhalb der Verkleidung ein Werkzeugetui eingelassen.

Links: Jaguar XK 150 als Cabriolet (DHC). Ein Wagen auch für die weniger warme Jahreszeit, wenn's sein muß.

Rechts: Besonders schick war der XK 150 als Roadster. Dieser Wagen mit Speichenfelgen und Weißwandreifen wurde im April 1958 auf der New Yorker Motor Show ausgestellt.

Einschließlich Purchase Tax kostete der Mk. VII 1276 Pfund Sterling. Der mehr als gerechtfertigte Preis war aber von geringem Interesse für die meisten britischen Jaguar-Freunde, denn nach wie vor hatte das überseeische Ausland Vorrang. Von den 20 908 Mk. VII, die bis 1955 gebaut wurden, blieben keine 8000 im Lande. In Deutschland wurden auch nur wenige Exemplare verkauft; die Statistik wies für das Jahr 1951 nicht mehr 36 neu zugelassene Jaguar-Automobile auf, Mk V und XK 120 einbegriffen. Bei uns hatte man für die neue Limousine 18 900 Mark zu zahlen – ein 300er Mercedes kostete im November 1951 die gleiche Summe (ein 170er nur 7400 Mark).

Der Mk. VII erfüllte die in ihn gesetzten Erwartungen und wurde – nicht nur in Amerika – ein Erfolg. Dennoch erlebte die britische Automobilindustrie 1950 ein schlechtes Jahr. Jaguar vermochte insgesamt noch 6647 Fahrzeuge zu verkaufen, was zwar eine Verdoppelung des Vorjahres-Ergebnisses bedeutete, aber 1951 kam es auch in Foleshill zu einem Rückschlag: Die Absatzkurve sank auf 5805 verkaufte Einheiten. Dann stieg sie – mit kleinen Knicks 1954 und 1960 – aber kontinuierlich an, und mit ihr die Gewinne. 1954 überschritt der Bilanzgewinn nach Steuern bei Jaguar erstmals die 200 000-Pfund-Grenze. Und 1959 war man bei stolzen 1,3 Millionen Profit-after-Tax angelangt.

Zwei Jahre nach dem Debüt des Mk. VII kam ein automatisches Getriebe für den Wagen heraus, und im Herbst 1954 erschien in Gestalt des Mk. VII M eine Variante mit höherer Motorleistung: Sie betrug jetzt 190 PS bei 5500/min, gut für echte 170 Kilometer pro Stunde. Verbessert hatte man auch die Bremsen, die sich beim Mk. V als so hervorragend erwiesen hatten, beim schnelleren und schwereren Mk. VII aber entsprechend schneller verschlissen.

Für die Anfertigung von Karosserien in größeren Serien hatte man im Jaguar-Werk längst keine Kapazität mehr. Die Fahrzeugkörper kamen von der Firma Pressed Steel, lediglich Prototypen und einige Sonderaufbauten entstanden im eigenen »Body Shop« in Foleshill. Lyons und Heynes waren hier oft tagelang zu sehen, wenn es um die Entwicklung neuer Fahrzeuge ging. Aber sie bekamen auch mit, wie beinahe von Tag zu Tag die Platzverhältnisse problematischer wurden – nicht nur im Body Shop. Man mußte sich nach neuen Fabrikationsplätzen umsehen. So kam es zum Umzug der Firma Jaguar im Jahre 1951 nach Allesley am Stadtrand von Coventry. Bis alle Abteilungen hier untergebracht waren, verging etwa ein Jahr. Das Grundstück an der Browns Lane gehörte dem Ministerium für Flugzeugbau (Aircraft Production); hier hatte die Daimler Motor Company Bristol-Flugmotoren und später

auch Nutzfahrzeuge gebaut, die Betriebseinrichtungen aber längst nicht zur Gänze genutzt. Den Verkauf der Fabrik an Jaguar vermittelte die Handelskammer von Coventry. Eine weitere Annäherung an Daimler, dem BSA-Konzern zugehörig, sollte noch stattfinden.

Executive Cars for the Executive

Äußerlich unterschied nur der Kenner einen Mk. VII M vom bisherigen Modell. So hatte der Wagen jetzt hintere Stoßstangen, die seitlich um die Enden der Kotflügel herumgezogen waren, neue Frontscheinwerfer (ohne die schmalen Chromleisten, die bislang eine Einteilung in drei Sektoren bewirkt hatten), zwei unterhalb der Lampen angeordnete Öffnungen mit davorgesetztem Grill für die Signalhörner und vor allem Blinkleuchten statt der bisherigen Winker.

Wer ein weiteres Plus an Leistung wünschte, konnte sich den sogenannten C-Type-Zylinderkopf vom XK 120 einschließlich anderer SU-Vergaser sowie neuer Kolben in Verbindung mit einer von 8 auf 9:1 erhöhten Verdichtung installieren lassen. Ergebnis: rund 20 PS mehr Leistung.

Bis August 1953 hatte es beim Mk. VII hinten keine Teleskop-, sondern recht altbackene Hebelstoßdämpfer gegeben. Beim Mk. VII M – der ab September 1954 ausgeliefert wurde – waren sie von Anfang an ringsum zu finden. Auch engere Getriebeabstufungen und eine neue Ölpumpe wurden eingeführt.

Noch einmal 10 061 Exemplare des Mk. VII wurden in der M-Version ausgeliefert, ehe dieses Modell sich vom Mk. VIII ablösen ließ. Dessen Vorstellung, traditionsgemäß im Oktober, fand 1956 statt, etwas über ein Jahr nach der Einführung der neuen Serie 2.4/3.4 (später Mk. II). Die 3442-ccm-Maschine war auch das Herzstück des neuen großen Jaguar, wies aber serienmäßig jene Hochleistungs-Zylinderköpfe des C-Type auf (in der Limousine figurierten sie als *B-Type heads).* Somit war der Mk. VIII ein 190-PS-Fahrzeug mit einer Höchstgeschwindigkeit von 170 km/h. Fast alle Wagen erhielten Getriebeautomatik, die einen zusätzlichen Schalter am Armaturenbrett aufwies. Er erlaubte zwei Fahrweisen – entweder ein moderates Tempo, drehzahlschonend und die eingelegte Fahrstufe bis zum Kickdown fixierend, oder eine Ausnutzung höherer Drehzahlen beim Beschleunigen mit früherem Kickdowneffekt. Eine Einrichtung, die 1986 beim BMW der Siebener-Reihe (natürlich elektronisch gesteuert) wieder von sich reden machte.

Statt einer zweiteiligen Windschutzscheibe hatte der Mk. VIII eine durchgehende, und jeder Wagen wurde in zweifarbiger Lackierung ausgeliefert. Die der vorderen Kotflügellinie folgende Absetzung erfuhr eine Betonung durch eine schmale Chromleiste. Die Kühlermaske war massiver als beim Mk. VII, und im äußerst gediegenen Interieur hatte man es tatsächlich geschafft, noch weitere Gadgets unterzubringen.

Der bis 1959 angebotene Jaguar Mk. VIII war ein Superautomobil, spielte gegenüber den neuen *Compacts* aber nur eine untergeordnete Rolle. Nicht mehr als 6212 Exemplare wurden hergestellt, also fast nur ein Fünftel der Mk. VII/VII M-Menge. Erst sein Nachfolger, der Mk. IX, distanzierte sich wieder stark vom Feld der Mittelklasse – sofern man bei Jaguar in diesen Kategorien denken wollte – und kam auf über 10 000. Die hohen Exportanteile wie der Mk. VII hatten aber weder der Mk. VIII noch der Mk. IX. Beide Typen wurden in höheren Stückzahlen in Großbritannien als im Ausland abgesetzt. Als *Executive Cars* gewannen sie in Londoner Geschäftskreisen ganz offensichtlich an Beliebtheit.

Abrupte Modellwechsel gab es nicht bei Jaguar. Die Anlaufzeit des Mk. IX, beginnend mit dem Oktober 1958, überschnitt sich mit der laufenden Produktion des Mk. VIII um vierzehn Monate; sie endete erst Weihnachten 1959. Aber da der Mk. IX im Grunde auch nichts anderes war als ein modifizierter Mk. VIII, gab es in Allesley keine »Verdrängungsprozesse«. Die beiden Fahrzeuge differierten vor allem in bezug auf ihre Motoren: In den Mk. IX baute man die 3,8-Liter-Version der XK-150-Maschine (220 PS bei 5500 Touren) ein. Mit Lockheed-Scheibenbremsen ringsum und serienmäßiger Servolenkung, einer (endlich) verbesserten Handbremse und einer Zwölf-Volt- statt zwei Sechs-Volt-Batterien kostete der Mk. IX bei uns 28 000 Mark. In der gleichen Ebene bewegten sich der BMW 507 und der Mercedes 300 SL. Die letzten Mk. IX – von der die königliche Familie einige im Fuhrpark des Buckingham Palace besaß – verließen das Werk Anfang Dezember 1961.

Compact Saloons – die neuen Bestseller

In der Jaguar-Nomenklatur hießen sie immer nur »Compact Saloons«, jene Limousinen, die später landläufig als »Mark II« bezeichnet wurden. Und viele meinen, es habe auch einen Mk. I gegeben. Bei der Modellreihe dieser berühmten Limousinen fing das »Zählwerk« aber anders an.

Jenes neue Automobil, das im Sommer 1955 als 2.4 Litre Saloon der Öffentlichkeit vorgestellt wurde, erhielt erst nachträglich die Typenbezeichnung Mk. I – zunächst war der Viertürer mit der hohen Gürtellinie eben nur der Two point Four. In bezug auf seine Größenordnung schloß dieses Fahrzeug an den 1.5 und 2.5 Litre an, die kurz vor dem Kriege und dann in den späten vierziger Jahren eine gewisse Beliebtheit erlangt hatten. Aus diesen Limousinen hatten sich (ohne Ziffern-Vorläufer) schon einmal ein Mk. V, dann ein Mk. VII (ohne Mk. VI) entwickelt, wie bereits geschildert. Mit dem 2.4 Litre aber fing eine gänzlich neue Baureihe an. Diese Jaguar-Automobile hatten nämlich eine konstruktive wie stilistische Besonderheit – eine selbsttragende Karosserie in der sogenannten Pontonausführung, also unter Verzicht einer seitlichen Akzentuierung der Kotflügel, wie sie die Jaguar-Modelle Mk. VII, VIII und IX aufwiesen.

Die Einführung des 2.4 Litre löste die große Limousine vom Typ Mk. VII, seit 1951 im Programm, keineswegs ab. Der Mk. VII war ein schwerer Repräsentationswagen, von dem bis Juli 1957 immerhin 30 969 Exemplare hergestellt wurden. Mit seiner Länge, die den neuen 2.4 Litre um 40 Zentimeter übertraf, und einem Gewicht, das um 400 Kilogramm höher lag, konkurrierte der Mk. VII nicht mit dem neuen Modell; er galt als Prestige-Automobil für den arrivierten Gentleman, Geschäftswagen hochgestellter Persönlichkeiten und Reisefahrzeug durchlauchter Herrschaften, während der kleine 2.4 Litre ein Wagen war, den man meist ohne Chauffeur fuhr. Den 2.4 Litre und später den 3.4 und den 3.8 gab es stets parallel zu größeren und teureren Jaguar-Automobilen. Das neue Fahrzeug war also eine Abrundung des Limousinen-Angebots nach unten.

Mit dem später Mk. I genannten Viertürer hatte die Jaguar Cars Ltd. ein Gegenstück zum gleichzeitig vorgestellten Sportwagen vom Typ XK 140 anzubieten, den man als Roadster, Cabriolet oder Coupé bekommen konnte. »Medium sized« nannte man die Dimensionen des 2.4 »Compact Saloon«, obwohl es sich um einen ausgewachsenen Fünfsitzer handelte, vergleichbar mit einem Mercedes 220 S oder Opel Kapitän. Doch im Vergleich zu den massiven »Großen« aus gleichem Hause und solchen, die man auch von anderen Herstellern als Pullman-Limousine mit Trennscheibe zum Fond ordern konnte (Rolls-Royce und Bentley, aber auch Humber, Daimler, Armstrong-Siddeley, Austin Princess), war der neue Jaguar Sechszylinder tatsächlich ein Auto »mittlerer« Größe.

Schon vor dem Kriege war ein Jaguar ein recht preisgünstiger Wagen gewesen, was aber keineswegs zu Lasten der Qualität ging. Der Jaguar war stets ein exklusives Auto, aber nicht so exklusiv, daß man es sich als Privatmann etwa nicht leisten konnte. Diese Tatsache hatte schon in den dreißiger Jahren viel zur Popularität der Marke beigetragen, und so avancierte auch der 2.4 Litre Saloon schnell zu einem Wagen, den viele Privat- und Geschäftsleute bestellten, die einerseits Wert auf die besondere Ausstrahlung der Marke legten, andererseits aber wirtschaftlich rechneten, ohne Qualitäts-Zugeständnisse machen zu wollen. Auch der große Mk. VII war im Grunde ein preiswerter Wagen, sehr viel günstiger in der Anschaffung als ein gleich großer Bentley oder Daimler. Und der 2.4 Litre aus dem gleichen noblen Hause kostete noch einmal 300 Pfund (damals 4000 Mark) weniger als der Mk. VII. Den im Spätherbst 1957 von Paul Frère in *auto, motor und sport* vorgestellten 2.4 Litre erhielt man in der Bundesrepublik bei Peter Lindner für 17 600 Mark; der 3.4 Litre war mit 19 850 fast auf die Mark gleich teuer wie ein BMW 3,2 Liter Super.

Lange hatte man an der Entstehung des neuen Jaguar gearbeitet. Parallel zur viertürigen Limousine sollte es erst auch einen viersitzigen Zweitürer geben; es entstanden sogar Prototypen dieser Variante. Aber Firmen-

Jaguar XK 150 Cabriolet (DHC), ebenfalls ein Exportmodell mit Rechtslenkung und den vor allem in den Staaten so populären Weißwandreifen.

XK 150

Oben: Königlicher Besuch bei Jaguar – vorn der Herzog von Kent und Sir William Lyons, im hellen Anzug Adjutant Major Walton. Im Hintergrund F.R.W. England.

Links: Mitglieder der berühmen Kunstfliegerstaffel Red Arrows lassen sich durch »Lofty« England den neuen E-Type vorführen.

chef William Lyons entschied sich zugunsten des Viertürers. Gegen Ende 1954 begann der Wagen definitive Formen anzunehmen. Großen Wert legte man auf Familienähnlichkeiten, und so verstand es sich von selbst, daß die neue Limousine sich in ihrem Erscheinungsbild trotz »Pontonbauweise« nicht allzu weit vom großen Modell und auch vom XK-Sportwagen entfernen durfte.

Mit seiner glattflächigen, erstmals in selbsttragender Bauweise gehaltenen Karosserie war der der 2.4 Litre wirklich ein elegantes und formschönes Fahrzeug geworden. Die Konturen und die Kühlerpartie waren unverwechselbar Jaguar, wobei die geringe Bauhöhe von nur 146 cm fast sportlich zu nennen war. Doch das Streben nach größtmöglichem Komfort und nicht so sehr sportliche Motivation bestimmte das Gesamtkonzept: Typisch britische Ausstattung unter Verwendung von viel Holz und Leder. Nur eins hatte man bis zuletzt vergessen: Aschenbecher. Denn Lyons war Nichtraucher, und seine Designer richteten sich in allen Interieur-Details nach seinen Vorstellungen. Erst ganz zum Schluß, kurz vor Serienanlauf des Wagens, muß wohl jemand gewagt haben, auf den fehlenden Aschenbecher hinzuweisen, und man setzte ein herausziehbares Kästchen unterhalb des Zündschlosses ein. Wer an seinem Zündschlüssel einen Talisman zu befestigen pflegte, mußte diesen – sofern er unterwegs rauchte – in der Zigarettenasche baumeln lassen.

Den amerikanischen Absatzmarkt als eine der traditionell wichtigen Exportdomänen im Auge behaltend, hatte man den 2.4 Litre von vornherein so konzipiert, daß er US-Ansprüchen gerecht zu werden vermochte. Zumindest in der Form, von der man bei Jaguar annahm, daß die Amerikaner sie akzeptieren würden, nämlich als »typisch« europäisch, oder besser: britisch. Auch Firmen wie Renault oder Citroën haben versucht, in den USA Wagen zu vermarkten, die sich nach ihrem Verständnis »typisch« europäisch aus amerikanischem Blickwinkel gaben – aber mit geringerem Erfolg. In der Alten Welt kamen die DS und die Dauphine letztlich besser an. Aber es gab auch Automobilhersteller, die noch weitaus größere Zugeständnisse an den amerikanischen Markt machten und danach trachteten, die Herkunft ihrer Autos auf den ersten Blick nach Möglichkeit zu vertuschen. Klassische Beispiele geben die frühen Japaner ab. Aber auch der von Austin 1949 präsentierte »Atlantic« gehörte in diese Kategorie oder der pontonförmig karossierte »Vanguard« von Standard, dessen wenig attraktiver Aufbau an Rundlichkeit nur noch vom Nash übertroffen wurde (der ebenfalls weit hinter den in ihn gesteckten Absatzerwartungen blieb). Die »echten« Europäer, die keinerlei Kompromisse in bezug auf kurzlebige Stylingströmungen jenseits des Atlantiks erkennbar werden ließen, hatten schließlich größeren Erfolg, siehe Porsche oder M.G. Und bei Jaguar gab man ebenso wenig auf transatlantische Designtrends, sondern setzte alles auf die Karte der konservativen Linie, gepaart mit brillanter Technik und guter handwerklicher Verarbeitung. Und da die Amerikaner vom XK her wußten, daß ein Jaguar recht schnell sein konnte, bedurfte es in den Vereinigten Staaten auch keiner Hervorhebung solcher Selbstverständlichkeiten beim 2.4 Litre.

»Endlich ein praktischer XK!« lautete dann auch eine Überschrift in der Fachpresse, als im Sommer 1955 der neue Wagen angekündigt wurde. Praktisch – das hieß: vier Türen, Platz für fünf Personen, vernünftiger Kofferraum. Denn schon öfters waren Wünsche laut geworden, daß es eigentlich längst eine Limousinen-Version des XK-Sportwagen geben müßte.

Vermutlich hätten die Amerikaner auch einen neuen Jaguar akzeptiert, der mehr Chrom und einen größeren Motor gehabt hätte. Vielleicht einen V8 mit fünf Liter Hubraum – mit solchen Dimensionen geizte man drüben damals durchaus nicht. Kraftstoffverbrauch und Wirtschaftlichkeit waren für den Autokäufer in Amerika ja kein Thema. Hier mußte nun William Lyons einen Mittelweg finden, denn zwei Motoren konnte man für das neue Modell (noch) nicht zur gleichen Zeit anbieten, und es galt Rücksicht zu nehmen auf die Jaguar-Privatklientel in Europa, der es sehr wohl auf Hubraum und Verbrauch ankam. Wo Wirtschaftlichkeit nicht an erster Stelle stand, ließ sich schließlich der repräsentative Mk. VII verkaufen.

Bei der Entscheidung zugunsten der Wirtschaftlichkeit ging es aber auch um die Art der Herstellung des Wagens. Die selbsttragende Bauweise war ohne Zweifel ein wesentlicher Bestandteil solcher Überlegungen. Kein Frage indessen war die Auslegung des Motors als Sechszylinder. Einen V8 zu konstruieren, wäre damals zu aufwendig gewesen (einen solchen Motor erhielt man erst später als Mitgift bei der Übernahme der Daimler Motor Company), und ein noch so kultivierter Vierzylinder kam für Jaguar nun wirklich nicht in Frage. Diese Zeiten waren vorbei. Wer sich in Europa ein Automobil der feineren Kategorie bestellte, bestand auf sechs Zylindern. Weniger durfte es mit einem Seitenblick auf den Mercedes-Benz 220 oder 300 nicht sein. Für leistungsstarke Sechszylinder stand der Name Jaguar schließlich schon lange.

Auch William M. Heynes, das »technische Genie« des Hauses Jaguar, hatte dafür plädiert, es beim traditionellen Reihensechszylinder zu belassen und keine Experimente einzugehen. Er war es, der nicht nur für das Antriebsaggregat, sondern für die Gesamtkonzeption des 2.4 Litre die Parameter setzte. Die Konstruktion des Karosseriekörpers nahm in enger Zusammenarbeit mit der in Oxford beheimateten Firma Pressed Steel Company Gestalt an; hier wurden später auch für viele andere Modelle des British-Leyland-Markenverbundes Aufbauten hergestellt, auch alle Aufbauten für die Serienwagen der XJ-Serie der achtziger Jahre wurden hier noch produziert. Bei der Pressed Steel verfügte man bereits über gute Erfahrungen im Bau selbsttragender Karosserien.

Sportbewährtes im Serien-Automobilbau

Der Firma Jaguar ging es in den späteren fünfziger Jahren recht gut. Das Auftragspolster war solide, es gab wieder genügend Rohstoffe guter Qualität, im Motorsport sorgten hervorragende Plazierungen für weltweite Publicity. Dennoch war das Kleingeld stets knapp. Gerade das motorsportliche Engagement kostete ein Vermögen. Heynes stand bei weitem nicht der Etat zur Verfügung, wie er ihn gebraucht hätte, um die neue Limousine in aller Perfektion durchzuentwickeln. Andererseits flossen in den fünfziger Jahren noch immer zahlreiche Erkenntnisse aus dem Rennwagenbau und -einsatz in die Serie ein, und davon profitierte auch ein Bill Heynes. Bei Daimler-Benz und Porsche war's nicht anders. Damals vermochten »Elektronengehirne«, wie die ersten Computer-Rechenanlagen genannt wurden, noch längst nicht all das zu liefern, was man in der Praxis unter Extrembelastungen im Wortsinne »erfuhr«. Und Jaguar-Kunden brauchte man das gar nicht erst mit großen Worten beizubringen: Man wußte, daß die Raubkatzen-Marke ein berühmter Name im Motorsport war, gleichzusetzen mit Aston Martin oder Ferrari. Ebenso selbstverständlich war, daß motorsportliche Aktivitäten im Serienbau ihren Niederschlag fanden.

So durfte der Käufer eines 2.4 Litre erwarten, daß er mit seinem Wagen ein bestens durchkonstruiertes Fahrwerk erhielt. Vorn gab es übereinanderliegende Trapezlenker und Schraubenfedern, hinten eine an Blattfedern aufgehängte Starrachse. Das war weniger primitiv, als es sich anhört – die hinteren Federn waren nämlich als Viertelelliptik-Auslegefedern ausgeführt; hinzu kamen Längslenker und Panhardstäbe. Die Stoßdämpfer bezog man von Girling. Eine hervorragende Feinabstimmung sorgte für eine Fahrkultur, die nach damaligen Maßstäben optimal war.

Der 2,4-Liter-Sechszylindermotor war in den Abmessungen kompakter, vor allem niedriger als der alte 3.5 Litre. Dennoch waren beide natürlich eng miteinander verwandt, hatten auch die Zylinderbohrung von 83 mm gemeinsam, aber statt eines Hubes von 106 mm wies die neue 2483-ccm-Maschine nur einen von 76,5 mm auf. Die beiden obenliegenden Nockenwellen, angetrieben über Steuerketten, waren nach bester Heynes-Tradition beibehalten worden; die bisher bei Jaguar üblichen SU-Vergaser aber gegen solche von Solex ausgetauscht. Bei 5750 Touren gab das Aggregat 112 PS ab. Die Verdichtung betrug 8,1:1; für bestimmte Exportländer lieferte man auch höher oder geringer verdichtete Motoren.

Das Vierganggetriebe erhielt der Kunde auf Wunsch mit Laycock-Overdrive, wirksam im vierten Gang. Später bot Jaguar – mit Rücksicht vor allem auf amerikanische Abnehmer – eine Getriebe-Automatik an. Wahlweise gab es auch Scheiben- oder Speichenräder, letztere mit Zentralverschluß. Die Reifendimension betrug 6.40×15.

Über 100 000 Pfund – das waren damals mehr als eine Million Mark – gab Jaguar für die Entwicklung der selbsttragenden Karosserie aus. Für heutige Verhältnisse kein allzu hoher Betrag, in den frühen fünfziger Jahren indessen eine enorme Summe. Das Fahrwerk installierte man vorn in einem separaten Schemel, der so gegen den Wagenkörper abgefedert war, daß harte Fahrbahnstöße kaum spürbar wurden. Stoßfrei war auch die Kugelumlauflenkung System Burman.

Markentreue Jaguar-Kunden wie kritische Autotester waren sich schnell einig: Der 2.4 Litre stellte ein sehr kultiviertes Automobil mit hervorragenden Eigenschaften dar. Man bezeichnete es als schnell, sicher und bequem, dazu bescheinigte man dem Wagen ein hohes Maß an Eleganz und last not least Wirtschaftlichkeit. Was Lyons seinen Ingenieuren, Technikern und Designern ins Aufgabenheft geschrieben hatte, schien wunschgemäß in die Realität umgesetzt worden zu sein. Dennoch gab es ein paar Minuspunkte zu vermerken.

Zu wünschen übrig ließ die Rundumsicht. Inkognito zu reisen und sich hinter dicken B- und C-Säulen zu verstecken, war 1955 eigentich nicht mehr en vogue, zumindest beim *owner driver*. Der 2.4 Litre wies zudem eine etwas zu tiefe Sitzposition auf, so daß nicht gerade großgewachsene Insassen es schwerhatten, über die relativ hohe Gürtellinie hinwegzublicken. Erst in späteren Auflagen des neuen Modells gab es in dieser Hinsicht Retuschen – nämlich größere Fensterflächen.

1955 war die Scheibenbremse – gerade für Jaguar – nichts Neues mehr. Doch erst 1957 erhielt man sie beim 2.4 Litre gegen Aufpreis. In der Standardausführung kam das Auto mit Trommelbremsen zur Auslieferung. Aber das Bremsverhalten war auch beim scheibenlosen Wagen ohne Fehl und adäquat zum Tempo. In knapp 15 Sekunden war man von Null auf 100 km/h, und eine Spitze von 165 war schon beachtlich. Und ebenso sicher ließ sich der Wagen wieder zum Stehen bringen.

Den 2.4 Litre lieferte Jaguar in einer Standard- und einer Spezial-Ausführung. Letztere kostete lächerliche 29 Pfund Sterling Aufpreis (also keine 350 Mark), so daß sich nur sehr wenige Kunden veranlaßt sahen, das Grundmodell (für 1269 Pfund) zu ordern. Unter den vielen heute noch existierenden Mk. I und Mk. II gibt es nur sehr wenige, die nicht der Spezialversion entsprechen, und wenn man die Fahrzeuge nachträglich umge-

Links: Ein 1964er E-Type im Hafen von Bucklers Hard bei Beaulieu.

Rechts: Ein E-Type 5.3 V12 im Sommer 1972 auf dem Roten Platz in Moskau – eine äußerst ungewöhnliche Kulisse für einen englischen Sportwagen.

rüstet hat. Aber warum sollte man auch 1955 schon auf Heizung, Drehzahlmesser, herausklappbare Armlehnen in den vorderen Sitzen, Scheibenwaschanlage oder Nebellampen verzichten? Genau all diese Dinge umfaßte nämlich das 29-Pfund-Paket, es enthielt sogar einen Zigarrenanzünder. Die ansonsten recht aufwendige Innenausstattung mit viel Holz und Leder war bei beiden Modellen identisch. Einen Aufpreis verlangte Jaguar indessen für den Overdrive (wobei in jenen Fällen, wo er gleich ab Werk eingebaut wurde, die Hinterachse mit 4,27 statt 4,55:1 übersetzt war).

Wem der serienmäßige 2.4 Litre nicht stark und schnell genug war, erhielt vom Werk eine Tuninganleitung, um die Leistung des Sechszylinders zu erhöhen. Die »Frisur« ließ sich in drei Phasen durchführen und brachte ein Plus von 7, 19 beziehungsweise 38 PS. Für ambitionierte Jaguar-Schnellfahrer konnten derlei Eingriffe aber nur eine Übergangslösung darstellen. Der Ruf wurde lauter nach einer von Haus aus stärkeren Maschine...

Knapp anderthalb Jahre nach der Vorstellung des 2.4 Litre Saloon kam eine größere Motorenvariante ins Programm. Es handelte sich um eine Maschine der gleichen Grundspezifikation, aber mit 3442 ccm Hubraum. Der Leistungsunterschied war beträchtlich – der Motor leistete 210 PS gegenüber 120 der kleineren Version. Ansonsten unterschied sich der 3.4 Litre äußerlich nur sehr geringfügig vom 2.4 Litre.

Vor der Präsentation des neuen Wagens gab es unvorhersehbare Probleme. Jaguar hatte vorgehabt, mit der Einführungswerbung in Europa und USA sogleich einige hundert Fahrzeuge bei der Händlerschaft zu deponieren, um mit der Auslieferung an schnell entschlossene Kunden sofort beginnen zu können. Die Vorbereitungen liefen unter größter Geheimhaltung, man hatte die betreffenden Jaguar-Repräsentanten nicht einmal davon informiert, daß die »Zusatzlieferung« in irgend einer Weise vom bisherigen Serienmodell abweichen könnte. Doch es gab Indiskretionen, und die Händlerschaft sah sich über Nacht bestürmt, ohne zu wissen, nach was für einem »neuen großen Jaguar« aufgeregte Kunden verlangten – von dem sie noch nichts gehört hatten!

Die Feuerprobe

Kurze Zeit später kam es bei Jaguar zu einem Großbrand, der für umgerechnet 70 Millionen Mark Schaden verursachte. Fast die Hälfte des Werkes fiel dem Feuer zum Opfer, und darunter waren fast sämtliche neuen 3,4 Litre, die in den nächsten Tagen ausgeliefert werden sollten...In beispielloser Einsatzbereitschaft räumte die Belegschaft Schutt und Trümmer beiseite, tat alles in ihren Kräften Stehende, um die Fertigung des 3.4 Litre so schnell wie möglich wieder aufnehmen zu können. Und schon 36 Stunden später verließ der erste Wagen nach dem Desaster die Jaguar-Fabrik.

Als der 2.4 und der 3.4 endlich nebeneinander im Showroom des Jaguar-Händlers standen, hatte man auch Gelegenheit, die äußerlichen Unterscheidungsmerkmale zu erkennen. Der 3.4 Litre hatte einen etwas breiteren Kühlergrill, die Hinterradabdeckung war mit einem weiteren Ausschnitt versehen. Hinten erkannte man den Wagen mit dem größeren Motor am doppelten Auspuffrohr und der Plakette »3.4« auf dem Kofferdeckel.

Die Maschine kam dem Kenner vertraut vor. Es war genau jener Sechszylinder, der seit 1951 im Mark VII seinen Dienst tat. Aber man hatte sie auf Trab gebracht: Statt der bisherigen 160 PS leistete sie um ein knappes Drittel mehr, gut für mindestens 190 km/h. In nur zehn Sekunden beschleunigte man von Null auf 100 km/h. Eine verstärkte Kupplung, eine modifizierte Hinterachse wie jene im Mk. VII und der größer dimensionierte Kühler waren weitere Unterschiede zum 2.4. Die Preisdifferenz betrug knapp 300 Pfund.

Durch das Erscheinen des 3.4 Litre wurde

das kleinere Modell keineswegs abgelöst. Für die Ausfuhr nach USA und andere Abnehmerländer gab es das Auto auch sofort mit Linkslenkung und mit dem bereits beschriebenen Spezialpaket. Die wahlweise erhältlichen Speichenräder waren übrigens nicht nur in verchromter Ausführung zu haben, sondern auch in farbiger Lackierung passend zur Wagenfarbe. Lieferant der Speichenräder war Dunlop; von dort bezog Jaguar auch die Scheibenbremsen, die ab Jahreswende 1957 auf Wunsch erhältlich waren. Gleichzeitig bot man Umbausätze an, um Wagen älterer Baujahre auf Scheibenbremsen umrüsten zu können, ebenso gab es Austauschnaben, um Scheiben- gegen Speichenräder umwechseln zu können.

Mit dem Jaguar 3.4, dessen erste Exemplare im März 1957 an die Kunden ausgeliefert wurden, verschwand der Mk. VII von den Bändern. Dessen Nachfolger war nun der Mk. VIII, der bereits fünf Monate zuvor, also Ende September 1956, herausgekommen war und sowohl von der Dimension als auch vom Image und Preis her für angemessene Distanz sorgte.

Der 3.4 Litre fand auf Anhieb ein ausgezeichnetes Echo. Einige Autotester verglichen die Fahrleistungen dieses Jaguar sogar mit denen des Mercedes 300 SL – vermutlich handelte es sich dabei um jenes Exemplar, das man für den Rennfahrer Mike Hawthorn präpariert hatte. Diese Limousine beschleunigte von Null auf 100 km/h in nur acht Sekunden. »Die Straßenlage dieses Wagens ist so gut,« hieß es, »daß man unglaubliche Kurvengeschwindigkeiten zu erzielen vermag. Allerdings muß man auch über fahrerisches Können verfügen, sonst bringt man es nur zu durchdrehenden Hinterrädern und einem Ausbrechen des Wagenhecks. Und man muß hart am Lenkrad arbeiten ...«

Tragischerweise war es auch ein Jaguar, an dessen Lenkrad Mike Hawthorn sein Leben verlor. Es ging um ein fast lächerliches Landstraßenduell gegen einen Mercedes 300 SL, gefahren von Rob Walker. Hawthorn kam von der Straße ab, sein Wagen zerschellte an einem Baum.

Es gab durchaus Kritiker, die der Ansicht waren, der 3.4 Litre stelle ein gefährliches Auto dar, es sei übermotorisiert und bei hohen Geschwindigkeiten zu wenig richtungsstabil. Nun, wer den 2.4 Litre noch als gutmütige, in jeder Situation beherrschbare Limousine kennengelernt hatte, sah sich als Umsteiger auf den 3.4 Litre unversehens am Volant eines fast 100 PS stärkeren Boliden. Aber hatten nicht gerade jene Kritiker vorher für mehr Leistung plädiert? Die Maschine des Mk. VII in dieses Auto zu installieren, war schon oft vorgeschlagen worden, und nun hatte Jaguar diesem Wunsch entsprochen. Nun, 210 PS waren natürlich mehr als jene 160 im Mk. VII. Welcher Personenwagen wartete damals mit einem solchen Leistungspotential auf? Der Mercedes 300 hatte in der Einspritzer-Version 175, der Ford Fairlane V8 um die 190 PS ...

Uneingeschränktes Lob indessen erntete die Elastizität des großen Sechszylindermotors: Im zweiten Gang konnte man unter fast allen Bedingungen ruckfrei anfahren, und da er bis zu einem Tempo von weit über 100 km/h hinaufreichte, durfte man strafffrei schaltfaul sein. Selbst bei eingeschaltetem Overdrive zog die Maschine beim Gasgeben noch gewaltig los, war man in der Tourenzahl stark

Links: Jaguar XJ6 4.2 Litre Modell 1974.

Rechts: Jaguar XK 140 FHC 1956 – einmal nicht mit Speichenrädern, sondern mit den originalen Scheibenfelgen.

UPW 750

Links: Jaguar XK 120 Roadster OTS – ein klassischer Wagen von zeitloser Schönheit!

Oben: Es gab die XK-Modelle auch als Cabriolet mit stabilem Klappverdeck (DHC) und festem Frontscheiben-Rahmen und seitlichen Ausstellfenstern. Das schwarze Fahrzeug ist ein 1957er XK 140.

Unten: Ein weiterer XK 140, hier in der OTS-Version. Die Luftzuführung an der Seite ist nachträglich angebracht worden.

Links: Jaguar E-Type 5,3 Liter V12 Coupé Modell 1973.

Unten: E-Type Roadster 1966. Ein Modelljahr später entfielen die transparenten Abdeckungen über den Scheinwerfern.

Oben: Ein 1971er E-Type mit starken Kotflügelauswölbungen und Breitreifen. Angeblich soll auch ein erheblich modifizierter Motor unter der Haube gesteckt haben.

Rechts: Jaguar C-Type in Straßenversion. Die Maschine ist mit dem des XK 120 identisch.

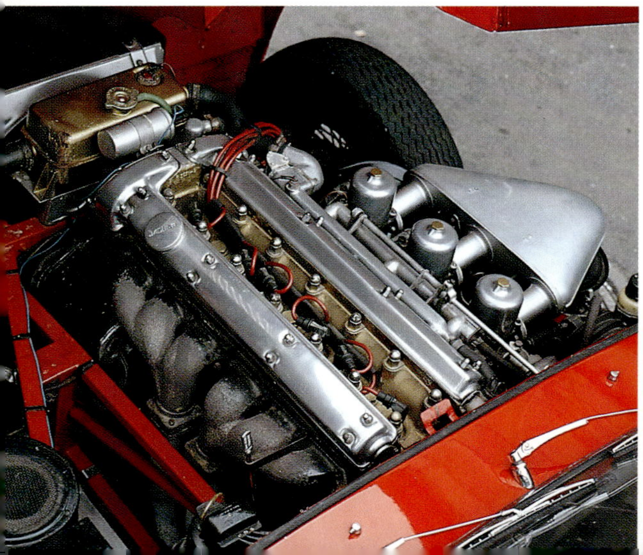

Oben: Jaguar E-Type 2+2 Modell 1972/73.

Links: Details des E-Type Coupés aus der 2. Serie, Baujahr 1968/69, von der gegenüberliegenden Seite unten.

Rechts oben: Jaguar E-Type OTS Modell 1973. Speichen- oder Scheibenräder – auch hier eine Weltanschauung!

M-JE 3319

Oben: Jaguar Mk. II 3.4 Litre 1960 in originalgetreuer Version.

Links: Ein sehr gepflegter Mk. II von 1962 mit Speichenrädern. Der Wagen wurde einer aufwendigen Restaurierung unterzogen.

abgefallen. Der Overdrive wirkte natürlich nur im obersten Gang, und er trug viel dazu bei, daß man auf längeren Geradeausstrekken (Motorway, Autobahn) Kraftstoff sparte. Bei einem Schnitt von 115 bis 120 km/h konnte man mit 12 Liter Superbenzin pro 100 Kilometer auskommen. Mehr als 17 Liter flossen aber auch bei ungeschickter Fahrweise nicht durch die SU-Vergaser.

Im Herbst des Jahres 1957 ließ man sowohl dem 2.4 als auch dem 3.4 einige Änderungen angedeihen. Das hubraumschwächere Modell erhielt jetzt den breiteren Kühlergrill; letzter Wagen mit schmalem Grill war eine Limousine mit der Chassisnummer 907973. Dadurch veränderte sich die Form der vorderen Kotflügel im Bugbereich ein wenig. Die von Haus aus mit Scheibenbremsen versehenen Wagen erhielten Bremszylinder aus Grauguß statt aus Aluminium, die Vergaseranlage bekam einen anderen Luftfilter. Im Januar 1959 führte man neue Speichenräder ein mit 72 statt 60 Speichen, kurze Zeit danach änderte man den Antrieb des Drehzahlmessers, der jetzt elektrisch statt mechanisch arbeitete. Beim 2.4 änderte man im Sommer 1959 die Zylinderkopfbefestigung (kürzere Bolzen), den Kühlerventilator und den Lufteinlaß unterhalb der Windschutzscheibe, bei dem es bislang vorgekommen war, daß bei heftigem Regen Wasser ins Wageninnere gedrungen war.

Jaguar Mk. II – Variation eines Themas

Im Oktober des Jahres 1959 wurde der Jaguar Mk. II vorgestellt. Und vom gleichen Zeitpunkt an figurierten der bisherige 2.4 und der 3.4 Litre als »Mk. I«. Sowohl im Werk als auch draußen bürgerte sich dieser Begriff bald ein, aber der Mk. II wurde nichtsdestoweniger zum Synonym für die gesamte alte und neue Baureihe.

Mit dem Erscheinen des Mk. II trat der Mk. VIII ab, sein Nachfolger wurde der Mk. IX. Doch die Unterschiede zum Mk. II waren geringer geworden. Gewiß, der Mk. IX war noch immer ein Traditionswagen, vor allem in seiner Ausführung mit Trennscheibe, während der Mk. II von seinen Besitzern selbst gefahren wurde. Auch die Stückzahlen machten deutlich, welche Bedeutung der Mk. II in Relation zum Mk. IX hatte: Von letzterem baute Jaguar vom Oktober 1958 bis zum September 1961 genau 10 005 Exemplare, während vom preiswerteren Mk. II nicht weniger als 84 000 hergestellt wurden, wenn auch über einen längeren Zeitraum.

Die hohen Stückzahlen beinhalten auch zwei weitere Varianten des Mk. II. Es gab mit dem 3.4 Litre nämlich nicht nur eine dem bisherigen 2.4 Litre in der Basis entsprechende Super-Ausführung, sondern auch einen 3.8 Litre. Alle drei Mk. II wurden zur gleichen Zeit produziert.

Allzu groß waren die Unterscheidungsmerkmale vom Mk. I zum Mk. II nicht. Es handelte sich um die Variation eines Themas, das man in Coventry perfekt beherrschte. Auffallend waren die vergrößerten Fensterflächen, schmalere Rahmenstreben der Frontscheibe, die vergrößerte Heckscheibe. Überhaupt war die Achterpartie kompakter geworden; die Stoßstange saß etwas tiefer, auch hatte man die hintere Spur um acht Zentimeter verbreitert, was der Straßenlage zugute kam. Modifikationen hatte man auch an den vorderen Radaufhängungen vorgenommen, um den Lenkrollradius zu vermindern. Auf der Scheitellinie der vorderen Kotflügel gab es beim Mk. II Positionsleuchten, und statt der Lufteinlässe neben dem Kühlergrill gab es an gleicher Stelle Weitstrahler. Vor dem Kühler prangte eine breitere Zierstrebe in der Mitte des Gitters.

Ganz anders sah der Mk. II im Interieur aus, verglich man ihn mit seinem Vorgänger. Die Hauptarmaturen befanden sich nun nicht mehr im Zentrum des mit Edelholz furnierten Instrumentenbretts, sondern direkt im Gesichtsfeld des Fahrers. Es gab jetzt eine Warnlampe, die im Falle eines Absinkens des Bremsflüssigkeitspegels aufleuchtete, sowie eine per Blinkerhebel zu betätigende Lichthupe. Neu war auch das Zweispeichenlenkrad, das in Schwarz, Weiß oder mit Holzkranz geliefert wurde. Und die Mittelkonsole barg einen Aschenbecher...

Abschiedsparty für Arthur Whittaker (Mitte, heller Anzug). Rechts von ihm seine Kollegen Heynes, Lee, Grice, England, Rosenthal und MacMillan, zu seiner Linken Sir William Lyons, Newsome und Thurstans.

Geändert hatte man im Mk. II auch die Form der Sitze; man saß nicht mehr so tief wie bei den älteren Modellen. Gegen Aufpreis gab es Liegesitzbeschläge. Die Heizanlage war im Preis einbegriffen (zuvor nur im Special-Paket), dafür ließ die Belüftung zu wünschen übrig. Was vor allem die Amerikaner bemängelten, sofern sie sich in ihren Jaguar keine Klimaanlage einbauen ließen.
Natürlich erfreute sich der Mk. II 3.4 besonders bei sportlich Ambitionierten großer Beliebtheit. Mit 190 km/h Spitze war dieses Auto Ende 1959 der schnellste Serien-Viertürer der Welt; diesen Rang machte ihm erst ein Jahr später der deutsche BMW 3200 Super streitig. Zwar pflegte in England unter normalen Umständen niemand so schnell zu fahren, und auch in den USA gab es bereits Tempolimits. Aber allein das rasante Beschleunigungsvermögen war ein überzeugendes Argument des engagierten Jaguarfahrers. Im Auslandsabsatz kamen auf fünf 3.4 Litre etwa drei 2.4 Litre.
Basierte die Maschine des 3.4 auf der des alten Jaguar Mk. VII, so hatte das neue, zusätzliche Mk.-II-Modell, der 3.8 Litre, den Sechszylinder des neuen Mk. IX unter der Haube. Der Leistungsunterschied der beiden größeren Aggregate war nicht sehr bedeutend, er betrug nur 10 PS. Beschleunigungswerte und Höchstgeschwindigkeiten waren so gut wie identisch. Lediglich in der Elastizität war der 3.8 Litre dem 3.4 Litre noch etwas überlegen, aber der größere Motor hatte auch ein höheres Gewicht. Gewisse Untersteuerungstendenzen erfuhren dadurch eine Verstärkung. Kurvenreiche Strecken, schnell durchfahren, bedingten harte Arbeit am nicht servounterstützten Lenkrad. Eine Servolenkung konnte man für den Mk. II erst ab Oktober 1960 bekommen – im Mk. IX war sie von Anfang an, also seit Oktober 1958, zu finden. Der nachträgliche Einbau, auch im Mk. I möglich, kostete rund 1000 Mark.
Ohne Zweifel war der 3.8 Litre das Spitzenmodell der Mk.-II-Reihe. 120 Meilen Top Speed, ein Höchstmaß an Komfort, großdimensionierte Scheibenbremsen, wahlweise Getriebeautomatik: Das gefiel dem anspruchsvollen Jaguarkäufer. Verständlich, daß besonders viele 3.8 Litre Mk. II über den Atlantik gingen, sogar mehr als 2.4 und 3.4 Litre zusammen. Dabei hatte der erste von der Zeitschrift *Road and Track* getestete Wagen noch Handschaltung gehabt, was die Amerikaner »mit Verwunderung« registrierten. Aber sie waren vom Handling des Wagens begeistert – hatte dieser Wagen doch Servolenkung. 5000 Dollar waren zwar viel Geld für einen Kompakt-Europäer, aber man war bereit, fürs Prestige auch etwas auszugeben. Mehr als einmal erfuhr der Mk. II in den Vereinigten Staaten – und nicht nur dort – das Lob, die »derzeit beste Serien-Limousine der Welt« zu sein.
Die beiden anderen Mk.-II-Versionen fanden besonders guten Anklang in der Alten Welt; in Frankreich und in der Schweiz erwärmte man sich schnell für den neuen Jaguar. Und in Südafrika wurde 1960 mit dem Bau eines Montagewerkes für den Mk. II begonnen. 2900 Wagen wurden dort im Laufe der Zeit in Montage produziert.
Die große Nachfrage nach dem Mk. II, vor allem auf dem amerikanischen Markt, veranlaßte Jaguar zu Überlegungen, was hinsichtlich der Produktionsausweitung zu tun war. Man brauchte mehr Kapazität. Es kam zu Verhandlungen mit dem BSA-Konzern, was zur Jahreswende 1959/60 schließlich zur Übernahme der Daimler-Werke führte (siehe Seite 206–225). Damals hatte man bei Daimler einen ausgezeichneten 2,5-Liter-Motor in V8-Bauweise entwickelt, der im zweisitzigen SP 250 Karriere machen sollte. Ende 1962 gab es dieses Aggregat dann auch im Mk. II; dieses Modell versah man indessen mit mo-

Gegenüberliegende Seite: Jaguar XJ6, 1969 zum Auto des Jahres gewählt.

Links: Verhaltene Skepsis zur Lage drücken die Gesichter Lyons' und seines Nachfolgers England aus. Das Bild entstand 1972.

Unten: Einer der ganz großen Ingenieure in Jaguar-Diensten war Walter T.F. Hassan, einst für die Kompressor-Bentleys in Le Mans verantwortlich.

difiziertem Kühlergrill (er trug die traditionellen Daimler-Rillen auf der Oberkante). Als Daimler 250 V8 war dieses Auto so etwas wie ein Parallel-Sondermodell, eine Politik, die man später mit Konsequenz fortführte.
Der 140-PS-Motor von Daimler galt als ein hervorragendes Aggregat – so mancher Techniker bei Jaguar gab später zu, man habe anfangs »mit einer gehörigen Portion Neid« auf diesen Motor geblickt. Daß diese Maschine problemlos unter die Haube des Mk. II paßte, war ein Zufall. Bei Borg Warner ließ man ein automatisches Getriebe für den V8 entwickeln, und da es in den Abmessungen geringer ausfiel als das manuell schaltbare Jaguar-Getriebe, gab es im V8 etwas mehr Fußraum. Nur aus »Gefälligkeit« fertigte man auch einige V8 mit Handschalt-Getriebe, genau waren es 760 Exemplare, davon wiederum ganze 60 ohne Overdrive. Die Daimler-Maschine brachte gut 50 kg weniger auf die Waage, so daß man die vorderen Aufhängungen etwas modifizierte und mit schwächeren Stoßdämpfern auskam. Als im Frühjahr 1963 die ersten Jaguar-Daimler in serienmäßiger Ausführung von der Motorpresse getestet wurden, war die Überraschung groß: Der V8 beschleunigte besser als der 2.4 Litre…
1961 war eines der großen Blütejahre des Mk. II und das letzte des Mk. IX, der im Dezember vom Mk. X abgelöst wurde. Ein Wagen, den Jaguar übrigens in nur vergleichsweise geringen Stückzahlen baute und exportierte. Alle Mk. II zusammen brachten es auf genau 88 800 Exemplare; die V8-Versionen auf 17 620. Vom Mk. IX hatte man insgesamt 10 005 Stück gebaut, wovon 45 Prozent ins Ausland gingen. Beim Mk. VII hatte die Exportquote 54 Prozent betragen. Auch der Mk. X wurde in stärkerem Maße zu Hause als im Ausland abgesetzt. Der Mk. X war als Nachkomme der großen Typen Mk. VII, VIII und IX 1961 bis 1966 das Renommiermodell im Jaguar-Stall. Als Antriebsaggregat diente der bereits beschriebene 3,8-Liter-Sechszylinder mit drei Vergasern. Das großdimensionierte, außerordentlich komfortable und schnelle Automobil war ein hervorragender Langstrecken-Reisewagen. Im November 1964 geriet er vollends zum Superlativ-Fahrzeug: Der Hubraum des Motors wurde von 3781 auf 4235 ccm erhöht, die Leistung von 223 auf 259 PS gesteigert. Servo-Zweikreis-Scheibenbremsen, eine Dreigang-Automatik, Drehstrom-Lichtmaschine und eine Ausstattung der Spitzenklasse machten den Mk. X

jetzt dem Vanden Plas Princess mit Rolls-Royce-Motor ebenbürtig. Mit Abstand folgte der Humber Imperial. Ließ man amerikanische Fahrzeuge – nur in den Dimensionen, nicht in technischem oder Ausstattungs-Standard vergleichbar – außer Betracht, bewegte sich der Mk. X durchaus in der Kategorie des damals neu herausgekommenen Mercedes 600. Nur kostete der beste Jaguar rund 35 000 Mark (der teuerste Mk. II nicht mehr als rund 24 000), der Sechshunderter aus Stuttgart hingegen 57 000 Mark.

Wenn es etwas auszusetzen gab am Mk. X, dann waren es die Bremsen, zumindest beim 3.8 Litre, ebenso beim S-Type. Das Unterdruckgefäß pflegte schnell vom Rost angegriffen zu werden, was zu Druckabfall und daraus resultierenden ernsten Problemen führte. Außerdem beeinträchtigte der Druckverlust den Motorlauf – die Maschine drehte unsauber. Auch war die Wirkung der Handbremse zu schwach. Erst beim 4.2 wurde in dieser Beziehung Abhilfe geschaffen. Pannen mit dem Overdrive tauchten auch immer wieder auf.

Nur sehr selten las man in der Motorpresse des europäischen Kontinents etwas über den Mark X. Im Sommer 1962 verglich Reinhard Seiffert den Wagen in *auto, motor und sport* mit seinem Konkurrenten Mercedes 300 SE: »Beide werden in verhältnismäßig kleiner Serie produziert, beide wenden sich an einen anspruchsvollen Käuferkreis... sie sind die Oberstufe des europäischen Gebrauchswagens«. Was wohl stimmte.

Eigentümlicherweise bescheinigte Seiffert dem Testwagen eine nicht ganz stoßfreie Lenkung und beschrieb auch die Federung als empfindlich gegen kurze Stöße von der Fahrbahn, auch hatte er »Benzindunst im Wageninneren« wahrgenommen. Mängel, die vor ihm noch kein Tester ermittelt hatte. Großes Lob wurde der aufwendigen Einzelradaufhängung der Hinterräder zuteil: »Mit der Parallelführung der Räder an Quer- und Längslenkern mit Doppelgelenkwellen und zwei Schraubenfedern an jeder Seite, einer so teuren und aufwendigen Hinterachse erreichte Jaguar das konstruktive Niveau der namhaftesten kontinentaleuropäischen Automobile...« Sicher meinte er Mercedes.

Der Mk. X gehöre zweifellos in die erste Startreihe und sei ein Spitzenprodukt europäischen Automobilbaus. »Um mit einem solchen Wagen glücklich zu werden, muß man noch Automobilist im eigentlichen Sinn sein, nicht bloß ein Autokonsument«, schloß Reinhard Seiffert seinen Bericht.

Der Mk. X war bei uns ein Exote. Wer in Deutschland vom Jaguar sprach, meinte meist den populären Mk. II, der auch im Motorsport zusehends Furore machte. Um das Fahrverhalten des Mk. II weiter zu verbessern, gab man allen Wagen ab Frühjahr 1961 vorn Kurvenstabilisatoren; im August folgten eine selbstnachstellende Handbremse und im Dezember eine neue Kurbelgehäuse-Entlüftung zum Vergaser. Papier- statt Ölbadfilter hatten die beiden größeren Modelle bereits ab Mai 1960 bekommen. Ab Februar 1961 versah man alle Motoren mit einer neuen Führung für den Ölmeßstab, dann gab es eine stärker dimensionierte Ölpumpe, im September 1962 schließlich neue Ölabstreifringe an den Kolben. Der Schmierstoff-Verbrauch des Mk. II wurde damit spürbar vermindert. Gegen Aufpreis stand eine leistungsstärkere Lichtmaschine im Katalog, und Ende September 1965 führte man endlich das vollsychronisierte Getriebe ein. Gleichzeitig erfuhr die Kupplung eine Verstärkung.

Es kamen aber um diese Zeit – sehr zum Bedauern vieler Jaguar-Enthusiasten – auch erstmals Sitzbezüge in Kunstleder auf. Ledersitze erhielt man ab Oktober 1966 nur noch gegen Aufpreis. Im Sommer 1967 tauschte man die bisherige Servolenkung gegen die sogenannte Varamatic des Mk. X aus, die nur mehr drei Lenkradumdrehungen von Anschlag zu Anschlag ausmachte. Das Getriebe – es war das des Mk. X – wurde nicht nur wegen des synchronisierten ersten Ganges, sondern wegen der verkürzten Schaltwege gelobt. Die Summe der technischen Verbesserungen wog die Einbuße echter Lederpolster zum größten Teil sicher auf.

Der letzte Mk. II lief im September 1967 vom Band. Abgelöst wurden alle drei Modelle von den Typen 240 und 340, etwas abgemagerte Versionen ihrer prominenten Vorgänger, im Grunde aber mit ihnen identisch. Vielleicht hätte man sie Mk. III nennen sollen. Es ermangelte ihnen der Weitstrahler neben dem Kühlergrill, auch gab es schmalere Stoßstangen. Gebaut wurde der 240 bis April 1969 in 4210 Exemplaren, der 340 bis zum September 1968 in 2630 Exemplaren.

1964 bis 1968 hatte es neben dem 420 eine weitere Variante des Mk.-II-Themas gegeben, den S-Type als eine Art Bindeglied zwischen dem Mk. II und dem Mk. X. Viele Stilelemente hatten die 3. S und 3.8 S mit dem Mk. II gemeinsam, doch wiesen diese Wagen ein längeres Heck auf mit entsprechend größerem Kofferraum, hintere Einzelradaufhängung nach Art des Mk. X sowie eine luxuriösere Innenausstattung. 24 900 S-Type-Exemplare fanden einen Käufer. Neben dem preiswerten Jaguar Mk. II beziehungsweise seinen Nachfolgern 240/340 und dem anspruchsvollen S-Type rangierte als Mk. X 4.2 Litre das Spitzenmodell bis Ende 1964; sein Nachfolger hieß 420 G oder (intern) Mk. X III. Serie. Neben etlichen Detailverfeinerungen gab es bei diesem Wagen auch die Varamatic-Lenkung. Und auf Wunsch eine Trennscheibe zum Fond. Als Exklusiv-Fahrzeug wurde der 420 G in geringen Stückzahlen sogar noch weitergebaut, als sein Nachfolger, der berühmte XJ, bereits auf dem Markt war. Der besondere Status des 420 G drückt sich in der niedrigen Gesamtzahl aus, die nicht mehr als 5763 Stück betrug, nur wenig mehr als beim Mk. X 4.2, der es auf 5137 Fahrzeuge gebracht hatte. In der Ausführung mit 3,8-Liter-Motor (I. Serie) hatte man ihn 13 382mal gebaut.

Die Ära des XJ-Modells

Mit dem sich allmählich vollziehenden Abtritt des Mk. II und seiner Nachfolger vom Typ 240/340 wurde bei Jaguar eine neue Typenreihe entwickelt, die genau dort anzusiedeln war, wo der »kleine« Wagen aufhörte

Aus F. R. W. Englands Fotoalbum: Ihre Majestät, die Queen Mother Mary beim Besuch im Jaguar-Werk. Neue Modelle interessierten sie wenig; lieber ließ sie sich ihren betagten Mk. VIII generalüberholen.

Unten: Der australische Importeur Bryson und seine Frau beim Werksbesuch, für den Fotografen postiert zwischen Lyons und England. Rechts daneben der Herzog von Kent bei der Übernahme seines neuen XJ6 im Oktober 1969.

Bau des XJ-SC in Allesley. Links ein 1986er XJ-S-Modell. Äußerlich veränderte sich dieses Coupé im Laufe der Jahre kaum.

und der »große« – das war der Mk. X alias 420 G – begann. Die Phase der Produktionsüberschneidung mit dem »Compact« war nur kurz: Den letzten 240 produzierte man im April 1969, im Oktober des Vorjahres hatte die Fertigung des XJ Saloon begonnen. Den 420 gab es indessen noch bis zum Sommer 1970; eines der letzten Exemplare erhielt Firmen-Senior Sir William Lyons – am Neujahrstag des Jahres 1956 hatte ihn die Queen in den Adelsstand erhoben – als Repräsentationswagen.

Die führenden Köpfe im Hause Jaguar waren in den späten sechziger Jahren noch immer der Unternehmensgründer Lyons sowie die brillanten Konstrukteure William Heynes, verantwortlich für die Technische Gesamtkonzeption, Walter Hassan als Chefingenieur des Motorenbaus und Robert Knight, dem die Versuchsabteilung und der Fahrgestellbau unterstanden. Hassan war 1949 zu Coventry-Climax gegangen und mit der Übernahme dieser Firma 1963 durch Jaguar wieder im Schoß der »Familie« gelandet. Das Team hatte ohne ihn den Mk. I/II auf die Räder gestellt, und gemeinsam schufen sie die größeren Modelle – und auch die Guide Lines für die Entwicklung des XJ wurden damals fixiert.

Als die neue Limousine im September 1968 angekündigt und im Oktober vorgestellt wurde, sprach die englische Presse vom »wichtigsten Automobil-Ereignis des Jahres«. Jaguar gehörte damals zur British Leyland Motor Corporation, und schon kurz nach der Eingliederung im Jahre 1967 war es kein Ge-

heimnis mehr, daß der Konzern größere Mittel bereitstellen wollte, um einem in der Entwicklung begriffenen »Super-Jaguar« kräftige Starthilfe zu geben. Schon damals gab es Gerüchte, die von einem V12-Motor wissen wollten, doch der XJ war in Earls Court zunächst mit zwei Varianten von Reihensechszylindern zu sehen. Und bevor es einen Zwölfzylinder in der viertürigen Limousine gab, erhielt der E-Type – im Frühjahr 1971 – dieses Aggregat. Aber man legte den Vorderbau des neuen Wagens von vornherein für die Aufnahme des V12 aus. Es war von Anfang an beschlossene Sache, das Fahrzeug eines Tages auch als »Twelve« anzubieten.
Bemerkenswerterweise trug der neue Jaguar nirgends eine Plakette mit dem Namen des Fabrikats. Dies war auf besondere Anordnung Sir William Lyons' geschehen. Erst zwei Jahre nach Einführung des Wagens setzte man diskret ein Namensschild in den unteren Bodensteg des Türstocks – wohl als Unterscheidungsmerkmal für jene, die zumindest beim Einsteigen erfahren sollten, ob sie sich einem Jaguar oder einem Daimler anvertrauten. Die Daimler-Variante des XJ erschien im Oktober 1969 auf dem Markt.
Mit seinem aktualisierten Karosseriedesign, den eigens bei Dunlop entwickelten Breitreifen (750×215 beziehungsweise E70 VR 15) und den relativ großen Fensterflächen gab sich der XJ6 dynamisch und sportlich, ganz im Stil der Jaguar-Tradition, zu der auch das distinktive Interieur und die feinfühlig modifizierte Frontpartie des Wagens zu rechnen waren. Es war für große Fahrzeuge der gehobenen Kategorie damals noch keineswegs selbstverständlich, auf Radialreifen einherzurollen. Rolls-Royce und Bentley zum Beispiel blieben noch jahrelang bei Diagonalpneus herkömmlicher Art!
Nur unwesentlich länger als der 420 G, nämlich um 32 mm, dafür aber um spürbare 77 mm breiter und 40 mm niedriger, gab sich der XJ6 ungleich »katzenartiger« – die Verwandtschaft zum E-Type oder auch zum XK 150 war nicht zu verleugnen. Vier Jahre hatte die Entwicklungszeit des XJ6 in Anspruch genommen, und man sprach von einem Developping Budget in Höhe von 6 Millionen Pfund Sterling. Der hohe technische Standard des 420 G mit seiner selbsttragenden Karosserie, der Einzelradaufhängung ringsum und allen sonstigen Features der damaligen *High Technology* war selbstverständlich auch im XJ6 zu finden, vermehrt um alle primären und sekundären Sicherheitselemente gemäß strenger US-Anforderungen, denn nach wie vor spielte der Export in die Vereinigten Staaten für Jaguar eine enorm wichtige Rolle. Die Struktur des Aufbaus, 1964 im wesentlichen festgelegt, trug neuesten Crashtest-Ergebnissen Rechnung, und alle Bestandteile der Kraftstoffanlage einschließlich des geteilten 105-Benzintanks wurden besonders geschützt installiert.

Mr. Jaguar 1975 – F.R.W. England als Generaldirektor. Er hatte in der damaligen British-Leyland-Zeit mit vielen Schwierigkeiten fertig zu werden.

Im Unterschied zum 420 G (und zum E-Type) wiesen die ersten Versuchswagen des XJ6 keinen massiven hinteren Hilfsrahmen auf; die hinteren Einzelradaufhängungen waren direkt mit dem Karosseriekörper verbunden. Wohl aber hingen Achsträger (unten gegabelte Führungsarme, oben mittragende Halbachsen an Längslenkern) und Differential samt innenliegender Scheibenbremsen beim Serien-XJ in einer Art Hilfsrahmen, elastisch in Gummi gelagert und leicht demontierbar. An jeder Seite gab es zwei Schraubenfedern (was man übrigens bei Daimler-Benz schon 1930 bewundern konnte). Neu ausgearbeitet war auch die Vorderradaufhängung mit ihren in Gummi gelagerten Tragelementen. Durch den oberen Dreieckslenker war der Stoßdämpfer geführt – nicht durch die Schraubenfeder, die daneben angeordnet war. Selbstverständlich gab es einen Kurvenstabilisator. Die Lenkung wiederum entsprach der des E-Type; die Varamatic verwendete man nicht. Einige Kritik erntete allerdings die große Servo-Übersetzung, die – etwas zu sehr nach amerikanischem Geschmack – sich mehr oder weniger »schwammig« handhabte. Nur sehr wenige XJ6 lieferte man ohne Servolenkung aus.
Als am 26. September 1968, ein für Jaguar heute historisch bedeutsames Datum, der XJ6 angekündigt wurde, war von drei Modellen die Rede. Es sollte den Wagen als 2.8 Litre, als 2.8 Litre de Luxe und als 4.2 Litre geben. Der 2790-ccm-Sechszylindermotor leistete 180 PS bei 6000 Touren und einer Verdichtung von 8:1. Das maximale Drehmoment betrug 25,1 mkp bei 3750/min. Nach bester Jaguar-Tradition hatte man dem Motor zwei obenliegende Nockenwellen gegeben. Die »Gasfabrik« bestand aus zwei SU-Horizontalvergasern. Wahlweise erhielt man den Wagen mit Viergang-Handschaltung plus Overdrive oder Borg-Warner-Automatik. Die Spitzengeschwindigkeit gab das Werk mit 190 km/h an.
In der de-Luxe-Ausführung wies der 2.8 Litre Lederpolster auf, eine zwischen den Fondsitzen herausklappbare Armstütze, ein verdecktes Ablagefach in der Frontkonsole und eine zusätzliche Fondheizung. Nur wenige Standard 2.8 Litre wurden bestellt, zumal der Preisunterschied nur 140 Pfund Sterling ausmachte. Der 4.2 Litre kostete 2253 Pfund, war damit mehr als 300 Pfund teurer als der De Luxe 2.8 Litre. Seine Maschine war das wohlbekannte dohc-Hochleistungsaggregat des 420 G mit 245 PS und einem Drehmoment von 39,1 mkp bei 4000/min. Spitzengeschwindigkeit: 204 km/h.
In seiner Standardausführung kostete der 2.8 in Deutschland knapp über 22 000 Mark, mit Overdrive und Heckscheibenheizung 1000 Mark mehr. Je nach Ausstattung hatte man für

den 4.2 zwischen 28 000 und 31 000 Mark zu zahlen, ebenso viel kostete der 420 G – einschließlich Getriebeautomatik, Servolenkung, getönter Scheiben, elektrischer Fensterheber. Der Jaguar-Import lag in Händen der bekannten Frankfurter Firma Lindner, deren Inhaber sich durch seine aktive Motorsport-Beteiligung einen weltbekannten Namen gemacht hatte.

Als eines der wichtigsten Ziele bei der Entwicklung des XJ6 hatte man die Eliminierung sämtlicher Geräusche von außen angestrebt. Auf Anhieb wurde das bei weitem nicht erreicht. Der Wagen mit seinen dicken Filz-Isolierungen an sämtlichen Karosserie-Innenflächen und einer kautschukhaltigen Unterbodenschutzschicht war zwar sicher einer der leisesten seiner Klasse, aber es gab genügend Quellen, aus denen unliebsame Geräusche noch zu beseitigen waren – Jaguar-Ingenieure arbeiteten auf diesem Gebiet noch lange und intensiv weiter.

Die XJ6 2.8 Litre waren ausschließlich den europäischen Märkten vorbehalten, den 4.2 Litre lieferte Jaguar vornehmlich nach Amerika. Die Nachfrage war überall sehr groß – in England gab es Lieferfristen von fast zwölf Monaten. Erst als man im August 1970 die Herstellung des 420 G aufgab, wodurch dringend benötigte Produktionskapazität für den XJ6 frei wurde, ließen sich die Wartefristen abbauen.

Während der gesamten Laufzeit des XJ gab es ständig Detailverbesserungen. So kam es Ende 1969 zu einer strafferen Vorderradaufhängung und zum Einbau einer hitzeabweisenden Platte zwischen dem hinteren Schalldämpfer und dem Karosseriekörper; im Oktober 1970 vergrößerte man die Radausschnitte ein wenig. Gleichzeitig erhielten die Instrumente blendfreie Skalen.

Die gesamte britische und amerikanische Motorpresse war sich einig: Auf diesen Jaguar hatte die Automobilwelt gewartet. »Eins muß man vorausschicken: Jeder Jaguar hat Rasse«, hieß es in der amerikanischen Zeitschrift *Car and Driver*. »Und man merkt es gleich: Der XJ6 ist ein absolut neuer Wagen. Eine Sportlimousine, die wohlausgewogene Leistung mit dem Höchstmaß an Komfort eines luxuriösen Reisewagens verbindet... auch ohne jegliches Markenemblem erkennt man sofort, aus welchem Hause dieses hervorragende Automobil kommt«.

Während sich die englischsprachige Presse des XJ6 mit Gründlichkeit annahm, erfuhren die Leser des deutschen Magazins *auto, motor und sport*, daß sich die »Beschreibung dieses Wagens erübrigt« – man erwähnte den XJ in einem Atemzuge mit dem kleinen Fiat 500 L, gesehen auf dem Pariser Salon. Aber auch ein Bericht von der Londoner Motor Show im gleichen Blatt vermerkte die Jaguar-Sensation mit keinem Wort, und ein nachfolgender Beitrag über sportliche Limousinen (»ein neuer Trend«) ignorierte den XJ ebenso, ganz im Gegensatz zum NSU Ro 80 oder Mercedes 300 SEL 6.8. Befürchteten die Stuttgarter, sich mit der heimischen Limousinenindustrie durch einen ausführlichen Jaguar-Test anzulegen?

Wartelisten für den Jaguar XJ6

Britische Fachzeitschriften legten Wert auf die Feststellung, daß der XJ6 besonders in der 2,8-Liter-Version in erster Linie ein wirtschaftlicher Wagen sei; er setze neue Maßstäbe »hinsichtlich Leistung, Ausstattung, Straßenlage und Geräuscharmut – und das zu einem konkurrenzlosen Preis«. In der Zeitschrift *Motor* stand: »Es wäre denkbar, daß sich die ohnedies recht langen Lieferfristen noch verlängern, wenn dieser Beitrag veröffentlicht wird... Wenn Sie schon auf der Warteliste stehen, sollten Sie sich in Geduld üben. Aber geben Sie nicht auf – das Warten lohnt sich!« Der XJ6 4.2 Litre sei nicht nur der beste Jaguar, der wohl je gebaut wurde, sondern in seiner Gesamterscheinung käme er der »Idealvorstellung vom wirklich perfekten Luxuswagen näher als jeder andere Wagen, den wir je testeten«. Zwar sei der neue Jaguar nicht absolut frei von Fehlern, aber ernste Kritik lasse sich nirgends anbringen. Was hier an technischem Fortschritt Gestalt angenommen habe, könne kein Automobilproduzent der Welt ignorieren...

Im Laufe des Jahres 1970 erreichte man in Coventry eine Produktionszahl von 650 Limousinen pro Woche. Mehr als die Hälfte waren für den Export bestimmt. Ganz allmählich kam man von den langen Lieferfristen herunter. In Deutschland kostete der 2,8-Liter-Jaguar 25 000, der 4,2 Liter 29 000 Mark. Katalogtext einer Jahresrevue: »Nur der Umstand, daß sich hierzulande englische Automobile keiner sehr breiten Popularität erfreuen, dürfte die Erklärung dafür sein, daß der neue Jaguar XJ6 in deutschen Fachkreisen weit weniger Beachtung findet, als er verdienen würde. Diese in Stil, Technik und Leistung geradezu hinreißende Limousine stellt wahrhaftig ein Spitzenprodukt ihrer Klasse dar, wobei es – von hier aus gesehen – lediglich Rentabilitäts- und Zweckmäßigkeitserwägungen sind, sie als konkurrenzlos zu bezeichnen...« Da es im allgemeinen die größere Maschine war, von deren Leistung und Elastizität man sich gern beeindrucken ließ, ging die Nachfrage nach dem 2,8 Liter allmählich zurück; zudem war inzwischen der V12 auf den Markt gekommen. So entschloß man sich zur Jahreswende 1972/73, im kommenden April den Bau des kleineren Motors einzustellen.

Im März 1970 hatte der XJ6 andere Blinker und Rücklichter sowie ein modifiziertes Automatik-Getriebe (das eine noch bessere Beschleunigung brachte) bekommen; ein Jahr später führte man eine dreiteilige Heckstoßstange ein. Ab Oktober 1972 war eine Ausführung mit längerem Radstand (2867 statt 2764 mm) zu haben, was aber zugleich ein Gewichtsplus von fast 80 Kilogramm bedeutete. Dieses Modell figurierte als XJ6L.

Auf der Frankfurter IAA im September 1973 stellte Jaguar den XJ6 Serie II vor. Äußerlich erkennbare Änderungen beschränkten sich auf eine etwas veränderte Frontpartie mit höher positionierter Stoßstange und entsprechend modifiziertem Scheinwerfer- und Kühlergrill-Arrangement. Auch die Heckpartie war durch das Stoßstangen-Lifting – US-Anforderungen gemäß – etwas anders geworden. Völlig neu war indessen das Design des Armaturenbretts und der Mittelkonsole: Alle Instrumente und Schalter hatte man jetzt vor dem Lenkrad gruppiert, direkt im Blickfeld des Fahrers. Auch den alten Fußabblendschalter gab es nicht mehr, dafür einen zusätlichen Hebel an der Lenksäule. Türen-Zentralverriegelung und elektrische Fensterheber gehörten zur Standardausrüstung. Und wenn es einen schwachen Punkt am XJ6 gegeben hatte, dann war es die Heizungs- und Lüftungsanlage gewesen – in den Fahrzeugen der Serie II war sie ganz wesentlich verbessert worden. Vor allem aber hatten alle Limousinen jetzt den längeren Radstand der vorherigen L-Version. Servolenkung wurde im XJ aber erst 1975 serienmäßig angeboten. Sir William Lyons hatte auf die Weiterentwicklung des XJ vor seiner Pensionierung noch erheblichen Einfluß ausüben können, und nicht weniger intensiv hatte er an der Entstehung des Coupés mitgewirkt, das auf der 1973er IAA ebenfalls erstmals gezeigt wurde. Dieser Zweitürer – mit dem kürzeren Radstand der bisherigen Limousine – sollte ein halbes Jahr später, nämlich im April 1974, in Serie gehen. Aber es dauerte ganze zwölf weitere Monate, ehe die Produktion in Gang kam, hauptsächlich wegen immer wieder überarbeiteter Karosseriedetails im Dachbereich. Man hatte sich vorgenommen, nach Art der amerikanischen Hardtop-Wagen auch die hinteren Seitenscheiben voll versenkbar zu machen, so daß das »offene« Coupé eine attraktive Silhouette abgab. Das Problem lag aber ganz woanders: Die Karosserie des Zweitürers entsprach nicht den Anforderungen amerikanischer *side impact regulations*. So blieb die Zahl dieser Fahrzeuge verhältnismäßig gering. Bis März 1978 verließen 10 487 Exemplare das Werk, davon nur ganze 2084 in der Daimler-Version. Was den Absatz ebenfalls hemmte: Es hatte sich herumgesprochen, daß es beim Coupé Windgeräusche gab, die den Fahrgenuß nicht ganz unerheblich beeinträchtigten.

Das Aggregat im Coupé, sofern kein Zwölfzylinder – von dem anschließend die Rede sein

Jaguar XJ6 4.2 Litre Modell 1985, letztes Modell dieser Baureihe vor dem Erscheinen des XJ40, der ebenfalls wieder XJ6 genannt wurde.

wird –, war aber kein 4,2 Liter, sondern ein neuer (alter) Straight Six, der im April 1975 die Nachfolge des 2,8 Liter angetreten hatte. Es handelte sich um nichts anderes als jenen 3442-ccm-Motor, den man vom Typ 340 Saloon her kannte (und auch vom XK 150 Sportwagen). Das Gespenst der Energiekrise jener Jahre hatte Schlagworte wie *economy engines* und *fuel saving* heraufbeschworen, und der 3,4 Liter war durchaus ein sparsames und wirtschaftliches Aggregat. Allerdings wies der Motor im XJ6 einen etwas geänderten Zylinderblock als im 340 oder XK 150 auf. Der »Economy XJ6« wies natürlich auch keine Leder-, sondern Stoffpolster auf.

Ein weiterer Schritt in Richtung Wirtschaftlichkeit war die Einführung von Kraftstoff-Einspritzung im Frühjahr 1978. Aber auch die neuen amerikanischen Abgasbestimmungen hatten *fuel injection* erforderlich gemacht. Es war aber nicht der 3.4 Litre (der nach wie vor zwei SU-Vergaser aufwies), sondern 4.2, der als Einspritzer zu haben war. Die Anlage war eine Entwicklung der Robert Bosch GmbH, wurde aber später von Lucas in Lizenz produziert. Im gleichen Jahr erfolgte die Einführung eines Fünfganggetriebes für alle Märkte mit Ausnahme der USA. Dieses Getriebe gab es auch bei anderen British-Leyland-Modellen, beispielsweise beim Rover.

Eine dritte Generation des XJ6 wurde auf dem Genfer Salon 1979 präsentiert. Wieder aber handelte es sich um nur geringfügige Design-Modifikationen, die den Wagen von der Serie II unterschieden, so an der Dachpartie, an deren Veränderung das Haus Pininfarina mitgewirkt hatte. Hinten gab es mehr Kopffreiheit und eine schräger abfallende Heckscheibe, vorn hatte man auf die Ausstellfenster verzichtet. Die Taille des Wagens war insgesamt tiefergerückt, die Fensterflächen vergrößert worden. Die vorderen Blinker hatte man in die Stoßstangen integriert. Alle XJ6 wiesen von diesem Zeitpunkt auch Benzineinspritzung auf, und übungsgemäß hatte man sich bemüht, das Interieur, auch die ohnedies ausgezeichneten Fauteuils, noch etwas komfortabler zu gestalten. Vom XJ Serie III wurden bis einschließlich 1984 insgesamt 77410 Exemplare produziert; die meisten davon mit 4,2-Liter-Motor, während 9625 Jaguar bzw. Daimler den V12-Motor hatten.

Superlativ: Die Zwölfzylinder-Limousine

Schon mit der Präsentation des XJ6 im Herbst 1968 sprach man ganz ungeniert von einem V12-Motor, der bei Jaguar in Entwicklung sei und »in Kürze« auch in der neuen Limousine zum Einbau komme. Das Werk selbst hielt sich in solchen Äußerungen natürlich vornehm zurück, dementierte aber auch nicht Mutmaßungen um einen V12 – und bestätigte ebenso wenig solche, die von einem V8 wissen wollten. Daß Bill Heynes, Walter Hassan und sein Kollege Harry Mundy an einem Zwölfzylinder arbeiteten, war ein offenes Geheimnis. Und daß man den Motorraum des XJ für die Aufnahme eines Zwölfzylinders berechnet hatte, war auch bekannt. Aber erst auf dem Pariser Automobilsalon 1972 sollte die V12-Limousine präsentiert werden.

Ein Foto, das 1981 von Lyons und Egan anläßlich des 60. Firmenjubiläums gemacht wurde. Der SS-Jaguar ist ein 1937er 2.5 Litre.

Erste Probefahrten mit einem Zwölfzylinder-Jaguar hatten 1967 stattgefunden – der Versuchsmotor trieb einen Wagen vom Typ 420 G an. Seinerzeit wurde beschlossen, daß man in Anlehnung an den Daimler Zwölfzylinder der dreißiger Jahre den V12-Motor auch gleich in einem Wagen der Daimler-Linie anbieten wollte, um mit einem neuen Typ »Double Six« wieder ein Topmodell besonderer Distinguiertheit zu haben. Aber noch war es lange nicht so weit.

1971 hatte Walter Hassan – der ein Jahr später in den Ruhestand trat – sein Parade-Aggregat schließlich serienreif. Nach dem 420 G war es ein E-Type der Sechszylinder-Serie II sowie der XJ13 genannte Prototyp eines Mittelmotor-Sportwagens, in welchem Entwicklungschef C. W. L. Bailey und sein Stab die 5,3-Liter-Maschine ausgiebig testeten, ehe sie zunächst im E-Type Serie III und ab Juli 1972 schließlich auch in der Limousine zum Einbau kam. Der XJ13 war von Mike Kimberley konstruiert worden – später nahm er eine führende Position bei Lotus ein. Attraktive Fotomodelle garnierten den Zwölfzylinder sowohl auf dem Pariser Salon als auch auf der Londoner Motor Show in Earls Court im Herbst 1972, aber es hätte der Damen gar nicht bedurft, um Aufmerksamkeit zu erringen. Denn Jaguar war Tagesgespräch, nicht zuletzt durch das fünfzigjährige Firmenjubi-

läum, das Sir William Lyons und mit ihm die Marke Jaguar feierte: 1922 hatte er die Fabrikation seiner Swallow-Seitenwagen aufgenommen. Der Senior des Hauses Jaguar war jetzt 71 Jahre alt.
Im gleichen Jubiläumsjahr, nur wenige Wochen nach der Vorstellung des Zwölfzylinders, erfolgte auch formal die gänzliche Absorbierung der Firma durch British Leyland: Es kam zur Löschung der Bezeichnung »Jaguar Cars Limited« im Handelsregister. Ein wenig erfreulicher Vorgang für Traditionalisten. Aber die Weichen sollten nicht für immer so gestellt bleiben.
Lyons, der noch die Taufe des Coupés mit vorbereiten geholfen hatte, bevor er sich nach fünfzig Unternehmerjahren ins »Retirement« zurückzog, erhielt in Frank Raymond Wilton England, genannt Lofty, einen etwas jüngeren (nämlich sechzigjährigen), aktiven Nachfolger, der sich seine Sporen bei Jaguar seit 1946 verdient und jetzt einen außerordentlich schweren Stand hatte, als er Sir Williams Erbe antrat. Mr. England war zunächst Assistent der Geschäftsleitung, dann Managing Director, ehe er mit der Pensionierung Lyons' dessen Position übernahm. Der Produktionsbeginn des V12 war just auf jenen Tag anberaumt worden, als wieder einmal ein langanhaltender Streik die britische Automobilwirtschaft und damit auch die Produktion bei Jaguar lahmlegte. Er währte zehn ganze Wochen lang und sorgte für einen Absatzstau, den natürlich ausländische Fabrikate für sich nutzen konnten, auch auf den Exportmärkten. Die meisten BL-Marken holten das auch im Folgejahr nicht mehr auf, viel Terrain war gerade für Jaguar verloren.
Als die komplizierten Auseinandersetzungen endlich beigelegt waren und die Arbeit wieder aufgenommen werden konnte, gab es eine Reihe von Feierlichkeiten, Ehrungen und Lobpreisungen. BL-Präsident Lord Stokes gab zu verstehen, wie sehr British Leyland eine Zugnummer wie Jaguar nötig habe, daß aber andererseits Jaguar auch ein schützendes Konzerndach brauche, um überleben zu können. Unter F. R. W. England, der nicht sehr lange Chairman blieb und Anfang 1974 in den Ruhestand ging, wurden Pläne für beträchtliche Kapazitätserweiterungen erstellt und verabschiedet; sie sollten es ermöglichen, jährlich bis zu 60 000 Fahrzeuge zu bauen. Das hätte fast eine Verdoppelung der damaligen Zahlen bedeutet; im Geschäftsjahr 1970/71 hatte Jaguar es auf 32 589 Wagen gebracht. Aber es ging trotz erheblicher Rückstände jetzt wieder spürbar vorwärts. Mochte die britische Automobilindustrie auch Sorgen haben: Jaguar war jetzt eindeutig unter den Aufsteigern.
»Lofty« England begab sich nach seiner Pensionierung nach Österreich, Heimat seiner Ehefrau. Sein Nachfolger wurde Geoffrey Robinson, ein fähiger Mann Mitte dreißig, der sich sofort neue Vorstandsmitglieder ins Haus holte – von Ford. Eine neue Ära begann, voller Tatendrang und Expansionsbestreben. Und alle setzten auf den Zwölfzylinder, jenes Superlativ-Automobil, von dem *Road and Track* geschrieben hatte, es stelle eine »Ekstase auf Rädern« dar…
Die Frage, ob ein Zwölfzylinder »vernünftig« war oder nicht, stellte sich bei Jaguar ebensowenig wie bei Ferrari oder Lamborghini – damals die einzig weiteren Anbieter solcherart motorisierter Personenwagen. Auch war es nicht so sehr das Höchsttempo von 230 km/h des Daimler Double-Six oder XJ12, auf das ein Käufer Wert legte – es kam letztlich auf den Prestigewert an. Den man aber auch »erfühlen« konnte, spätestens beim Beschleunigen. Das enorme Drehmoment von 41,9 mkp bei 3600/min und der samtweiche Lauf des Aggregats waren ohne Beispiel. »Für mich ist ein Zwölfzylinder der vollkommen ausbalancierte Motor schlechthin«, sagte Hassan in einem der ersten Interviews bei der Präsentation. »Hohe Leistung, hohes Drehmoment und ein Maximum an Elastizität in allen Drehzahlbereichen lassen sich bei einer Vielzahl von Zylindern besser erreichen. Auch bietet ein Motor mit mehreren kleinen Zylindern und kurzem Hub bessere Möglichkeiten der Leistungssteigerung. Hier haben wir eine große Kraftreserve.« Offenbar hoffte man noch immer auf das Erscheinen eines Wettbewerbs-Jaguar nach Art des (im Rennen nie eingesetzten) Mittelmotor-Fahrzeugs XJ13.
Zehn Jahre hatten die Arbeiten am V12-Motor in Anspruch genommen, vom ersten Bleistiftstrich Walter Hassans an gerechnet. Und viele Ideen wurden verworfen, bis man die Parameter festgelegt hatte. So war auch überlegt worden, der Maschine vier Nockenwellen zu geben, wobei man aber im Versuch feststellte, daß man bei nur zweien ein kräftigeres Drehmoment im unteren Tourenbereich zur Verfügung hatte. Ein 4-ohc-Aggregat wäre zudem sehr viel teurer in der Ferti-

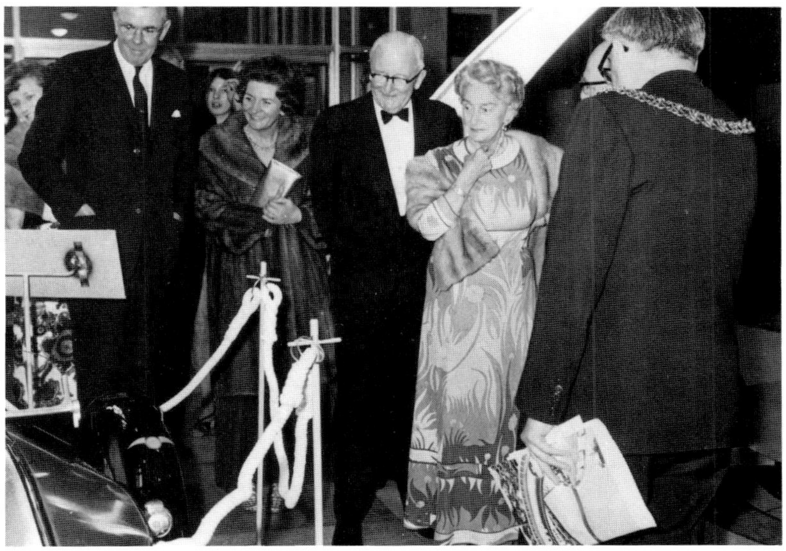

Sir William und Lady Lyons besuchen das Herbert-Museum in Coventry. Neben ihm Tochter Pat Appleyard und »Lofty« England.

gung gewesen und hätte auch mehr Platz unter der Motorhaube, die ohnedies randvoll gepackt war, beansprucht. Die Leistung von 272 DIN-PS aus 5343 ccm Hubraum (90×270 mm) wäre sicherlich zu steigern gewesen, wozu aber keine Veranlassung bestand. Allerdings gab es dann »heißere« Aggregate für den Sporteinsatz, auch mit vier obenliegenden Nockenwellen und an die 500 PS stark, installiert im XJ13 Prototyp.
Auch hatte man vorgehabt, den V12 von Anfang an mit Kraftstoffeinspritzung zu versehen. Dann entschied man sich aber doch für vier Zenith-Vergaser (nur das V12-Coupé XJ-C hatte von vornherein den Einspritzmotor). Die elektronische Zündanlage entwikkelte Lucas. Eine Reihe von Detailarbeiten entstand übrigens auf den Reißbrettern begabter Coventry-Climax-Konstrukteure mit Rennmotoren-Erfahrung: Die Firma war im Frühjahr 1963 von Jaguar absorbiert worden. Einer der Coventry-Climax-Männer war auch Mundy. Hassan war nach langer Zusammenarbeit mit Coventry-Climax nun ebenfalls wieder in die Konstruktionsabteilung von Jaguar, der er bis 1950 schon einmal angehört hatte, zurückgekehrt, und es mag einer von Lyons' Hauptgründen für die Fusion gewesen sein, dadurch tüchtige Ingenieure wie ihn ins Haus zu bekommen. Climax Engineering hatte unter anderem Motoren für Lotus gebaut – ein Welterfolg.
XJ6 und XJ12 glichen sich äußerlich fast in allen Einzelheiten. Allerdings wies der XJ12 einen dezenten Chromzierstreifen an den Flanken auf sowie (gegen Aufpreis) Leichtmetallfelgen. Und natürlich gab es – wie beim Six – eine Daimler-Ausgabe als Nobelversion, ebenso konnte man – wie bereits erwähnt – das Coupé als Jaguar oder als Daimler mit V12-Motor bestellen. Der Zweitürer hatte ein mit Kunstleder (Vinyl) bezogenes Dach und als Unterscheidungsmerkmal ebenfalls den Chromstreifen. Im Interieur verrieten ein paar Feinheiten, ob man in einem Sechs- oder Zwölfzylinder saß. Mit 4000 Pfund war der XJ12 ein vergleichsweise preiswerter Wagen – ein Rolls-Royce Silver Shadow schlug mit dem Dreifachen zu Buche. Mit 41 000 Mark kostete der ab Dezember 1972 auch in der Bundesrepublik – den Import besorgte jetzt Brüggemann in Düsseldorf – lieferbare Wagen nur 2500 Mark mehr als ein Mercedes 450 SEL und genau die Hälfte des ebenfalls zwölfzylindrigen Ferrari 365 GTB4 oder Lamborghini Espada. Die preiswerteste Version des XJ6 mit Handschaltung kostete 1974 knapp 34 000 Mark. Allerdings betrug der Aufpreis für eine Klimaanlage 2350 Mark – alle anderen Extras, die man sich nur wünschen konnte, waren im Grundpreis indessen einbegriffen.
Ein paar Details der V12-Maschine, die im ehemaligen Daimler-Werk in Radford hergestellt wurde, sind eine nähere Beschreibung wert. Die beiden Zylinderreihen saßen in einem Winkel von 60 Grad zueinander, die obenliegenden Nockenwellen wurden über zweifache Rollenketten mit selbsttätiger Nachspannung angetrieben. Trotz der beträchtlichen Dimension des Motors hatte man sein Gewicht auf nur 308,5 kg beschränken können – dank Verwendung von Leichtmetall-Legierungen. Die freistehenden Zylinderlaufbüchsen waren allseitig vom Kühlwas-

Links: Die neue Generation – ein Jaguar XJ6 Sovereign, der Öffentlichkeit am 8. Oktober 1986 erstmals präsentiert.

Rechts: Geoffrey Robinson, der 1973 »Lofty« Englands Position antrat, und Jaguar-Konstruktionschef Jim Randle nach der Übernahme der UDT-Auszeichnung »Top Car 1987«.

ser umspült. 21 Liter Kühlwasser zirkulierten im System, und man hatte viel Mühe gehabt, die enorme Hitze im engen Motorraum abzuführen. Öffnete man die Haube nach längerer Fahrt, lief man Gefahr, sich die Finger schon an der Entriegelung zu verbrennen. Die ebenfalls im Motorraum untergebrachte Fahrzeugbatterie wurde durch einen eigenen Ventilator gekühlt...

Die sorgfältig ausgewuchtete Kurbelwelle aus Schmiedestahl lief in sieben Blei-Bronze-Lagern, die Alukolben wiesen in ihren Böden leichte Vertiefungen auf – die Zylinderköpfe selbst hatten keine Verbrennungsräume, waren entsprechend abgeflacht. Dieser flache »Heron«-Zylinderkopf, von Hassan und Mundy schon bei Coventry-Climax favorisiert, erlaubte ein Höchstmaß an Paßgenauigkeit bei gleichzeitig (relativ) geringem Herstellungs- und Bearbeitungsaufwand. Mit der längst geplanten Kraftstoffeinspritzung versah man die V12-Motoren dann im April 1975.

»Angenehm enttäuscht« waren Tester der in Köln erscheinenden *Auto Zeitung*, als sie das erstemal einen XJ12 fahren durften, weil mit typisch britischem Understatement dieser Wagen sich äußerlich kaum vom XJ6 unterschied. Der Raubkatzenkopf über dem Kühlergrill zeigte nur ein großes V und das kleine Wort »Twelve«; am Heck – das jetzt den Jaguar-Schriftzug trug – war dezent eine Typenchiffre angebracht.

Den Fahreigenschaften des XJ12 bescheinigten die Kölner »unnachahmliche Bravour«. Und nur selten sei eine Anlaßwiederholsperre im Zündschloß wohl so notwendig gewesen wie bei diesem Fahrzeug – von der Arbeit des Zwölfzylinders sei nach dem Starten nichts zu hören und nichts zu spüren...

Klaus Westrup von der *auto, motor und sport*-Redaktion unterzog einen der ersten XJ12 einem Test in England und räumte ein, daß der Wagen nicht nur ein Pendant zum Mercedes 300 SEL 6.3 sei, sondern diesem die Exklusivität und vier Zylinder voraus habe. Er sprach von einem Spitzenprodukt des Automobilbaus, wie so viele seiner Branchenkollegen. Die scheinbare Ignoranz gegenüber dem XJ6 bei dessen Erscheinen war mehr als ausgeglichen: Es erschien von diesem objektiven, brillant geschriebenen Bericht sogar ein Sonderdruck für alle BL-Händler.

Trotz der Dimension des Wagens und seiner beachtlichen Leistung von 272 PS zeige der Jaguar eine erstaunliche Handlichkeit und Gutmütigkeit. Weniger angetan war die *Auto Zeitung* von der Getriebeautomatik, die offenbar recht lahm agierte: »Beim Kickdown in den Kurven vergeht viel Zeit, ehe sich der Automat die passende Fahrstufe gesucht hat. Möglicherweise ist er auch schuld an dem erstaunlich hohen Kraftstoffverbrauch.« Erst im Frühjahr 1977 erhielt der XJ12 ein neues Getriebe, eine Hydramatik des US-Konzerns General Motors.

So oder so: Die Motorpresse aus neun Ländern wählte den XJ12 Ende 1972 zum »Car of the Year«. Wie bei der Einführung des XJ6, setzte sofort eine große Nachfrage ein; die Lieferfristen betrugen im Früjahr 1973 selbst in den Importländern ein Jahr.

Familienangelegenheiten

Mit den Erfolgen der Modelle Mk. II, E-Type und Mk. X durfte man Mitte der sechziger Jahre zufrieden sein. Was aber nicht bedeutete, daß die in der Entwicklung befindlichen Projekte – die XJ-Limousine, der Zwölfzylindermotor – vom erforderlichen Budget als auch von den technologischen Voraussetzungen her eine breitere Plattform benötigt hätten. Der Auftragsbestand bei Jaguar war größer als die derzeitige Produktionskapazität (sie war 1965 auf jährlich etwa 25 000 Fahrzeuge begrenzt); man hätte die Fertigung und auch das Vertriebsnetz gern aufgestockt. Es gehörte zwar zur Politik des Hauses, unter keinen Umständen »auf Halde« zu produzieren und bei jedem einzelnen Händler immer nur ein einziges Exemplar jedes Modells im Showroom zu plazieren, dennoch galt es nach Wegen und Möglichkeiten zu suchen, den Umsatz zu steigern. Allein der nordamerikanische Markt war noch enorm aufnahmefähig und in jeder Hinsicht ausbaubar. Unter diesen Aspekten werden die Bemühungen des Jaguar-Boards deutlich, sich Großbritanniens großem und allmächtigem Automobil-Pool anzuschließen, der British Motor Corporation. Viele sahen in einem Zusammengehen Vorteile. Aber es gab natürlich auch Zweifel und Vorbehalte.

Jaguar war, als Mitte der sechziger Jahre in der britischen Automobilindustrie die ersten Rezessionserscheinungen zutage traten, einer der vielen Kunden bei der Firma Pressed Steel/Fisher. Dieses Unternehmen als Hauptlieferant für Karosserien und Karosserie-Bauteile arbeitete für die BMC-Marken Austin und Morris, M.G. und Wolseley, aber auch für Rolls-Royce und sogar für Rootes (Sunbeam, Singer, Humber, Hillman). 1966 hatte die British Motor Corporation den Betrieb längst unter ihren Fittichen, und BMC-Executive Sir George Harriman machte kein Hehl aus seiner Vorstellung, daß es für Jaguar das beste sei, sich dem Konzern anzuschließen – ansonsten könne man für eine ausreichende Karosserie-Versorgung in der Zukunft nicht garantieren. Die BMC-eigenen Unternehmen seien schließlich mit Vorrang zu bedienen.

Nicht nur diese unfeinen Aussichten, sondern auch andauernde Streiks in wichtigen Zulieferbetrieben sowie im Transportgewerbe setzten Jaguar, wie allen anderen der Branche, gehörig zu. Und es gab – angeblich – Bestrebungen amerikanischer Industrieller, Jaguar zu übernehmen. »Wir müssen alles daransetzen, ein britisches Unternehmen zu bleiben«, umriß Sir William Lyons in einer Betriebsversammlung die Situation, »und wir brauchen eine starke Absatzorganisation« – zumindest eine stärkere als bisher. Dieses Organisations-Netzwerk sah er in der weltweiten BMC-Repräsentanz. Was er nicht aussprach: daß seine Entscheidung zugunsten eines Anschlusses bereits gefallen war. Sir William hatte vor längerer Zeit seinen Sohn bei einem Autounfall verloren, war also ohne Familiennachfolger in seiner Position: Auch das war ein Beweggrund, die Firma Jaguar nach Möglichkeit in einen – vermeintlich – gesicherten Konzern einzugliedern. Daß die BMC-Organisation mehr Schwachstellen als von manchen Pessimisten befürchtet aufwies, stellte man erst sehr viel später fest. Und die Annahme, daß Jaguar via BMC von günstigeren Einkaufsbedingungen profitieren könnte, erwies sich bald als Irrtum. Lofty England sagte: »Es stellte sich heraus, daß unser Einkauf bei kleineren Partien oftmals bessere Konditionen gehabt hatte als der Großabnehmer BMC. Viele Fremdteile kosteten für uns jetzt mehr als vorher...«

Im Juli 1966 hatte die Fusion mit der BMC stattgefunden. Der erweiterte Konzern hatte dadurch eine neue Bezeichnung erhalten: British Motor Holding. Im Januar 1968 übernahm die Leyland Motor Corporation, unterstützt durch die Wilson-Regierung, den bis dahin reichlich abgewirtschafteten Konzern, der sich nun Britisch Leyland Motor Corporation (BLMC) nannte. Am 14. Mai 1968 wurde der Fusionsvertrag rechtskräftig. Die Vorstellung des XJ6 im Sommer des gleichen Jahres fand also bereits unter British-Leyland-Flagge statt. Auch der E-Type der Serie II war nun ein BL-Produkt.

Als der zunächst privatwirtschaftliche Konzern 1975 verstaatlicht wurde, mutierte die BLMC zu British Leyland. Die Umsätze stiegen, doch nur kurzfristig – dann gingen die Geschäfte sehr wechselhaft: Mehr als 60 Prozent aller britischen Autokäufer entschieden sich in jenen Jahren für ausländische Fabrikate. Meist aus Gründen, die in der mangelhaften Qualität der landeseigenen Produkte lagen. 1980 verkaufte Jaguar nur noch 15.011 Autos. 1976 waren es mehr als 25.000 gewesen, und das Jahr 1971 hatte man mit 32.589 Fahrzeugen als das bisher beste registriert.

Die wechselvolle Geschichte Jaguars spiegelt sich auch in den Emblemen und Schriftzügen der 70er und 80 Jahr wider.

Unter einem Dach mit Austin, Morris, M.G., Wolseley, Riley, Rover und Triumph waren die Marken Jaguar und Daimler bei BL deplaziert. Mit vorsichtig gewählten Worten hatte Sir William Lyons noch 1968 auf der Brüsseler Automobilausstellung die Zugehörigkeit Jaguars zur BMC plausibel zu machen versucht: »Jaguar wird im Rahmen der BMC-Konzernpolitik auch weiterhin seinen eigenen Kurs steuern... In meiner Position als Vorstandsmitglied werde ich unsere Interessen auf höchster Ebene mit größtem Nachdruck vertreten.« Lyons bemühte sich sehr, die Dinge positiv darzustellen und Optimismus zu verbreiten. Das war insoweit wichtig, als er sich einen guten Abgang verschaffen mußte, denn seine Pensionierung stand bevor. »The Old Man« war gesundheitlich angeschlagen, er hatte sich in den letzten Jahrzehnten wenig geschont.

Durch die Fusion mit Leyland hatte man sich bei Jaguar vor allem für den Vertrieb von Daimler-Nutzfahrzeugen gute Chancen ausgerechnet. Besonders die Daimler-Omnibusse stellten eine lukrative Ergänzung zum Leyland-Programm dar. Auch die Lkw-Marke Guy sollte eine Belebung erfahren. Leyland setzte es aber durch, daß Guy vom Markt verschwand; Daimler indessen profitierte von der Elefanten-Ehe. Die Umsätze mit Daimler-Omnibussen trugen erheblich zur Aufbesserung der BL-Bilanzen bei.

Der Nachfolger Sir George Harrimans wurde um die Jahreswende Lord Stokes. Unter seiner Ägide reüssierten Lofty England und Geoffrey Robinson. Ihre Aktivitäten trugen zu den besseren Ergebnissen bei, so daß man bei Jaguar später die Jahre nach ihnen benannte: Das (durch viele Streiks behinderte) Jahr 1973 war ein »England-Jahr«, 1974 ein »Robinson-Jahr«.

Eine Reihe von internen Auseinandersetzungen über die BL-Konzernpolitik verhinderte die Realisierung vieler Projekte. Es gab Machtkämpfe und Veränderungen in Zuständigkeitsbereichen und Verantwortlichkeiten in raschem Wechsel. Die Eigenständigkeit der Fahrzeugmarken nahm zusehends ab und machte ein Art von Austrocknungsprozeß.

Rechts: Grund zum Strahlen – der Servicechef bei Auto-Becker, Düsseldorf, wurde für die exzellente Betreuung seiner Jaguar-Klientel ausgezeichnet.

Liebhaberstücke: Ein XK 150 S auf der Kruse-Auktion in Amsterdam und ein Lightweight XK 120 von Hans Glaser, Freiburg.

Rechts: Internationales Jaguar-Mk.-II-Treffen, wie es alljährlich stattfindet.

Sammlerexemplare mit garantiertem Wertzuwachs: Ganz oben eine Veteranenrallye in der Schweiz, daneben ein SS 100.

Die XK-Parade wurde 1980 am Nürburgring fotografiert.

Links: Modifiziertes Interieur eines Mk. II, ganz in Edelholz und weißem Leder…

Rechts: Emil Frey, Schweizer Importeur der ersten Stunde, erhielt 1982 vom Botschafter Großbritanniens in Anerkennung für seine Verdienste um den Vertrieb von Jaguar-Automobilen eine hohe Auszeichnung überreicht.

durch, der nachhaltige Folgen hatte. Verunsicherung vom Markt schlug sich im Geschäftsergebnis nieder. Don Ryder als Nachfolger Robinsons gehörte mit zu jenen Managern, die nicht viel von einer Fortführung einer selbständigen Jaguar-Strategie innerhalb des Konzerns hielten. Die kritische Situation im britischen Automobilgeschäft und Ryders »Appeasement« hatten einen drastischen Absatzrückgang zur Folge. Jaguar verkaufte 1975 nur 24 295 Automobile. Das war eine Zahl, die man 1961 schon einmal hatte. Aber es sollte noch schlimmer kommen.

Die Verhältnisse änderten sich für die Zeit eines Zwischenhochs, als Ende 1977 Michael Edwardes zum neuen Vorstandsvorsitzenden von British Leyland gewählt wurde. Er formulierte nicht nur neue Prioritäten in der Firmenpolitik, sondern kurbelte auf allen Ebenen die BL-Maschinerie an. Jedermann im Konzern fühlte sich neu motiviert. Edwardes war es auch, der sich dafür einsetzte, daß – soweit noch machbar – das Markenbild der einzelnen Fabrikate eine Wiederbelebung erfuhr, eine eigene Identität wiedererlangte. Es kam zu einer Umstrukturierung, in deren Folge 1978 eine Jaguar-Rover-Triumph Ltd. gegründet wurde, um den Topmarken des Konzerns ein eigenes, gemeinsames Dach zu geben. Für einige Zeit schien die Welt in Coventry wieder in Ordnung zu sein. Die Produktion von 27 346 Fahrzeugen im Geschäftsjahr 1978 gab zu neuem Optimismus Anlaß. Dann aber kamen wieder endlose Streiks, Querelen in den Vorstandsetagen, Reorganisationspläne, die nicht durchführbar waren. Daß unter solchen Vorzeichen die Fertigungsqualität auf der Strecke blieb, war so etwas wie eine natürliche Folge. Viele BL-Händler warfen das Handtuch, sahen sich nach Vertretungen anderer (meist fernöstlicher) Fabrikate um. Auch Jaguar, seit Robinsons Demission noch immer ohne eigentlichen »Kopf«, bekam die Auswirkungen dieser Situation voll zu spüren: 1979 verließen nicht mehr als 14 861 Wagen Allesley.

Etwas mußte geschehen. BL durfte nicht zulassen, mit ihrem Spitzenfabrikat so ins Abseits gedrängt zu werden, daß es nur noch eine Frage von ein oder zwei Jahren war, bis auch Jaguar und Daimler in der Bedeutungslosigkeit verschwunden sein würden. Aber es war nicht die Initiative der BL-Vorstandschaft, durch die ein neuer Mann – und jetzt offenbar genau der richtige – nach Allesley kam, sondern das Anliegen des Betreffenden selbst, etwas für Jaguar tun zu wollen. John L. Egan, Chef des Ersatzteilwesens bei der ebenfalls in Coventry ansässigen Traktoren- und Maschinenfabrik Massey-Ferguson, bewarb sich im April 1980 um eine Position, die es jahrelang nicht gegeben hatte, nämlich Chef mit allen Vollmachten in einer separaten, vom Staatskonzern BL in absehbarer Zeit abgenabelten Firma Jaguar zu werden.

British Leyland war auf Separationsbestrebungen zwar schlecht zu sprechen, gab für eine Einstellung Egans dennoch grünes Licht. Schnell wurde jedermann klar, daß es nach Lyons und England nun endlich wieder jemanden gab, der den Titel eines »Mr. Jaguar« führen durfte, der sich mit dem Werk und seinen Produkten ebenso identifizierte wie ihn die Mitarbeiter in Allesley akzeptierten. Egan schuf innerhalb kürzester Zeit eine völlig neue Atmosphäre. Nicht nur das: Er erreichte, daß wieder eine neue Jaguar Cars Limited gegründet wurde. Aber die Gesellschaft gehörte natürlich dem Staatskonzern British Leyland. Von einer Ausgliederung war noch keine Rede.

Das ganz besondere Anliegen Egans war die Wiedereinführung hoher Qualitätsansprüche. Ein Ansteigen der Reklamationsquote, wie sie in den siebziger Jahren zunehmend an der Tagesordnung gewesen war – bei Jaguar ebenso wie bei anderen British-Leyland-Fabrikaten – hätte die angeschlagene Reputation des Hauses vollends kaputt gemacht. *»Quality before Quantity«* lautete Egans Devise, aber es dauerte lange, bis das verlorene Terrain wieder wettgemacht wurde. Es fehlte nicht an gutem Willen oder warmherzigen Ratschlägen, wohl aber an flüssigen Mitteln, aus mühsam geschaufelten Startlöchern herauszukommen. Die britische Regierung sagte dem tiefrote Zahlen schreibenden Konzern und der Tochter Jaguar zwar finanzielle Unterstützung zu, ließ sich mit der Zuteilung der Mittel aber Zeit. Zu viel Zeit, wie Egan befand, so daß er darauf drängte, seine längst detailliert ausgearbeiteten Pläne auf Repriva-

WELSH
RALLY
33
LONDON
ATM 700

tisierung der Firma veröffentlichen zu dürfen. Was davon bereits vorher an die Öffentlichkeit drang, wurde energisch dementiert. Im Januar 1983 bezeichnete die BL-Pressezentrale diesbezügliche Meldungen noch als »reine Spekulation«. Dem Vernehmen nach, so hatte man lesen können, habe die Regierung eine Bewilligung finanzieller Zuwendungen von der Reprivatisierung Jaguars »abhängig gemacht« – und das war zumindest laut BL-Dementi »ebenso unwahr wie das Gerücht von Verhandlungen, die BL angeblich mit den Bayerischen Motoren Werken geführt« habe. Zeitungsmeldungen zufolge wollte BMW 200 Millionen Pfund Sterling ausgeben, um Jaguar zu übernehmen.
Dennoch leugnete das Management jetzt nicht mehr, daß man sich mit dem Gedanken einer Reprivatisierung beschäftigte, um das Unternehmen wieder profitabel und damit für private Kapitalanleger attraktiv zu machen. Immerhin: 1982 war die Jaguar-Produktion wieder auf 21934 Wagen geklettert, 1983 betrug sie 27331 Fahrzeuge. Die Jaguar Cars Ltd. war auf bestem Wege zu gesunden. Besonders in der Bundesrepublik gab es ein starkes Absatzplus zu verzeichnen: Die Zulassungszahlen hatten sich schon 1982 gegenüber dem Vorjahr fast verdoppelt. Und im ersten Halbjahr 1983 betrug die Steigerung gegenüber dem Vorjahreszeitraum sogar 83 Prozent. Es sprach sich herum, daß Jaguar wieder Spitzenfahrzeuge baute und man sich am Volant eines XJ in bester Automobilgesellschaft befand.
1983 erwirtschaftete die Jaguar Cars Ltd. einen Gewinn von stattlichen 50 Millionen Pfund. Wie in alten Zeiten errechnete sich der Profit in erster Linie aus dem Auslandsgeschäft, und mehr denn je hatte man Rücksicht auf den amerikanischen Jaguar-Interessenten zu nehmen. Andererseits waren mit »schwarzer Tinte« geschriebene Bilanzen ausschlaggebend für die Erfolgsaussichten, Jaguar auf eigene Füße zu stellen, wie die Wirtschaftspresse im Januar 1983 durchaus richtig kolportiert hatte. Britanniens Premierministerin Margaret Thatcher stellte im Juli 1984 die Weichen: Der durch Subventionen gestützte BL-Konzern sollte die Jaguar Cars Ltd. verkaufen. Auch ein Preis wurde fixiert: 297 Millionen Pfund Sterling. Der Betrag sollte von BL dazu benützt werden, Schulden zu tilgen und Investitionen bei der Austin-Rover-Gruppe zu finanzieren.
Der 3. August 1984 ging als bedeutsamer Tag in die Jaguar-Historie ein. An jenem Montag wurden 178 Millionen Aktien zu je 1.65 Pfund Sterling zur Zeichnung aufgelegt. Bevorzugt wurden die 9500 Jaguar-Mitarbeiter in Allesley und Angehörige aller BL-Töchter (sie erhielten einen Rabatt von 15 Prozent), und die kleine Stückelung sollte es Kleinaktionären ermöglichen, sich Anteile zu sichern. Ausländische Anleger und große Firmen schloß man – zunächst – vom Erwerb der Jaguar-Aktien aus. Für ein neues Gewinnbeteiligungsschema, das der eigenen Belegschaft zugute kommen sollte, behielt Jaguar ein Paket von 2,12 Millionen Pfund ein.
Der Jaguar-Aktionär handelte sich 1984 aber auch ein großes Risiko ein, nämlich das des Währungsverfalls. Das englische Pfund notierte für nur 1,33 Dollar, das war für Importe nicht schlecht, für den Export aber weniger günstig. Ein weiteres Absinken würde natürlich eine Schmälerung der Gewinnaussichten nach sich gezogen haben, die sich nun einmal an Erfolgen auf den Auslandsmärkten orientierten. »Absinken« bedeutete hier natürlich eine Steigerung des Dollar-Wertes. Jeder Penny unter 1,33 verhieß also zusätzlichen Profit. Aus Tausenden loyaler Jaguar-Sympathisanten wurden im August 1984 Börsen-Fans, deren morgendliche Tageszeitungslektüre von jetzt an mit dem Wirtschaftsteil begann.

Daimler V8 250 und Jaguar Mk. II 3.8 Litre auf einem Treffen britischer Klassiker 1984. Diese Wagen erfreuen sich bei Sammlern zunehmender Beliebtheit.

Gegenüberliegende Seite: E. H. Jacob am Lenkrad seines 2.5 Liter am Start zur Welsh Rallye 1937. Die wenigen noch existierenden SS 100 werden heute wie einst vorzugsweise sportlich bewegt. Jaguar-Pressechef Ernest Bill Rankin fuhr in der gleichen Rallye einen identischen Wagen.

MEILENSTEINE DER JAGUAR-GESCHICHTE

1922 – 1966

1922
Gründungsjahr der Swallow Sidecar Company (Motorrad-Seitenwagen) durch William Lyons und William Walmsley in Blackpool.

1927
Erste Automobil-Serienkarosserien für Swift, Austin, Fiat, Morris.

1928
Umzug der Firma Swallow nach Foleshill, Coventry.

1931
Vorstellung des ersten Autos nach eigenem Design: SS 1 und SS 2.

1934
Walmsley verläßt die Firma, Lyons wird Alleininhaber.

1935
SS Cars Ltd. stellt den ersten Jaguar vor, konstruiert von William Heynes.

1936
Erster Erfolg im Motorsport: Ein SS 100 gewinnt den Alpenpokal.

1937
Übergang zum Karosseriebau in Ganzstahl.

1940
Foleshill als Rüstungsbetrieb: Es werden Flugzeugteile gebaut sowie Prototypen für Geländewagen.

1945
Umbenennung der Firma in Jaguar Cars Ltd.; Verkauf des Seitenwagen-Geschäfts.

1946
Jaguar kann nach kriegsbedingter Unterbrechung den Automobilbau wieder aufnehmen und stellt in diesem Jahr bereits 1132 Wagen her.

1948
Vorstellung des Jaguar Mk. V und der Sportwagen-Neukonstruktion in Gestalt des XK 120 mit dohc-Motor auf der ersten Motor Show nach dem Kriege in London.

1949
Erster Start – erster Sieg eines XK 120 beim Silverstone-Rennen.

1950
William Lyons wird Präsident der Society of Motor Manufacturers and Traders (SMMT). Vorstellung des Jaguar Mk. VII.

1951
Erster von sieben Siegen beim 24-Stunden-Rennen von Le Mans (Jaguar C-Type). Umzug von Foleshill nach Allesley.

1952
Rekordfahrt eines XK 120 über eine volle Woche mit 160 km/h.

1953
Erstmals produziert Jaguar mehr als 10.000 Autos im Jahr, nämlich 10.114.
Ian Appleyard gewinnt mit seinem XK 120 das fünfte Mal den Alpenpokal.

1955
Jaguar gewinnt das 12-Stunden-Rennen von Sebring, USA. Vorstellung des neuen Compact Saloon als Vorläufer des Mk. II.

1956
William Lyons wird zum Ritter geschlagen. Jaguar gewinnt die Rallye Monte-Carlo.

1957
Großfeuer in der Jaguar-Fabrik. Fünfter Sieg in Le Mans.

1958
Jaguar stellt mit 18.000 produzierten Fahrzeugen einen neuen Rekord auf. Obwohl sich der US-Markt in einer Krise befindet, verkauft Jaguar die meisten seiner Autos in die Staaten. Im Werk entsteht ein V8-Versuchsmotor mit 5 Liter Hubraum.

1959
Vorstellung des Mk. II. Der Rennfahrer Peter Lindner eröffnet in Frankfurt am Main seine Jaguar-Vertretung (wird aber erst 1961 offizieller Importeur).

1960
Übernahme von Daimler, Einstieg ins Nutzfahrzeug-Geschäft.

1961
Präsentation zweier neuer Modelle: Mk. X und E-Type. Übernahme der Lastwagenfirma Guy.

1963
Übernahme von Coventry-Climax. Der deutsche Sportfahrer Peter Nöcker wird auf Mk. II Tourenwagen-Europameister.

1964
Peter Lindner stirbt an den Folgen eines Rennunfalls in Montlhéry.

1965
Beginn der Arbeiten am Projekt XJ4, aus dem sich der 1968 vorgestellte XJ6 entwickelt.

1966
Jaguar schließt sich BMC an, die British Motor Holding entsteht. Bau des Prototyps XJ13 mit V12-Motor.

1967 – 1999

1968
Die lang erwartete Spitzenklasse-Limousine XJ6 wird vorgestellt, zugleich mit der Daimler Limousine DS 420.

1969
Walter Hassan wird Nachfolger des Chefkonstrukteurs Heynes.

1971
Der E-Type wird mit V12-Motor vorgestellt.

1972
Sir William Lyons tritt in den Ruhestand, F.R.W. England tritt seine Nachfolge an. Ankündigung des XJ12.

1973
Vorstellung der 2. Serie XJ-Typen.

1974
F.R.W. England geht in den Ruhestand, seine Position übernimmt Geoffrey Robinson.

1975
BLMC wird verstaatlicht, der Konzern heißt jetzt British Leyland (BL). Vorstellung des Jaguar XJ-S V12 Coupés.

1977
Der Amerikaner Bob Tullius gewinnt mit einem 540 PS starken XJS V12 für die Group 44 die TransAm-Meisterschaft.

1979
Jaguar stellt in Genf die Serie III der XJ-Baureihe vor: stilistisch und technisch überarbeitete Limousinen der Spitzenklasse.

1980
John Egan kommt zu Jaguar, setzt neue Qualitätsmaßstäbe und leitet die Reprivatisierung der Firma ein.

1981
Einführung des H.E.-Zylinderkopfes (»high effency«) des Schweizer Ingenieurs Michael May.

1982
Neuer Produktionsrekord: 22000 Fahrzeuge.

1983
Die Emil Frey AG, Zürich und Safenwil/ Schweiz, Jaguar-(Swallow-)Importeur seit 1924, und Jaguar Cars plc beschließen die Gründung der Jaguar Deutschland GmbH mit Sitz in Schwalbach. Vorstellung des Cabrio-Coupés XJ-SC.

1984
Premierministerin Margaret Thatcher stellt die Weichen zur Umwandlung der Staatsfirma Jaguar in ein Privatunternehmen.

1985
Sir Wiliam Lyons ist verstorben. Neuer Produktionsrekord mit 38.500 Fahrzeugen. Auslieferung des 100.000 Jaguar Automobils seit Bestehen der Marke. Jaguar geht an die Börse. Die Mitarbeiterzahl übersteigt 10.000.

1986
Jaguar stellt 1986 mit 41.437 Automobilen einen neuen Produktionsrekord auf. Präsentation des neuen XJ6 (XJ40). Absatzrekord in den USA: 24.464 neue Jaguar Automobile werden zugelassen. Baubeginn des Entwicklungszentrums in Whitley.

1987
Mit 35.541 Fahrzeugen verzeichnet Jaguar das bisher beste Exportjahr. Mit acht Siegen in zehn Rennen der Gruppe C wird Jaguar Markenweltmeister.

1988
Premiere in Genf und Produktionsanlauf des neuen XJ-SC Vollcabriolets (»Convertible«) V12 5.3 mit ABS. Im Herbst Präsentation des XJ220. Sechster Sieg in Le Mans. Mit 51.939 Fahrzeugen neuer Produktionsrekord.

1989
Ford übernimmt Jaguar für 2,5 Milliarden Dollar und setzt ein langfristiges Investitionsprogramm in Gang. TWR-Jaguar startet im Rennsport mit V6-Motoren.

1990
Sir John Egan verläßt Jaguar, sein Nachfolger wird Bill Hayden. Vorbereitungen zum Bau eines Jaguar der Kompaktklasse. Jaguar gewinnt zum siebenten Mal die 24 Stunden von Le Mans. Vorstellung des XJR-15 Rennsportcoupés.

1992
Nicholas Scheele wird zum Vorstandsvorsitzenden der Jaguar Cars plc ernannt. Auslieferung des ersten XJ220. Nach 24 Jahren Bauzeit wird der letzte Daimler DS 420 ausgeliefert.

1993
Der Jaguar V12-Motor wird auf 6.0 Liter Hubraum erweitert.

1994
Präsentation des neuen XJ6 / XJ12 (Codebezeichnung: X300). Das Kompressormodell XJR 4.0 hat 320 PS. Die Queen besucht das Jaguar-Werk.

1995
Die Marke Jaguar feiert ihr 60jähriges Bestehen.

1996
Jaguar stellt in Genf den XK8 mit einem neuen V8-Motor vor: Die Welt spricht von einem E-Type-Nachfolger und einer Renaissance des echten Jaguar Sportwagens. Daimler feiert sein 100jähriges Markenjubiläum. Die Fertigung des Jaguar XJ12 läuft aus.

1997
Ein Daimler Double Six verläßt im April als letzter Zwölfzylinder das Werk. Vorstellung des XJ8 (X308 mit Achtzylindermotor). Nach Einstellung der Sechs- und Zwölfzylinderproduktion baut Jaguar nur noch V8-Motoren. Ankündigung des X200 für Herbst 1998. Mit 8665 abgesetzten Fahrzeugen bislang bestes Europa-Exportjahr.

1998
XKR mit Kompressormotor in Genf gezeigt. Im Oktober Vorstellung des für große Stückzahlen konzipierten Jaguar S-Type (Projekt X200) als neuer Herausforderer im europäischen Kompaktsegment.

1999
Serienanlauf des Jaguar S-Type mit V8- und einem neuen V6-Motor.

QUALITÄT: VORGABEN FÜR KOMMENDE JAHRZEHNTE

Als der letzte E-Type vom Band lief, schwarz lackiert und für die hauseigene Kollektion bestimmt, ging eine Jaguar-Ära zu Ende, die viele Fans als die letzte »echte« bezeichnen. Man täte Jaguar aber unrecht, würde man die Modelle der achtziger Jahre nicht als ebenso »echt« ansehen. Die Lösung aus dem Leyland-Konzern war ein hartes Stück Arbeit, und die damit einhergehenden Bemühungen um die Schaffung einer neuen Arbeits-Philosophie und neuer Qualitätsmaßstäbe, einer völlig neuen Identität, haben auch wieder einige »echte« Jaguar-Wagen hervorgebracht.

Die Qualitätseinbußen der siebziger Jahre waren das größte Problem; sie hatten nicht nur einem guten Namen geschadet, sondern auch wirtschaftliche Konsequenzen gehabt. Der Staatskonzern British Leyland hatte für die einzelnen Marken keine Gewinn- oder Verlustsalden veröffentlicht – aber jedermann wußte, daß es für Jaguar kaum besser stehen konnte als für die anderen Fabrikate. Mehr als 27 000 Wagen 1978, aber nur noch die Hälfte davon bis 1981 – das waren alarmierende Zahlen.

Der British-Leyland-Konzern umfaßte in der zweiten Hälfte der siebziger Jahre die Fabrikate Austin, Morris, M.G., Princess, Triumph, Rover (mit Land- und Range-Rover) sowie Jaguar und Daimler. Die Austin-Morris-Gruppe erwirtschaftete 80 Prozent des gesamten BL-Umsatzes. Rover lag etwas vor Jaguar, beide zusammen brachten es aber nur auf die Hälfte der Triumph-Zahlen.

1976 waren in Großbritannien 257 Personenwagen pro 1000 Einwohner zugelassen; der Gesamtbestand im Lande belief sich auf 14 389 000. In der Bundesrepublik Deutschland war die Verkehrsdichte vergleichsweise höher: 312 Wagen auf je 1000 Einwohner (19 181 000). Im Jahre 1980 war das Vereinigte Königreich auf 14 963 000 Fahrzeuge gekommen, 1984 auf 16 658 000, 1985 auf 17 312 000. Die Zuwachsrate bewegte sich im Mittelfeld vergleichbarer Länder und entsprach exakt dem Welt-Durchschnitt einschließlich USA und Japan. 1000 britische Bürger teilten sich 1985 in 308 Personenwagen, das war zwar noch immer ein geringerer Wert als in Norwegen, Schweden, Belgien, Holland oder gar Westdeutschland, aber noch immer galt ja in England das Auto nicht als schnellebiges Konsumgut, das man sich in beliebigen Zeiträumen an- und wieder abschaffte, und eine hohe Zahl von Erwerbslosen und viele andere widrige Wirtschaftsumstände in Großbritannien lassen ein rasches Wachstum in dieser Beziehung auch nicht zu. Umso verständlicher die Exportanstrengungen, die trotz insgesamt rückläufiger Produktions-Gesamtzahlen in den achtziger Jahren ein Umsatzplus in der Außenhandelsbilanz erbrachten. 1977 belief

Nicht Roboter setzen in Allesley Automobile zusammen – die Fahrzeuge entstehen weitgehend in Handarbeit. Viele Mitarbeiter sind bei Jaguar schon Jahrzehnte tätig. 1986 verließen im Schnitt 200 Wagen pro Tag das Werk.

Links: Inzwischen gut zwanzig Jahre alt, im Jaguar-Styling aber zeitlos. Der 1968 vorgestellte XJ6 verkörpert den Übergangsprozeß vom Mk. X zum XJ40, der für die neunziger Jahre konzipiert ist.

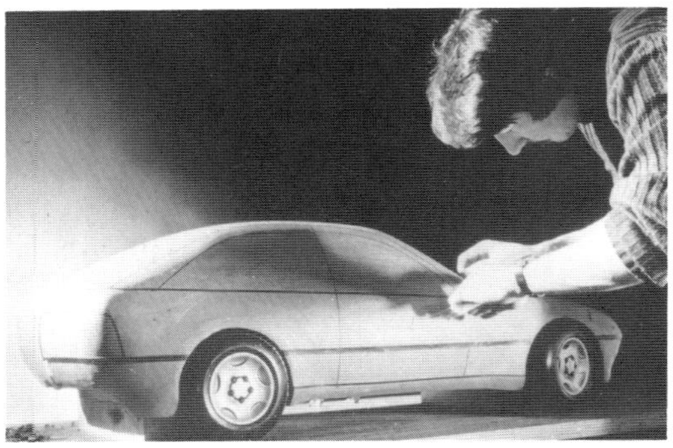

Oben: Ein Jaguar-Designer bei der Arbeit an einem 1:5-Modell. Bis zur endgültigen Form eines neuen Wagens vergeht viel Zeit.

Rechts: Modellstudie des XK40, die sich nur noch in Details von der endgültigen Ausführung unterscheidet. Vor allem in der Frontpartie gab es noch Änderungen.

sich der Ausstoß der englischen Personenwagen-Industrie noch auf über 1,2 Millionen Fahrzeuge; 1984 waren es knapp unter 900 000. Im gleichen Zeitraum war die Zahl der Marken von rund 30 auf 20 geschrumpft, die kleinsten Fabrikate nicht mitgezählt.

Seither aber verzeichnet man in Produktion und Absatz steigende Tendenzen. Zwar nutzen im kleineren und mittleren Klassenbereich die Kontinentaleuropäer wie die PSA-Gruppe oder VW den Sog, doch Ford-Dagenham oder die britische General-Motors-Tochter Vauxhall sind wie Austin-Rover stark bei den Zulegern. Harte Zeiten hatte die Branche zunächst noch in den frühen achtziger Jahren durchgemacht, jetzt schien es aber endlich wieder voranzugehen.

Immer wieder waren Stimmen lautgeworden, die British Leyland eine falsche Modellpolitik vorwarfen: Warum ließ man zum Beispiel die Traditions-Sportwagenmarken M.G. und Triumph langsam, aber sicher untergehen (was Chrysler UK mit Sunbeam nicht anders handhabte)? Und zu mangelnder Imagepflege vertrauter Marken kam das leidige Qualitätsproblem – Wegbereiter für einen zunehmenden Import landesfremder Fabrikate. So gesehen, hatte man keinen guten Start in die achtziger Jahre. Damals hätte BL für den Triumph TR6 – nicht TR7, wohlgemerkt – rechtzeitig einen Nachfolger auf die Räder stellen, aus dem MGB einen Wagen à la Datsun Z machen, dem Jaguar E-Type eine adäquate Weiterentwicklung folgen lassen sollen – zumindest einem solcher Sportwagen wäre es vergönnt gewesen, den Union Jack in der Branche kräftig weiterflattern zu lassen. Jene Nation, die einst für ihre sportlichen Boliden vom Schlage eines Vintage Sunbeam und Bentley 4,5 Liter, M.G. TC und Frazer-Nash, Alvis Speed 25 und Aston Martin DB2/4, Allard und Austin Healey 3000 Weltberühmtheit für sich in Anspruch nehmen konnte, hatte – von Ausnahmen wie Lotus oder Morgan abgesehen – keinen Pfeil mehr im Köcher. Allgemeiner Sportwagen-Frust war indes durchaus nicht zu verspüren: Die Italiener hatten ihren Spider-Boom, Porsche konnte die weltweite Nachfrage kaum befriedigen, BMW und Audi hatten sich zum sportlichen Automobilkonzept bekannt.

Auch britische Fahrzeuge der gehobenen Limousinenklasse bewegten sich im Rückwärtsgang. Nicht nur Jaguar und Daimler kämpften um jedes Marktanteilprozent, selbst Rolls-Royce/Bentley fielen von guten Steigerungsraten der frühen siebziger Jahre zurück: 1984 verließen nur 2240 Wagen das Werk in Crewe; 1973 waren es 2760 gewesen. Das bedeutete einen Rückgang um rund 20 Prozent – Daimler-Benz hatte im gleichen Zeitraum seinen Fahrzeug-Ausstoß um 80 Prozent gesteigert.

Rechts: *Die Vorstandschaft am Tage der Reprivatisierung. Mit Ausnahme Roger Putnams, der Neil Johnson (dritter von links) als Marketingchef ersetzte, ist die Mannschaft noch die gleiche. Links neben John Egan Graham Whitehead von der amerikanischen Jaguar Incorporated.*

Unten: Ein ziemlich ungetarnter Erlkönig, der Ende 1985 an einem deutschen Grenzübergang fotografierte XJ40!

Parallelen von Rolls-Royce zu Daimler-Benz zu ziehen, läuft sicher auf einen ebenso hinkenden Vergleich hinaus wie eine Gleichsetzung mit Jaguar. Das im British-Leyland-Konzern eingebundene Unternehmen litt aber unter Zerfallserscheinungen, die man bei Rolls-Royce nicht annähernd zu verzeichnen hatte, von Daimler-Benz ganz zu schweigen.

John Egans Amtsantritt war buchstäblich im letzten richtigen Moment erfolgt. Er ist keiner der Männer der ersten Stunde, die als Unternehmer im Pioniersinn Aufbauarbeit leisten mußten wie ein William Lyons, Colin Chapman oder Ferry Porsche, aber ihn zeichnen die Qualitäten aus, wie sie Kommandanten von Seenot-Rettungskreuzern haben, vergleichbar auch mit denen eines Lee Iacocca, der mehr als einen Autokonzern aus den roten in die schwarzen Zahlen zu bringen verstand. Wie er, kam Egan sozusagen im letzten richtigen Moment.

»Quality before Quantity« hieß John Egans Devise, als er seinen Job übernahm. Wie der neue Boß das schlagseitige Schiff wieder aufrichtete und auf Kurs brachte, beschreibt das voranstehende Kapitel. Und daß Quantität nicht im Gegensatz zur Qualität stehen muß, führen die Bilanzzahlen der Jaguar Cars Ltd. für 1984, 1985 und 1986 vor Augen.

Das Geschäftsjahr 1984 hatte sich mit 33 355 produzierten Einheiten zu einem »Robinson-Jahr« entwickelt, wobei die Zahl der Exporte mit 25 798 den 1974er Anteil um fast 10 000 übertraf. Schon in den Monaten Januar bis Juli hatte Jaguar einen Gewinn von 40 Millionen Pfund Sterling erwirtschaftet. Die Reprivatisierung trug ihre ersten Früchte.

Im Jaguar-Modellprogramm hatte sich bereits 1981 etwas getan. Unter der Chiffre H.E. *(High Efficency)* und dem Stichwort *Fireball*-Brennraum gab es technische Veränderungen bei den Motoren. Die Zylinderköpfe waren nicht mehr plan, sondern wiesen jetzt Brennräume auf (die zuvor Vertiefungen in den Kolben gebildet hatten), wobei das Einlaßventil fast bündig mit der Kopffläche abschloß, das Auslaßventil aber hochgesetzt war. Die Elektroden der Kerzen ragten in diese Ausbuchtung, die eine schneckenförmige Kurve vom Einlaß-Ventilsitz zur Tangente des Auslaß-Ventilsitzes beschrieb. Diese von dem bekannten Schweizer Tuner Michael May entwickelte Brennraumform gewährleistete eine intensivere Verwirbelung des Kraftstoff-Luft-Gemischs und dessen höhere Nutzung, bewirkte also gleichzeitig – trotz auf 12,5:1 erhöhter Kompression – sparsameren Umgang mit dem Sprit. Das Gemisch durfte magerer ausfallen. Voraussetzung war allerdings ein äußerst präzise abgestimmter Zündvorgang. Nach ersten Versuchen mit einer Transistorzündung von Lucas adaptierte Jaguar für den H.E.-Motor eine indirekte Digital-Kraftstoff-Einspritzung in Verbindung mit der sogenannten D-Jetronic der Robert Bosch GmbH.

Was viele Tester bestätigten, war ein spürbar geringerer Kraftstoffverbrauch beim H.E.-Motor. Man kam bei gemischtem Stadt-Land-Fahrbetrieb mit 14 bis 16 Liter pro 100 Kilometer aus; beim alten V12 waren 18 bis 20 Liter an der Tagesordnung. Und für den, der es wissen wollte, waren 245 km/h noch immer »drin«. Nach einem Langzeittest, durchgeführt von der britischen Zeitschrift *The Motor*, hieß es im Fazit: »Man kann sagen, daß der Umgang mit dem XJ12 H.E. ein reines Vergnügen ist, tiefe Befriedigung verschafft. Glücklich mag sich schätzen, wer es sich leisten kann, dieses Auto zu fahren. Es ist nahezu perfekt...«

Jaguar XJ-S – das Auto für den E-Type-Umsteiger

Nicht nur der Zwölfzylinder war in der H-E.-Ausführung erhältlich, auch den XJ6 3.6 Litre bot Jaguar in der May-Modifikation an. Diese Maschine kam vor allem im XJ-S zum Einbau und hatte als zusätzliche Besonderheit vier Ventile pro Zylinder, v-förmig im 46-Grad-Winkel hängend angeordnet. Bei einer Kompression von 9,6:1 leistete der Vierundzwanzigventiler 228 DIN-PS bei 5300/min; das Drehmoment lag bei 33,2 mkp/4000. Auf sei-

Gegenüberliegende Seite und oben: Fotos vom Bau des neuen XJ40 in Allesley Ende 1986.

Links: In der Lederarbeit steckt viel Können und Erfahrung. Rechts: Ein XJ40 kurz vor der Fertigstellung. Vermutlich erhält der Wagen einen Daimler-Grill.

nen breiten Pneus der Dimension 215/50 VR 15 lief dieser Jaguar XJ-S gut 240 km/h. E-Type-Umsteiger durften aufatmen...

Die Entwicklung des 3.6 Litre mit seinen zwei obenliegenden Nockenwellen nach bester Jaguar-Tradition hatte im Herbst 1976 begonnen. Damals war man auch schon dabei, die Gesamtform der XJ-Limousine zu überarbeiten, die aber bis 1985 brauchte, um auszureifen. Zunächst gab man der Motorenentwicklung Vorrang. Der Block des neuen Leichtmetall-Sechszylinders – im Werk heißt er kurz AJ6 – wurde bei der Spezialfirma Kearney, Trecker & Marwin in Brighton an der Kanalküste hergestellt.

Das Coupé XJ-S, seit Herbst 1975 auf dem Markt, kostete mit dem neuen H.E.-Motor 76 000 Mark, in der später folgenden V12-Ausführung 85 000. Das Cabrio-Coupé – im Angebot ab Oktober 1983 – stand mit 77 000 im Katalog. Mit einer Bauhöhe von 1260 mm war der XJ-S 115 mm niedriger als der XJ-C. Das E-Type-Coupé hatte eine Höhe von 1306 mm. Auch war der XJ-S eine Kleinigkeit länger und breiter als das alte Coupé. Die inzwischen beiderseits des Atlantiks wirksam gewordenen Gesetze zur Verminderung von Abgasen hatten indes eine Reihe von technischen Eingriffen erforderlich gemacht – ein Dreiwegkatalysator war zur Selbstverständ-

lichkeit geworden. Die Einbuße an Leistung fiel nicht allzu stark ins Gewicht.
Das Jahr 1984 gab berechtigten Anlaß zu noch besseren Erwartungen. Sir John Leopold Egan, von der Queen inzwischen in den Adelsstand erhoben, scherzte: »Die Welt hat erkannt, daß Großbritannien wieder mehr zu bieten hat als nur schottischen Whisky!«
Die Erwartungen in das Geschäftsjahr 1985 wurden auch nicht enttäuscht. Um abermals 13 Prozent steigerten sich Produktion und Verkäufe; die USA allein nahmen 20 528 Wagen ab, was 52 Prozent der Jahresproduktion entsprach (Großbritannien 8049, Deutschland 2555). »Wir haben einen neuen Rekord aufgestellt«, sagte Sir John Egan bei der Präsentation der 1985er Zahlen. »Unser Gewinn hat sich gegenüber dem Vorjahr um nicht weniger als 33 Prozent erhöht.« Mehr Autos dank effizienterer Produktionsmethoden und eine zunehmende Akzeptanz auf den wichtigsten Märkten führte er als die Hauptgründe für die gute Ertragslage an. Die Brutto-Bilanzsumme hatte sich von 634,1 auf 746,5 Millionen Pfund Sterling erhöht. Der XJ-S-Absatz war anteilmäßig sogar um 28 Prozent gestiegen. Den Rekord an Neuzulassungen hielt die Bundesrepublik Deutschland mit einem Plus von 38 Prozent.
Nicht erst 1985 sprach man überall von einem neuen Jaguar, genannt XJ40 Saloon – Codebezeichnung für eine Limousine, die erst den Sechszylinder, 1988 möglicherweise auch den Zwölfzylinder ablösen sollte. Die erste Pfund-Million war in die Entwicklung dieses Modells schon 1973 gesteckt worden, als F. R. W. England noch Chairman bei Jaguar war. Ohne große Hast trieb man dieses Projekt voran. 1977 hatte man sich damals als Ziel für die Serienreife gesteckt, es dann aber immer wieder hinausgeschoben. Der XJ40 war übrigens das erste Fahrzeug, von dem Jaguar ein Gipsmodell in voller Größe bauen ließ, durchgeformt bis in kleinste Details. »Mockups« früherer Modelle waren niemals so weit durchgearbeitet worden. Egan kurbelte bei seinem Amtsantritt die steckengebliebenen Arbeiten wieder an: »Wir haben sehr genau untersucht, wie dieses Fahrzeug beschaffen sein sollte. Eine neue Limousine war längst überfällig. Die Marktforschungsergebnisse haben uns ermutigt, den bereits eingeschlagenen Weg weiterzugehen.«
Nur äußerst vorsichtig disponierte man dennoch im Entwicklungs- und Produktionsbereich. Vergleiche mit Fabriken, die wie VW, Ford oder Audi Tageskapazitäten zwischen 2000 und 5000 Wagen haben, würden stets hinken, stellte man sie überhaupt an. Schon der Begriff »Fließband« ist fehl am Platze, wenn auch bei Jaguar nicht etwa wie in der Sportwagen-Werkstatt Morgan gearbeitet wird: Die Bänder »fließen« sehr wohl, und im Motorenbau sind modernste Roboter im Einsatz. Aber der Anteil an handwerklicher Arbeit bei der Entstehung eines Jaguar ist so groß, daß man doch eigentlich besser vom *»hand made«* spricht, will man dem Produktionsablauf gerecht werden. So wurden 1985 auch nur 290 neue Leute eingestellt, die man im technischen Bereich integrierte – für mehr wäre auch kaum Platz in Allesley oder Radford. Schon die 433 Aushilfskräfte in Spitzenzeiten gaben Probleme auf; vielerorts werkten sie auf Tuchfühlung. Umdispositionen hatte auch der Kantinenchef zu treffen: Drei zusätzliche Teemaschinen mußten aufgestellt werden.
William Lyons hätte jetzt vielleicht neue Grundstücke gesucht und gefunden und alle Hebel in Bewegung gesetzt, um den Aufwärtstrend zu forcieren. Aber 1985 war nicht 1959. Behutsamer denn je, die BL-Erfahrungen noch unter den Nägeln, hatte man Jaguar über die Runden zu bringen, um gegen neue Risiken gewappnet zu sein. Egan: »Wir waren nicht am Rand des Bankrotts – Jaguar *war* bankrott!« Für Euphorie war keine Zeit. Wie mühsam sich das Wort Erfolg buchstabieren ließ, zeigte nicht zuletzt auch das zunächst nur von mäßigem Erfolg gekrönte Engagement im Motorsport. Auch hier hätte Lyons vielleicht anders gehandelt – aber Egan war gut beraten, trotz vieler Rückschläge die Tullius- und Walkinshaw-Teams weiterhin zu fördern. 1987 sollte sich das Durchhalten schließlich auch auszahlen.
10 000 Mitarbeiter waren 1985 bei Jaguar in Diensten. Der Ehrenpräsident des Hauses, Sir William Lyons, ließ es sich nicht nehmen, alle drei Wochen hereinzuschauen, er nahm noch immer großen Anteil am Tagesgeschehen. Er genoß bei allen höchstes Ansehen. Als er am 8. Februar 1985 in seinem Haus in Wappenbury verstarb, gingen die Flaggen auf halbmast; zu seiner Bestattung erschienen hohe Staatsvertreter und Repräsentanten der Automobilbranche aus aller Welt. Für viele war er ein Vorbild gewesen; sein Name stand für unternehmerischen Mut, Kreativität und Durchsetzungsvermögen. Seine Höflichkeit und Zuvorkommenheit, sein untadeliger Lebenswandel, seine Zielstrebigkeit und eine immer wieder im Vordergrund stehende persönliche Anteilnahme an den Angelegenheiten seiner Mitarbeiter hatten ihn zu einem Chef gemacht, zu dem man stand. Seine Gutmütigkeit wurde mitunter ausgenützt, aber er pflegte meist schnell dahinterzukommen. Mancher einsame Entschluß stieß auch auf Skepsis; nicht alle vermochten sich so gut in ihn hineinzuversetzen wie etwa ein Arthur

Whittaker oder »Lofty« England. Aber jeder respektierte ihn und seine Entscheidungen, die er zum Wohl des Unternehmens traf und von denen sich nur die allerwenigsten als unrichtig erwiesen.

Schönwetter auf dem Jaguar-Barometer

Nach einer langen Periode der Stagnation in der britischen Automobilindustrie ging es jetzt nicht nur bei Jaguar wieder bergauf. Ford und Austin-Rover kamen kräftig voran – aber es waren auch die Importmarken, die in der Zulassungsstatistik für Belebung sorgten. 1986 kamen in Großbritannien nicht weniger als 1,9 Millionen neue Kraftfahrzeuge in den Verkehr. Jaguars Marktanteil war und blieb natürlich relativ gering und lag weit hinter dem von BMW oder Mercedes-Benz. 7579 Kunden hatten in Großbritannien einen Jaguar oder Daimler gekauft. Dazu muß man wissen, daß in der oberen Preisklasse mehr als vier Fünftel aller Fahrzeuge von Firmen als Geschäftswagen erworben werden, und hier bestimmt ein starkes Traditionsverhalten den Fahrzeugdurchsatz in einem Company Pool. Man behält einen Geschäftswagen im Schnitt sieben Jahre. Zum Vergleich: Rolls-Royce kam 1986 auf 808 Neuzulassungen im Vereinigten Königreich.
Mit 41 373 Fahrzeugen im Kalenderjahr 1986 gab es aber einen neuen Jaguar-Produktionsrekord. 32 358 Saloons and 9052 XJ-S bedeuteten einen wöchentlichen Ausstoß von tausend Fahrzeugen. Produktions-Chef Michael E. Beasley: »Wir haben berechtigten Stolz, es wieder so weit gebracht zu haben.« Kein Mann bei Jaguar, der ihm nicht zugestimmt hätte.
Die Verkaufszahlen für 1986 hätten mit Sicherheit höher ausfallen können, wäre der Entwicklung des neuen Modells unter dem Arbeitstitel XJ40 durch die Presse nicht so viel Aufmerksamkeit gezollt worden. Eine größere Zahl von Jaguar-Kunden hatte sich abwartend verhalten. Und da Jaguar – ganz im Gegensatz zu anderen Automobilherstellern – noch nie ein großes Geheimnis aus anstehenden Projekten machte, man die »Erlkönige« auch allenthalben sehen konnte, war die Zurückhaltung schon fast kalkulierbar gewesen. »Wir hätten allein in der Bundesrepublik 500 Wagen mehr absetzen können, hätte die Spekulation um den XK40 den Markt nicht blockiert«, sagte Peter Schack, PR-Chef von Jaguar Deutschland in Kronberg bei Frankfurt am Main. Und ganz ohne Zweifel wollten viele Jaguar-Interessenten auch erst einmal abwarten, wie der (im Oktober 1986 angekündigte) neue BMW mit Zwölfzylindermotor aussehen würde, um danach ihre Entscheidung zu treffen.
Bis Jahresende 1986 stand Otto Prinz zu Sayn-Wittgenstein der deutschen Jaguar-Repräsentanz vor, eine Gesellschaft, an welcher auch die in der Schweiz ansässige Emil Frey KG beteiligt ist – jene Firma, die seit den zwanziger Jahren zu William Lyons' besten Geschäftspartnern zählt und vor dem Kriege auch deutsche SS/Jaguar-Besitzer betreute.

Rechts: Man muß nicht Jaguar-Besitzer sein, um seinen Fahrgenuß zu erleben – man kann sich seinen XJ12 auch leihen. 1986 übernahm Avis in Frankfurt eine Flotte von zehn Limousinen.

Links: Lars Roger Schmidt, seit 1987 Chef der Jaguar Deutschland GmbH.

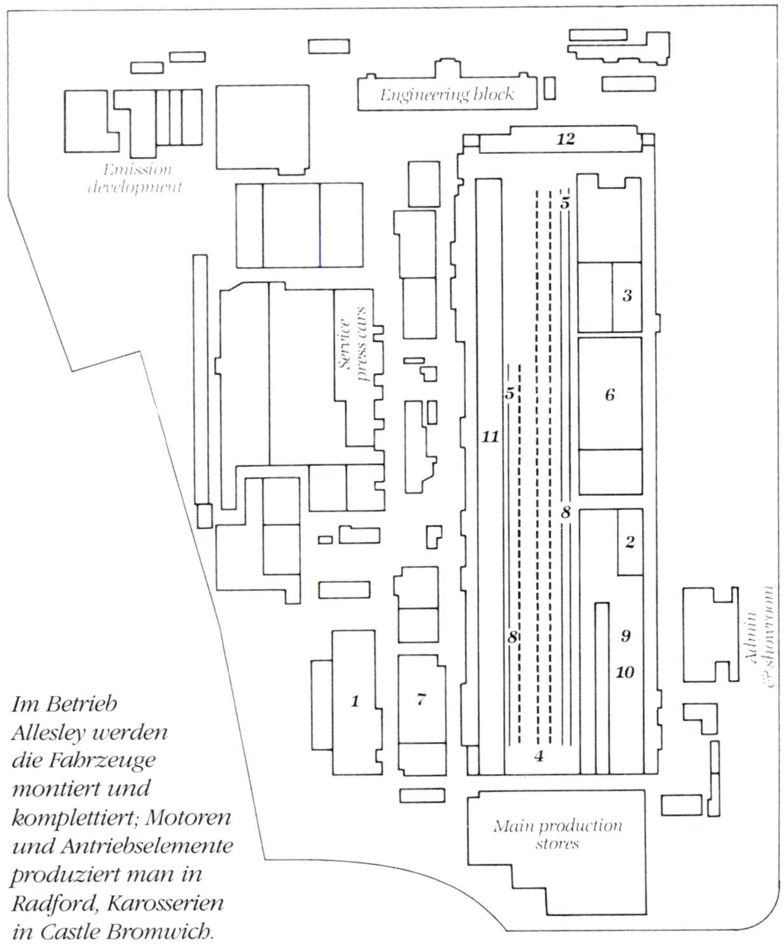

Im Betrieb Allesley werden die Fahrzeuge montiert und komplettiert; Motoren und Antriebselemente produziert man in Radford, Karosserien in Castle Bromwich.

Ganz oben: Jaguar-Chef Egan am Lenkrad eines XJ40. Darunter ein »Familienfoto« ehemaliger Jaguar-Lehrlinge.

Nachfolger Sayn-Wittgensteins wurde der von Porsche herübergewechselte Automobilkaufmann Lars Roger Schmidt. Dreißig Jahre hatte er in Zuffenhausen gearbeitet, davon die letzten neun im Vorstand. Mit Schmidts Einzug in Kronberg wurden auch die Erwartungen für 1987 neu fixiert.

Das Allerfeinste vom Feinen

Die 1987er Modellpalette der Marke Jaguar stand schon auf der britischen Motor Show 1986 – inzwischen von London nach Birmingham verlegt – ganz im Zeichen des »Neuen«. Das war der lang erwartete XJ40, der aber weder diese noch eine andere Bezeichnung bekam, die ihn als neues Modell gekennzeichnet hätte. Mit britischem Konservatismus blieb man beim XJ6. Nicht einmal ein »Mk. II« hängte man der Chiffre an.

Fotos vom XJ40 – um zunächst bei dieser Bezeichnung zu bleiben – wurden schon lange vorher in diversen Zeitungen veröffentlicht. In Vorwegnahme dessen, was zu erwarten stand, gab Jaguar-Chef Egan in Interviews zu verstehen: »Gediegene Handarbeit wird auch künftig unseren Qualitätsmaßstab darstellen. Das neue Auto wird kein Großserienprodukt. Und es wird auch kein Aero-Ei aus dem Windkanal« – was auch in der Werbung ausgesprochen wurde: »Wie schön, daß traditionelle Werte moderne Technologie nicht ausschließen... aber es gibt kein Diktat des Windkanals.«

Ein anderes neues Modell hatte bereits 1983 sein Debüt gegeben, nämlich eine offene Version des XJ-S. Dieses XJ-SC genannte Cabrio wies feste Seitenteile auf, so daß man eher von einem Landaulet-Cabrio sprechen konnte; das Dach ließ sich im oberen und davon unabhängig im hinteren Bereich öffnen. Eine Targastrebe blieb als Querbügel fest stehen. Mit seinem 3,6-Liter-Motor (und Handschaltung) ein 225-km/h-Auto mit sportlichem Touch. Noch aufregender war natürlich der XK-SC mit Zwölfzylindermotor, zu haben ab September 1985 – das Allerfeinste vom Feinen.

Ein richtiges Vollcabriolet zu bauen blieb indessen zwei deutschen Jaguar-Repräsentanten vorbehalten – der Firma Royal Motors in Köln und Jochen Arden in Kleve. Durch intensive Verstärkung des Karosseriekörpers im unteren Bereich erhielt der XJ-S so viel

Stabilität, daß ein Targabügel sich erübrigte. Auf der Frankfurter IAA 1985 zeigte Arden seinen Wagen erstmals dem Publikum. Dezent geformte Front- und Heckspoiler sowie modifizierte Seitenschweller geben dem Arden-Cabrio eine ganz eigene Note, während der SC von Royal Motors ohne kosmetische Aufwertung auskommt. Hans Günter Lehmann baute den SC auch zum Kombi um, »Las Vegas« genannt: Tina Turner kaufte ein solches Jaguar-Einzelstück.
Solche Fahrzeuge aus Deutschland scheinen eine gewisse englische Tradition abzulösen: Sir John Egan gab der Firma Karmann in Osnabrück den Auftrag, sich Form und Aufbau eines neuen Cabriolets einfallen zu lassen, das in den neunziger Jahren den XJ-SC ablösen könnte. Auch dieses Projekt wird nicht als streng gehütetes Betriebsgeheimnis unter Verschluß gehalten; die Presse berichtete schon bald hierüber.

Hans Günter Lehmann von Royal Motors, Köln, mit einem seiner in eigener Regie umgebauten SC.

Die Katze läßt das Sausen nicht

Wie so viele Zeitungen des In- und Auslands veröffentlichte auch der *Eichstätter Kurier* im Oktober 1986 einen ersten Testbericht vom neuen Jaguar Sechszylinder unter einer originellen Überschrift: »Die Katze läßt das Sausen nicht.« Und: »BMW hin, Mercedes her – Jaguar hat noch immer einen Stellenwert, der bei Liebhabern exklusiver Automobile ganz hoch angesiedelt ist.« Originelle Headlines hatten sich auch andere Journalisten einfallen lassen, etwa »Ein neues Fell für die Katze« (*ADAC Motorwelt*). In Schottland hatte der Wagen vor der internationalen Presse seine Galavorstellung gegeben. Und er hatte mehr als nur ein neues Fell zu präsentieren. Eine Ablösung des Zwölfzylinders stand indessen nicht zur Debatte. Man könne nur eins nach dem anderen tun, sagte Michael E. Beasley, und ein neuer Sechszylinder habe nun einmal Vorrang gehabt. Der V12 sei im übrigen so gut, daß er so schnell nicht durch eine Neukonstruktion ersetzt werden müsse – offen blieb die Frage, warum der XJ40 nicht von Haus aus als V12 ausgelegt worden war.
Mit der Vorstellung des neuen XJ6 ließ man in Coventry die Produktion der bisherigen 3,4- und 4,2-Liter-Motoren der sogenannten Serie III auslaufen. Nicht auf den Schlag – die Überschneidung sollte sich über einen Zeitraum von neun Monaten vollziehen.
Der Motor im neuen Wagen war der von Michael May verfeinerte 3,6 Liter mit zwei obenliegenden Nockenwellen und vier Ventilen pro Zylinder. Gleichzeitig bot Jaguar einen neuen 2,9-Liter-Sechszylinder an, ein 12,9:1 verdichteter Zweiventiler mit nur einer obenliegenden Nockenwelle, 165 PS stark. Die Kraftstoff-Einspritzanlage kam von Bosch aus Deutschland.
Mit dem Aluminium-3,6-Liter wurde auch der Typ Sovereign angeboten, eine feinere Ausstattungsvariante, sowie – als Spitzenmodell – der Daimler. Servolenkung und Katalysator gab es serienmäßig. Der neue XJ6 rangierte 1987 in Deutschland um die 68 000 Mark aufwärts; der 2,9 Liter wurde hier zunächst noch nicht angeboten.
Viergang-Getriebeautomatik oder Handschaltung von Getrag statt – wie bisher – von Rover (fünf Gänge) sind beim XJ6 3.6 wahlweise erhältlich. Nur die S-Modelle brachte man anfangs ausschließlich mit Handschaltung heraus; ihnen gab man die Automatik erst ab Mitte Februar 1987 mit auf den Weg. »Es gibt Märkte, die uns gar keine andere Wahl lassen, als den XJ-S und den XJ-SC mit Automatik anzubieten«, sagte Verkaufsdirektor Roger Putnam bei der Vorstellung dieses Jaguar-Modells.
Die neue Getriebeautomatik war immer wieder Mittelpunkt der Berichterstattung. Sie weist nur sehr geringen Wandlerschlupf auf und macht die Schaltvorgänge zu einem sanften Vergnügen. Die vierte Fahrstufe wird über eine mechanische Wandlerkupplung eingerückt. Der Wählhebel auf der Konsole wird in einer U-förmigen Kulisse geführt, die Fehlbetätigungen ausschließt: die Fahrstufen 2 und 3 liegen auf der einen, N, R und P auf der anderen Seite. Die Fahrstufe D ist im Scheitelpunkt der Kulisse positioniert.
Eine neue Hinterachse mit nur mehr je einer Schraubenfeder pro Rad und an die Radträger versetzte Scheibenbremsen trugen nicht nur zur Gewichtsverminderung bei, sondern ergaben auch bessere Möglichkeiten zur generellen Fahrwerksoptimierung. Zu einem umfangreichen Katalog geriet die serienmäßige Ausstattung vor allem der teureren Varianten: Er enthält unter anderem TD-Sicherheitsreifen mit Notlaufeigenschaften, höhenverstellbare Gurtverankerungen, elektrische Fensterheber, fluoreszierende Instrumentenbeleuchtung. Vom frostsicheren Rückspiegel und Scheibenwischer bis zur Sitzheizung und Tempostatschaltung muß der Fahrer eines Jaguar S-Modells nun nichts mehr entbehren, was zu seinem Glück beitragen könnte. Vollelektronisch gesteuerte Zündung und elektronische Kraftstoffeinspritzung re-

Oben: Der erste XJ-40, der 1987 in den Dienst der britischen Polizeit gestellt wurde. Rechts daneben: Überzeugter E-Type-Pilot seit jeher – Denis Jenkinson (Motor Sport).
Rechts: Entwurf für das neue Engineering Centre, das Jaguar 1986 in Coventry zu errichten begann.

geln den Sprithaushalt auf durchschnittlich 8 Liter bei 90-km/h-Fahrt. Im Stadtverkehr freilich kommt man aufs Doppelte. Nun, der neue XJ6 wiegt zwar an die 100 kg weniger als sein Vorgänger, bringt aber immer noch 1770 Kilogramm (leer) auf die Waage.

Mit dem Automatik-Modell erweiterte sich das Jaguar-Angebot allein in der S-Reihe auf sechs Varianten: XJ-S V12 Coupé Automatik, XJ-SC V12 Cabriolet Automatik, XJ-S Six Coupé, XJ-S Six Coupé Automatik, XJ-SC Six Cabriolet, XJ-SC Six Cabriolet Automatik. Das Zwölfzylinder-Topmodell dürfte in seinen offenen Ausführungen eines Tages den gleichen Seltenheits- und damit Liebhaberwert erreichen wie der E-Type in V12-Ausführung. Während auch alle S-Modelle wohl das unverkennbare, klassische Jaguar-Profil aufweisen, das für die Limousine typisch ist, weicht die Frontpartie mit ihrer die Waagrechte betonenden Linie und den mandelförmigen Scheinwerfern vom traditionellen Design ab. Der bis 1978 gebaute C-Type (Zweitürer) entsprach von allen Seiten ganz und gar dem Saloon, doch als 1975 der XJ-S auf den Markt kam, mußte man sich zumindest an seine Bugpartie erst einmal gewöhnen. Die mehr Jaguar-typische Kühlergrillform aber hat man beim 1986er XJ6 beibehalten und in eine Frontpartie zu integrieren verstanden, die einerseits durchaus als neu zu bezeichnen ist, andererseits aber so dezent ausfiel, daß die Familienähnlichkeit voll erhalten geblieben ist. Minimale Varianten kennzeichnen Standard- und Sovereign/Daimler-Modelle: Letztere haben Rechteckscheinwerfer, das Basismodell runde Doppelscheinwerfer, die den flacher gewordenen Kühlergrill flankieren. Dennoch ist der lang erwartete *New Saloon* anders proportioniert – er wurde etwas länger, sehr viel breiter, eine Winzigkeit höher. Aus 4960 mm Länge wurden 4988 mm, aus 1770 mm Breite 2005 mm, aus 1375 mm Höhe 1380 mm. Im bisher schon üppigen Interieur blieben die Platzverhältnisse allerdings fast gleich.

Ganz zweifellos flossen auch viele Erkenntnisse aus dem Rennsport in die Konstruktion des neuen Wagens ein. Sein Fahrwerk mit Einzelradaufhängung vorn und hinten, Anti-Dive- und Auftriebsausgleich sowie automatisch zuschaltbarem Sperrdifferential wurde in mehr als acht Millionen Testkilometern (auch im amerikanischen Südwesten und in Polarkreisnähe) entwickelt und optimiert. Mehr Leistung, besseres Fahrverhalten und weniger Gewicht, hatte die Losung gelautet – wie beim Bau des XJR-7 eines Bob Tullius.

Natürlich weiß man in Allesley, daß Jaguar mit seinen neuen Modellen und einem in Vorbereitung befindlichen Zwölfzylindermotor, der das bisherige, nun schon recht betagte Aggregat eines nicht allzu fernen Tages ablösen soll, gegen starke Mitbewerber antritt. BMW stellte 1987 in Genf einen neuen

Zwölfzylinder der Spitzenklasse vor, und da sind auch Mercedes-Benz und Porsche; last not least weiß man, daß die jüngste General-Motors-Tochter Lotus 1986 das Projekt eines »Jaguar-Killers« auf Kiel legte. Doch Sir John Leopold Egan ist optimistisch: »Ganz sicher haben wir da einen kleinen, begrenzten Markt für solche Fahrzeuge, aber den teilen wir uns mit Vergnügen.« In einem *Capital*-Interview sagte er: »Wir haben einen richtig aufregenden Wettbewerb entfacht... wir sorgen gemeinsam dafür, daß dieses Marktsegment weiter wächst, weil jeder von uns exzellente Autos baut. Wenn ich vor der Konkurrenz Angst hätte, würde ich diesem Job nicht nachgehen.« Und zu *auto, motor und sport*-Redakteuren: »Mercedes steht ganz klar an der Spitze... Wir haben uns bemüht, uns auf denselben Level zu begeben...« Nun, siebzehn Jahre hatte man mit dem »alten« XJ6 Gelegenheit gehabt, sich selbst stets neue Maßstäbe anzulegen. Bei Jaguar hatte man die Zeit aber keineswegs nutzlos verstreichen lassen. Und eine dreiviertel Milliarde Mark war sicher auch nicht ganz sinnlos investiert worden. Nur die Zahl der Entwicklungsingenieure, die laut *Spiegel* sich von 250 auf 1000 erhöht habe, als die Konstruktion des XJ40 anstand, stimmt nicht ganz – sie beruht sicher auf einem Mißverständnis. Der Personalzuwachs hält sich bei Jaguar in engen Grenzen. Erst wenn das neue Entwicklungszentrum in Whitley – früher residierte hier Talbot-Peugeot of Great Britain – fertiggestellt sein wird, etwa Anfang 1988, könnte eine größere Aufstockung zur Debatte stehen. In Whitley wird auch das Computerzeitalter bei Jaguar Einzug halten. Elektronische Hilfsmittel hatten bis 1987 nur einen sehr geringen Anteil an der gesamten Design- und Entwicklungsarbeit.

Der Jaguar von 1987 ist ein in vieler Hinsicht besseres Automobil als ein Wagen der gleichen Marke Jahrgang 1978. Ganz klar: Einen erheblichen Teil zur Verbesserung der Qualität eines Jaguar, wie sie in den achtziger Jahren zunehmend zu registrieren war, trugen die Arbeiter in der Fertigung bei. Ihr verstärktes Engagement, motiviert durch Teilhaberschaft an ihrer Firma (bei der Reprivatisierung erhielten Mitarbeiter Vorzugsaktien), schlug sich spürbar nieder. Allerdings gab es auch ein gewaltiges Großreinemachen, als Egan damals kam: Über 2000 Bummler und notorische Krankfeierer mußten gehen. Daß es danach schneller bergauf ging, dafür war sicher auch die Person eines John Egan mit ausschlaggebend, der den Fleiß und die Kreativität eines Lyons hat und sich im Werk großer Sympathien erfreut. »Ich mag die Autos, und ich mag die Leute, die sie bauen«, sagte er freimütig – und das beruhte ganz offenkundig auf Gegenseitigkeit. Aber er machte auch kein Hehl aus seiner Überzeugung, daß sowohl amerikanische Führungsmethoden als auch japanisches Qualitätsdenken seinen Arbeitsstil bestimmen müssen: »Sonst schaffen wir's nicht. Und man muß den Leuten so lange in den Hintern treten, bis sie tun, was ich für nötig befinde«, wie er gegenüber einer deutschen Reporterin ausführte.

Ein zunehmend »heißer« Markt für britische Nobel-Autos ist Japan. Inserate, die ausführlich alle technischen Besonderheiten erläutern, erscheinen monatlich in der japanischen Fachpresse.

Qualitätsverbesserungen und eine in vielen Einzelheiten durchgreifende Konstruktions-Verjüngungskur brachten nicht allein die Reklamationsquote herunter, sondern resultierten auch in geringeren Service-Notwendigkeiten. Ein Jaguar des Modelljahrgangs 1986, so hatte man ermittelt, verbrachte während einer Laufzeit von 80.000 Kilometern nur noch 14 Stunden in der Werkstatt, die Zeit für Routineinspektionen und Ölwechsel einbegriffen.

Die Zahl der 1986 hergestellten Jaguar Automobile belief sich auf 41.437 – ein neuer Rekord. Der erwirtschaftete Reingewinn betrug 125 Millionen Pfund Sterling. Im Jahr darauf ging er auf 97 Millionen zurück, die Zahl der gebauten Autos hingegen erhöhte sich auf 48.643. Mit dem neuen XJ6, dessen interne Bezeichnung XJ40 sich auch draußen immer mehr durchsetzte, waren gute Erfolge zu verzeichnen, wenngleich man sich in Coventry auch höhere Ziele gesteckt hatte.

Im März 1988 gab eine neue Modellvariante ihr Debut: Der XJ-SC als Vollcabriolet; er löste das Halbcabrio mit festen Seitenteilen ab. Das XJ-S Coupé und seine offenen Pendants mit elektrischem Verdeckmechanismus (Öffnen bzw. Schließen in nur zwölf Sekunden) und jetzt auch mit ABS ließ sich allein im Jahr 1988 in aller Welt 10.284 mal verkaufen.

Die wahre Jaguar-Sensation des Jahres 1988 aber sorgte Anfang Oktober auf den Automobilausstellungen in Birmingham und Paris für Schlagzeilen: Dort wurde der Prototyp eines XJ220 genannten Hochleistungs-Sportcoupés gezeigt, dessen Konzept höchste Erwartungen weckte; das Design ließ klassische Jaguar-Elemente deutlich werden. Hinter den lederbezogenen Sitzen des Mittelmotor-Zweisitzers sah man durch eine transparente Abdeckung das V12-Aggregat, aufgebohrt auf 6,2 Liter Hubraum und, wie es hieß, gut 500 PS stark. Ausgestattet mit Ferguson-Vierradantrieb, versprach der XJ220 ein Jaguar der Superlative zu werden. Wann er in Serie gehen würde, darüber wollte oder konnte jedoch kein Jaguar-Repräsentant Auskunft geben. Die Presse spekulierte in allen Richtungen, verlor sich aber im Rätselraten. Auch über den möglichen Preis, den manche auf gut 150.000 Pfund schätzen. Womit sie stark danebenlagen, wie sich später erweisen sollte.

Schon im Sommer 1984 meinten Insider erfahren zu haben, daß der Rennwagenhersteller Walkinshaw den Bau eines Sportwagens der Superkategorie plane. »Tom Walkinshaw wird eine Straßenversion des Gruppe-C-Boliden anbieten, mit einem getunten V12-Motor«, stand in der Oktoberausgabe 1984 der *Jaguar Tribune* des Jaguar Drivers' Club Switzerland. Aktuell war damals der von TWR entwickelte XJR-5. Eine direkte konstruktive Verwandtschaft des späteren XJ220 zum XJR-5 läßt sich jedoch nicht erkennen.

Mochten die Auslandsmärkte auch starkes Interesse an Jaguar und seinen vielversprechenden Projekten zeigen – das so immens wichtige Exportgeschäft war 1988 trotz gestiegener Verkaufszahlen nicht sehr zufriedenstellend. Vor allem wegen der 1988 recht ungünstigen Pfund-Dollar-Relation, die im USA-Geschäft neun Prozent Umsatzrückgang bewirkte und den Jahresgewinn für Jaguar auf 47 Millionen Pfund sinken ließ. In Bezug auf Auslastung und Stückzahlen konnte Coventry immerhin zufrieden sein: In Europa wurden 1988 mit insgesamt 49.494 Fahrzeugen gut 21 Prozent mehr Jaguar Automobile abgesetzt als im Jahr zuvor. Und mit 51.939 Fahrzeugen stellte das Produktionsjahr 1988 das beste in der Jaguar-Geschichte dar. Mehr und bessere Autos, aber weniger Gewinn: Notwendige Investitionen in die Produktionsanlagen waren die Gründe, aus denen Einbußen in Kauf genommen werden mußten.

Aber auch währungstechnische Umstände hatten den Gewinn geschmälert. Die starke Abhängigkeit vom US-Markt beklagte Jaguar-Boss Sir John Egan bei mehreren Gelegenheiten, und er konzentrierte alle Anstrengungen auf eine weitere Kräftigung des Europageschäfts. Jaguar benötigte, um seine Position nicht nur zu halten, sondern sie kräftig auszubauen, hohe Beträge für eine längst fällige Modernisierung und Kapazitätserweiterung seiner Betriebsanlagen, für die Entwicklung neuer Modelle und neuer Technologien. Angesichts dieser in der Branche bekannten Notwendigkeiten hatte die Presse gute Veranlassung, Gerüchten

Rechtsgelenkter Jaguar XJ6 4.2 Liter (Serie II). Noblesse oblige!

Interieur eines frühen XJ6-Exemplars der II. Serie vom Oktober 1973. Auffallend ist die neue Anordnung der Instrumente und Schalter an der Armaturentafel.

Glauben zu schenken, wonach Jaguar insgeheim mit Unternehmen verhandelte, die für eine Partnerschaft in Frage kämen. In diese Richtung zielten diverse Berichte, so auch im *Stern*, der seine Leser von einer Zusammenkunft Sir Johns mit dem VW-Chef Dr. Carl Hahn informierte. Man erfuhr, das diskrete Meeting habe im Mai im Schloßhotel Kronberg stattgefunden.

Wie es hieß, seien britische Finanzleute auch in Wolfsburg gewesen, um sich eingehend mit ihren deutschen Kollegen zu unterhalten. »Was Hahn zwar öffentlich nicht wahrhaben will, macht für seinen Konzern durchaus Sinn. Seine Tochter Audi in Ingolstadt schafft es trotz größter Kraftanstrengungen nicht, sich in der absoluten Oberklasse zu etablieren, dort, wo Jaguar bestens vertreten ist, und Jaguar-Chef Egan ist auf fremde Hilfe angewiesen, um Jaguar so nach vorn zu bringen, wie er es möchte.« In Coventry nahm man dazu nicht weiter Stel-

Die schnellste Feuerwehr der Welt: 1981er Jaguar XJ12 als Servicefahrzeug für den von Richard Noble gefahrenen Weltrekordwagen Thrust 2 in Bonneville/Utah, USA.

lung, auch nicht zu der Schreckensmeldung im *Daily Express*: »Germans steer towards Jaguar« (die Deutschen steuern auf Jaguar zu). Fiat, Chrysler, Ford und General Motors seien ebenfalls Partner, die für eine Liaison mit Jaguar in Frage kämen, hieß es im *Stern*. Und da man in Coventry nicht müde wurde, im Rahmen geschickter Modellpflege das Image der Raubkatze immer wieder aufzuwerten, wurde Jaguar bald als begehrenswerte Braut gehandelt, um die zu werben sich in der Tat so mancher bemühte. So wurde für den Modelljahrgang 1990 ein neuer Sechszylinder vorgestellt, ein 3980-ccm-Vierventiler (222 PS bzw. 163 kW), der den AJ6 3,6 Liter ablösen sollte; weitere News betrafen ein neues Teves-ABS, ein neues Fünfgang-Handschaltgetriebe von Getrag sowie Verfeinerungen im Interieur der Wagen.

2,5 Milliarden Dollar für eine attraktive Braut

Um diese Zeit verging kaum ein Tag, an welchem die Wirtschaftsseiten der Presse nicht Neues von der Jaguar-Front zu berichten wußten. Aber es waren keine Gerüchte mehr, sondern Fakten, die aus Großbritannien gemeldet wurden. Zum Beispiel, daß Lindsay Halstead, Chairman von Ford of Europe, am 10. September 1989 offiziell bekanntgegeben habe, daß der von ihm vertretene Konzern ernsthaft daran interessiert sei, Jaguar zu übernehmen.

Noch im Juni hatte man seitens Ford alle diesbezüglichen Veröffentlichungen als Spekulationen bezeichnet und dementiert. Auf die jetzt offiziell bestätigte Verlautbarung verdreifachte sich der Jaguar-Aktienkurs innerhalb weniger Stunden – was Ford nicht daran hinderte, weiterhin fleißig zu kaufen, was es zu kaufen gab. Ende September verfügten die Amerikaner über 13,4 Prozent der gehandelten Anteile; im Durchschnitt hatten sie einen Kurs von 700 Pence bezahlt. Vier Wochen später unterrichtete der Jaguar-Vorstandsvorsitzende die britische Regierung von der Ford-Offensive und bat sie, auf das ihr einst eingeräumte Recht auf die »Goldene Aktie« nicht zu verzichten: Verblieben diese 15 Prozent bei ihr, so sei jegliche Fremdbeteiligung an Jaguar eben nicht als Komplettübernahme anzusehen – eine Vision, die einige der leitenden Männer in Co-

Jaguar XJ6 (XJ40) 3.2 Liter mit Schweizer Zulassung.

Oben: Schnelle Truppe: Jaguar XJR 4.0 (rechts), Jaguar XJR-S 6.0 (links) und der 1990er Le-Mans-Sieger im Hintergrund.

Der letzte Jaguar mit Sechszylindermotor verläßt das Band. Die an ihm mitgearbeitet haben, verabschieden den Wagen mit dem Spruch »Good bye – you'll miss me when I'm gone...«

ventry mit Besorgnis erfüllte. Ihnen ging es darum, der Marke Jaguar die britische Nationalität zu erhalten, sie nicht zu einem amerikanischen Adoptivkind werden zu lassen. »Beteiligung ja, Übernahme nein« war Egans Devise. Die aber nicht ungeteilte Zustimmung im Hause fand.

Auch Handelsminister Nicholas Ridley teilte Egans Bedenken gegen eine totale Übernahme durch den Ford-Konzern nicht und schien durchaus geneigt zu sein, die 15 Prozent herauszurücken. Er hob zudem die 1984 bei der Reprivatisierung Jaguars erlassene Schutzklausel auf, die Einzelbeteiligungen an Jaguar nur bis zu 15 Prozent erlaubte.

Wenn schon eine völlige Übernahme Jaguars als einzige Lösung in Frage kommen sollte, so hätte sie Sir John wohl lieber durch General Motors gesehen. Es existierte bereits ein informelles Kooperationsabkommen mit GM, Technologietransfer und andere Bereiche betreffend. Doch entgegen Egans Vorstellungen empfahl der Jaguar-Verwaltungsrat am 3. Oktober 1989 in einem mehrheitlich gefaßten Beschluß allen Jaguar-Aktionären, Fords Bar-Offerte zu akzeptieren, die mittlerweile bei 850 Pence je Aktie lag. Ford gab kurz darauf die Gesamtsumme bekannt, die sich aus diesem Deal ergab. Sie betrug 2,5 Milliarden Dollar und damit fünfmal soviel wie Jaguars Aktiva, die zu jenem Zeitpunkt umgerechnet 500 Millionen Dollar ausmachten.

Den Betrag von 2,5 Milliarden Dollar bezeichnete die Branche als viel zu hoch. Ford, so wurde vermutet, habe diese enorme Summe nur aufgewendet, um GM und auch jeden anderen Mitbewerber aus dem Felde zu schlagen. Noch kurz vor der Transaktion hatte Daimler-Benz-Chef Edzard Reuter in einem BBC-Interview ebenfalls eine Beteiligung seiner Firma an Jaguar für denkbar erklärt, auch seien »bereits diesbezügliche Gespräche geführt worden«, wobei er dafür plädiert habe, Jaguar weitgehende Unabhängigkeit zu belassen. »Aber auch an einer totalen Übernahme besteht großes Interesse«, hatte Reuter gesagt. Nun, die Mercedes-Leute kamen letztenendes ebensowenig zum Zuge wie andere Brautwerber. Noch vor Weihnachten 1989 war Jaguar eine neue Marke im Ford-Konzern, wie schon die britischen Sportwagenfirmen Aston Martin und AC (beide seit 1987).

Am 28. März 1990 veröffentlichte ein Team amerikanischer Experten seine Bestandsaufnahme in Coventry. In einer Analyse hieß es, Ford müsse zehn Jahre Entwicklungszeit veranschlagen, um Jaguar voll weltmarktfähig zu machen – in den bestehenden als auch in »mehreren neuen Fahrzeugsegmenten«. Was damit gemeint war, wurde nicht weiter ausgeführt.

Sir John Egan hatte Jaguar den Status der Eigenständigkeit nicht erhalten können. Aber selbst wenn er mit seinen Vorstellungen durchgedrungen wäre, hätte er auf verlorenem Posten gekämpft. Er verließ Jaguar zum 30. Juni 1990 und wechselte in die Flugindustrie. Zu seinem Nachfolger ernannte Ford William J. Hayden, der das Ziel verkündete, die Jaguar-Produktion noch in diesem Jahrzehnt zu vervierfachen; auch sollte ein »kleiner« Jaguar im Wettbewerb zum Mercedes der mittleren Baureihe und zum BMW 5er entstehen.

Damit war für die Marke Jaguar eine neue Ära angebrochen. Die Zielvorgabe einer Vervierfachung der Jahresproduktion entsprach einer Zahl von 200.000 Einheiten.

Lag es in der Absicht Detroits, Jaguar bis zum Jahre 2000 zu einem Volumenhersteller machen?

Neue Automobile für eine neue Epoche

Natürlich wurde in Coventry nicht sofort alles ganz anders; nur sehr allmählich vollzogen sich auch nach außen erkennbare Änderungen. Als erstes erfuhren die Fertigungsanlagen schrittweise die seit langem erforderliche Modernisierung, was sich in einer spürbaren Qualitätsverbesserung bemerkbar machte. Ford übertrug auf Jaguar bewährte Strukturen nicht nur im Fertigungswesen, sondern auch in der Verwaltung, im Vertriebswesen, im Marketing. Ein vom Konzern gesteuerter Einkauf und ein unter hohem finanziellen Aufwand up to date gebrachtes Engineering begannen sich schon bald auszuzahlen.
Zunächst wurde das im neuen Entwicklungszentrum Whitley schon vor Jahren auf Stapel gelegte Projekt XJ220 wiederbelebt. Im Frühsommer 1992, so meldete die Presseabteilung, werde der Zweisitzer in einer limitierten Auflage von 250 Stück in Serie gehen; pro Land habe man also eine sehr begrenzte Anzahl von Wagen zu erwarten. Als voraussichtlichen Verkaufspreis nannte Jaguar 290.000 Pfund.
1990 wurde auch das Rennsportcoupé XJR-15 vorgestellt, gebaut in Tom Walkinshaws Firma TWR. Man wollte diesen heißen Flitzer vorzugsweise an solche Kunden abgeben, die sich verpflichteten, im XJR-15 Challenge Cup mitzufahren. Dadurch sollte vermieden werden, daß der XJR-15 mit dem XJ220 unmittelbar konkurrierte. Aber dann trat der XJ220-C in Erscheinung – nur wenige ambitionierte und gleichermaßen vermögende Jaguar-Liebhaber lösten ihren Gewissenskonflikt dadurch, indem sie sich für die Anschaffung beider entschieden...
XJR-15 und XJ220 erschienen zu ungünstigen Zeitpunkten: Der Beginn der neunziger Jahre war nicht durch allgemeine Euphorie gekennzeichnet. Viele Wirtschaftszweige und insbesondere das Automobilgeschäft erlebten weltweit herbe Einbrüche, die auch Jaguar zu spüren bekam. Entlassungen waren unvermeidlich, in dem von Ford geplanten Rekonvaleszenz-Prozess allerdings auch vorgesehen gewesen. Bis zum Jahresende 1991 war die Jaguar-Belegschaft auf 8000 Mitarbeiter reduziert worden. Neue Manager wie der von Ford zu Jaguar gewechselte Bill Hayden zogen in wichtige Ressorts ein und schockten mit teils radikalen Reorganisationsprogrammen. Der neue Geschäftsführer der Jaguar Deutschland GmbH, Hartmut W. Kieven, kam ebenfalls von Ford. Seit 1989 war er Leiter der Pkw-Produktentwicklung bei Ford of Europe gewesen.
Bill Hayden blieb nur bis Ende März 1992 und ging dann in den Ruhestand; ihm folgte Nicholas (»Nick«) V. Scheele als Chairman und Chief Executive der Jaguar Cars plc. Er war ab 1. Januar des gleichen Jahres Hay-

Bevor der neue V8-Motor 1997 im Sportwagen XK8 seinen Einstand gab, war der V12 6.0 Liter das Spitzenaggregat für den großen Jaguar und den Daimler Double Six.

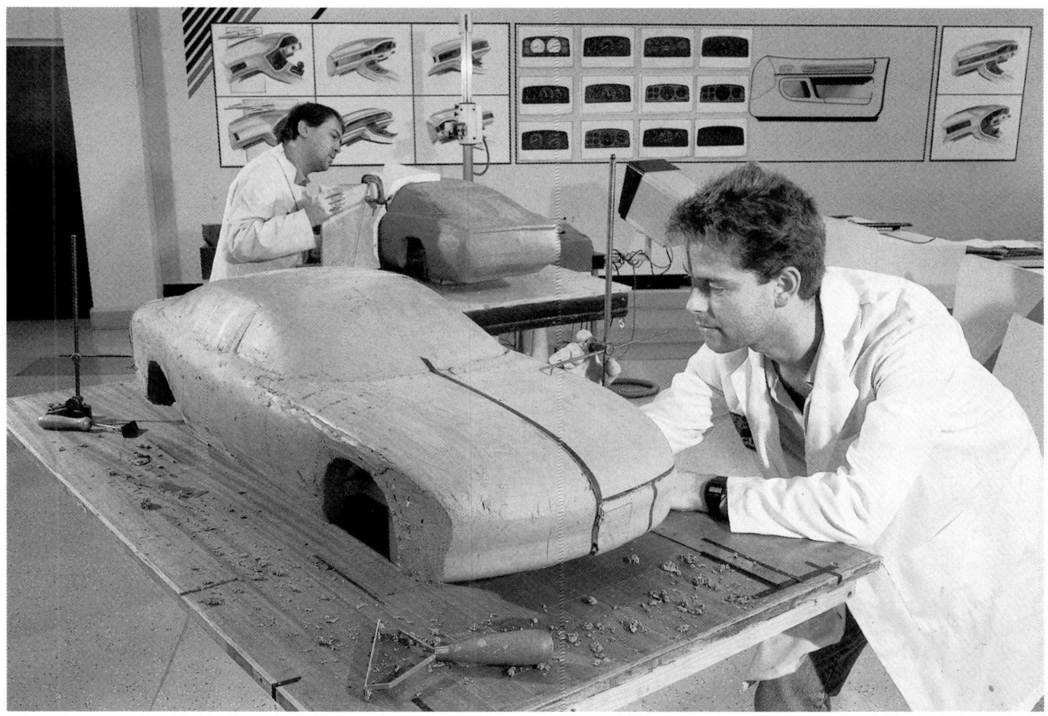

Unten: Formgestalter am Werk im Whitley Engineering Centre. Eine Tonmodellstudie entsteht.

Links: Sovereign 4.0 Liter, Modelljahrgang 1995.

Links: Jaguar XJR Sechszylinder in Gestalt des X300. Der aufgeladene 4.0-Liter-Motor hat 320 PS. Dieses Modell war der Vorgänger des XJR V8, der 1997 erschien.

Unten: Wohl kaum ein anderer Jaguar hatte vor seinem Erscheinen für soviel Wirbel gesorgt wie der legendäre XJ220, von dem nur 280 Exemplare gebaut wurden.

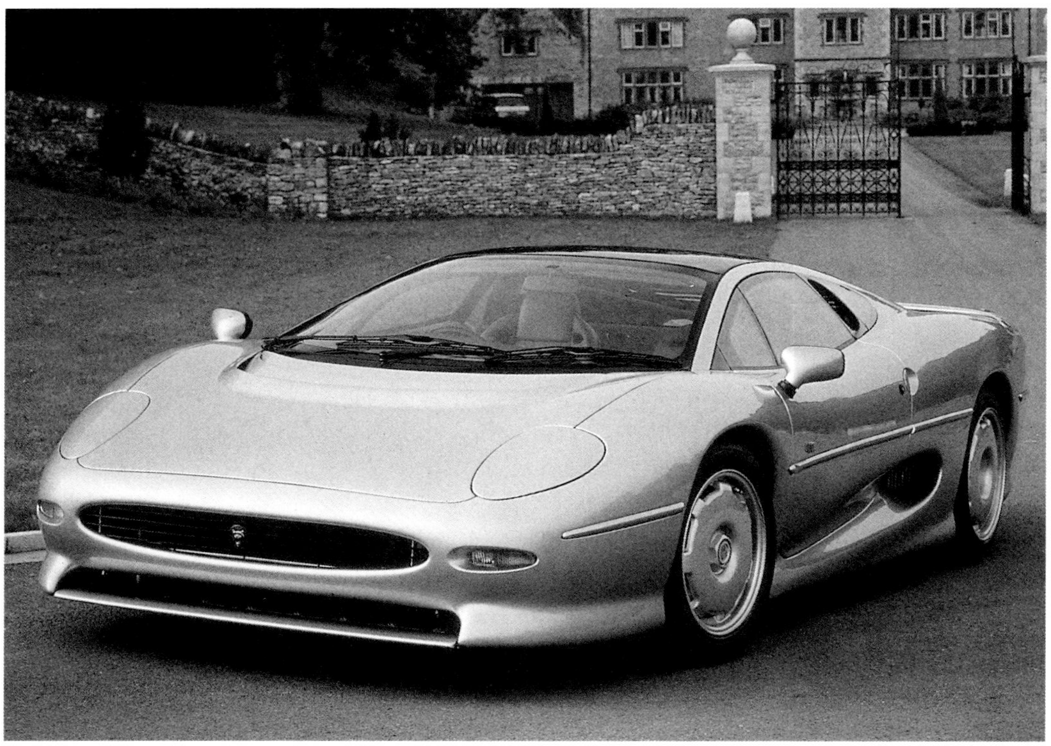

dens Stellvertreter gewesen. Nick Scheele, Jahrgang 1944, hatte seine Karriere 1966 bei Ford of Britain begonnen und war 1978 nach USA gegangen. 1988 bis 1991 leitete er als Vorstandsvorsitzender die Ford of Mexico S.A. und kehrte anschließend nach Europa zurück. Scheeles Ausstrahlung war stets von einer motivierenden Dynamik geprägt; sein Durchsetzungsvermögen und sein hoher persönlicher Einsatz für das Unternehmen hatten etwas Überzeugendes. Die Älteren in Coventry glaubten in Scheele Wesenszüge von William Lyons zu entdecken. Innerhalb kurzer Zeit gewann Scheele das uneingeschränkte Vertrauen seiner neuen Mitarbeiter. Seine unpretentiöse Art sicherte ihm auch die Sympathie der Presse, der er glaubwürdig darlegen konnte, daß Jaguar sich selbst treu geblieben und keineswegs die Dependance eines amerikanischen Multi geworden war – eine Botschaft, für die es genügend Beweise gab.

Jaguar-Fans in aller Welt warteten gespannt auf den Nachfolger des XJ40, aber sie mußten sich gedulden. Zunächst sorgte der XJ220 für Schlagzeilen. vor allem, als sein endgültiger Preis genannt wurde: £ 332.000 plus Steuern. Für den Bau des Wagens war gemeinsam von Jaguar und TWR in Bloxham, Oxfordshire, ein Fertigungsbetrieb errichtet worden, den Prinzessin Diana einweihte. Erste Auslieferungen waren für Juli 1992 geplant. Es gab immerhin Millionäre (und solche, die sich dafür hielten) in genügender Zahl, die sofort bereit waren, bei Unterzeichnung eines Kaufantrages 50.000 Pfund Sterling als Anzahlung zu deponieren. JaguarSport wies sie darauf hin, daß dieser Betrag nicht rückzahlbar sei, sofern der Kunde vom Vertrag zurücktrete.

Allerdings wich der XJ220, so wie er jetzt gebaut wurde, in zwei wesentlichen Punkten vom seinerzeit ausgestellten Prototyp ab. Statt des V12-Motors hatte er einen V6 mit 3,5 Liter Hubraum und zwei Garrett-Turboladern plus Intercooler erhalten – ein knapp 550 PS starkes Aggregat, wie es auch im XJR-11 Wettbewerbswagen der Gruppe C Verwendung finden sollte. Ferner hatte der se-

rienmäßig gebaute XJ220 keinen Allrad-, sondern Hinterradantrieb.
Natürlich hätte der XJ220 mit dem kultivierten V12 eine gute Figur abgegeben. Die Konstrukteure hatten den anfangs favorisierten Zwölftöpfer für die Serienausführung schließlich aber als zu groß und zu schwer erachtet. Und sie wollten ihn dem XJR-15 vorbehalten. Ein Vergleich der Leistungsdaten überzeugte: Für den 6222 ccm großen V12 waren 500 PS und ein Drehmoment von 542 Nm bei 5000/min angegeben worden; das Fahrzeuggewicht des 1988 gebauten Prototyps belief sich auf 1500 kg. Mit 4860 mm Gesamtlänge anstelle von 5140 mm war der Serienwagen nicht nur 29 Zentimeter kürzer, sondern mit 1350 kg auch erheblich leichter. Und da der kompakter dimensionierte Leichtmetall-V6-Motor bei 3498 ccm Hubraum eine Leistung von stolzen 549 PS und ein Drehmoment von 640 Nm bei 5000/min aufwies, wirkte das Prestige-Argument für den V12 nicht mehr sehr überzeugend. Als Höchstgeschwindigkeit des schnellsten Straßensportwagens der Welt nannte JaguarSport »mindestens« 330 km/h. In seiner endgültigen Ausführung war der Wagen das Highlight der Tokyo Motor Show, wobei das kostbare Exponat am Vorabend der Ausstellungseröffnung japanischen VIPs anläßlich eines Empfangs in der Britischen Botschaft gezeigt wurde. Erst weit nach Mitternacht schaffte man das Auto auf den Ausstellungsstand: Eine Operation, die nicht ganz unkompliziert verlief.
Im Frühsommer 1992 kündigte Jaguar das Produktionsende der mittlerweile legendär gewordenen Serie III an. Da der XJ40 ursprünglich nicht für die Aufnahme eines V12-Motors vorgesehen war, hatte man das »alte« Modell weitergebaut, exklusiv für die Bestückung mit dem Zwölfzylinder. Ob er im XJ220 zu finden war oder nicht – der Jaguar XJ Serie III und der baugleiche Daimler Double Six erfreuten sich nach wie vor einer zahlenmäßig zwar nicht mehr sehr großen, aber treuen Klientel. Aber dann gab es 1993 doch einen XJ40 V12...
Da der XJ40 noch während der British-Leyland-Ära entwickelt worden war, hatten seine Konstrukteure befürchtet, man würde sie in die Pflicht nehmen, das Auto zur Aufnahme des V8-Motors vom Range Rover vorzusehen. Genau das aber schien den Männern bei Jaguar unzumutbar. Sie konstruierten die Chassiswanne so schmal, daß nur ein Reihenmotor Platz fand. Als ihre Vision eines Jaguar mit Rover-Motor in Coventry ihren Schrecken verloren hatte, war es – Stand 1986 – zu spät für eine Umdisposition. Der XJ40 war eben nur als Sechszylinder gedacht und wurde auch in dieser Motorisierung gebaut.
Vor allem auf Betreiben von Jaguar Deutschland wurden 1992 aber Änderungen vorgenommen, die den Wagen schließlich doch für die Aufnahme des V12-Motors geeignet machten. Es waren erhebliche Modifikationen unter der Fronthaube notwendig, wobei die geringe Stückzahl des XJ40 V12 beziehungsweise Daimler Double Six, die 1993-94

Prinzessin Diana erschien bei JaguarSport in Bloxham, um die neue Fabrikationsstätte ihrer Bestimmung zu übergeben. Beim Enthüllen des ersten neuen XJ220 fällt ihr die Handtasche herunter, nach der sich Bill Hayden aufmerksam bückt...

XK8 Cabriolet 1997. Jaguar-Fans bezeichneten diesen Wagen, nicht den XJS, als den wahren Nachfolger des legendären E-Type.

Man muß es zugeben: Die Proportionen des XK8 Coupés sind geradezu aufregend. In den Kofferraum gehen garantiert zwei Golfausrüstungen hinein.

entstand, den produktionstechnischen Aufwand sicher nicht amortisierte.
Dem beliebten XJ-S Coupé ließ Jaguar im Herbst 1992 ein Facelifting angedeihen, und es war mehr als das: Vierzig Prozent aller Teile waren neu. Die Änderungen hatte man aus stilistischen, fertigungstechnischen und die Qualität betreffenden – sprich: werterhaltenden – Erwägungen vorgenommen. Optisch wirkte das Fahrzeug jetzt noch rassiger, noch eleganter. Vor allem im Heckbereich hatte das Styling gewonnen. Im März 1993 folgte das überarbeitete Convertible, bei dem der AJ6 4.0-Liter-Motor den 3,6-Liter-Sechszylinder ersetzte. Neu war auch das Jaguar Insignia-Programm: Es eröffnete dem Kunden die Wahl einer nie zuvor gekannten Vielfalt von Leder- und Lackierungs-Kombinationen, von klassisch-konservativ bis zu frechbunter Fröhlichkeit.

Wer geglaubt hatte, daß der V12-Motor allmählich ausgedient habe, sah sich zumindest angesichts der Tatsache überrascht, daß Jaguar 1993 das bewährte, 1971 im E-Type eingeführte Aggregat nochmals optimierte. Mit jetzt 5993 ccm Hubraum, einer Leistung von 311 PS und einer neu geschaffenen Vierstufen-Automatik rangierten der Jaguar 6.0 und erst recht der Daimler Double Six weiterhin an der Spitze der europäischen Automobil-Elite. Angekündigt wurden auch neue Langversionen. Und der elegante XJ-SC erhielt eine Aufwertung durch ein modifiziertes Cockpit-Design, das den Wagen zu einem echten 2+2 machte.
Jaguar war ab Ende 1993 auch in Rußland, Polen, Ungarn, Tschechien, Lettland, Estland und China vertreten. Die Öffnung der Grenzen zu den Ländern Osteuropas hatte völlig neue Marktperspektiven gebracht. Auch in den neuen deutschen Bundesländern etablierten sich Jaguar-Vertretungen, etwa in Chemnitz, Rostock, Dresden, Schwerin. Gegenüber 1992 stiegen die Jaguar-Verkaufszahlen im Geschäftsjahr 1993 weltweit um insgesamt 22 %. Die aufwendige Modernisierungsmaßnahmen in Browns Lane und im Werk Castle Bromwich waren abgeschlossen, die Investitionen hatten fast eine viertel Milliarde Pfund Sterling verschlungen.
Als erste brandneue Gesamtkonstruktion seit der Übernahme Jaguars durch Ford wurde im Oktober 1994 eine neue XJ-Serie vorgestellt. Unter der Chiffre X300 war die Konzeption dieses Modells in zweijähriger Arbeit entstanden, wobei die Karosserieformen, vor allem die Frontpartie mit ihrer Scheinwerfer-Anordnung, an den Jaguar Serie III erinnerten.
Bewußt hatten sich die Jaguar-Designer unter Geoff Lawson an der Silhouette des so beliebten Klassikers orientiert. Die Doppelscheinwerfer stellten in voller Absicht eine Reminiszenz an die Serie III dar. Vertrautes Styling, so hatten die Marktforscher ermittelt, gepaart mit technischer Innovation und typisch britischer »Innenarchitektur«, lagen dem Jaguar-Liebhaber mehr am Herzen als vom Windkanal diktierte, aber in der Aussage nicht überzeugende Stilübungen, wie sie Europa und Japan inzwischen aus kalifornischen Styling-Centers zu beziehen pflegten. Der Erfolg des X300 bestätigte diese Erkenntnis auf Anhieb. In vieler Beziehung flüssiger, feiner, konsequenter und damit sympathischer als die Karosserie des XJ40, gefiel die der neuen XJ-Serie nicht nur loyalen Jaguar-Kunden außerordentlich gut, sondern überzeugte auch viele Umsteiger aus den Lagern anderer prominenter Wettbewerber. Fast schien es, als habe an der Formgebung dieses Automobils Sir William Lyons mitgewirkt...
Das Motorenangebot umfaßte – wie zuvor beim XJ40 – bei den Sechszylindern einen 3,2 Liter und einen 4.0 Liter. Auch den auf 6.0 Liter vergrößerten V12 gab es im X300. Spitzenmodell war das Modell XJR 4.0 mit Kom-

pressor, 320 PS stark. Dieser spurtfreudige, hervorragend ausgestattete Wagen war eine Sportlimousine für wirklich hohe Ansprüche, mit Maschengitter-Einsätzen vor dem Kühler nach alter Le-Mans-Manier: Ein Klassiker, der selbst überzeugte V12-Nostalgiker an ihrer Philosophie zweifeln ließ.
Ab Mai 1995 wurde das XJS Coupé mit V12-Motor nur noch auf Bestellung gebaut; der Export dieses Modells nach USA wurde eingestellt. Den Abschluß der Reihe, deren Ende auf April 1996 fixiert wurde, bildete das XJ-S Celebration Modell mit reichhaltiger Sonderausstattung, das 1995 das 60jährige Bestehen der Marke Jaguar zum Ausdruck brachte. Überhaupt bot das Jaguar-Programm immer wieder Besonderheiten, so den im August 1995 präsentierten XJ6 3.2 Liter Executive in einer Jubiläums-Edition, der trotz umfangreicher Sonderausstattung wie Klima-Automatik, Sportfahrwerk, Sportsitzen und 16-Zoll-Felgen ein relativ preisgünstiges Einsteigermodell darstellte. Das Fahrzeug kostete in Deutschland 92.000 Mark und wurde von Hartmut Kieven als Start zu einer neuen Jaguar-Offensive deklariert.
Wie gut der X300 eingeschlagen hatte, bewiesen die Absatzzahlen in aller Welt. Schon im ersten Halbjahr 1995 hatten die Verkäufe um 37 Prozent zugenommen. Neue Vertretungen wurden in Ägypten, Mexiko, Israel, Syrien, Bulgarien und in der Ukraine eröffnet. 1995 wurde zu einem Jahr der Rekorde: Jaguar produzierte 41.022 Automobile, und auch die Zahl von 2667 in Deutschland neu zugelassenen Fahrzeugen war eine eindrucksvolle Bestmarke.

Der XK8-Vorgänger E-Type in seiner letzten Version von 1974 und (oben) als Roadster in der US-Exportversion; er wirkt durch die in Amerika obligaten große Gummihörner etwas entstellt...

The Cat is back!

In den Motorfachzeitschriften geisterte er schon seit Jahren herum, der neue Jaguar Sportwagen und längst fällige Nachfolger des XJS. Aber nur in Gestalt phantasievoller Zeichnungen und Photomontagen – zum Erscheinungszeitpunkt des mutmaßlichen Jaguar F-Type gab es aus Coventry keine Angaben. Nur eines schien sicher: daß man in Whitley emsig an einem solchen Projekt arbeitete. Angesichts der bekanntermaßen langen Modell-Laufzeiten bei Jaguar sowie gewisser Umstände, deren Ursachen in der Übernahme durch Ford und der damit verbundenen Neuorientierung lagen, erwartete aber schließlich niemand ein aus dem Hut gezaubertes Kaninchen. Der lange Reifeprozeß, so erwies sich im März 1996, hatte dem neuen Sportwagen außerordentlich gutgetan.

Mit dem griffigen Slogan »The cat is back« – die Katze ist wieder da – wurde in der ersten Märzwoche auf dem Genfer Salon der XK8 vorgestellt. Geheimnisvoll verpackt in einem großen Holzverschlag, der sich punkt zehn Uhr am Tag vor der Eröffnung in Anwesenheit der internationalen Presse hob, erhielt die neue Wildkatze spontanen Applaus. 1961 hatte hier der Jaguar E-Type seinen ersten Auftritt erlebt, und auch er war mit viel Beifall begrüßt worden. Das XK8

Coupé, 34 Jahre später präsentiert, hieß zwar nicht F-Type, trug als Modellbezeichnung aber die legendären Buchstaben XK im Logo. Und die Ziffer 8 stand für einen neuen Achtzylindermotor.
Die Cabriolet-Version wurde anschließend in Turin gezeigt; in New York standen dann erstmals beide Fahrzeuge nebeneinander. Die internationale Händler-Präsentation fand Anfang September in Vancouver, Kanada, statt. Die deutschen Händler bekamen Mitte Oktober ihre Vorführwagen, und noch im Herbst 1996 gelangten die ersten 350 Wagen zur Auslieferung.
60 Prozent der XK8-Produktion wurden für die USA disponiert, zwei Drittel davon Cabriolets. »Wenn Jaguar einen neuen Sportwagen herausbringt, dann ist das gerade für unser Land ein Ereignis von besonderer Bedeutung,« sagte Michael H. Dale, Präsident der Jaguar Cars North America. »Das große Interesse am XK8 wird sich an hohen Verkaufszahlen aber nicht nur in den USA niederschlagen...« – womit Dale zweifellos Recht haben sollte.
Der neue V8, intern AJ-V8 genannt (die Buchstaben AJ stehen für *advanced Jaguar*) verkörperte bei Jaguar innerhalb von 48 Jahren erst die vierte Motorengeneration. Chefkonstrukteur David Szczupak und sein Team hatten ein Aggregat geschaffen, das neue Maßstäbe setzte. Es handelte sich um einen Leichtmetall-Vierventiler mit vier obenliegenden Nockenwellen und Zylinderdimensionen von 86 x 86 mm (3996 ccm). Die Basis für die erwünschten Qualitäten des AJ-V8 stellte sein »steifer« Block dar, dessen Hauptteil horizontal in der Mitte der Kurbelwellen-Hauptlager endete, wie dies bei fast allen modernen V8-Motoren der Fall ist. Anstelle einer stählernen Ölwanne als unteres Bauteil hatte man bei Jaguar ein weiteres Element entwickelt, das als untere Gehäusehälfte die Lager umschloß und durch eingegossene Stahlschalen die wärmebedingte Ausdehnung der Lagergehäuse begrenzte. Das Gußteil saß wie eine Brücke unter dem Block. Als ebenfalls tragendes Teil befand sich darunter die Ölwanne.
Die äußerst tragfähige Struktur des Motors vertrug höhere Arbeitsdrücke und minimierte unerwünschte Schwingungen. Laufruhe und Drehfreudigkeit kennzeichneten den neuen Motor, der bei 6100/min 294 PS bzw. 216 kW abgab. Eine weitere Besonderheit war seine zweistufige, hydraulisch aktivierte Einlaßventilsteuerung – das bedeutete hohes Drehmoment schon bei niedrigen Tourenzahlen, hohe Leistung im oberen Bereich. Durch variable Nockenwellen ließen sich an die 80 Prozent des Drehmoments schon bei 1400/min abrufen, ebenso trugen sie zur Reduzierung des Schadstoffausstoßes bei.
Sowohl David Szczupak als auch Trevor Crisp, Leiter der Jaguar Power Train Operations, legten großen Wert auf die Feststellung, daß der AJ-V8 ein reines Jaguar-Produkt darstellte und nicht, wie zunächst gemutmaßt wurde, ein Abkömmling amerikanischer V8-Entwicklungen war. »Gleichwohl hat unsere Verbindung zu Ford den Arbeiten sehr viel Nutzen gebracht. Coventry hat im Entwicklungsprozeß für diesen Motor vom Know-How der amerikanischen Kollegen in großem Maße profitieren können,« sagte der Konstruktionschef.
Eine besonders wirkungsvolle Abgasanlage in Verbindung mit einem effizienten Kühlsystem (die Katalysatoren erreichten ihre Betriebstemperatur in nur 60 Sekunden nach Kaltstart) und eine neue Fünfstufen-Getriebeautomatik waren aber noch nicht alles, was der XK8 zu bieten hatte. Auch sein Fahrwerk war vom Feinsten und ließ sich durch CATS noch optimieren – eine sinnvolle Abkürzung für Computer Active Technology Suspension. Dahinter verbarg sich eine elektronisch gesteuerte Dämpferverstellung, bei der über Sensoren Kennwerte für Steuerimpulse ermittelt und den Dämpfern fortlaufend und mit hoher Exaktheit Arbeitsanweisungen erteilt wurden. Holprige Straßen, enge Kurven, Bremsmanöver: CATS reagierte blitzartig. Kein Eintauchen des Vorderwagens, kein Ausbrechen, absolute Spurtreue – ein technisches Meisterwerk, das unter der Leitung des Ingenieurs

Mike Cross entstanden war. Die geschwindigkeitsabhängige Servotronik-Lenkung des XK8 war in Zusammenarbeit mit ZF entstanden, beim automatischen Getriebe wurde Daimler-Benz als Lieferant genannt.
Der XK8 war ein 2+2 mit viel Komfort nach englischer Tradition (Holz und Leder!) sowie einem ungewöhnlich großen Kofferraum, von dem Jaguar-Männer sagten, man habe ihn für die Aufnahme von zwei Golfausrüstungen ausgelegt.
Nur wenige wissen, daß bei Jaguar bereits in den fünfziger Jahren – also noch vor dem Zukauf von Daimler – die Konstruktion eines V8-Motors entstanden ist. Das Vier-Nockenwellen-Aggregat blieb kein Prototyp wie der 5-Liter im XJ13, sondern wurde tatsächlich produziert. Es hatte 9 Liter Hubraum und war für die Verwendung in speziellen Tiefladern für den Transport schwerer Kettenpanzer gedacht. Einer dieser im Regierungsauftrag gebauten Motoren fand irgendwann einmal seinen Weg in einen Dragster und taucht gelegentlich beim Tractor Pulling auf – das hubraumstärkste Jaguar »Sportfahrzeug«.
Auch 1996 hatte man in Coventry ein Jubiläum zu feiern: 100 Jahre Daimler. Zu Ehren der ältesten noch existierenden Auto-

Links: David Szczupak, einer der maßgebend an der Entstehung des XK8 beteiligten Konstrukteure.

Rechts: Der Daimler Super V8 und sein Vorfahre, der Daimler Majestic: Die Verwandtschaft ist unverkennbar!

mobilmarke Großbritanniens avancierte der Double Six zum Sondermodell Century, das es in nur 200 Exemplaren gab (Preis in Deutschland: 163.000 Mark). Ab September lieferte Jaguar den XJ12 nur noch auf Bestellung; einzig der Daimler Century stand als letzter Zwölfzylinder noch in der Preisliste. Im Motorenwerk Radford richtete man sich auf das Auslaufen der V12-Fertigung ein; der letzte Zwölfzylinder verließ die Halle am 17. Februar 1997. Genau 161.996 »Vee Twelve« waren hier seit 1971 produziert worden. Acht Wochen später verabschiedete man auch den letzten Doule Six. Er war in British Racing Green lackiert und für das hauseigene Museum bestimmt.

Die Exponate dieses Museums waren für den Besucher in Browns Lane bislang immer nur in Gestalt einiger historisch zwar bedeutsamer, aber doch mehr wie zufällig aufgestellter Fahrzeuge im Foyer des Hauptgebäudes zu sehen gewesen. Die Sammlung des Jaguar Daimler Heritage Trust, für alle historischen Belange des Unternehmens zuständig, war aber bedeutend umfangreicher. Alle Schätze der Kollektion einmal zeigen zu können, war schon immer der Traum des Kurators Howard Davies, und als man ihm Ende 1997 zusagte, daß der Trust in absehbarer Zeit entsprechende Räumlichkeiten erhalten werde, war er seinem Ziel ein bedeutendes Stück näher gekommen. Das große Interesse am Jaguar-Erbe, an der Fahrzeuggeschichte Coventrys und am historischen Motorsport hatte ohnedies im Lauf der Jahre enorm zugenommen; Jaguar-Clubs und Organisationen in aller Welt gaben sich viel Mühe, das britische Renngrün bei jeder sich bietenden Okkasion mit historischem Bezug wirkungsvoll zu präsentieren. Vor allem aber ließen die Besitzer älterer Jaguar Automobile keine Gelegenheit aus, die Qualitäten ihrer Boliden »live« unter Beweis zu stellen. Und Gelegenheiten gab es viele, vom alljährlichen Treffen klassischer Sport- und Rennfahrzeuge am Nürburgring, in Le Mans oder in Goodwood bis zu großen Rallies nach klassischem Vorbild nach Monte-Carlo oder John O'Groats in Schottland. Wer in Sachen Jaguar-Historie stets auf dem Laufenden sein wollte, abonnierte Paul Skilleters exzellent aufgemachtes Magazin *Jaguar World* – eine mit Liebe, Kompetenz und journalistischer Gründlichkeit editierte Revue, die mit dem hauseigenen Lifestyle-Magazin *Sovereign* um die Gunst einer anspruchsvollen Leserschaft wetteiferte.

Mit Einstellung der X300-Zwölfzylinder-Produktion war abzusehen, daß in der großen Limousinenklasse etwas Gleichwertiges nachfolgen mußte. Nur wenige Monate während des Sommers 1997 gab es die XJ-Modelle ausschließlich mit Sechszylindermotoren. Daß im X300 alsbald der V8 der Jaguar Sportwagenreihe seinen Platz finden würde, war offenkundig, und im September 1997 war diese Kombination auf der IAA in Frankfurt am Main auch zu sehen.

Den XJ8, wie der neue Jaguar hieß (intern benutzter Code: X308), gab es als 3,2 Liter, als 4.0 Liter und als XJR 4.0 Liter mit Kompressor. Damit hatte die XJR Sechszylinder-Sportlimousine einen würdigen und leistungsstarken Nachfolger erhalten. Und wer schon von den 320 PS des XJR Six beeindruckt gewesen war, tat sich schwer, das Potential der auf 362 PS angehobenen Leistung des »Supercharger« zu beschreiben. Die Leistungswerte des neuen XJR seien einfach unglaublich, sagte Jeremy Clarkson, Großbritanniens bekanntester Autotester und TV-Moderator. »Wenn Sie die Traktionskontrolle aus- und die Sportübersetzung der Getriebeautomatik einschalten, das Triebwerk auf Touren bringen und dann den Fuß von der Bremse nehmen, geht die Post ab... in 5,6 Sekunden von Null auf 100! Und die Ve-

Im Jahre 1998 entstand auf dem Firmenareal in Browns Lane ein neues Gebäude für den Jaguar Daimler Heritage Trust, dessen Fahrzeuge und Archivalien dort eine angemessene Unterkunft fanden.

hemenz dieser Beschleunigung setzt sich fort, bis die Elektronik bei 250 km/h abriegelt. Und ich spreche, wohlgemerkt, von einer Reiselimousine von 1780 Kilogramm Leergewicht, nicht von einem Supersportwagen mit Gitterrahmen und ultraleichter Kevlar-Karosserie.«

Nachahmung sei nicht unbedingt empfohlen, sagte Clarkson und wurde vom Grand-Prix-Fahrer John Watson voll bestätigt: »Bei einem solchen Kavalierstart lassen zwar die Reifen keine schwarzen Spuren auf dem Asphalt, wie sie sich in den Thrillern der James-Dean-Zeit so spektakulär ausnahmen, doch ohne die Traktionskontrolle zu fahren, ist bei höheren Geschwindigkeiten nicht ratsam. Die Kraft des Motors erfordert eine vernünftige Dosierung auf die Antriebsräder – gerade dafür ist die intelligente Elektronik ja da.«

Daß sich der aufgeladene V8 mit geringerem Kraftstoffkonsum als der Kompressor-Sechszylinder begnügte, war eine weitere seiner Tugenden. Daher hatte Jaguar es auch bei 81 Liter Tankvolumen belasssen.

Mit einer weiteren Ehrung der Marke Jaguar klang das Jubiläumsjahr 1997 – in Beziehung auf William Lyons' Firmengründung 1922 – aus: In der Rangliste der Kundenzufriedenheit, erstellt in den USA, schnellte die Raubkatze aus Coventry von Platz 13 auf Platz 5 vor. »Schon auf den Platz 10 zu kommen, hätte uns geschmeichelt,« kommentierte Nick Scheele dieses Ergebnis. »Daß wir nun sogar zu den ersten fünf gehören, erfüllt uns mit großem Stolz.« Mit 22.000 verkauften Fahrzeugen im ersten Halbjahr 1997 meldete Jaguar Cars das beste Ergebnis dieses Jahrzehnts, und am Jahresende war mit 43.775 Fahrzeugen eine neue Rekordmarke erreicht. Die XK8 Sportwagen waren daran mit weltweit 14.619 Neuzulassungen beteiligt, das war bis dahin die höchste Zahl von Sportwagen, die in der 75jährigen Geschichte Jaguars in einem Jahr jemals auf den Markt kamen.

Alle Jaguar- und Daimler-Modelle hatten jetzt V8-Motoren; die Herstellung des dohc-Sechszylinders war im September des Jahres 1997 beendet worden. Eine weitere ruhmreiche Ära war damit zu Ende gegangen. Diese Ära hatte mit der Vorstellung des Jaguar XK 120 im Jahre 1948 begonnen. Freilich hatte es auch in den dreißiger Jahren bereits Jaguar Automobile mit Sechszylindermotor gegeben wie etwa den berühmten SS 100, aber bei ihnen hatte es sich um adaptierte ohv-Konstruktionen der Standard Motor Company gehandelt.

Als sich das »Schlüsseldatum« vom Oktober 1948 zum fünfzigsten Mal jährte, war ein für Jaguar inhaltsreiches halbes Jahrhundert vergangen. Alle, die sich der Jaguar-Sportwagenhistorie verbunden fühlten, feierten es mit einem Aufgebot hunderter XK-Fahrzeuge aller Modellvarianten, die Ende Juni aus der ganzen Welt nach Donington kamen. Mit einer Fülle attraktiver Veranstaltungen war das »XK50 Festival« mehr als ein Jubiläumstreffen – es war ein euphorisches Bekenntnis zur Marke Jaguar.

Wie die Einführung des Jaguar XK 120, der vor fünfzig Jahren als Sensation gefeiert wurde, so sorgte auch die Vorstellung eines neuen Superlativ-Sportwagens im Jahre 1998 für Schlagzeilen in der Motorpresse. Das halbe Jahrhundert wäre eigentlich zwar erst im Oktober herum gewesen, aber der Jaguar XKR gab bereits im März 1998 sein Debüt. Bei diesem Wagen handelte es sich um einen XK8 mit Kompressormotor, der in der XJR Limousine bereits seine Bewährung bewiesen hatte. Die reizvolle Kombination war die Krönung jener Jaguar Sportwagen-Baureihe, die im Palazzo dell'Arte zu Mailand *als l'Automobile più bella del mondo* gekürt wurde – eine Auszeichnung, auf die besonders Jaguars Chefdesigner Geoff Lawson stolz sein durfte. Bereits 1994 war sie der XJ-Serie X300 zuerkannt worden. Die Jury, zusammengesetzt aus Fachleuten aller Bereiche der Bildenden Kunst, beurteilte die Linien des Sportwagens als besonders ästhetisch und verglich sie mit denen der früheren XK- und E-Modelle. Auch das britische Verkehrsministerium hatte für Jaguar eine Auszeichnung parat: Es ermittelte die XJ-Serie nach einer statistischen Analyse sämtlicher erfaßter Unfälle aus drei Jahren als das sicherste Fahrzeug auf Englands Straßen.

Die Katze setzt zum Sprung auf neue Jagdreviere an

Daß es noch vor der Jahrtausendwende einen Jaguar im Format des Ford Mondeo geben werde, hatte schon Bill Hayden bei seiner Amtsübernahme angedeutet. Unter der Codebezeichnung »Projekt X400« nahmen die Arbeiten an einem solchen Auto offiziell am 18. August 1997 ihren Anfang; an jenem Tage hatte Nick Scheele von der Ford-Zentrale das go-ahead-Signal erhalten. Ein Entwicklungsteam von 50 Personen nahm seine Arbeit auf; sein Chef war Colin Tivy. Pri-

orität hatte die Frage: Wo soll ein Volumenauto überhaupt gebaut werden, das in drei Jahren mit einer Startauflage in der Größenordnung von 100.000 aufwärts in Serie gehen soll? Das ehemalige Daimler-Werk in Radford stand nicht mehr zur Verfügung, das Jaguar-Werk in Castle Bromwich hatte man für ein anderes Großprojekt auserkoren, Browns Lane war schon 1997 an die Grenzen seiner Auslastung gelangt.
Jenes »andere Großprojekt« für Castle Bromwich betraf ein Modell, das noch vor dem X400 konzipiert worden war und X200 hieß. Leser der internationalen Motorpresse waren bereits 1996 und 1997 mit Phantombildern konfrontiert worden, die so etwas wie einen »Jaguar Mk. III« zeigten – einen kompakten Viertürer, dessen Linien und Formen gewisse Ähnlichkeiten mit denen des Mk. II der sechziger Jahre aufwiesen. Daß Jaguars Entwicklungsingenieure und Designer in Whitley an einem solchen Herausforderer zum 5er BMW und zur Mercedes-Benz E-Klasse arbeiteten, bestätigte Nick Scheele in aller Offenheit anläßlich der 75-Jahres-Feierlichkeiten in Birmingham im Juli 1997 sowie acht Wochen später auf der IAA in Frankfurt am Main. Der Händlerschaft offiziell vorgestellt – wenn auch nur auf der Projektionswand des Frankfurter Sheraton-Hotels – wurde das Projekt X200 Anfang Januar 1998; im Oktober, so hieß es, werde der Wagen erstmals zu sehen sein. Die weltweite Markteinführung plante Jaguar für das Frühjahr 1999.
Am Dienstag, den 20. Oktober 1998 fand schließlich die Präsentation des Jaguar X200, in Anlehnung an den gleichnamigen Klassiker der sechziger Jahre jetzt offiziell als Jaguar S-Type bezeichnet, vor der Öffentlichkeit statt – zeitgleich in Birmingham und in Berlin. Während man das Datum in Großbritannien des Motor-Show-Pressetages wegen gewählt hatte, war die A.A.A. in Berlin bereits einige Tage zuvor eröffnet worden: Hier lief die Vorstellung des neuen Modells also an einem der normalen Publikumstage ab; um so größer war der Andrang. Kaum ein Ausstellungsbesucher wollte sich entgehen lassen, wie sich das Tuch hob, unter welchem der neue Jaguar zum Vorschein kam.
Jeffrey L. Scott, Geschäftsführer der Jaguar Deutschland GmbH, hatte nicht zuviel versprochen, als er im Januar mit begeisterten Worten über den Jaguar X200 sprach. Der kompakte Viertürer war auf den ersten Blick ein klassischer Vertreter der Marke – 80 Prozent einer Gruppe von Testpersonen, die keine Jaguar-Fahrer waren und denen man den Prototyp des S-Type einige Monate vor seiner Vorstellung präsentiert hatte, hatten ihn auch ohne Markenzeichen sofort als Jaguar identifiziert. Der S-Type war im übrigen keineswegs als eine Alternative zur XJ-V8-Serie gedacht, sondern sollte sich eine gänzlich neue Klientel erobern. Einzelheiten über den Jaguar S-Type enthalten die Seiten 262 und 263 dieses Buches.
Mit guten Aussichten auf den Abschluß auf ein erfolgreiches »Jahrhundert des Automobils« blickte man bei Jaguar Ende 1997 – mit 8665 neu zugelassenen Einheiten das beste bislang Europa-Jahr – auf das ausklingende Jahrzehnt zurück. Die Position der Marke hatte sich mit 367.648 weltweit verkauften Fahrzeugen in der letzten Dekade stark gefestigt, mit einer ausgewogenen Modellpalette sowie einer Akzeptanz auf dem Markt wie nie zuvor. »Ich rechne damit, daß wir im Jahr 2001 mehr als viermal so viele Automobile absetzen werden im Vergleich zu 1998,« sagte Nick Scheele bei der Pressekonferenz anläßlich der Präsentation des S-Type. »In Halewood, Merseyside, wird bis dahin der Jaguar X400 seine Produktionsreife erlangt haben. Auch mit diesem Modell wird das traditionsreiche Jaguar-Erbe durch eine qualitätvolle und ihres Namens würdige Weiterführung gewahrt bleiben.

Der größte Jaguar-Motor, den es je gab: Ein 9-Liter-V8, konzipiert für den Antrieb von Panzern. Dieses Exemplar fand seinen Weg in einen Riesentraktor, der den Amerikanern Leroy Colliss und Richard Simmen gehört.

HG PR 51

JAGUAR AUTOMOBILE IN DEUTSCHLAND

Die Geschichte, wie die britische Wildkatze nach Deutschland kam, beginnt in der Schweiz. Schon als William Lyons Seitenwagen herstellte, bemühte er sich um den systematischen Aufbau von Verbindungen zu Abnehmern außerhalb Großbritanniens. Zu seinen ersten Kunden auf dem europäischen Kontinent zählte Emil Frey in Zürich. Frey, gelernter Mechaniker und seit 1918 im Fahrradhandel tätig, hatte sich 1924 selbständig gemacht. Seine große Liebe galt aber mehr dem Motorrad als dem Veloziped; er beteiligte sich erfolgreich an zahlreichen Wettbewerben und bemühte sich um Vertretungen britischer Fabrikate wie Sunbeam und Royal Enfield. Kurze Zeit später importierte er auch von Lyons bezogene Swallow-Seitenwagen. 1928 eröffnete der geschäftstüchtige Schweizer in Stuttgart ein Zweiggeschäft. In der Rotebühlstraße hatte er einen Laden mieten können und bot dort ebenfalls Motorräder und Motorrad-Zubehör aus England an, auch gab es Interessenten für die schicken Seitenwagen der Marke Swallow, für die ihm William Lyons Exklusivität nicht nur für die Schweiz, sondern auch für Süddeutschland eingeräumt hatte. 1933, kurz nach der Machtergreifung durch Hitler, schloß er seine Filiale wieder.

Ab 1931 verkaufte Emil Frey in der Schweiz auch Automobile der frisch gegründeten Marke SS; Vertretungen für Wolseley und Austin kamen hinzu. Die Geschäftsverbindung zu Lyons war zu einer engen Freundschaft gediehen, und beide hatten sich darauf geeinigt, daß Frey auch die SS-Automobil-Repräsentanz für Süddeutschland erhalten sollte. Allein, die Weltwirtschaftskrise hatte das Kraftfahrzeuggeschäft in den frühen dreißiger Jahren so stark reduziert, daß ein Import britischer Autos nach Deutschland uninteressant geworden war; es gab so gut wie keinen Markt für sie. Als sich Frey durch die Entwicklung der politischen Verhältnisse veranlaßt sah, seine Aktivitäten besser nur auf die Schweiz zu konzentrieren, war das Thema einer Autovertretung nördlich vom Bodensee für ihn zu den Akten gelegt. Erst mehr als ein halbes Jahrhundert später sollte die Firma Frey als Automobilimporteur wieder auf deutschem Boden aktiv werden.

Es ist durch keinerlei Quellen belegt, daß es im Deutschen Reich eine Repräsentanz der Firma SS Cars beziehungsweise für Jaguar Automobile gab, zumal die nationalsozialistischen Machthaber durch Druckmittel aller Art zu verhindern suchten, daß ausländische Automobile, als »fremdes Kulturgut«

Links: Das romantische »old Germany« rangiert bei ausländischen Jaguar-Fahrern als ein besonders beliebtes Reiseland. Deutschland stellt für Coventry aber auch den wichtigsten Exportmarkt in Europa dar.

geächtet, auf den Markt gelangten. Ganz konnten sie es nicht unterbinden, und so wurden beispielsweise M.G. Sportwagen weiterhin von der Kölner Firma J. A. Woodhouse verkauft, auch machte man Ausnahmen bei italienischen Fabrikaten wie Alfa Romeo und Fiat. Es gab ferner Vertretungen der Hersteller Praga, Bugatti, Citroën, Hudson, Chrysler, Packard, Chevrolet und sogar Rolls-Royce, letztere repräsentiert durch die Berliner Karosseriefabrik Erdmann & Rossi. Auf politischer Ebene schien das deutsch-britische Verhältnis bis zum Sommer 1939 in der Balance, zumal der englische Premierminister Arthur Neville Chamberlain bis zuletzt bemüht war, den heraufziehenden, für alle Beobachter der politischen Szene erkennbaren Konflikt durch eine – wie Kritiker meinten: viel zu große – Kompromißbereitschaft abzuwenden. Doch vergebens. Hitlers Rüstungsanstrengungen ließen sich ebensowenig übersehen wie seine territorialen Expansionsgelüste, die im Zwangsanschluß Österreichs im März 1938 und im Überfall auf die Tschechoslowakei im Oktober des gleichen Jahres (»Befreiung des Sudetenlandes«) deutlich genug wurden und im September 1939 schließlich zum Krieg führten. Als Großbritannien ins Kriegsgeschehen einbezogen wurde, hatten die Industriestädte Birmingham und Coventry neben der Metropole London unter deutschen Bombardements am meisten zu leiden. Am 14. November 1940 wurde der größte Teil der Autostadt Coventry in ein Trümmerfeld verwandelt.

Eine Wildkatze auf dem Kurfürstendamm?

In den späten dreißiger Jahren gab es möglicherweise doch einen Jaguar-Repräsentanten in Deutschland. In einem Inserat der SS Cars Limited, das im Juli 1938 in der Zeitschrift *The Autocar* erschien, war mit einer Adresse am Berliner Kurfürstendamm Nr. 38 die Firma Neumann Automobile GmbH als deutscher Importeur für Jaguar aufgeführt (nebenan, in Nr. 40, residierte der Borgward-Vertreter). Ob der später emigrierte Rennfahrer Johnny v. Neumann mit der Firma zu tun hatte, läßt sich nicht mehr feststellen. Unter gleicher Adresse listete das Branchen-Fernsprechbuch des Jahres 1939 die Ford-Vertretung Lenz & Butenuth auf – war das eine Vorwegnahme, gleichsam eine frühe Parallele zu Ereignissen, die fünfzig Jahre später stattfanden? Nun, Ende 1939 konnte sich sowieso kein Deutscher mehr eine Auto kaufen, schon gar nicht britischer Herkunft. So sah man in den Schaufenstern der Autohändler am Ku'damm auch keine blitzblanken Fahrzeuge mehr, sondern nur noch Topfpflanzen, Avus-Poster und ein paar dekorative Accessoires.
Wie viele Fahrzeuge die Firma Neumann Automobile GmbH verkauft hat, ob sie überhaupt als Jaguar-Händler eine Chance hatte, aktiv zu werden, ist nicht überliefert. Vielleicht existierte das Unternehmen nur auf dem Papier. Sicher ist nur, daß ein Bruno Neumann 1941 in der Berliner Chausseestraße eine Hanomag-Reparaturwerkstatt betrieb. Als Jaguar-Importeur in der Schweiz firmierte damals nach wie vor Emil Frey in Zürich sowie die Grand Garage de la Place Edouard Claparède, Genf, für die romanischen Kantone. Jaguar produzierte vom 1. Juli 1939 bis zum 1. Juli 1940 die beachtliche Zahl von 6277 – ausschließlich rechtsgelenkten – Automobilen, von denen 333 ins Ausland gingen.
Jaguar Automobile mit Linkslenkung wurden erstmals 1947 hergestellt, der zunehmenden Auslandsnachfrage entsprechend (die Vertreter in den Commonwealth-Staaten Südafrika, Australien und Neuseeland erhielten jedoch weiterhin Rechtslenker geliefert). 1947 betrug der Exportanteil bereits 25 Prozent mit steigender Tendenz. Aber nur sieben Jaguar wurden nach USA verkauft; 1948 waren es immerhin schon 245. Der dortige Importeur war ein Austro-Amerikaner namens Max Hoffmann, der seit 1947 in der Park Avenue, New York City, einen Showroom besaß und europäische Exoten wie den VW Käfer, aber auch Delahaye, Alfa Romeo, später auch BMW, Pegaso und den Mercedes-Benz 300 SL verkaufte. Mit Jaguar hatte Hoffmann 1948, als der XK 120 erschien, einen Fünfjahresvertrag geschlossen – das war der Anfang einer erfolgreichen britisch-amerikanischen *business connection.*

75 Mark Zoll pro 100 Kilogramm Jaguar

Britische und amerikanische Offiziere waren es, die den Puls eines Autofans im frühen Nachkriegsdeutschland höher schlagen ließen, als sie mit Sportwagen und Limousinen Marke Jaguar auf den Straßen Düsseldorfs, Münchens, Stuttgarts oder Frankfurts auftauchten. Vor 1949 durften ausländische Personenwagen jedoch nicht ohne weiteres an Deutsche verkauft werden: Es bestanden Einfuhrrestriktionen und Devisenbewirtschaftung. Benzin war Mangelware, ebenso Reifen und vieles andere. Zwar gab es seit der Währungsreform im Juni 1948 eine sukzessive Freigabe des Handels, doch alle Waren blieben relativ teuer. Nur 32,5 Prozent aller im Jahre 1949 verkauften deutschen Personenwagen wurden von Privatleuten angeschafft, während es 1938 noch 68,4 Prozent gewesen waren. Professor Ludwig Erhard, erster Wirtschaftsminister im Kabinett Konrad Adenauers, versprach eine baldige Abschaffung der Preiskontrolle und des Bezugscheinwesens.
1949, ein halbes Jahr nach der Währungsreform, erfolgte eine Abwertung des englischen Pfundes um 30 Prozent, dadurch wurden britische Exportgüter auf dem Weltmarkt sehr viel konkurrenzfähiger. Doch gingen die meisten Autohersteller gleichzeitig mit den Preisen herauf, nur die Firma Jaguar nicht; das hatte auf das Auslandsgeschäft eine positive Auswirkung. Dennoch, auch 1949 wurden bei Jaguar nicht mehr als 3313 Wagen gebaut, so gut der XK 120 auch im Rennen lag und für Faszination sorgte. Auch der Motorjournalist und Verleger Paul Pietsch war von diesem Wagen begeistert und berichtete im März 1949 aus Genf: »Der

Austin Seven mit Swallow-Karosserie; die erste Kreation, die William Lyons' Ende der zwanziger Jahre als Automobildesigner schuf. Die Firma Le Riche auf der Insel Jersey stellt authentische Reproduktionen unter Verwendung von Originalmotoren und -fahrgestellen her.

JR 1935

Links: SS Jaguar Airline Saloon Baujahr 1936. Der liebevoll restaurierte Wagen gehört dem neuseeländischen Sammler John Robinson (Foto Jim Patten, Jaguar World).

Oben: Jaguar Mk. VIII, im Besitz eines Kenners (und Gastronomen) auf der mittelalterlichen Burg Gnandstein in Sachsen.

Oben: Jaguar XK 150 Coupé, von M&R Automobile in Günding bei München restauriert.

Rechts oben: Die Roadster Group in Soesterberg, Niederlande, implantiert auf Wunsch einen 4,2-Liter-Motor in den Mk. II.
Rechts: Ein von AutoCats in Rayleigh, England, restauriertes und preisgekröntes XK 120 Drophead Coupé.

De
HOEFSLAG
RG-01-95

BATTLESBRIDGE MOTORCYCLE
MUSEUM
Estd. 1984
MICHELIN
Pratts
ASK FOR
DOMINION
MOTOR TYRE
STOCK
PARAFFIN
VFO 475

Oben: Peter Lindners 1964er Lightweight E-Type Coupé, im Auftrag deutscher Jaguar-Enthusiasten unter großem Aufwand restauriert.

Unten: Blick auf den Sechszylinder-dohc-Motor im Lightweight Coupé.

Gegenüberliegende Seite:
Oben Kensington-Jaguar, 1990 von Giugiaro (ItalDesign) in Genf gezeigt. Darunter der auf dem Jaguar XJ12 basierende Panther De Ville, 1974 bis 1980 nur 59 mal gebaut.

PANTHER CAR CLUB DEUTSCHLAND E

Der offene Daimler Corsica entstand 1996, dem Jubiläumsjahr der traditionsreichen britischen Marke. Er blieb als Designstudie allerdings ein Einzelstück.

schönste Wagen der Schau ist der Jaguar XK 120... er geht 160 km/h...« – was ein wenig untertrieben war. Aber die Gelegenheit zu einer Testfahrt hatte man ihm ja nicht gegeben.
Nur in seltenen Fällen wurden ausländische Autos in Westdeutschland für Privatpersonen zugelassen. Die Bundesregierung lockerte erst Ende 1949 die Einfuhrbeschränkungen für Automobile, wodurch die ausländischen Anbieter größere Absatzchancen erhielten. Der Zolltarif betrug 75 Mark pro 100 Auto-Kilogramm.
Die britische Automobilindustrie war noch in argen Nöten, viele Werksanlagen in der Autostadt Coventry lagen brach. Austin und Morris schlossen 1949 ein Abkommen über Erfahrungsaustausch und planten, wie die Presse meldete, eine Fusion. Das Düsseldorfer Autohaus A. Brüggemann & Co. GmbH, seit 1947 Lieferant von Austin-Automobilen an Angehörige der Britischen Armee in Deutschland, bot nun auch Automobile aus Großbritannien einer deutschen Klientel an, jedoch war der Erwerb von einem Berechtigungsschein abhängig, dem sogenannten »Devisenbonus A«, mit dem man auch bei der Universal Motors GmbH in Frankfurt am Main, Mainzer Landstraße 377, einen amerikanischen oder britischen Personenwagen bestellen konnte. Die Gesellschaft war eine Gründung des ehemaligen britischen Offiziers Mayhill, dessen Unternehmen so etwas wie einen exterritorialen Status genoß und nicht den strengen Devisenverordnungen unterlag. Eine DM-Preisliste gab es nicht, man ging vom Sterling-Listenpreis aus (der Jaguar XK 120 Roadster kostete 952 Pfund), der Wechselkurs betrug DM 11,80. Hinzu kamen Transportkosten und Zoll. »Die Fahrzeugpreise sind heute so hoch, daß Autos nur von wirklich Gutsituierten gekauft werden können«, schrieb die deutsche Motorpresse. Noch war Benzin streng rationiert; die Zuteilung betrug 30 bis 60 Liter pro Monat, je nach Hubraumklasse, und es bestand ein allgemeines Sonntagsfahrverbot. In West-Berlin war seitens der Alliierten Kommandantur noch immer eine begrenzte

Emil Frey ergriff mehrmals die Initiative, Jaguar Automobile auch auf dem deutschen Markt einzuführen. Hier ein Bild von der Präsentation des E-Type in Genf 1961; an seiner rechten Seite Sir William Lyons, links von ihm der Schweizer Bundespräsident Professor Wahlen.

Zulassungsquote vorgegeben, wenngleich die Behörden die begehrten »Talons« auch nach ihrem Ermessen zuteilen durften.

Jaguar-Service im Yachtclub

Einige Offiziere der in Deutschland stationierten Rhine Army und ihrer Nobelregimenter erlaubten sich den Luxus großvolumiger Privat- und auch Dienstwagen. War es ein Jaguar, erregte er besonderes Aufsehen. Nur: Zwischen Hamburg und Bielefeld, Hannover und Bonn, Paderborn und Köln gab es keine Fachwerkstätten für ihre edlen Karossen. Das brachte Männer wie den jungen, gerade aus dem Krieg heimgekehrten Düsseldorfer Ingenieur Kurt Birkelbach auf die Idee, sich dieser Fahrzeuge anzunehmen. Zuvor hatte er sich auf die Reparatur kleiner Zweitakter spezialisiert, die den Krieg überlebt hatten.
Ein britischer General, der mit seinem 3.5 Litre Saloon Probleme hatte, war Birkelbachs erster Jaguar-Kunde. Es sprach sich herum, daß der junge Birkelbach ein exzellenter Mechaniker war – bald kamen weitere Jaguar-Besitzer in Uniform zu ihm, und sei es nur zu einem Ölwechsel. In Ermangelung eigener Werkstatträume erfolgten Wartung und Reparatur der ihm anvertrauten Limousinen in einer Halle des Düsseldorfer Yachtclubs, fern vom Zweitaktmilieu in der zerstörten Düsseldorfer Altstadt.
»Viele Kunden besorgten sich über ihre Verbindungen zur Heimat die erforderlichen Ersatzteile selbst,« erinnert sich Frau Birkelbach, die Witwe des Firmengründers. »Wir hätten sie ja niemals erhalten. Aber wir haben auch viele Teile in eigener Regie angefertigt, und die waren oft besser und haltbarer als das, was man damals aus Coventry bekam.« Die Mitunternehmerin war 1945 gerade 21 Jahre alt. Die Zeiten waren hart und alles andere als verlockend, um einen Geschäftsbetrieb aufzubauen.
Aus dem Servicegeschäft entwickelte sich die Jaguar-Vertretung Birkelbach & Unkrüer, die in Düsseldorf noch heute existiert. Einer ihrer ersten deutschen Kunden war ein junger Mann namens Peter Lindner: »Er kam zu uns und kaufte auf Wechsel einen gebrauchten XK 120, den uns ein englischer Offizier in Kommission gegeben hatte. Später stieg Lindner als Teilhaber in die Overseas Motor Sales GmbH in Frankfurt ein und wurde selbst Jaguar-Importeur...«

Ein Jaguar 3.4 Liter, gesteuert von Roger Schweickert, in voller Aktion bei einem Bergrennen am Schauinsland. Schweickert beeindruckte mit seinem fahrerischen Können sogar sein großes Vorbild Peter Lindner.

Aus England importierte Neuwagen kamen auf dem Seeweg, den Rhein hinauf nach Düsseldorf und landeten zunächst im Zollfreilager der Spedition Cretschmar. Auch Lindners Autos trafen später hier ein, bevor er sie nach Frankfurt überführen konnte.
Birkelbachs Partner Anton Unkrüer verstarb schon kurz nach der 1949 erfolgten Gründung der offiziellen Jaguar-Repräsentanz. Birkelbach machte allein weiter, und da er seine Familie und seine Mitarbeiter vom Umsatz mit ein paar Jaguar-Kunden, selbst wenn sie aus hohen gesellschaftlichen Kreisen zwischen Rhein und Waterkant kamen, nicht ernähren konnte, eröffnete er eine Tankstelle und vertrieb auch Autos der Marken Ford, Lancia, Champion und Brütsch – und selbstgebaute Campinganhänger. Seine Spezialität: ein 24-Stunden-Service. Selbst umfangreichste Arbeiten, etwa an einem Unfallwagen, wurden über Nacht im »Sofortverfahren« durchgeführt.
Birkelbach & Unkrüer dürfte die dienstälteste noch existierende Jaguar-Vertretung in Deutschland sein. Es gab aber noch einen weiteren Autohändler in jenen frühen Nachkriegsjahren, der nur wenig später als Jaguar-Repräsentant aktiv wurde. Wilhelm Speck in Freiburg war zwar damals (noch) kein von Coventry akkreditierter Importeur, dennoch stand in seinem kleinen Showroom in der Ludwigstraße so mancher Jaguar neben einem Healey oder M.G. Die Autos kamen nicht direkt aus England, sondern über einen Umweg in die Schwarzwaldstadt: Wilhelm Speck war mit Emil Frey befreundet und »besorgte« sich die Fahrzeuge im schweizerisch-deutschen Grenzverkehr. Die Zollbelastung war nicht unerheblich, aber es gab durchaus Interessenten für die als »Exoten« gehandelten Sportwagen. »Da kam es vor, daß ein Hotelier anrief und sagte: Wenn du mir den Wagen morgen früh vors Haus fährst, kannst du den Kaufpreis gleich in bar kassieren,« erinnert sich Hans Speck, Sohn des Firmen-

gründers, an jene Jahre. Das Autohaus Speck in Freiburg wurde 1948 Austin-Vertretung, vertrat ab 1957 Borgward und ab 1961 – offiziell – Jaguar. Der E-Type wurde sein Renner – im wörtlichen Sinne. Im März 1950 veranstaltete die britische Autoindustrie in New York eine Sonderschau ihrer Produkte. In der Zeitschrift *Das Auto* wurde ein dort ausgestellter XK 120 abgebildet: »Einer der schönsten und schnellsten Sportwagen der Welt... fährt 200 km/h, angeblich sogar mit Tankstellenbenzin...«
Noch 1950 konnten Privatpersonen in Deutschland ein ausländisches Fahrzeug nur mit besonderer Genehmigung und offiziellem Devisen-Nachweis importieren. Jene, die sich einen neuen »Exoten« leisten konnten und zufällig keinen Wilhelm Speck kannten, unternahmen den Versuch, sich ihn über britische oder amerikanische Bekannte zu besorgen. Die Alliierte Hohe Kommission verbot daraufhin Angehörigen der Besatzungsstreitkräfte, ihre Autos an Deutsche weiterzuverkaufen, sofern die Wagen zuvor nicht mindestens sechs Monate ihr Eigentum waren.
Zu jener Zeit gab es noch keine großen Repräsentationswagen deutscher Fertigung. Nicht vor November 1951 war der Mercedes 300 auf dem Markt, der große Borgward Hansa und der BMW 501 kamen im Herbst 1952. Aber vom Jaguar Mk. VII standen im Zollfreilager stets zwei oder drei Exemplare, die auf Kunden warteten. Damals galt in Deutschland für Personenwagen 80 km/h Höchstgeschwindigkeit auf Landstraßen und Autobahnen, 40 km/h innerorts. Die Militärpolizei fuhr oliv lackierte oder auch mausgraue Opel Kapitän-Limousinen und kontrollierte die Einhaltung durch Hinterherfahren; die deutsche Polizei besaß noch keine Autos, die schnell genug gewesen wären, Temposünder zu stellen.

Inserat aus »auto, motor und sport« im Jahre 1958.

Rechts oben: Mit sehr viel aufwendigerer Werbung trat die Overseas Motor Sales GmbH auf. Diese Anzeige erschien 1954, vier Jahre bevor Peter Lindner mit diesem Unternehmen ins Geschäft kam.

Einen XK 120 für nur 18.000 Mark

Im März 1951 bestaunte die Presse in Genf die bildschöne neue Coupéversion des XK 120. Erstmals wurde auch ein Preis in DM genannt: Der Wagen kostete 18.000 Mark (der Preis für eine Alfa Romeo 6C2500 Limousine betrug 28.000, für einen Mercedes-Benz 300, auf den man aber noch ein halbes Jahr warten mußte, 17.600 Mark). Hans U. Wieselmann, Chefredakteur des Fachmagazins *Das Auto*, testete den XK 120 »mit zusammengebissenen Zähnen«, wie er schrieb, fuhr aber nicht schneller als 150 km/h und attestierte dem Roadster, daß in ihm mehr »Möglichkeiten stecken als im Fahrer...« Für einen XK 120 bezahlte man in Westdeutschland pro Jahr 360 Mark Steuern und 340 Mark Haftpflicht-Prämie. Auch gab es einen neuen Zolltarif: Er machte 35 Prozent des Rechnungswertes plus Transportkosten aus.
In des Westzonen Deutschlands gab es neben Speck und Birkelbach & Unkrüer einige weite-

Kurt Birkelbachs im November 1948 angemietete Werkstatt in der Düsseldorfer Steinstraße. Das Anwesen war früher eine Ford-Vertretung gewesen.

Rechts: Von Jaguar fasziniert: Anton Unkrüer (links) und Kurt Birkelbach.

1964, Rethelstraße 139. Ein Klasse-Automobil wie Lancia, so fand Kurt Birkelbach, konnte sich neben einem Jaguar schon sehen lassen.

re Importeure ausländischer Kraftfahrzeuge, die auf Kundenwunsch quasi jedes Fabrikat und jedes Modell zu besorgen vermochten. Einschließlich all jener Autos, die von Army-Lieferanten wie Brüggemann importiert wurden, gelangten noch 1952 aber nicht mehr als 117 britische Personenwagen (und 81 Lkw) in die junge Drei-Zonen-Republik. Erst im März 1953 wurde im Zuge der von Wirtschaftsminister Ludwig Erhard propagierten »Freien Marktwirtschaft« auch der Kraftfahrzeugimport liberalisiert. Ein Handelsabkommen zwischen der Bundesrepublik Deutschland und Großbritannien sah auch eine gegenseitige Belieferung von Personenwagen vor: Die vorgesehene Einfuhrgröße britischer Wagen umfaßte ein Volumen von 32 Millionen Mark. Die Statistik wies für 1953 jedoch nur ganze sieben in Westdeutschland neu zugelassene Jaguar aus (zum Vergleich: 1681 Mercedes-Benz 300 und 300 S). Als Importeur für Jaguar und M.G. trat jetzt die Motor Company Baden-Pfalz in Heidelberg, Mittermeierstraße 21, in Erscheinung; auch sie belieferte hauptsächlich Angehörige der amerikanischen Streitkräfte. 1954 wurden im Bundesgebiet und in West-Berlin dann schon 21 neue Jaguar Automobile unter Zivilkennzeichen zugelassen (ferner 113 englische Ford, 68 Austin, 44 Morris, 42 Hillman, 17 Land-Rover, vier Triumph, zwei Riley, ein Wolseley).

Im Dezember des Jahres 1954 trat erstmals die Hamburger Firma Fendler & Lüdemann als Jaguar-Händler in Erscheinung, allerdings noch nicht als offizieller Importeur. Sie bot den Mk. VIII für DM 19.750 Mark an. Ein Jahr später warb die bereits erwähnte Overseas Motor Sales GmbH in Frankfurt am Main, Zimmerweg 10, mit Ausstellungsräumen am Bittersdorffplatz, für die von ihr eingeführten Jaguar Automobile. Sie offerierte ihre Autos »verzollt frei Düsseldorf« (nämlich ab Speditionslager Cretschmar), so beispielsweise den neuen XK 140 für 18.975 Mark und den D-Type Rennsport-Zweisitzer für 36.500 Mark. Im November 1954 hatte der Wagen noch 29.000 Mark gekostet. Bei seinem Erscheinen hatte *auto, motor und sport* geschrieben: »Jaguar bringt zur großen Überraschung das D-Modell, den Werksrennsportwagen von Le Mans, in kleiner Serie auf den Markt... mit seinen 275 km/h dürfte er das schnellste serienmäßig angebotene Auto darstellen. Seine Beschleunigung ähnelt der eines startenden Düsenjägers. Er kostet praktisch das gleiche wie bei uns der 300 SL...«

Die Ära Peter Lindners

Paul Frère verfaßte für *auto, motor und sport* einen ersten Testbericht vom 1955 vorgestellten Jaguar 2.4 und 3.4 Litre (Mk. I). Er stellte die sportlichen Qualitäten des Wagens in Verbindung mit dem hohen Fahrkomfort und der außergewöhnlichen Laufruhe sowie der Elastizität des dohc-Motors heraus. Die Overseas Motor Sales, jetzt in Heidelberg, firmierte inzwischen als »M.G.- und Jaguar Generalvertretung« und bot hauptsächlich per Kleinanzeigen Neufahrzeuge an: Den Jaguar 2.4 Liter für 16.250 Mark. Und das schon vor dem Kriege existierende Autohaus J. A. Woodhouse, Köln, importierte jetzt auch Rolls-Royce und inserierte den Silver Cloud für 58.900 Mark. Preiswertester Engländer in Deutschland war 1957 der Austin A35 bei Brüggemann: Er kostete 4780 Mark »inklusive Heizung«.

Im Januar 1958 veröffentlichte *auto, motor und sport* die Übersetzung eines humorvollen Testberichts vom Jaguar XK-SS, verfaßt von dem englischen Karikaturisten Russel Brockbank (»das Fahrgeräusch ist die süße, atonale Musik eines verwundeten Auerochsen…«). Den Filmschauspieler Heinz Rühmann dürften andere Beweggründe veranlaßt haben, sich damals einen Jaguar zuzulegen. Es war aber kein XK-SS, sondern ein 3.4 Liter (Mk. I) Linkslenker, Chassis-Nr. 990863 DN (Kennzeichen M-AM 49), den er bis 1964 besaß, ehe ihn der Filmregisseur Günter Gräwert, München, erwarb und bis Februar 1980 behielt.

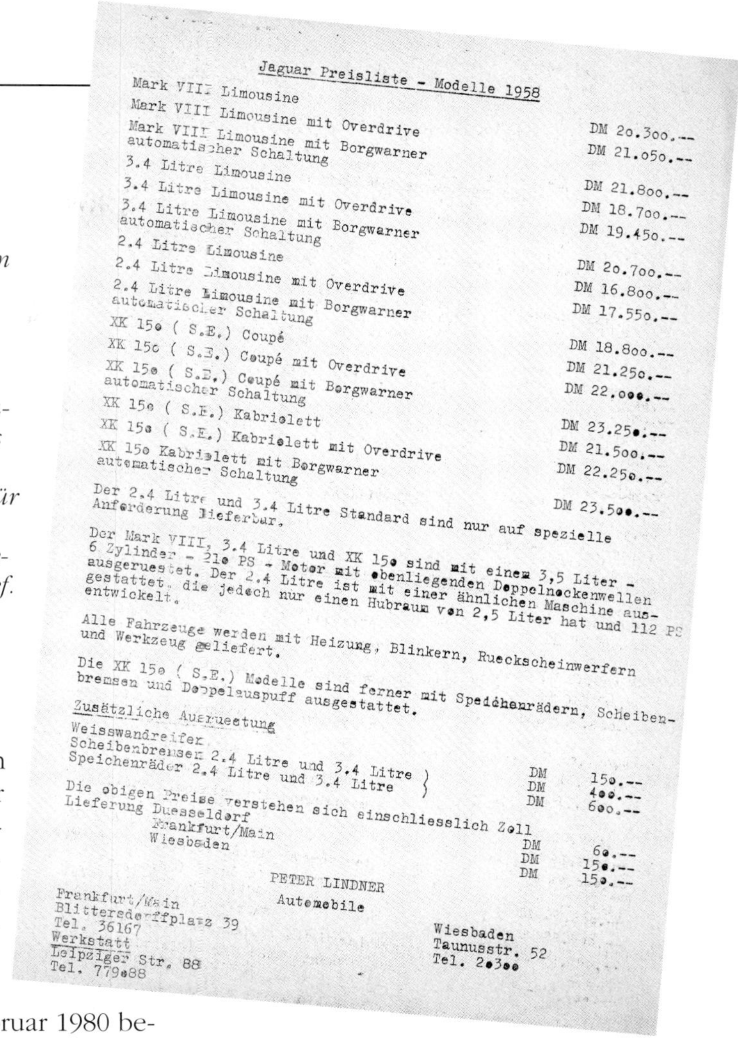

Jaguar Preisliste - Modelle 1958

Mark VIII Limousine	DM 2o.3oo.--
Mark VIII Limousine mit Overdrive	DM 21.o5o.--
Mark VIII Limousine mit Borgwarner automatischer Schaltung	DM 21.8oo.--
3.4 Litre Limousine	DM 18.7oo.--
3.4 Litre Limousine mit Overdrive	DM 19.45o.--
3.4 Litre Limousine mit Borgwarner automatischer Schaltung	DM 2o.7oo.--
2.4 Litre Limousine	DM 16.8oo.--
2.4 Litre Limousine mit Overdrive	DM 17.55o.--
2.4 Litre Limousine mit Borgwarner automatischer Schaltung	DM 18.8oo.--
XK 15o (S.E.) Coupé	DM 21.25o.--
XK 15o (S.E.) Coupé mit Overdrive	DM 22.ooo.--
XK 15o (S.E.) Coupé mit Borgwarner automatischer Schaltung	DM 23.25o.--
XK 15o (S.E.) Kabriolett	DM 21.5oo.--
XK 15o (S.E.) Kabriolett mit Overdrive	DM 22.25o.--
XK 15o Kabriolett mit Borgwarner automatischer Schaltung	DM 23.5oo.--

Der 2.4 Litre und 3.4 Litre Standard sind nur auf spezielle Anforderung lieferbar.

Der Mark VIII, 3.4 Litre und XK 15o sind mit einem 3,5 Liter - 6 Zylinder - 21o PS - Motor mit obenliegenden Doppelnockenwellen ausgeruestet. Der 2.4 Litre ist mit einer ähnlichen Maschine ausgestattet, die jedoch nur einen Hubraum von 2,5 Liter hat und 112 PS entwickelt.

Alle Fahrzeuge werden mit Heizung, Blinkern, Rueckscheinwerfern und Werkzeug geliefert.

Die XK 15o (S.E.) Modelle sind ferner mit Speichenrädern, Scheibenbremsen und Doppelauspuff ausgestattet.

Zusätzliche Ausruestung

Weisswandreifen	DM 15o.--
Scheibenbremsen 2.4 Litre und 3.4 Litre	DM 4oo.--
Speichenräder 2.4 Litre und 3.4 Litre	DM 6oo.--

Die obigen Preise verstehen sich einschliesslich Zoll

Lieferung Duesseldorf	DM 6o.--
Frankfurt/Main	DM 15o.--
Wiesbaden	DM 15o.--

PETER LINDNER
Automobile

Frankfurt/Main
Blittersdorffplatz 39
Tel. 36167
Werkstatt
Leipziger Str. 88
Tel. 779o88

Wiesbaden
Taunusstr. 52
Tel. 2o3oo

Peter Lindners »Prospekt« aus dem Jahre 1958. Die Fülle des Angebots ist beachtlich, die Scheibenbremsen-Option ebenso.

Unten: Filmprominenz und Jaguar beziehungsweise Daimler, das paßte schon immer gut zusammen. Hier werden Aufnahmen für den Streifen »Eine feine Gesellschaft« (Regie: Ottokar Runze) gemacht, der 1982 in den Kinos lief.

Im Frühjahr 1958 betrat ein neuer Mann als Repräsentant der britischen Marke Jaguar die Szene: Peter Lindner. Seine Werkstatt betrieb er in der Leipziger Straße 88, Frankfurt am Main. Er war schon seit langem Jaguar-Fan und setzte seinen bei Birkelbach erworbenen Roadster in zahlreichen Rennen ein. Wie Woodhouse, bot Lindner ebenfalls Rolls-Royce Automobile an. Seinen Status als offizieller Jaguar-Importeur erhielt Lindner aber erst 1961; inzwischen hatte er im Frankfurter Stadtteil Rödelheim (Niddastraße 42-44) neue Räume bezogen und in Wiesbaden eine Niederlassung gegründet. Neben Jaguar und Rolls-Royce vertrat Lindner auch Aston Martin und Lotus. Auf Fahrzeugen beider Fabrikate bestritt er eine Anzahl Rennen, doch seine Reputation als talentierter und draufgängerischer Konkurrent auf der Rennstrecke errang Lindner in Verbindung mit dem Namen Jaguar. Seine Erfolge wirkten sich natürlich auch auf den Umsatz seines Geschäftes aus.

Von 3520 im Jahre 1961 in der Bundesrepublik Deutschland zugelassenen Neuwagen britischer Herkunft waren 342 Jaguar; die meisten gehörten zur Baureihe Mk. II. Als im Frühjahr 1961 der E-Type erschien, unter-

Otto Prinz zu Sayn-Wittgenstein (2. v.l.), 1984-1987 Geschäftsführer der Jaguar Deutschland GmbH, bei einem Werksbesuch in Coventry.

Rechts: Hartmut W. Kieven, Geschäftsführer der Jaguar Deutschland GmbH vom August 1991 bis zum Januar 1998.

Sovereign 4.0 (XJ40) und Daimler Double Six (Serie III), aufgenommen 1992 bei einem Ballonstart in Baden-Baden.

schrieben nicht weniger als 54 Lindner-Kunden einen Vertrag; sieben waren es bei Fendler & Lüdemann. Insgesamt hat Lindner seit Bestehen seiner Firma 612 E-Types verkauft, Fendler & Lüdemann 63. Der Importzoll auf Autos aus dem nicht-EWG-Raum, zu dem Großbritannien zählte, betrug inzwischen 18,9 Prozent.

Peter Lindners motorsportliche Aktivitäten am Lenkrad eines Jaguar Mk. II trugen sehr zum weiteren Bekanntwerden der Marke Jaguar in Deutschland bei und festigten die Markenloyalität seiner Kundschaft. 1962 gewannen Peter Lindner und sein Partner Peter Nöcker mit einem Jaguar Mk. II das 6-Stunden-Tourenwagenrennen auf dem Nürburgring – einer von vielen Wettbewerben, die das Duo zum Ruhm der Marke entschied. Dritter im Bunde war der ebenso talentierte Sportfahrer Hans-Joachim Walter.

Am 8. März 1959 hatte er auf dem amerikanischen Militärflugplatz Pferdsfeld (Hunsrück, in der Nähe von Bad Kreuznach) das erstmals dort ausgetragene Rennen gewonnen. Bei den Tourenwagen über 2,6 Liter waren die Jaguar Mk. II unter sich. Sieger: Hans-Joachim Walter – auf einem geliehenen Fahrzeug.

1963 wurde Nöcker auf Jaguar Mk. II sogar Tourenwagen-Europameister nach Siegen in Deutschland, Österreich, Belgien, England und Ungarn. Viele Jaguar-Fans glaubten lange Zeit, Lindner und Nöcker hätten den Titel gemeinsam errungen, was aber nicht stimmt. Besonderes Aufsehen hatte Nöckers Sieg mit einem E-Type beim Avus-Rennen in Berlin erregt.

Lindners Fahrstil auf der Rennstrecke war, gelinde gesagt, spektakulär. Einer seiner damaligen Herausforderer, Roger Schweickert aus Pforzheim, vermag sich gut zu erinnern: »Niemand fuhr wie Lindner im zweiten Gang einen Lotus Cortina mit Vollgas und auf drei Rädern Bergstrecken hinunter – es war einfach unglaublich. Es helfe ihm Reifen sparen, sagte er...«

Schweickert, der im Juli 1958 ins Autogeschäft eingestiegen war, gehört ebenfalls zu den noch heute aktiven Jaguar-Händlern der ersten Stunde. Mit einem Healey und einem Volvo PV 544 begann seine Karriere als Rennfahrer, bevor er sich, angeregt durch Peter Lindner, ins Jaguar-Lager begab. 1965 bezog er seine Mk. II Limousinen noch via Lindner, 1968 wurde er in Pforzheim offizieller Jaguar-Repräsentant – und er ist es noch immer. »Rennfahrer werden meist nur deshalb Händler,« sagte er, »damit sie in Ruhe tunen können.« Schweickert ist ein sicherer Analytiker und ein begabter Schrauber, der keine Bange vor vielen PS hat. »Wenn Ihr Jaguar nach meiner Kur vor Kraft nicht laufen kann, besorge ich Ihnen den passenden Hänger...« Schweickerts erfolgreiche Auftritte mit seinem schneeweißen, auf 350 PS getrimmten Mk. II auf Rundstrecken und am Berg sind allen, die dabei waren, in bester Erinnerung.

Als im Oktober 1964 der allseits beliebte Rennfahrer Peter Lindner bei einem Unfall in Montlhéry sein Leben verlor, trauerten seine Freunde und Bewunderer in ganz Europa. Lindners Vertrag mit Jaguar endete 1966; sein Stiefbruder und seine Witwe führte das Geschäft nach dem Tod des Chefs weiter.

Roger Schweickert ging der Verlust seines Freundes Lindner wie jedem anderen der Ja-

guar-Szene sehr zu Herzen. Doch er gab den Rennsport nicht auf. Beim Großen Tourenwagenpreis von Deutschland 1967 auf dem Nürburgring wurde Schweickert auf Jaguar nach einem Mercedes-Benz Zweiter. Der »schnelle Roger« blieb bis 1971 dem Rennsport treu; bei 115 Starts hatte er bis dahin 105 Siege errungen. Anschließend konzentrierte er sich auf seine kommerziellen Aktivitäten und machte sich einen Namen für brillante Restaurierungen klassischer Automobile. »1967 hat mich jemand in Mainz-Finthen angesprochen und gefragt, ob ich einen Mk. II kaufen wollte, der zwar defekt sei, aber aus dem Besitz Peter Lindners stamme. Natürlich habe ich das Auto umgehend gekauft: Es war der berühmte Wagen mit dem 180-Liter-Tank und dem Kennzeichen WI-PL 1, der über Umwege nach Aachen gekommen und dort zuschanden gefahren worden war...«
Schweickert unterzog den historischen Viertürer einer gründlichen Restaurierung, verkaufte das Auto wieder, und bekam es 1970 abermals mit Unfallschaden auf den Hof gestellt. Inzwischen hatte der Wagen bereits auf einem Schrottplatz gestanden... Seither verblieb der Mk. II in Schweickerts Besitz.

Sportlimousinen statt Dreirad-Lieferwagen

Veränderungen im Jaguar-Business hatten sich 1964, dem Todesjahr Lindners, auch im norddeutschen Raum angebahnt. Aus Altersgründen hatte der Inhaber der Firma Fendler & Lüdemann im Frühjahr 1964 die Jaguar-Vertretung (das Haus vertrat auch die Hersteller BMW und Chrysler) aufgeben wollen. Daraufhin bewarb sich Edmund Vidal von der 1928 in Harburg gegründeten Vidal & Sohn GmbH – das Tempo-Werk war für seine Dreirad-Lieferwagen berühmt geworden – in Coventry um die Repräsentanz für Norddeutschland, doch wegen des Todes seines guten Bekannten und Kollegen Peter Lindner hatte Edmund Vidal diesen Entschluß bis zum Dezember 1964 hinausgezögert. Coventry war mit der Übertragung einverstanden, der Wechsel vollzog sich nahtlos. So konnte Vidal, wie vorgesehen, das Nutzfahrzeugwerk Tempo im Februar 1965 an Hanomag-Henschel übergeben. Vidal konzentrierte sich jetzt auf die Marken Jaguar und Chrysler sowie auf den Vertrieb von Nutzfahrzeugen des Herstellers Mercedes-Benz. Als im September 1966 die Jaguar-Importverträge mit den Firmen Lindner und Fendler & Lüdemann bzw. Vidal & Sohn in Hamburg endeten, wurde Brüggemann in Düsseldorf alleiniger Jaguar-Importeur. Indes, die Hamburger Vertretung Vidal hielt der Marke auch weiterhin die Treue – bis auf den heutigen Tag. Und die siebziger Jahre waren keine leichten Zeiten. »Die Qualitätsprobleme stellten uns auf eine harte Probe,« erinnert sich Edmund Vidal. »Es kostete einige Mühe, um Jaguar-Kunden bei guter Laune zu halten.«
Im Juli 1972 hatte die Firma Brüggemann in der Düsseldorfer Harffstraße die Vertretung sämtlicher British-Leyland-Marken für Deutschland übertragen bekommen. Die BLMC-Gesamtproduktion im Geschäftsjahr 1972 belief sich, wie Pressechef Harald Linke verkünden konnte, auf die stattliche Zahl von 1,125 Millionen Fahrzeuge. Noch war der Konzern nicht verstaatlicht; dieser Prozeß vollzog sich 1975. Brüggemann blieb Importeur für sämtliche Pkw-Marken des Konzerns. Die Briten erwarben eine Beteiligung von 40 Prozent an Brüggemann, die anderen 60 Prozent hielten die Inhaber Werner Schmidt und Irma Birgels. Der Betrieb hatte um jene Zeit 450 Mitarbeiter; in Deutschland gab es 410 British-Leyland-Händler.
Schon ein halbes Jahr später, im März 1976, übernahm die BL-Tochter British Leyland International auch die restlichen Brüggemann-Anteile, Werner Schmidt blieb Geschäftsführer. Die Brüggemann & Co. GmbH wurde der Direktion BL Northern Europe unter der Leitung von Gunnar Eik unterstellt. Verantwortlich für Gesamteuropa war A. E. Lawrence. Ab 15. April 1976 firmierte Brüggemann als Leyland GmbH.

Jubiläumsmodell zum 60jährigen Bestehen der Marke: Jaguar XJ6 3.2 Executive 1995.

Rechts: Jeffrey L. Scott trat seine Position als Geschäftsführer der Jaguar Deutschland GmbH im Januar 1998 an.

Eine Rarität auf den Straßen der Welt: Ein Jaguar-Taxi. Dieses ist in Frankfurt am Main zugelassen.

1978 trat John F. Gardner die Nachfolge Werner Schmidts an; neuer Verkaufschef wurde Theo Anders, kurz danach Leo Meiswinkel; die Presse wurde von Franz-Josef Danne betreut.

In den schweren Zeiten der britischen Automobilindustrie war der Name Jaguar auch in der deutschen Presse häufig zu lesen, wobei Überlegungen um die Zukunft dieser renommierten Marke immer wieder im Vordergrund standen. Gerüchte über eine angeblich geplante Reprivatisierung der Jaguar Cars Ltd bezeichnete die Leyland GmbH, inzwischen von Düsseldorf nach Neuss übersiedelt, als »reine Spekulation«, ebenso ein angebliches Angebot der BMW AG, die 200 Millionen Pfund geboten habe, um Jaguar zu kaufen. Gespräche zwischen Jaguar-Chef Sir John Egan und Eberhard v. Kuenheim hatten, wie nachzuweisen war, allerdings mehrfach stattgefunden.

Jaguar Deutschland auf dem Weg in die Selbständigkeit

Im Januar 1983 wurde aus der für den Import und den Vertrieb von Jaguar Automobilen zuständigen Leyland GmbH die Austin Rover Deutschland GmbH, die bis Ende 1983 auch Jaguar im Programm führte. Für das Presse- und PR-Wesen zeichneten Friedhelm Lang und Ingrid Langeveld verantwortlich.

Der weiter vorn in diesem Buch beschriebene, von Egan mit großem Nachdruck betriebene Prozeß der Herauslösung Jaguars aus dem mit so wenig Fortüne geführten Staatskonzern hatte für die ausländischen Repräsentanzen weitreichende Folgen. Auch für Deutschland, wo eine Neustrukturierung des Importgeschäfts durch ein Unternehmen erfolgte, das vor genau 50 Jahren schon einmal versucht hatte, sich in diesem Land im Automobilhandel zu etablieren: Die Emil Frey AG, Zürich.

Am 15. September 1983 beschlossen Frey und die Jaguar Cars plc, Coventry, per Jahresanfang 1984 die Gründung der Jaguar Deutschland GmbH mit Sitz in Schwalbach/Taunus, am Kronberger Hang. Die Ankündigung erfolgte auf der IAA in Frankfurt am Main. Als Geschäftsführer engagierte man Otto Prinz zu Sayn-Wittgenstein; er war vorher für Citroën tätig gewesen. Im Vordergrund standen Ausbau und Stärkung des in den späten siebziger Jahren stark reduzierten Händlernetzes (gegenwärtig umfaßte es 120 Verkaufs- und Service-Stützpunkte) sowie die Qualitätsverbesserung sowohl der Fahrzeuge als auch des Kundendienstes. Mehr als 100 neue Bewerber suchten ebenfalls um eine Jaguar-Vertretung an, doch nur zehn erfüllten die Vorgaben. »Die meisten Anfragen kommen von Händlern namhafter deutscher oder ausländischer Marken, die in einer Jaguar-Vertretung eine Stärkung ihres Image und eine gute Vertretung ihres Verkaufsprogramm sehen«, hieß es in einer Pressemitteilung Friedhelm Langs, noch auf dem Papier der Austin Rover Deutschland GmbH, Neuss, im November 1983. Es wurden auch Aktivitäten auf dem PR-Sektor angekündigt, betreffend Golf, Reiten, Tennis und Motorsport. »Die Neugründung einer selbständigen deutschen Jaguar-Vertriebsgesellschaft ist nicht nur ein Meilenstein für die Marke Jaguar in Deutschland, sondern weckt auch Erinnerungen an Peter Lindner, den ersten deutschen Jaguar-Repräsentanten nach dem Kriege.«

Die Jaguar Deutschland GmbH nahm am 1. Januar 1984 ihre Geschäfte auf. Es gab einen guten Auftakt: Schwalbach meldete 382 verkaufte Fahrzeuge im ersten Quartal, das waren 42 % mehr als im ersten Quartal 1983. Als Verkaufschef hatte man den bei General Motors ausgebildeten, für sein stark ausgeprägtes anglophiles Engagement bekannten Peter Schack gewonnen, Presseleiter wurde Willy Cohnen (der später zu Volvo ging und danach Vertriebschef bei Honda wurde). Dem Aufsichtsrat der neuen Firma gehörten Emil Freys Sohn Walter und Peter Marbach, Neil Johnson sowie John Edwards, beide aus Coventry, an.

Das Schwalbacher Domizil wurde der Jaguar Deutschland GmbH bald zu klein. Im Juni 1985 bezog das Unternehmen daher ein neues, in unmittelbarer Nähe der Elektrogeräte-Firma Braun gelegenes Anwesen in Kronberg. 65 Mitarbeiter erhielten hier neue, modern eingerichtete Arbeitsplätze. Der zweistöckige Flachbau wies viel »British Racing Green« auf und umfaßte 1450 qm Büros, 1400 qm Teilelager mit mehr als 12 000 Positionen sowie 1200 qm Werkstattfläche einschließlich Spenglerei und Lackiererei. Angegliedert war das Autohaus Kronberg als Vertriebs-Outlet für Jaguar im Rhein-Main-Gebiet. Es teilte sich den 400 qm großen Showroom im Empfangsbereich mit der Rezeption der Importgesellschaft. Betrat der Besucher die Halle, grüßten ihn Portraits der Queen und Sir John Egans über einem viktorianischen Ledersofa. Die Atmosphäre war very British, indeed.

Ganz und gar nicht konservativ betrieb die Jaguar Deutschland GmbH ihr Verkaufsgeschäft. Die Jahresproduktion Jaguars belief sich 1985 auf 37.724 Fahrzeuge, davon nahm der deutsche Markt 2350 Einheiten auf. Auch der 100.000 Jaguar seit Bestehen der Marke wurde in Deutschland ausgeliefert; ihn erhielt ein Kunde des Kölner Autohauses Kempen. Es war ein XJ6, bei dem

eine goldene Plakette auf dem Handschuhfach auf die Besonderheit hinwies. Den XJ6 der Serie III wählten die Leser von *auto, motor und sport* in einer Umfrage zur »besten ausländischen Limousine über 2,5 Liter« des Jahres 1985. Seinem Nachfolger, dem XJ40, wurde ein Jahr später der Titel als »bester Luxus-Importwagen« zuerkannt – Ehrungen, denen noch viele weitere folgen sollten.
Am 1. Januar 1987 übergab Prinz zu Sayn-Wittgenstein den Chefsessel in Kronberg an Peter Marbach, der interim die Geschäfte führte, bis Lars Roger Schmidt, von Porsche kommend, im April seine neue Position als Geschäftsführer der Jaguar Deutschland GmbH antrat. Marbach kehrte in den Aufsichtsrat der Firma in Zürich zurück. Schmidt, 52 Jahre alt, hatte zuvor drei Jahrzehnte für Porsche gearbeitet und dort neun Jahre dem Vorstand angehört. Pressechef Willy Cohnen ging wenig später zu Volvo und wurde in Kronberg von einer jungen Dame abgelöst, die zunächst Peter Schack im Marketingbereich assistierte, dann die Verantwortung für die gesamte Öffentlichkeitsarbeit übernahm: Helga Tauber. Verantwortliche Positionen mit qualifizierten Damen zu besetzen, mochte vielleicht nicht bisherigen Jaguar-Gepflogenheiten entsprechen, bewährte sich jedoch in Kronberg auch in anderen Ressorts außerordentlich gut.
Der Verkaufs- und Marketingstratege Schack hatte Jaguar 1993 verlassen, um sich anderen Aufgaben in der Automobilwirtschaft zu widmen, blieb der Marke indessen auf vielen Ebenen verbunden. Auf ihn ging unter anderem die Initiative zurück, dem britischen Jaguar-Magazin *Legend* eine deutsche Ausgabe zur Seite zu stellen. Eine Idee, die der damalige Marketing-Mann Keith Higgins in Coventry realisieren half. Und als das Jaguar Lifestyle-Magazin in deutscher Sprache den Titel *Sovereign* bekam, gefiel der Name den britischen Kollegen so gut, daß sie sich beeilten, *Legend* umzutaufen. Nicht nur eines japanischen Autos wegen, das ebenfalls so hieß. Sovereign war schließlich schon in den sechziger Jahren die Bezeichnung diverser Daimler-Modelle gewesen.

Ein Jaguar XJ6 (X300) auf dem alten Markt in Salzburg.

Lars Roger Schmidt verließ das Unternehmen Ende August 1991, sein Nachfolger wurde Hartmut W. Kieven, Jahrgang 1946. Er kam von Ford, hatte für den Weltkonzern einige Jahre in Irland gearbeitet und war seit 1989 Direktor der Pkw-Produktentwicklung bei Ford of Europe gewesen. Kievens frischer, dynamischer Arbeitsstil setzte in Kronberg Akzente, erst wenige, dann immer deutlicher sichtbare. Er gehörte zu denen, die sich vehement für die Einführung der Dreijahres- bzw. 100.000-Kilometer-Garantie und die »Royal Charter« einsetzten, ein großzügiges Service- und Gewährleistungsprogramm für Jaguar-Kunden in ganz Europa. Die Erfolge der dynamischen Marketing- und Vertriebspolitik schlugen sich in zufriedenstellenden Zulassungszahlen nieder: 1993 wurden in Deutschland 2020 neue Jaguar Fahrzeuge zugelassen, 1995 waren es 2667, 1996 »nur« 2512, so wie auch 1994 ein Ausreißer war – mit nur 1449 Neuzulassungen.

Offensiver Ausklang des Jahrhunderts

Die Lancierung bestimmter Modelle auf dem deutschen Markt erwies sich als gute Idee. Als eines der interessantesten Einsteigermodelle der oberen Klasse bot Jaguar Deutschland ab August 1995 den XJ6 in einer Jubiläums Executive Editon an, eine Limousine mit Automatik, Sportpaket, Sportsitzen und 16-Zoll-Felgen zu einem besonders günstigen Preis. »Auftakt zu einer neuen XJ-Offensive«, wie Kieven betonte.
Als offensiv ließ sich der Jaguar-Kurs in den neunziger Jahren allemal bezeichnen. Als sich Hartmut W. Kieven im Frühjahr 1998 nach siebenjähriger Amtszeit von Jeffrey L. Scott, 39, ablösen ließ, konnte Jaguar Deutschland ein Rekordjahr verbuchen: Mit 3180 Neuzulassungen im abgelaufenen Kalenderjahr war das beste Ergebnis seit Aufnahme der Geschäfte erzielt worden. Die neue V8 Limousine hatte einen spürbaren Schub gebracht. Nicht nur in Deutschland, sondern weltweit konnte Jaguar im ersten Quartal 1998 dieses Rekordhoch melden – mit insgesamt 12.965 Autos.
Scott kam von Lexus und war vor seiner Beförderung zum Geschäftsführer seit Oktober 1995 für Vertrieb und Marketing zuständig gewesen; er kannte die Branche sozusagen aus dem »ff«. Er verstand es vom ersten Augenblick an, die Jaguar Organisation in Deutschland für den neuen S-Type zu motivieren, dessen Einführung am 14. Januar 1998 für das Frühjahr des nachfolgenden Jahres angekündigt wurde. Auf die Frage, wie sich in einem für Jaguar heute neuen Segment ein Fahrzeug der oberen Mittelklasse von seinen Wettbewerbern abgrenzen würde, antwortete er: »Auf vier Ebenen. Der neue Jaguar definiert sich selbst, wodurch er mit Konkurrenzfabrikaten identischer Kategorien nicht unmittelbar vergleichbar ist. Davon abgesehen aber zeichnet er sich durch ein besonders ästhetisches Design aus, wie es eben nur ein Jaguar aufweist, desgleichen durch ein sehr hohes Komfortniveau sowie durch Individualität. Im übrigen wird auch ein in großen Stückzahlen hergestellter Jaguar jene Exklusivität ausstrahlen, wie sie unsere Topmodelle auszeichnen, ohne elitäre Ansprüche oder soziale Hierarchien zu definieren.«

GKV 67D

ALLE SS- UND JAGUAR-SERIENWAGEN VON 1931 BIS 1999

Links: Jaguar 420 – ein Werbefoto vom Sommer 1968. Es waren aber weniger Jungverliebte, die sich einen solchen Wagen anschafften, als gestandene Geschäftsleute, die ihn als Repräsentationsauto in den Fahrzeugpark ihres Unternehmens einreihten.

Die Auflistung technischer Detailangaben von Modellen mehrerer Automobilgenerationen ist für den weniger ambitionierten Kraftfahrzeug-»Benutzer« weder unterhaltsam noch erheiternd. Der am technischen Innenleben seines Wagens Interessierte aber, der Liebhaber und markenbewußte Enthusiast läßt sich die typenspezifischen Merkmale, die etwa einen Mk. V von einem Mk. VII unterscheiden, auf der Zunge zergehen. Er will genau wissen, wann der E-Type mit längerem Radstand herauskam und wie viele Exemplare es vom 420 mit Trennscheibe gab. Er speichert Hubraum- und PS-Angaben »seines« Favoriten, will die Verwandtschaftsgrade zum Vorgänger- oder Nachfolgemodell genau in Erfahrung bringen.

Die auf den nachfolgenden Seiten zusammengetragenen Daten und Fakten entstammen zahlreichen Quellen, in erster Linie authentischen Werksdokumenten, aber auch den Aufzeichnungen prominenter Historiker wie T. R. Nicholson, Michael Sedgwick, Paul Skilleter oder Andrew J. A. Whyte, der als Presseleiter lange Zeit das Jaguar-Firmenarchiv zu betreuen hatte und ohne dessen Aktivitäten manch wertvolles Material vielleicht nicht mehr ans Tageslicht gekommen wäre. Es können bei einigen Angaben indes Diskrepanzen auftreten, und zwar aus einleuchtenden Gründen: Nicht immer stimmten die Werksangaben für alle Fahrzeuge einer Baureihe durch die Bank überein; zum einen behält sich der Hersteller Änderungen während der Laufzeit eines Typs vor, die sich dann auch in differierenden Katalogangaben niederschlagen, zum anderen gibt es seit jeher unterschiedliche Leistungsangaben, je nach Exportland in SAE- oder DIN-PS bzw. BHP. Auch differieren bei ein und demselben Modell mitunter die Verdichtungsverhältnisse, die Vergaserbestückung, Hinterachsübersetzung und Höchstgeschwindigkeit sowie das Fahrzeuggewicht. Last not least können unterschiedliche Zahlen auch durch von einander abweichende Umrechnungsfaktoren entstehen.

Die Typologie mit Swallow-Fahrzeugen beginnen zu lassen, wäre denkbar, würde hier aber zu weit führen. Schließlich handelte es sich beim Swift Swallow, Austin Swallow oder Fiat Swallow um von Lyons karossierte Fahrzeuge, nicht um markenspezifische Eigenkonstruktionen. Diesen Anspruch erhebt jeder Wagen von dem Moment an, wo er unter einem eigenen Markennamen sein Leben beginnt, und bei Jaguar wäre das beim SS 1 der Fall. Folgerichtig fängt die Beschreibung und technische Durchleuchtung der in diesem Buch behandelten Automobile im Jahre 1931 an. Zusätzliche Angaben zu den einzelnen Modellen hat der Leser bereits weiter vorn im Buch entdeckt.

SS 1 16 HP, 20 HP

Der SS 1 war in verhältnismäßig kurzer Zeit entstanden und debütierte auf der Londoner Automobilausstellung im Oktober 1931. Die Sechszylinder-Limousine war als 16 HP und als 20 HP zu bekommen; Motoren und Fahrgestelle entsprachen den zeitgenössischen Modellen von Standard, woher sie Lyons auch bezog. Vom Frühjahr 1933 an erhöhte man den Hubraum des 16 HP von 2054 auf 2143 ccm, den des 20 HP von 2552 auf 2663 ccm. Gleichzeitig bot man den SS 1 auch als Coupé und Tourenwagen an. 1934 folgte der stromlinienförmige Airline Saloon (eine Art Fastback). Ein Cabriolet vom SS 1 kam im Frühjahr 1935 hinzu. Die Auslieferung der ersten in Serie gebauten Fahrzeuge begann nicht vor Januar 1932.
Schon bald änderte Lyons das ihm zu hohe Standard-Fahrgestell; es entstand das Underslung-Chassis, das ab August 1932 serienmäßig angefertigt und »Modell 1933« genannt wurde. Das erste *Low Chassis* Coupé wurde im Herbst 1932 auf der Londoner Motor Show präsentiert.
Im Juli 1936 lieferte man den letzten SS 1 aus, ein 20 HP Airline Saloon.
Die Fahrgestellnummern der ersten Serie erstreckten sich von 135001 bis 135502, die der zweiten (Underslung)-Serie von 135503 bis 136751. Ab Oktober 1933 begann man von 249500 an zu zählen; der letzte Wagen trug die Nummer 249500. Die Gesamtzahl aller unter dieser Modellbezeichnung hergestellen Wagen beläuft sich auf 4230 Stück.

Modell	SS 1 16 HP	SS 1 20 HP
Produktionszeit	1931–1936	1931–1936
Zylinder	Reihen-6	Reihen-6
Bohrung x Hub, Hubraum	65,5 x 101,5 mm, 2054 ccm	73 x 101,5 mm, 2552 ccm
PS bei U/min	48 PS/3600	62 PS/3600
Verdichtung	6:1	6:1
Ventile	sv	sv
Vergaser	1 Solex (später RAG oder SU)	1 Solex (später RAG oder SU)
Batterie	12V	12V
Getriebe	4V + R	4V + R
Chassis	Kastenprofilrahmen	Kastenprofilrahmen
Lenkung	Schneckenrad	Schneckenrad
Fußbremse	Trommel v/h, mech.	Trommel v/h, mech.
Radstand, Spur vorn/hinten	2844, 1234/1234 mm	2922, 1284/1284 mm
Ges.-Abmessungen	4470 x 1530 x 1400 mm	4724 x 1539 x 1400 mm
Bereifung	28 x 5.50 / 5.50 x 16	5.50 x 18
Gewicht	1010 kg	1058 kg
Höchstgeschwindigkeit	105 km/h	120 km/h
Stückzahlen	4230 (davon 581 Tourer, 100 Cabriolets)	
Anmerkungen	ab 1933: 2143 ccm ab 1932: Underslung-Chassis	ab 1933: 2663 ccm

Links: SS 1 Coupé mit vier Plätzen und dem typischen Außenkoffer.

Oben: SS 1 als offener Tourenwagen. Die Frontscheibe dieses Zwei-plus-Zwei ist nach vorn umlegbar. Eine Aufnahme aus den USA.

Stückzahlen

1932 Coupé	502
1933 Coupé	1099
1934/35 Coupé	200
1936 Coupé	9
1933 Tourer	105
1934/35 Tourer	356
1936 Tourer	36
1934/35 Limousine	100
1936 Limousine	44
1934/35 Airline	573
1936 Airline	51
1935 Cabriolet	94
1936 Cabriolet	6
1933 Chassis	2

SS 2 9 HP, 10 HP, 12 HP

Als eine kleinere Ausgabe des SS wurde parallel zum SS 1 ein Vierzylinder unter der Bezeichnung SS 2 angeboten, basierend auf dem Standard 9 HP (Little Nine). Vom Januar 1932 bis zum September 1933 gab es dieses Fahrzeug nur als zweitüriges Coupé. Die helmförmigen Kotflügel mit ihren Bügelfalten entbehrten der Trittbretter, die seitlichen Sturmstangen am Dach waren Attrappen nach Art der französischen Faux-Cabriolets. Im Herbst 1933 erhielt der SS 2 einen etwas stärkeren Motor mit 1052 statt 1006 ccm Hubraum, kurze Zeit danach gab man dem Wagen die Maschine des Standard 10 HP mit 1343 ccm. Auch gab es eine 12-HP-Ausführung mit 1808 ccm. 1933 wurde das Auto etwas geräumiger und durfte als echter Viersitzer bezeichnet werden. Dem Coupé stellte man eine kleine Limousine zur Seite, 1934 auch einen Tourer. Wie der SS 1, hatte der SS 2 ab 1934 einen Tiefrahmen.
Die Fahrgestellnummern variieren; der erste SS 2, 1931 auf der Londoner Motor Show gezeigt, trug die Nummer 13959, dann folgten einige Fahrzeuge mit fünfstelliger 12er-Zahl, ab Oktober 1933 mit 15er-Zahl, ab März 1934 mit dem Prefix 30. Möglicherweise hielt man sich bei der Vergabe der Fahrgestellnummern zeitweise an das bei Standard gebräuchliche System (laut Whyte).

Stückzahlen

1932 Coupé	274
1933 Coupé	275
1934/35 Coupé	150
1936 Coupé	4
1934/35 Limousine	820
1936 Limousine	85
1934/35 Tourer	186
1935 Lieferwagen	2

Durch fremde Firmen karossierte Fahrzeuge sind in den Zahlen enthalten.

Klassisch der schmale Kühler der SS-Fahrzeuge. Rechts daneben ein SS 2 als Coupé mit Sturmstangen, die nur Attrappen waren. Das Ersatzrad befindet sich hinter dem Außenkoffer.

Modell	SS 2 9 HP	SS 2 10 HP	SS 2 12 HP
Produktionszeit	1931–1933	1933–1936	1933–1936
Zylinder	Reihen-4	Reihen-4	Reihen-4
Bohrung x Hub, Hubraum	60,3 x 88 mm, 1004 ccm	60,3 x 106 mm, 1052 ccm	69,5 x 106 mm, 1608 ccm
PS bei U/min	28 PS/4000	32 PS/4000	38 PS/4000
Verdichtung	6,5:1	7:1	7:1
Ventile	sv	sv	sv
Vergaser	1 Solex	2 RAG	2 RAG
Batterie	12 V	12 V	12 V
Getriebe	3V + R (auch 4V + R)	4V + R	4V + R
Chassis	Kastenprofilrahmen	Kastenprofilrahmen	Kastenprofilrahmen
Lenkung	Schneckenrad	Schneckenrad	Schneckenrad
Fußbremse	Trommel v/h, mech.	Trommel v/h, mech.	Trommel v/h, mech.
Radstand, Spur vorn/hinten	2273, 1143/1143 mm	2641, 1172/1172 mm	2641, 1172/1172 mm
Ges.-Abmessungen	3658 x 1372 x 1360 mm	4164 x 1377 x 1360 mm	4164 x 1377 x 1360 mm
Bereifung	27 x 4.75	4.75 x 18	4.75 x 18
Gewicht	960 kg	980 kg	980 kg
Höchstgeschwindigkeit	96 km/h	110 km/h	112 km/h
Stückzahlen	549	1220	
Anmerkungen	ab 1934: Underslung-Chassis	ab 1934: auch 1343 ccm	

Jaguar SS 1.5, 2.5, 3.5 Litre

Der erste mit dem zusätzlichen Modellnamen *Jaguar* versehene SS wurde auf der Londoner Motor Show des Jahres 1935 präsentiert. Es gab zwei verschiedene Versionen, einen seitengesteuerten 1.5 Litre (entsprechend dem Standard 12 HP mit dem 1608-ccm-Motor, den bisher der SS 2 gehabt hatte) und einen ohv-Six mit 2663 ccm Hubraum, entsprechend der letzten 20-HP-Version des Standard bzw. SS 1. Gezeigt wurden eine Limousine, ein Tourer und ein Roadster – letzterer figurierte als Jaguar SS 100. Der Tourer trug die Karosserie, die mit der des offenen SS 1 identisch war. Die Feinbehandlung der Maschinen für Jaguar oblag dem Tuner Harry Weslake. Ab 1937 bot man auch zweitürige Cabriolets *(Three Position Drophead Coupé)* an.

Im Oktober 1937 bekam der 1.5 Litre den neuen Motor des Standard 14 HP mit 1776 ccm Hubraum, gleichzeitig kam ein 3485-ccm-Motor ins Programm (bei Standard ausschließlich für Jaguar produziert; einen 3.5 Litre Standard gab es nicht). Wie die Vorgängermodelle, wurden diese Wagen sämtlich nur als Rechtslenker gebaut.

Stückzahlen

1936-38	1.5 Litre (1608 ccm) Limousine	2298
1938-40	1.5 Litre (1776 ccm) Limousine	4249
1938-40	1.5 Litre (1776 ccm) Cabriolet	648
1936-38	2.5 Litre Limousine	3413
1938-40	2.5 Litre Limousine	1577
1936-37	2.5 Litre Tourer	98
1938-40	2.5 Litre Cabriolet	281
1938-40	3.5 Litre Limousine	1065
1938-40	3.5 Litre Cabriolet	239

Vom 1.5 Litre wurden 252 ins Ausland verkauft, vom 2.5 Litre 484 und vom 3.5 Litre 102. Die Sportwagen vom Typ SS 100 sind in den Angaben nicht enthalten. Die Zahlen geben im übrigen die registrierten Auslieferungen pro Modelljahr an, nicht die Produktion. Unkarossierte Fahrgestelle, die an Spezialbetriebe oder ins Ausland geliefert wurden, blieben hier ebenfalls unberücksichtigt.

Oben: SS 1.5 Litre 1938 in Ganzstahlbauweise, darunter ein 2.5 Litre Modell 1936, noch mit dem seitlich montierten Reserverad.

Modell	SS 1.5 Litre	SS 1.5 Litre	SS 2.5 Litre	SS 3.5 Litre
Produktionszeit	1936–1938	1938–1940	1936–1940	1936–1940
Zylinder	Reihen-4	Reihen-4	Reihen-6	Reihen-6
Bohrung x Hub, Hubraum	69,5 x 106 mm, 1608 ccm	73 x 106 mm, 1776 ccm	73 x 106 mm, 2663 ccm	82 x 110 mm, 3485 ccm
PS bei U/min	65 PS/4000	65 PS/4500	102 PS/4600	125 PS/4250
Verdichtung	6,5:1	6:1	7:1	7:1
Ventile	sv	ohv	ohv	ohv
Vergaser	1 SU	1 SU	2 SU	2 SU
Batterie	12 V	12 V	12 V	12 V
Getriebe	4 V + R	4 V + R	4 V + R	4 V + R
Chassis	Kastenprofilrahmen	Kastenprofilrahmen	Kastenprofilrahmen	Kastenprofilrahmen
Lenkung	Zahnstangen	Zahnstangen	Zahnstangen	Zahnstangen
Fußbremse	Trommel v/h, mech.	Trommel v/h, mech.	Trommel v/h, mech.	Trommel v/h, mech.
Radstand, Spur vorn/hinten	2743, 1220 mm	2857, 1226 mm	3048, 1378/1378 mm	3048, 1378/1378 mm
Ges.-Abmessungen	4318 x 1474 x 1490 mm	4724 x 1774 x 1400 mm	4724 x 1782 x 1400 mm	4724 x 1782 x 1400 mm
Bereifung	4.75 x 18	5.25 x 18	5.50 x 18	5.50 x 18
Gewicht	1260 kg	1300 kg	1530 kg	1542 kg
Höchstgeschwindigkeit	110 km/h	115 km/h	125 km/h	145 km/h
Stückzahlen	2298	4897	5369	1294
Anmerkungen				

Jaguar 1.5, 2.5, 3.5 Litre

Schon kurz nach dem Kriege setzte man bei Jaguar den Personenwagenbau fort, und zwar mit den bis 1940 hergestellten Modellen 1.5, 2.5 und 3.5 Litre. Die Limousinen – und die wurden zunächst ausschließlich gefertigt – hatten jetzt alle Ganzstahl-Aufbauten ohne seitlich angebrachte Reserveräder. Die Türen öffneten sich – wie schon bei den Vorkriegsmodellen – nach vorn; serienmäßig hatten alle Wagen 18-Zoll-Speichenräder mit Zentralverschluß. Konventionelle Halbelliptik-Federung und Tiefrahmen waren allen Modellen gemein. Der 1.5 Litre Vierzylinder (seit 1937 hatte sein Motor 1,8 Liter Hubraum) war der letzte Jaguar mit einer Maschine, die man von der Firma Standard bezog; sie war unter anderem auch im Triumph 1800 zu finden. Die ohv-Aggregate der Sechszylinder-Typen 2.5 und 3.5 entstanden im Hause Jaguar auf Einrichtungen, die man inzwischen von Standard übernommen hatte. 1948 bot Jaguar auch wieder zweitürige, viersitzige Cabriolets an, wovon die überwiegende Zahl ins Ausland ging. Die letzten 2.5/3.5 Litre verließen im März 1949 das Werk. Den 1.5 Litre gab es nur mit geschlossenem Aufbau; die Herstellung dieses Modells – äußerlich völlig identisch mit den Sechszylindern – lief mit Jahresende 1948 aus.

3.5 Litre Saloon von 1948.

Besonders schick war das 3.5 Litre Cabriolet, dessen Nachkriegsausgabe ab 1948 wieder gebaut wurde. Die meisten Exemplare wurden ins Ausland geliefert.

Modell	Jaguar 1.5 Litre	Jaguar 2.5 Litre	Jaguar 3.5 Litre
Produktionszeit	1946–1949	1946–1949	1946–1949
Zylinder	Reihen-4	Reihen-6	Reihen-6
Bohrung x Hub, Hubraum	73 x 106 mm, 1776 ccm	73 x 106 mm, 2663 ccm	82 x 110 mm, 3485 ccm
PS bei U/min	65 PS/4500	102 PS/4600	125 PS/4250
Verdichtung	6:1	6:1	6:1
Ventile	ohv	ohv	ohv
Vergaser	1 SU	2 SU	2 SU
Batterie	12V	12V	12V
Getriebe	4V + R	4V + R	4V + R
Chassis	Kastenprofilrahmen	Kastenprofilrahmen	Kastenprofilrahmen
Lenkung	Zahnstangen	Zahnstangen	Zahnstangen
Fußbremse	Trommel v/h	Trommel v/h	Trommel v/h
Radstand, Spur vorn/hinten	2857, 1216 mm	3048, 1378 mm	3048, 1378 mm
Ges.-Abmessungen	4724 x 1774 x 1400 mm	4724 x 1774 x 1400 mm	4724 x 1774 x 1400 mm
Bereifung	5.25 x 18	5.50 x 18	5.50 x 18
Gewicht	1300 kg	1530 kg	1545 kg
Höchstgeschwindigkeit	115 km/h	125 km/h	145 km/h
Stückzahlen	insgesamt 11288 Limousinen, 664 Cabriolets		
Anmerkungen	Letzter Jaguar mit Standard-Motor		

Jaguar SS 90

Der Jaguar SS 90 rangiert als ein Derivat des SS 1 und reiht sich auch in die Sequenz der Chassisnummern dieser Baureihe ein. Es wurden 24 Wagen gebaut, die den seitengesteuerten Sechszylindermotor vom Typ Standard 20 HP hatten (2663 ccm Hubraum, zweite Version SS 1). In zehn Exemplaren existiert der 1935 gebaute Roadster noch heute; drei wurden – soweit feststellbar – exportiert. Die Fahrgestellnummern reichen von 248476 bis 279498; der erste Prototyp mit kürzerem Radstand und schräg abfallender Heckpartie trägt eine frühere Nummer. Der letzte SS 90 wurde Anfang 1936 an einen holländischen Kunden ausgeliefert.

Links: Einer der 24 SS 90, die für ambitionierte Sportfahrer angefertigt wurden. Das Fahrzeug gilt als Vorgänger des SS 100 und weist auch viele seiner Stilelemente auf.

Unten: Die Garage Epper in Luzern besitzt diesen SS 90 in einer Ausführung mit Cycle Wings, ohne Trittbretter. Der zweisitzige Wagen wirkt in dieser Version eigentlich recht spartanisch.

Modell	SS 90
Produktionszeit	1935–1936
Zylinder	Reihen-6
Bohrung x Hub, Hubraum	73 x 106 mm, 2663 ccm
PS bei U/min	90 PS/5000
Verdichtung	7,5 : 1
Ventile	sv
Vergaser	2 RAG
Batterie	12 V
Getriebe	4 V + R
Chassis	Kastenprofilrahmen
Lenkung	
Fußbremse	Trommel v/h, mech.
Radstand, Spur vorn/hinten	2637, 1372/1372 mm
Ges.-Abmessungen	3810 x 1600 x 1240 mm
Bereifung	5.50 x 18
Gewicht	1010 kg
Höchstgeschwindigkeit	145 km/h
Stückzahlen	24
Anmerkungen	

Die wohl attraktivste Ausführung des Vorkriegs-Jaguar ist der SS 100, sowohl vom Styling her als auch in bezug auf Fahreigenschaften und Leistung. Bei seiner Vorstellung 1935 (erste Lieferungen 1936) gab es den SS 100 zunächst als 2.5 Litre; das stärkere 3.5-Litre-Modell folgte 1938. In jenem Jahr wurde auch der Prototyp eines bronze-metallic lackierten Coupés gezeigt, aber nicht in Serie aufgelegt. Etliche Besitzer früherer Exemplare ließen sich später einen 3.5-Litre-Motor ins Fahrzeug setzen; vor allem praktizierte man dies bei Wettbewerbswagen. Die sportlichen Qualitäten des SS 100 mit seiner von Harry Weslake optimierten Maschine wurden wiederholt unter Beweis gestellt, vor allem brachte die von William Heynes durchgeführte Überarbeitung des von Standard übernommenen Getriebes ein spürbares Plus an Beschleunigung.

Genaue Stückzahlen aller jemals gebauten SS 100 liegen nicht vor, auch die Chassisnummern – soweit bekannt – geben hierüber keine exakte Auskunft. Abweichende Angaben, die um zwei bis zehn Exemplare differieren, notiert die Jaguar-Historie seit Jahren. Insgesamt dürften etwa 310 Wagen hergestellt worden sein; die untenstehenden Verkaufszahlen sind also unter Vorbehalt wiedergegeben. Beim 2.5 Litre reichen die Fahrgestellnummern von 18001 bis 18135 (1936/37) und von 49001 bis 49065 (1938/39), beim 3.5 Litre von 39001 bis 39118. Mit 445 Pfund Sterling war der 3.5 Litre um 50 Pfund teurer als die äußerlich identische 2.5-Litre-Version des Zweisitzers.

Jaguar SS 100

Zeitlos schöner Klassiker (und nie als Linkslenker gebaut): Jaguar SS 100. Mit dem LNW 100 wurden 1948/49 durch Ian Appleyard übrigens beachtliche Sporterfolge errungen.

Stückzahlen

1936/37 SS 100 2.5 Litre	ca. 126
1938/39 SS 100 2.5 Litre	ca. 65
1938/39 SS 100 3.5 Litre	ca. 118

Modell	SS 100 2.5 Litre	SS 100 3.5 Litre
Produktionszeit	1936–1939	1938–1939
Zylinder	Reihen-6	Reihen-6
Bohrung x Hub, Hubraum	73 x 106 mm, 2663 ccm	82 x 110 mm, 3485 ccm
PS bei U/min	102 PS/4600	125 PS/4250
Verdichtung	7,2:1	7,2:1
Ventile	ohv	ohv
Vergaser	2 SU	2 SU
Batterie	12V	12V
Getriebe	4V + R	4V + R
Chassis	Kastenprofilrahmen	Kastenprofilrahmen
Lenkung	Zahnstangen	Zahnstangen
Fußbremse	Trommel v/h, mech.	Trommel v/h, mech.
Radstand, Spur vorn/hinten	2637, 1372/1372 mm	3048, 1378/1378 mm
Ges.-Abmessungen	3810 x 1600 x 1250 mm	3810 x 1600 x 1250 mm
Bereifung	5.25 x 18	5.50 x 18
Gewicht	1170 kg	1190 kg
Höchstgeschwindigkeit	155 km/h	165 km/h
Stückzahlen	191	118
Anmerkungen	einige Exemplare wurden auf 3,5 Liter umgerüstet	

Jaguar XK 100, XK 120

Während der XK 100 Vierzylinder ein Phantom blieb, nur in Katalogen existent und niemals gebaut, durchlief der gleichzeitig angekündigte XK 120 mit seinem dohc-Sechszylindermotor eine veritable Bilderbuchkarriere. Zunächst bot man den ab 1949 serienmäßig hergestellten Wagen nur als zweisitzigen Roadster an; eine Coupé-Ausführung kam 1951, ein Cabriolet mit Kurbelscheiben in den Türen 1953 auf den Markt. Die ersten 240 Roadster versah man im Werk noch mit einer weitgehend von Hand gefertigten Leichtmetall-Karosserie auf Holzrahmen, alle nachfolgenden Aufbauten bestanden aus Stahlblech. Die Windschutzscheibe des XK 120 war in der Mitte geteilt, und die serienmäßig gelieferten Scheibenräder wurden nur gegen Aufpreis gegen Speichenfelgen ausgewechselt. Ein automatisches Getriebe gab es nicht. Die Fahrgestellnummern beginnen mit 660001. Im September 1957 löste der XK 140 dieses Modell ab.

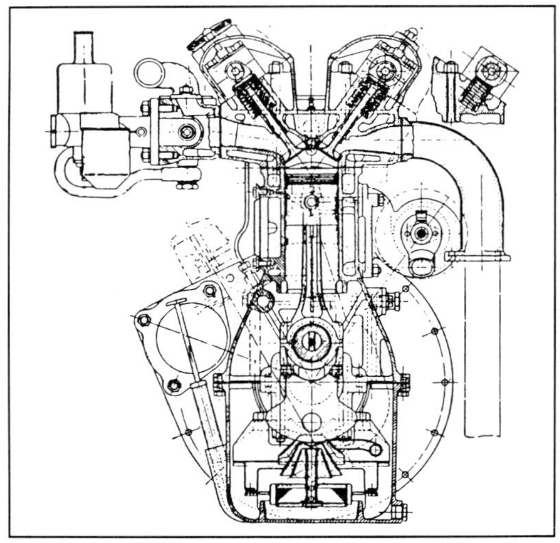

Oben: Schnitt durch den Vierzylinder-dohc-Motor des geplanten XK 100.

Stückzahlen

XK 120 OTS	7631
XK 120 FHC	2678
XK 120 DHC	1769
XK 140 OTS	3347
XK 140 FHC	2797
XK 140 DHC	2740

Links: XK 120 in der ersten Aluminium-Ausführung als Modell Open Tourer Sports.

Modell	XK 120	XK 100
Produktionszeit	1949–1954	1948
Zylinder	Reihen-6	Reihen-6
Bohrung x Hub, Hubraum	83 x 106 mm, 3442 ccm	80,5 x 98 mm, 1995 ccm
PS bei U/min	160 PS/5000	100 PS/5000
Verdichtung	8:1	8:1
Ventile	2 ohc	2 ohc
Vergaser	2 SU	1 SU
Batterie	12 V 64 Ah	
Getriebe	4 V + R	4 V + R
Chassis	Kastenrahmen	Kastenrahmen
Lenkung	Zahnstangen	Zahnstangen
Fußbremse	Trommel v/h, hydr.	Trommel v/h, hydr.
Radstand, Spur vorn/hinten	2590, 1295/1295 mm	
Ges.-Abmessungen	4394 x 1532 x 1350 mm	
Bereifung	6.00 x 16	
Gewicht	1225 kg	
Höchstgeschwindigkeit	200 km/h	
Stückzahlen	1769 DHC, 7631 OTS, 2678 FHC	
Anmerkungen	Die ersten 240 Exemplare mit Alu-Karosserie	nicht in Serie

Oben: Volant eines XK 120 Coupés. Es ist ein Rechtslenker, aber das Tachometer ist auf km/h kalibriert. Edle Hölzer am Armaturenbrett kennzeichnen einen Jaguar seit jeher.

Nur geringfügige Modifikationen – zum Beispiel am Kühlergrill und bei den etwas massiveren Stoßstangen – hob sich der XK 140 äußerlich von seinem Vorgänger ab, doch in der Motorleistung (190 statt 160 PS) machten sich Unterschiede durchaus bemerkbar. Das Coupé wies eine etwas weiter nach hinten versetzte Rückwand auf, so daß man den Wagen als Two-plus-Two bezeichnen konnte. Zahnstangenlenkung hatte die Kugelumlauflenkung des XK 120 abgelöst, auch konnte man auf Wunsch ein automatisches Getriebe bekommen (Overdrive ab 1956). Speichenräder waren ebenfalls beliebte Extras. Im Spätsommer 1957 machte der XK 140 seinem Nachfolger Platz.

Jaguar XK 140

Rechts: Verhältnismäßig hoch wirkt der Coupéaufbau bei diesem Wagen, der im Unterschied zum Roadster auch außen angebrachte Türgriffe aufweist.

Unten: Jaguar XK 140 OTS mit Speichenrädern. Abgesehen von den hinteren Radabdeckungen fallen als erste Unterschiede zum XK 120 die massiveren Stoßstangen auf.

Modell	XK 140
Produktionszeit	1954–1957
Zylinder	Reihen-6
Bohrung x Hub, Hubraum	83 x 106 mm, 3442 ccm
PS bei U/min	190 PS/5600
Verdichtung	8:1
Ventile	2 ohc
Vergaser	2 SU
Batterie	12 V 64 Ah
Getriebe	4V + R (OD), auch Automatik
Chassis	Kastenrahmen
Lenkung	Zahnstangen
Fußbremse	Trommel v/h
Radstand, Spur vorn/hinten	2590, 1295/1295 mm
Ges.-Abmessungen	4470 x 1608 x 1350 mm
Bereifung	6.00 x 16
Gewicht	1225 kg
Höchstgeschwindigkeit	210 km/h
Stückzahlen	2740 DHC, 3347 OTS, 2797 FHC
Anmerkungen	

Jaguar XK 150, 150 S

Der XK 150 erschien als »Krönung« der Sportwagen-Reihe 1957 und fiel äußerlich durch seine weniger stark akzentuierte Kotflügelform auf; der Wagen hatte sich stark der Ponton-Bauform angenähert. Wichtigstes technisches Unterscheidungsmerkmal waren seine vier Scheibenbremsen, anfangs ein Extra (wie auch die Getriebeautomatik von Borg-Warner mit Wählhebel am Armaturenbrett) gegen Aufpreis, beim *special equipment model* serienmäßig vorhanden. Auch die so beliebten Speichenräder erhielt man nur gegen Aufpreis, während der Overdrive, der den vierten Gang von 4,09 auf 3,18 untersetzte, beim S-Modell von Anfang an im Lieferumfang einbegriffen und ansonsten ebenfalls gegen Aufpreis zu haben war. Die Motorleistung war die gleiche wie beim XK 140; mit dem sogenannten B-Kopf ließen sich aber aus den 190 PS 210 machen, und in der S-Version mit drei Vergasern – ab Ende 1958 zu haben – kam man auf 220 PS. Wie bei den anderen XK-Typen, gab es die Ausführungen OTS, FHC und DHC. Mit seiner ungeteilten, leicht gewölbten Frontscheibe und dem ausreichend dimensionierten Heckfenster war das Coupé besonders reizvoll. 1959 bis 1961 konnte man den XK 150 auch mit 3,8-Liter-Motor bekommen; in dieser Version wurden 1559 Fahrzeuge ausgeliefert, davon wiederum 407 mit Borg-Warner-Automatik, die in Amerika viele Freunde hatte.

Oben: Blick unter die Motorhaube des XK 150. Es geht da recht gedrängt zu. Unten: XK 150 Open Tourer Sports von 1958 mit geschlossenem Verdeck. Linkslenkung und Weißwandreifen deuten auf ein US-Exportmodell hin.

Besser proportioniert als die Coupés vom Typ XK 120 und 140 erscheint der XK 150 als FHC. Die S-Version wies einen kleinen Chrombuchstaben unter dem Ausstellfenster auf.

Stückzahlen

XK 150 OTS 3.4 Litre	1297
XK 150 OTS 3.8 Litre	42
XK 150 FHC 3.4 Litre	3445
XK 150 FHC 3.8 Litre	656
XK 150 DHC 3.4 Litre	1903
XK 150 DHC 3.8 Litre	586
XK 150 S OTS 3.4 Litre	888
XK 150 S OTS 3.8 Litre	36
XK 150 S FHC 3.4 Litre	199
XK 150 S FHC 3.8 Litre	150
XK 150 S DHC 3.4 Litre	104
XK 150 S DHC 3.8 Litre	89

Insgesamt wurden 12 078 XK 120 gebaut, 8884 XK 140, 7929 XK 150 und 1466 XK 150 S.

Modell	XK 150	XK 150 S
Produktionszeit	1957–1961	1958–1961
Zylinder	Reihen-6	Reihen-6
Bohrung x Hub, Hubraum	83 x 106 mm, 3442 ccm	87 x 106 mm, 3781 ccm
PS bei U/min	213 SAE-PS/5500 (190 DIN-PS)	253 SAE-PS/5500
Verdichtung	8:1	9:1
Ventile	2 ohc	2 ohc
Vergaser	2 SU	3 SU
Batterie	12 V 51 Ah	12 V 51 Ah
Getriebe	4V + R (OD) oder Automatik	4V + R (OD) oder Automatik
Chassis	Kastenrahmen	Kastenrahmen
Lenkung	Zahnstangen	Zahnstangen
Fußbremse	Scheiben v/h	Scheiben v/h
Radstand, Spur vorn/hinten	2590, 1310/1310 mm	2590, 1310/1310 mm
Ges.-Abmessungen	4470 x 1640 x 1395 mm	4470 x 1640 x 1395 mm
Bereifung	6.00 x 16	6.00 x 16
Gewicht	1440 kg	1405 kg
Höchstgeschwindigkeit	210 km/h	225 km/h
Stückzahlen	1903 DHC, 1297 OTS, 3445 FHC	104 DHC, 888 OTS, 199 FHC
Anmerkungen	zusätzl. 1284 Exemplare auch mit 3,8-Liter-Motor	

Jaguar C-Type

Obwohl ein reiner Wettbewerbswagen, konnte man die Rennsportausführung des XK 120, genannt C-Type, sozusagen aus dem Jaguar-Katalog kaufen. Der Zweisitzer mit der dohc-Maschine, aber einem Rohrrahmen, wurde in nicht weniger als 53 Exemplaren gebaut; nur die ersten drei (1951) und die letzten drei (1953) waren reine Werksfahrzeuge. Die *production racers* wie die ersten drei Werksrennwagen hatten Trommelbremsen und SU-Vergaser, die letzten drei Wagen Scheibenbremsen und Weber-Vergaser sowie modifizierte Karosserien. Die Fahrgestellnummern lassen die Nähe zum XK-Straßenwagen erkennen – sie lauten XKC001 bis XKC053.

Modell	C-Type
Produktionszeit	1951–1954
Zylinder	Reihen-6
Bohrung x Hub, Hubraum	83 x 106 mm, 3442 ccm
PS bei U/min	200 PS/5800
Verdichtung	9:1
Ventile	2 ohc
Vergaser	2 SU
Batterie	12 V 64 Ah
Getriebe	4 V + R
Chassis	Rohrrahmen
Lenkung	Zahnstangen
Fußbremse	Trommel v/h, hydr.
Radstand, Spur vorn/hinten	2438, 1297/1297 mm
Ges.-Abmessungen	3965 x 1295 x 1200 mm
Bereifung	6.00 x 16
Gewicht	910 kg
Höchstgeschwindigkeit	230 km/h
Stückzahlen	53
Anmerkungen	

Der C-Type Jaguar war (und ist) ein Rennsport-Fahrzeug, dessen Abstammung vom XK 120 auch äußerlich entfernt erkennbar ist. Der Wagen machte in den frühen fünfziger Jahren international Furore. Das kleine Foto zeigt Andrew J. A. Whyte am Lenkrad eines solchen Boliden.

Auch der Jaguar D-Type war ein Wettbewerbswagen, der nicht allein werksseitig zum Einsatz kam. Von 1954 bis 1956 wurden von diesem Monocoque mit dohc-Sechszylindermotor der 3442-ccm-Baureihe 87 Stück hergestellt (Chassisnummern: XKD401 bis 606). 16 Wagen erhielten als Typ XK-SS Aufbauten mit größerer Windschutzscheibe und etwas komfortabler gehaltenem Cockpit. Im Februar 1957 wurde ihre Produktion nicht fortgesetzt, nachdem ein Brand im Werk hierfür alle Teile und Vorrichtungen vernichtet hatte. Sämtliche D-Type und XK-SS wiesen Scheibenbremsen auf. Die Motorleistung betrug 250 PS bei 6000 Touren, ließ sich aber durch Tuning noch erhöhen. Einige D-Types wurden später in XK-SS verwandelt, aber es gab auch XK-SS-Eigner, die aus ihrem Fahrzeug wieder einen D-Type machten!

Jaguar D-Type, XK-SS

Rechts: Jaguar XK-SS. Er sollte ein US-Schlager werden, erlebte indessen nur eine kleine Produktionsauflage. Unten: Jaguar D-Type in voller Aktion.

Modell	D-Type	XK-S
Produktionszeit	1954–1956	1956–1957
Zylinder	Reihen-6	Reihen-6
Bohrung x Hub, Hubraum	83 x 106 mm, 3442 ccm	83 x 106 mm, 3442 ccm
PS bei U/min	250 PS/6000	250 PS/6000
Verdichtung	9:1	9:1
Ventile	2 ohc	2 ohc
Vergaser	3 Weber/Einspritzung	3 Weber
Batterie	12 V 64 Ah	12 V 64 Ah
Getriebe	4V + R	4V + R
Chassis	Monocoque	Monocoque
Lenkung	Zahnstangen	Zahnstangen
Fußbremse	Scheiben v/h	Scheiben v/h
Radstand, Spur vorn/hinten	2286, 1066/1066 mm	2286, 1066/1066 mm
Ges.-Abmessungen	3912 x 1670 x 1200 mm	4267 x 1670 x 1250 mm
Bereifung	6.50 x 16	6.50 x 16
Gewicht	816 kg	830 kg
Höchstgeschwindigkeit	250 km/h	250 km/h
Stückzahlen	71	16
Anmerkungen		

Jaguar Mk. V

Man sah dem 1948 vorgestellten Jaguar Mk. V nicht an, daß unter seiner konventionellen Karosserie – den Vorgängern zum Verwechseln ähnlich – einige sehr moderne Bauelemente steckten. So war dieser Wagen der erste Jaguar mit vorderer Einzelradaufhängung und Drehstabfederung, auch hatte er 16- statt der bisherigen 18-Zoll-Räder. Die hintere Tür der Limousine war am Mittelpfosten angeschlagen; das Reserverad befand sich wieder in einem Fach im Kofferraumboden, das Werkzeug im Deckel der Heckklappe. Auffallend war die kräftige Stoßstange. Parallel bot man den Mk. V mit dem ohv-Sechszylinder in 2.5- und 3.5-Litre-Version an, dessen Konstruktion noch aus der Vorkriegszeit stammte. Aber es gab auch ein zweitüriges Cabriolet, wiederum hauptsächlich für den Export gedacht. Das Produktionsende des Mk. V überschnitt sich 1951 um mehr als acht Monate mit dem Bau des Nachfolgers vom Typ Mk. VII (einen Mk. VI hat es nicht gegeben). Verständlicherweise erfreut sich der Mk. V eines besonders hohen Liebhaberwertes.

Modell	Mk. V 3.5 Litre	Mk. V 2.5 Litre
Produktionszeit	1948–1951	1948–1951
Zylinder	Reihen-6	Reihen-6
Bohrung x Hub, Hubraum	82 x 110 mm, 3485 ccm	73 x 106 mm, 2663 ccm
PS bei U/min	125 PS/4250	102 PS/4600
Verdichtung	7,3:1	7:1
Ventile	ohv	ohv
Vergaser	2 SU	2 SU
Batterie	12V	12V
Getriebe	4V + R	4V + R
Chassis	Kastenrahmen	Kastenrahmen
Lenkung	Zahnstangen	Zahnstangen
Fußbremse	Trommel v/h, hydr.	Trommel v/h, hydr.
Radstand, Spur vorn/hinten	2974, 1460 mm	2974, 1460 mm
Ges.-Abmessungen	4750 x 1740 x 1550 mm	4750 x 1740 x 1550 mm
Bereifung	6.70 x 16	6.70 x 16
Gewicht	1550 kg	1540 kg
Höchstgeschwindigkeit	145 km/h	130 km/h
Stückzahlen	7814 (977 Cabriolets)	1647 (28 Cabriolets)
Anmerkungen	erster Jaguar mit vorderer Einzelradaufhängung	

Oben: Der Jaguar Mk. V machte von jeder Seite eine gute Figur. In den Mittelpfosten verbargen sich die Winker. Unten: Im Deckel des Kofferraums war ein kompletter Werkzeugsatz.

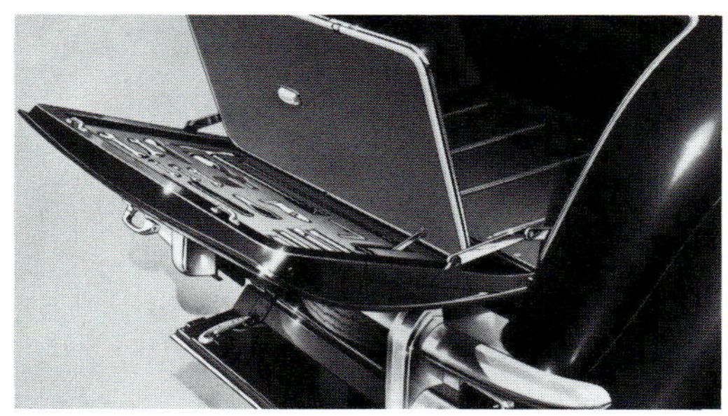

Stückzahlen

3.5 Litre Limousine	7814
3.5 Litre Cabriolet	977
2.5 Litre Limousine	1647
2.5 Litre Cabriolet	28

Von 10 466 insgesamt gebauten Jaguar Mk. V gingen 6090 ins Ausland, davon waren 867 Cabriolets.

Jaguar Mk. VII, Mk. VII M

Jaguar Mk. VII – eindrucksvoll, kompakt und schnell. Der Motor (oben links) entsprach dem des XK 120 bzw. XK 140.

Der Jaguar Mk. VII unterschied sich äußerlich nicht allzu sehr vom Mk. V, doch war dieses 1951 präsentierte Modell mit der dohc-Maschine des zeitgenössischen Jaguar XK 120 versehen. Mit 160 PS unter der Haube galt dieses Fahrzeug als ein ungewöhnlich stark motorisierter Repräsentations- und Reisewagen. Modernisiert hatte man die Bugpartie des Wagens mit dem einbezogenen Kühlergrill und den integrierten Scheinwerfern. Die üppigen Lederpolster, die klassischen Holzfurniere und eine Vielzahl feiner Accessoirs machten den Mk. VII, den es bis 1954 gab, zu einem luxuriösen Wagen für den anspruchsvollen Automobilisten. Sein Nachfolger wurde der Mk. VII M, gebaut von November 1954 bis 1957. Dieses Fahrzeug hatte die 190-PS-Maschine des XK 140 und konnte wahlweise auch mit Getriebeautomatik geordert werden. Weitere Unterscheidungsmerkmale: geänderte hintere Stoßstangen, Blinker statt Winker, Scheinwerfer ohne die drei radialen Stege vor dem Lucas-Reflektor, hintere Teleskopstoßdämpfer, engere Getriebe-Abstufungen.
Beide Modelle brachten es zusammen auf die enorme Stückzahl von 30 969 Exemplaren, wovon rund 60 Prozent in den Export gingen. Eine Cabrioversion gab es vom Mk. VII werksseitig nicht; lediglich einige Prototypen mit elektrisch betätigtem Verdeckmechanismus entstanden 1953. Die Fahrgestellnummern beginnen mit 710001.

Modell	Mk. VII	Mk. VII M
Produktionszeit	1950–1955	1954–1957
Zylinder	Reihen-6	Reihen-6
Bohrung x Hub, Hubraum	83 x 106 mm, 3442 ccm	83 x 106 mm, 3442 ccm
PS bei U/min	160 PS/5500	190 PS/5500
Verdichtung	8:1	8:1
Ventile	2 ohc	2 ohc
Vergaser	2 SU	2 SU
Batterie	12 V 64 Ah	12 V 64 Ah
Getriebe	4 V + R oder Automatik	4 V + R (OD) oder Automatik
Chassis	Kastenprofilrahmen	Kastenprofilrahmen
Lenkung	Kugelumlauf	Kugelumlauf
Fußbremse	Trommel v/h, Servo	Trommel v/h, Servo
Radstand, Spur vorn/hinten	3048, 1497/1497 mm	3048, 1509/1509 mm
Ges.-Abmessungen	4990 x 1878 x 1600 mm	4990 x 1878 x 1600 mm
Bereifung	6.70 x 16	6.70 x 16
Gewicht	1725 kg	1750 kg
Höchstgeschwindigkeit	165 km/h	170 km/h
Stückzahlen	20 908	10 061
Anmerkungen		

Jaguar Mk. VIII

Im Herbst 1956 stellte Jaguar den großen Mk VIII vor. Seine Karosserie entsprach mehr oder weniger der des Mk. VII, doch die Windschutzscheibe wies jetzt keine Mittelstrebe mehr auf, und dem Zeitgeschmack entsprechend wurden die Wagen zweifarbig lackiert ausgeliefert. Die in einer helleren Farbe gehaltene Unterpartie des Aufbaus war von der dunkleren Fläche durch eine geschwungene Chromleiste getrennt. Auf der Stirnfläche der etwas verbreiterten Kühlermaske befand sich das Markenzeichen von Jaguar, das beim Mk. VII auf der Motorhaube angebracht war. Der bis 1959 gebaute Wagen (6212 Exemplare) hatte den Doppelnockenwellen-Motor des XK 150 unter der Haube, gut für 170 km/h. (Einige Mk. VII baute man auf Mk. VIII um.) Die Fahrgestellnummern beginnen mit 780000.

Der Jaguar Mk. VII machte einen wuchtigeren Eindruck als sein Vorgänger, wozu die Zweifarbenlackierung sicher beitrug. Die Windschutzscheibe war indessen einteilig geworden.

Modell	Mk. VIII
Produktionszeit	1956–1959
Zylinder	Reihen-6
Bohrung x Hub, Hubraum	83 x 106 mm, 3442 ccm
PS bei U/min	210 PS/5500
Verdichtung	8:1
Ventile	2 ohc
Vergaser	2 SU
Batterie	12 V 64 Ah
Getriebe	4 V + R oder Automatik
Chassis	Kastenprofilrahmen
Lenkung	Kugelumlauf
Fußbremse	Trommel v/h, Servo
Radstand, Spur vorn/hinten	3048, 1509/1509 mm
Ges.-Abmessungen	4990 x 1878 x 1600 mm
Bereifung	6.70 x 16
Gewicht	1702 kg
Höchstgeschwindigkeit	170 km/h
Stückzahlen	6212
Anmerkungen	

Jaguar Mk. IX

Serienmäßig mit dem auf 3,8 Liter vergrößerten dohc-Motor des XK 150/150 S bestückt, wurde auf der Londoner Motor Show im Herbst 1958 der Mk. IX vorgestellt. Er war die erste Jaguar-Limousine mit Scheibenbremsen (Lockheed). Zweifarben-Lackierung, die massiven Stoßstangen, die vorn angeschlagenen Türen entsprachen dem Mk. VIII-Baumuster. Bis Herbst 1961 wurde der Mk. IX 10 009 mal gebaut; 46,5 Prozent gingen in den Export. Der Mk. IX verkörperte moderne Automobilbaukunst, hielt sich aber mit seinem separaten Chassis noch an klassische Konzepte. In selbsttragender Bauweise folgten erst die Modelle Mk.X und 2.4/3.4, Die Fahrgestellnummern beginnen bei 790000.

Kaum zu unterscheiden vom Jaguar Mk. VIII ist der Mk. IX, der ihn 1958 ablöste. Der große, repräsentative Wagen war der letzte Jaguar mit einem klassischen Fahrgestell; spätere Modelle wiesen eine selbsttragende Bauweise auf, deren Vorreiter der Mk. II war.

Modell	Mk. IX
Produktionszeit	1958–1961
Zylinder	Reihen-6
Bohrung x Hub, Hubraum	87 x 106 mm, 3781 ccm
PS bei U/min	220 SAE-PS/5500
Verdichtung	8:1
Ventile	2 ohc
Vergaser	2 SU
Batterie	12V 56Ah
Getriebe	4V + R (OD) oder Automatik
Chassis	Kastenrahmen
Lenkung	Kugelumlauf
Fußbremse	Scheiben v/h, Servo
Radstand, Spur vorn/hinten	3048, 1453/1470 mm
Ges.-Abmessungen	4990 x 1855 x 1600 mm
Bereifung	6.70 x 16
Gewicht	1770 kg
Höchstgeschwindigkeit	185 km/h
Stückzahlen	10005
Anmerkungen	

Jaguar Mk. X

Ende 1961 löste der Mk. X den Mk. IX ab. Sein Motor war der bewährte 3,8 Liter, jetzt aber mit drei Vergasern versehen wie im XK 150 S. Der 223-DIN-PS-Wagen ging an die 190 km/h. Die Karosserie war jetzt selbsttragend, in der Form gestreckter und glattflächiger geworden, die Türausschnitte breiter, der Kofferraum länger. Ringsum wies der Mk. X Scheibenbremsen und Einzelradaufhängung (vorn Dreieckslenker mit Schraubenfedern und Kurvenstabilisator, hinten Längslenker und unten gegabelte Führungsarme und je zwei Schraubenfedern) auf. Normalerweise hatte der Mk. X ein Handschaltgetriebe ohne Overdrive, der aber auf Wunsch zu haben war und in einigen Exportländern zum Serienumfang gehörte. Auch mit Getriebeautomatik und Sperrdifferential konnte man den Wagen bekommen. Die Fahrgestellnummern beginnen mit 300000.

Dem Mk. X bescheinigte man höchste technische Reife, er galt als ein Automobil der europäischen Spitzenklasse schlechthin. Wie bisher, verkaufte Jaguar einen erheblichen Teil in die Vereinigten Staaten.

Modell	Mk. X
Produktionszeit	1961–1964
Zylinder	Reihen-6
Bohrung x Hub, Hubraum	87 x 106 mm, 3781 ccm
PS bei U/min	223 PS/5500
Verdichtung	9:1
Ventile	2 ohc
Vergaser	3 SU
Batterie	12 V 67 Ah
Getriebe	4V + R (OD) oder Automatik
Chassis	selbsttrag. Karosserie
Lenkung	Varamatik, Servo
Fußbremse	Scheiben v/h, Servo
Radstand, Spur vorn/hinten	3050, 1473/1473 mm
Ges.-Abmessungen	5130 x 1940 x 1395 mm
Bereifung	7.50 x 14
Gewicht	1880 kg
Höchstgeschwindigkeit	190 km/h
Stückzahlen	13382
Anmerkungen	

Einen bedeutungsvollen Schritt in zukünftige Designbereiche deutete der Mk. X an. Der große Jaguar hatte jetzt sehr viel schlankere Proportionen, war auch innen verjüngt worden.

In seiner zweiten Serie hatte der Mk. X einen auf 4235 ccm Hubraum vergrößerten dohc-Motor (wie der E-Type). Der Ende 1964 präsentierte große Wagen, später als Typ 420 bezeichnet, entsprach im Aufbau dem Mk. X der ersten Serie, hatte auch dessen Frontpartie mit den Doppelscheinwerfern – ein Stilelement, das sich bis zu den XJ-Modellen durchzog. Eine dritte Serie des Mk. X, 1966 bis 1970 gebaut, lief unter der Bezeichnung 420 G und wies als Besonderheit die Varamatik-Servolenkung (mit progressivem Übersetzungsverhältnis je nach Einschlag) auf. Zweikreis-Scheibenbremsen, Zweistufen-Scheibenwischer mit Waschanlage, Overdrive- und Automatik-Option waren Selbstverständlichkeiten. In den letzten beiden Baujahren – es gab den 420 G bis 1970 – wurden einige Exemplare auch mit Trennscheibe zum Fond gebaut; 1965/66 hatte es solche Versionen auch vom Mk. X/420 gegeben. Drei Exemplare des 420 G dienten als Versuchsträger für den im März 1971 im E-Type, im September 1972 auch im XJ12 installierten Zwölfzylindermotor. Cabriolet-Umbauten erfolgten auf private Initiative einiger Karossiers, in Einzelfällen auch im Werk.

Stückzahlen

1962–64 Mk. X 3.8 Litre	13 382
9641–66 Mk. X/420 4.2 Litre	5119
1965–66 420 mit Separation	18
1966–70 420 G	5739
1969–70 420 G m. Separation	28

3804 Exemplare des 420/420 G wurden in Daimler-Ausführung hergestellt.

Jaguar 420 / 420 G

Unten links: Das Prachtstück von einem dohc-Motor des Jaguar Mk. X alias 420 mit drei Vergasern, gut für 259 PS.

Oben: Jaguar 420. Britische Nobel-Automobilklasse der späten sechziger Jahre, heute ein recht seltenes Liebhaberstück.

Modell	Mk. X/420	420 G
Produktionszeit	1964–1968	1966–1970
Zylinder	Reihen-6	Reihen-6
Bohrung x Hub, Hubraum	92 x 106 mm, 4235 ccm	92 x 106 mm, 4235 ccm
PS bei U/min	259 PS/5500	265 PS/5500
Verdichtung	8:1	8:1
Ventile	2 ohc	2 ohc
Vergaser	3 SU	3 SU
Batterie	12 V 67 Ah	12 V 67 Ah
Getriebe	4V + R (OD) oder Automatik	4V + R (OD) oder Automatik
Chassis	selbsttr. Karosserie	selbsttr. Karosserie
Lenkung	Kugelumlauf	Varamatik, Servo
Fußbremse	Scheiben v/h, Servo	Scheiben v/h, Servo
Radstand, Spur vorn/hinten	2730, 1410/1370 mm	3050, 1470/1470 mm
Ges.-Abmessungen	4770 x 1700 x 1380 mm	5130 x 1930 x 1380 mm
Bereifung	185 x 15	205 x 14
Gewicht	1885 kg	1890 kg
Höchstgeschwindigkeit	198 km/h	210 km/h
Stückzahlen	5137	5767
Anmerkungen		

Jaguar 2.4, 3.4 Litre

Die als *compact saloon* bezeichnete neue Limousine mit 2,4-Liter-Motor, 1955 in London vorgestellt, kennzeichnete den Beginn einer neuen Ära bei Jaguar. Die selbsttragende Karosserie mit vorderer Einzelradaufhängung und hinterer Starrachse wies zwar viel »Familienähnlichkeit« mit den großen Modellen auf, gab sich aber insgesamt moderner und vor allem leichter. Als Antriebsaggregat diente ein überarbeiteter dohc-Motor der XK-Baureihe. Mit diesem verhältnismäßig preiswerten Sechszylinder setzte Jaguar neue Klassenmaßstäbe im europäischen Automobilbau. Im Februar 1957 folgte dem 2.4 Litre der 3.4 Litre mit dem bewährten 3442-ccm-Motor. Allerdings stattete man weder den 2.4 noch den 3.4 mit Scheibenbremsen aus. Kritisiert wurden die Wagen trotz aller Pluspunkte wegen ihrer etwas hohen Gürtellinie und tiefen Sitzposition, was erst bei der nachfolgenden Generation geändert wurde. Bis zum Oktober 1959 wurden vom 2.4 Litre 19 992 Exemplare, vom 3.4 Litre 17 405 Exemplare gebaut. Die Fahrgestellnummern des 2.4 Litre beginnen mit 900000, die des 3.4 Litre mit 985000. Cabriolets standen nicht auf dem Programm, waren im Karosserie-Konzept auch nachträglich nicht vorgesehen.

Der nachträglich Mk. I genannte compact saloon galt als preiswerter und moderner Viertürer mit allen Attributen technischen Fortschritts.

Modell	2.4 Litre	3.4 Litre
Produktionszeit	1955–1959	1957–1959
Zylinder	Reihen-6	Reihen-6
Bohrung x Hub, Hubraum	83 x 76,5 mm, 2483 ccm	83 x 106 mm, 3442 ccm
PS bei U/min	112 PS/5750	162 PS/5200
Verdichtung	8,1 : 1 (auch 7 : 1)	8 : 1
Ventile	2 ohc	2 ohc
Vergaser	2 SU (Solex)	2 SU
Batterie	12 V 51 Ah	12 V 51 Ah
Getriebe	4V + R	4V + R (OD)
Chassis	selbsttr. Karosserie	selbsttr. Karosserie
Lenkung	Kugelumlauf	Kugelumlauf
Fußbremse	Trommel v/h, Servo	Trommel v/h, Servo
Radstand, Spur vorn/hinten	2730, 1390/1270 mm	2730, 1390/1270 mm
Ges.-Abmessungen	4590 x 1700 x 1460 mm	4590 x 1700 x 1460 mm
Bereifung	6.40 x 15	6.40 x 15
Gewicht	1270 kg	1295 kg
Höchstgeschwindigkeit	165 km/h	190 km/h
Stückzahlen	19992	17405
Anmerkungen	3742 mit Linkslenkung; ab 1956 mit Overdrive	8460 mit Linkslenkung

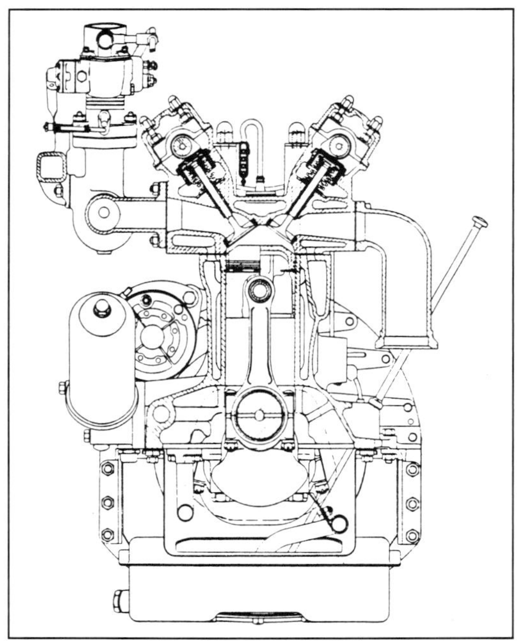

Die Sechszylindermaschine des 2.4 bzw. 3.4 Litre war nach bester Jaguar-Tradition mit zwei obenliegenden Nockenwellen bestückt. Ein Motor mit viel Kraftreserve.

Jaguar Mk. II 2.4, 3.4, 3.8

Die zweite Generation des 2.4/3.4 Litre wurde unter der Sammelbezeichnung Mk. II bekannt, vorgestellt auf der Londoner Motor Show 1959. Karosserie-Retuschen ringsum ließen diesen Wagen eleganter erscheinen, auch verschafften eine etwas heruntersetzte Gürtellinie und dadurch vergrößerte Scheiben den Insassen bessere Sicht. Zu den beiden Motoren von 2483 und 3442 ccm Hubraum kam das 3781-ccm-Aggregat mit 220 PS. Dunlop-Scheibenbremsen hatten alle Mk. II serienmäßig, der 3.8 auch ein Sperrdifferential (Thornton-Power-Lock). Overdrive oder Getriebeautomatik standen gegen Aufpreis zur Verfügung, ebenso Speichenräder mit Zentralverschluß. Mit Erscheinen der

Oben: 1962er Jaguar Mk. II, dessen äußere Konturen ebenso wie das Interieur in starkem Maß von William Lyons mitgeprägt wurden. Rechts daneben: Mk. II Baujahr 1966.

Modell	Mk. II 2.4	Mk. II 3.4	Mk. II 3.8
Produktionszeit	1959–1967	1959–1967	1959–1967
Zylinder	Reihen-6	Reihen-6	Reihen-6
Bohrung x Hub, Hubraum	83 x 76,5 mm, 2483 ccm	83 x 106 mm, 3442 ccm	87 x 106 mm, 3781 ccm
PS bei U/min	120 PS/5750	210 PS/5500	220 PS/5500
Verdichtung	8,1 : 1	8 : 1	8 : 1
Ventile	2 ohc	2 ohc	2 ohc
Vergaser	2 Solex	2 SU	2 SU
Batterie	12 V	12 V 60 Ah	12 V 60 Ah
Getriebe	4V + R (OD)	4V + R (OD)	4V + R (OD)
Chassis	selbsttr. Karosserie	selbsttr. Karosserie	selbsttr. Karosserie
Lenkung	Kugelumlauf	Kugelumlauf	Kugelumlauf
Fußbremse	Scheiben v/h, Servo	Scheiben v/h, Servo	Scheiben v/h, Servo
Radstand, Spur vorn/hinten	2730, 1400/1400 mm	2730, 1400/1360 mm	2730, 1400/1360 mm
Ges.-Abmessungen	4590 x 1690 x 1460 mm	4590 x 1690 x 1460 mm	4590 x 1690 x 1460 mm
Bereifung	6.40 x 15	6.40 x 15	6.40 x 15
Gewicht	1350 kg	1370 kg	1375 kg
Höchstgeschwindigkeit	165 km/h	200 km/h	200 km/h
Stückzahlen	25 070	28 660	30 070
Anmerkungen	ab 1960 Servolenkung	auf Wunsch Getriebeautomatik	auf Wunsch Getriebeautomatik

Mk.-II-Reihe, die es bis 1967 gab, bezeichnete man im Nachhinein die Vorgänger (inoffiziell) als Mk. I. Die Fahrgestellnummern beginnen für den 2.4 Litre bei 125000, für den 3.4 Litre bei 175000, für die 3.8-Litre-Baureihe bei 210000.

Die Daimler-Version mit geringfügigen Karosserie-Unterschieden, gebaut von 1962 bis 1967, hatte einen V8-Motor mit 2547 ccm Hubraum und wurde 17 620 mal gebaut, während es der Jaguar Mk. II insgesamt auf 83 800 Stück brachte.

Oben: Motor eines gepflegten 3.8 Litre Mk. II. Unten: Längsschnitt durch den 2,4-Liter-Motor. Rechts der Kettenantrieb zu den obenliegenden Nockenwellen. Links: Ein Mk. II bei einem Flugplatzrennen in Mainz-Finthen.

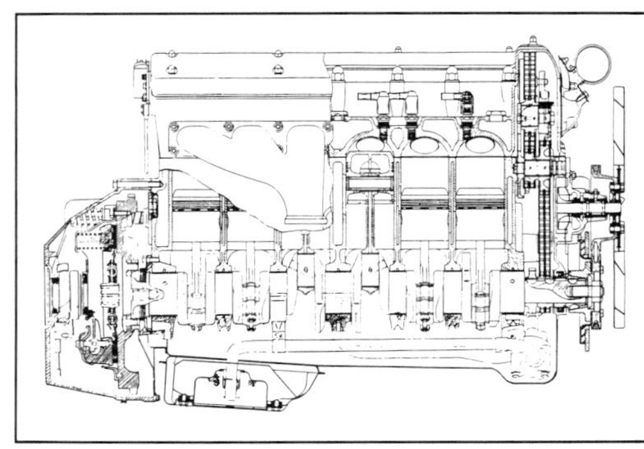

Der Mk. I hatte auch eine interessante Wettbewerbs-Karriere aufzuweisen. Hier steuert Michael Salmons einen Coombs-Wagen in Brands Hatch.

2.4, 3.4, Mk. II, S-Type, 240, 340				
Modell	Bauzeit	Anzahl	Fahrgest.-Nr. ab	
Jaguar 2.4	Sept. 1955 – Sept. 1959	19 992	900001 940001	Rechtsl. Linksl.
Jaguar 3.4	März 1957 – Sept. 1959	17 405	970001 985001	Rechtsl. Linksl.
Jaguar Mk. II 2.4	Okt. 1959 – Sept. 1967	25 173	100001 125001	Rechtsl. Linksl.
Jaguar Mk. II 3.4	Okt. 1959 – Sept. 1967	28 666	150001 175001	Rechtsl. Linksl.
Jaguar Mk. II 3.8	Okt. 1959 – Sept. 1967	30 141	200001 210001	Rechtsl. Linksl.
Jaguar S 3.4	Sept. 1963 – Aug. 1968	10 036	IB 1001 IB 25001	Rechtsl. Linksl.
Jaguar S 3.8	Sept. 1963 – Juni 1968	15 135	IB 50001 IB 75001	Rechtsl. Linksl.
Jaguar 240	Sept. 1967 – Apr. 1969	4 446	IJ 1001 IJ 30001	Rechtsl. Linksl.
Jaguar 340	Sept. 1967 – Sept. 1968	2 800	IJ 50001 IJ 80001	Rechtsl. Linksl.

Links: Ein Mk. II auf dem Weg nach Moskau zur Handelsmesse 1961. Unten: 1962er Mk. II.

Oben: Rustikal und doch sportlich: Mk. II mit Zentralverschluß-Speichenfelgen.

Jaguar 240, 340

Die Modelle 240 und 340 könnte man als die Auslauf-Typen der Mk.-II-Baureihe bezeichnen, die sie Ende 1967 ablösten. In der Ausstattung etwas schlichter, in der Technik aber auf der Höhe der Entwicklungsreife, boten diese Wagen ein Optimum fürs Geld. Bis 1968 wurden noch einmal 2630 Wagen mit dem 3442-ccm-Motor hergestellt, bis zum Frühsommer 1969 4210 Exemplare des Typs 240 mit dem 2483-ccm-Aggregat.

Modell	240	340
Produktionszeit	1967–1969	1967–1968
Zylinder	Reihen-6	Reihen-6
Bohrung x Hub, Hubraum	83 x 76,5 mm, 2483 ccm	83 x 106 mm, 3442 ccm
PS bei U/min	135 SAE-PS/5500	213 SAE-PS/5500
Verdichtung	8:1 oder 7:1	8:1 oder 9:1
Ventile	2 ohc	2 ohc
Vergaser	2 SU	2 SU
Batterie	12V 51Ah	12V 67Ah
Getriebe	4V + R (OD) oder Automatik	4V + R (OD) oder Automatik
Chassis	selbsttr. Karosserie	selbsttr. Karosserie
Lenkung	Kugelumlauf (Servo)	Kugelumlauf (Servo)
Fußbremse	Scheiben v/h, Servo	Scheiben v/h, Servo
Radstand, Spur vorn/hinten	2730, 1395/1345 mm	2730, 1395/1345 mm
Ges.-Abmessungen	4590 x 1695 x 1460 mm	4590 x 1695 x 1460 mm
Bereifung	6.40 x 15	6.40 x 15
Gewicht	1440 kg	1480 kg
Höchstgeschwindigkeit	180 km/h	200 km/h
Stückzahlen	4210	2630
Anmerkungen	davon 730 mit Linkslenkung	davon 535 mit Linkslenkung

Ein bißchen schlichter, im technischen Standard aber unverändert präsentierte Jaguar mit den 240/340 Ende 1967 die Mk.-II-Nachfolger.

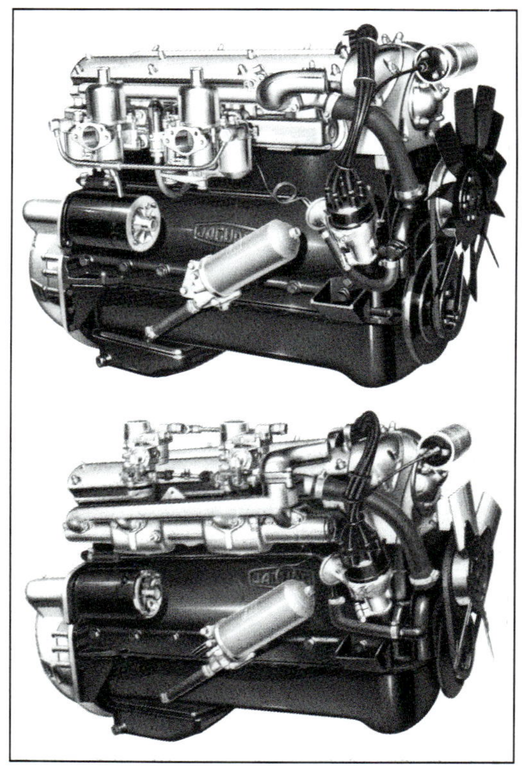

Oben der Motor mit 3442 ccm Hubraum, darunter die 2483-ccm-Version. In der technischen Basis waren die Maschinen identisch, doch in der Leistung und dementsprechend im Kraftstoffverbrauch gab es große Unterschiede.

Jaguar S-Type 3.4, 3.8

Eine interessante de-luxe-Variante des Mk. II war der Jaguar S-Type, den es mit dem Motor des 3.4 und dem 3.8 Litre gab. Angeboten von 1964 bis 1968, war der S-Type bei gleichem Radstand länger als der Mk. II, was in erster Linie dem Kofferraum zugute kam. Speichenräder, Overdrive, Automatik und Sperrdifferential gab es auch hier gegen Aufpreis (letzteres beim 3.8 S serienmäßig). Jeder wünschenswerte Komfort vom Zweistufen-Scheibenwischer bis zu Einzelsitzen in Leder mit Liegebeschlägen war im Preis einbegriffen; der Abstand zum Mk. II betrug auf dem deutschen Markt etwa 3000 Mark.

Oben: Das luxuriöse Interieur des S-Type. Unten links der im Vergleich zum Mk. II sehr viel größere Kofferraum. Und selbstverständlich wies dieses Modell ringsum großdimensionierte Scheibenbremsen mit Servohilfe auf.

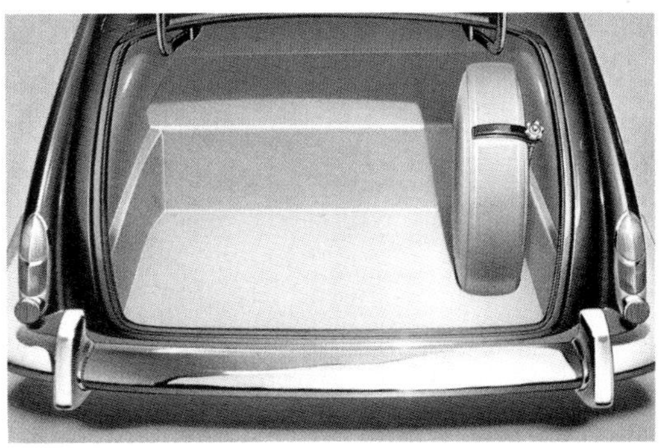

Modell	S-Type 3.4	S-Type 3.8
Produktionszeit	1963–1968	1963–1968
Zylinder	Reihen-6	Reihen-6
Bohrung x Hub, Hubraum	83 x 106 mm, 3442 ccm	83 x 106 mm, 3781 ccm
PS bei U/min	213 SAE-PS/5500	223 SAE-PS/5500
Verdichtung	8:1	8:1
Ventile	2 ohc	2 ohc
Vergaser	2 SU	2 SU
Batterie	12 V 60 Ah	12 V 60 Ah
Getriebe	4V + R (OD) oder Automatik	4V + R (OD) oder Automatik
Chassis	selbsttr. Karosserie	selbsttr. Karosserie
Lenkung	Kugelumlauf	Kugelumlauf
Fußbremse	Scheiben v/h, Servo	Scheiben v/h, Servo
Radstand, Spur vorn/hinten	2730, 1410/1370 mm	2730, 1410/1370 mm
Ges.-Abmessungen	4770 x 1700 x 1380 mm	4770 x 1700 x 1380 mm
Bereifung	185 x 15	185 x 15
Gewicht	1637 kg	1645 kg
Höchstgeschwindigkeit	190 km/h	195 km/h
Stückzahlen	9830	15070
Anmerkungen		

Jaguar E-Type 6 Zylinder

Als der E-Type die Szene betrat, hielten viele diesen Jaguar seiner aggressiven Erscheinung wegen für einen Rennwagen. Aber er war »nur« ein Sportfahrzeug, nicht mehr und nicht weniger – wie die XK-Modelle, deren Nachfolge er 1961 antrat. Mit dem bewährten 3781-ccm-Doppelnockenwellen-Motor gab es anfangs einen zweisitzigen Roadster (OTS) und ein Coupé (FHC). Ab Oktober 1964 stand auch die 4.2-Litre-Maschine für den E-Type zur Verfügung, gleichzeitig gab es Modifikationen im Interieur. Im April 1966 nahm man den etwas geräumigeren Two-plus-Two in Produktion. Dieses Modell hatte eine steilere Windschutzscheibe und war nur als Coupé – jetzt auch wahlweise mit Getriebeautomatik – lieferbar.
Mit seiner selbsttragenden Karosserie, Einzelradaufhängung wie beim Mk. X und Scheibenbremsen an allen vier Rädern war der E-Type up to date; als 220 km/h schneller Wagen obendrein ein Herausforderer an die Sportwagen-Elite des Kontinents. Ab 1962 gab es für den OTS ein aufsetzbares Hardtop. Die zunächst charakteristische Abdeckung der Scheinwerfer durch transparente Hauben entfiel 1967. Vom Oktober 1968 an (Series II) bekam die Bugpartie eine größere Kühlluft-Einlaßöffnung mit einem Chrombügel, der sich bis in die Seiten herumzog, sowie etwas nach vorn versetzte Scheinwerfer, und dem 2+2-Coupé gab man die stärker geneigte Frontscheibe wieder. Gegen Aufpreis waren wie stets Getriebeautomatik, aber auch verchromte Scheibenfelgen und eine Klimaanlage zu bekommen. Noch waren die Autos recht pflegeintensiv: 17 Schmiernippel wollten alle 10 000 Kilometer versorgt sein, einen Ölwechsel empfahl Jaguar alle 5000 Kilometer. Die letzte Generation des Sechszylinder E-Type lief in Coventry vom Frühjahr 1971 bis Serienende im Herbst des gleichen Jahres vom Band.

Oben: Armaturenbrett eines Jaguar E-Type von 1961. Hier sind die Bedienungselemente etwas rustikal auf einer Aluplatte eingelassen. Rechts daneben Volant des E-Type der zweiten Serie: Alles sieht etwas eleganter aus.

Rechts: Jaguar E-Type 3.8 Litre Roadster der ersten Serie, Baujahr 1962. Ähnlichkeiten mit dem XK-SS von 1957 sind durchaus nicht zufällig!

Viele Jaguar-Liebhaber gaben dem Coupé aus formalästhetischen Gründen eindeutig den Vorzug. Das Foto zeigt den Sechszylinder in seiner letzten Bauform.

Modell	E-Type 3.8	E-Type 4.2	E-Type 4.2 II
Produktionszeit	1961–1964	1964–1968	1968–1970
Zylinder	Reihen-6	Reihen-6	Reihen-6
Bohrung x Hub, Hubraum	87 x 106 mm, 3781 ccm	92 x 106 mm, 4235 ccm	92 x 106 mm, 4235 ccm
PS bei U/min	265 SAE-PS/5500	265 SAE-PS/5500	269 SAE-PS/5500
Verdichtung	9:1	8:1	9:1
Ventile	2 ohc	2 ohc	2 ohc
Vergaser	3 SU	3 SU	3 SU (Stromberg)
Batterie	12V 57Ah	12V 60Ah	12V 60Ah
Getriebe	4V + R	4V + R oder Automatik	4V + R oder Automatik
Chassis	selbsttr. Karosserie	selbsttr. Karosserie	selbsttr. Karosserie
Lenkung	Zahnstangen	Zahnstangen	Zahnstangen
Fußbremse	Scheiben v/h, Servo	Scheiben v/h, Servo	Scheiben v/h, Servo
Radstand, Spur vorn/hinten	2440, 1270/1270 mm	2440, 1270/1270 mm	2440, 1270/1270 mm
Ges.-Abmessungen	4450 x 1660 x 1220 mm	4450 x 1660 x 1220 mm	4450 x 1660 x 1220 mm
Bereifung	6.40 x 15 RS 5	6.40 x 15 RS 5	6.40 x 15 RS 5
Gewicht	1118 kg (OTS)	1280 kg (OTS)	1380 kg (Coupé)
Höchstgeschwindigkeit	240 km/h	240 km/h	240 km/h
Stückzahlen	15496	22920	18823
Anmerkungen	Roadster, Coupé	Roadster, Coupé, 2+2 (2662 mm Radstand)	Roadster, Coupé 2+2 (2662 mm Radstand)

Oben: Jaguar E-Type Roadster Serie II von 1969/70. Links: Peter Lindners Lightweight-Renncoupé von Montlhéry. Das Fahrzeug wurde unter großem Aufwand wieder aufgebaut.

Stückzahlen (einschl. V12)

1961–64 3.8 OTS	7820
1961–64 3.8 FHC	7670
1964–68 4.2 OTS	9550
1964–68 4.2 FHC	7770
1964–68 4.2 2+2	5600
1968–70 (Ser. II) 4.2 OTS	8630
1968–70 (Ser. II) 4.2 FHC	4860
1968–70 (Ser. II) 4.2 2+2	5333
1970–75 (Ser. III) V12 OTS	7990
1970–74 (Ser. III) V12 2+2	7397

Von insgesamt 75 520 Fahrzeugen wurden 63 193 exportiert, also etwa 87 Prozent.

Oben: Das 2+2 Coupé von 1966. Rechts das Armaturenbrett des gleichen Modells.

Links: E-Type-Gesichter der Serie 1, 2 und 3. Elastische Kunststoff-Kennzeichen stehen dem E-Type besser als starre Blechtafeln!

Unten: E-Type mit englischen Minilite-Felgen. Nicht unbedingt ein formaler Gewinn…

Jaguar E-Type 12 Zylinder

Ab Ende März 1971 – nach dem Genfer Automobil-Salon – wurde der Jaguar E-Type der Serie III mit V12-5,3-Liter-Motor angeboten – ein Wagen, der für großes Aufsehen sorgte. Den Rohrrahmen-Unterbau hatte man für die Aufnahme des größeren Motors verstärkt, Servolenkung gehörte zur Serienausstattung. Ansonsten entsprach die Technik des V12 der des Sechszylinders. Lediglich eine etwas veränderte Kühlerpartie verriet, daß dieser E-Type einen anderen Motor hatte; was von der Heckansicht her aber auch vier statt zwei Auspuffrohre sowie ein verchromtes V12-Emblem deutlich machten. Zur Wahl standen das Coupé (mit etwas längerem Radstand) und der offene OTS. Das Vierganggetriebe wies einen zusätzlichen Schnellgang auf (0,779:1); auf Wunsch erhielt man eine Borg-

Besonders gut steht dem E-Type V12 das aufsetzbare Hardtop – mit oder ohne Blondine ein feiner Anblick. Unten: Schnitt durch die Zwölfzylindermaschine des XJ13, der mit seinen vier Nockenwellen ein Prototyp blieb.

Modell	E-Type III
Produktionszeit	1971–1975
Zylinder	V 12
Bohrung x Hub, Hubraum	90 x 70 mm, 5343 ccm
PS bei U/min	268 PS/5750
Verdichtung	9:1
Ventile	2 ohc
Vergaser	4 Zenith
Batterie	12 V 60 Ah
Getriebe	4 V + R oder Automatik
Chassis	selbsttr. Karosserie
Lenkung	Zahnstangen, Servo
Fußbremse	Scheiben v/h, Servo
Radstand, Spur vorn/hinten	2667, 1380/1350 mm
Ges.-Abmessungen	4684 x 1678 x 1306 mm
Bereifung	70 VR 15
Gewicht	1520 (Coupé), 1500 kg
Höchstgeschwindigkeit	238 km/h
Stückzahlen	15 287
Anmerkungen	Roadster, 2+2

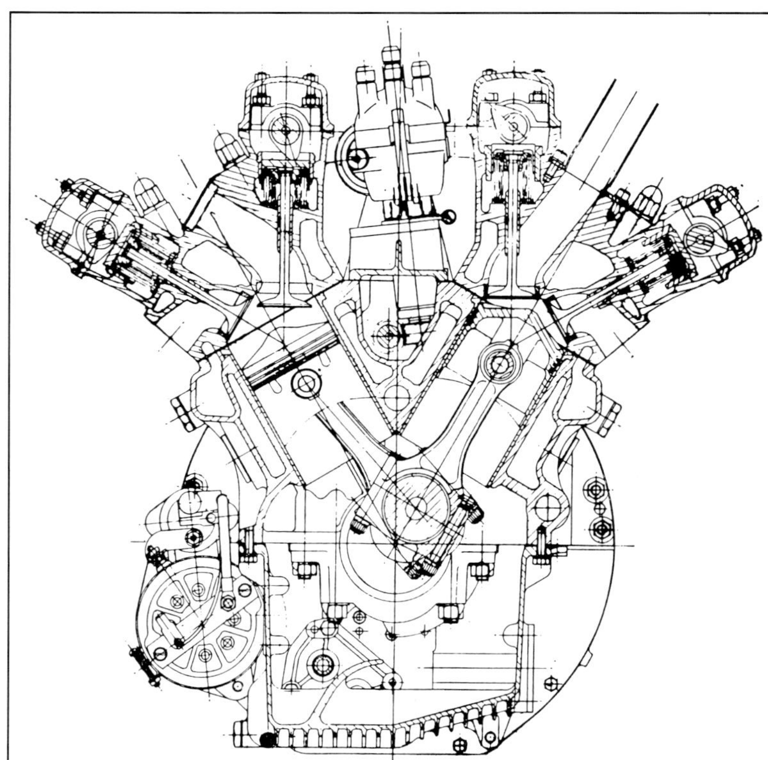

Warner-Automatik. Die Produktion des geschlossenen E-Type nahm im September 1974 ein Ende, den OTS mit dem 276 PS starken Zwölfzylindermotor baute man noch vier Monate weiter, hauptsächlich für den Export nach USA. Trotz etwas problematischen Fahrverhaltens – wegen des höheren Fahrzeuggewichts – erfreute sich später der V12-E-Type einer besonders hohen Wertschätzung bei Sammlern und Liebhabern.

Mit seinem verlängerten Radstand bot der 2+2 im Fond leidlich Platz. Unten: V12 E-Type bei einem Treffen der Jaguar Association Germany, das alljährlich im Sommer veranstaltet wird.

Oben: Die signifikante Bugpartie des V12 mit zusätzlichem Lufteinlaß unter der Kühleröffnung. Das flexible Kennzeichen ist die einzig akzeptable Nummernschild-Lösung.

Oben: Jaguar E-Type 4.2 von 1964. Dieser Wagen hat den verlängerten Radstand und ist ein echter Two-Plus-Two. Platz für Langholz bleibt allerdings nicht, wenn man zu viert unterwegs ist... Links: Toprestaurierter E-Type der Serie III eines Sammlers in der Schweiz.

Rechts: Jaguar E-Type V12 1971: Black ist beautiful, wenn etwas Chrom dabei ist!

Darauffolgende Seite: Jaguar XJ6 Baujahr 1969 mit beziehungsvollem Kennzeichen (buy one!). Die Speichenräder wurden sicher nachträglich montiert.

Der Jaguar XJ6 gab sein Debüt im Oktober 1968. Der große Viertürer stellte eine Synthese von den bisherigen »großen« Modellen und den »compact saloons« dar und setzte die Parameter für Jaguars Weg in zukünftige Automobil-Dimensionen. Der Wagen hatte einen Sechszylinder-dohc-Motor, zu haben als 2,8- oder 4,2-Liter, Einzelradaufhängung ringsum und eine selbsttragende Karosserie, Zweikreis-Scheibenbremsen (hinten innenliegend, jetzt von Girling) waren längst zur Selbstverständlichkeit geworden.

Jaguar XJ6

Wahlweise standen Handschaltung oder Getriebeautomat zur Verfügung. Ab Herbst 1972 bekam man den XJ6 auch mit längerem Radstand, ab Frühjahr 1975 serienmäßig mit Servolenkung. Im gleichen Jahr kam auch als Ersatz für den mittlerweile aufgegebenen 2,8 Liter ein 3,4 Liter ins Programm. Nur geringfügige äußere Modifikationen – beispielsweise am Kühlergrill – unterschieden die Wagen der ersten (1968–73), der zweiten (1973–79) und der dritten Serie (1979–86), während die hauptsächlichen Veränderungen im Interieur-Design stattfanden. Von 1975 an hatten alle Limousinen auch einen längeren Radstand – nämlich den der bisherigen L-Version, und von 1978 an wies der 4.2

Oben: Jaguar XJ6 Limousine der ersten Serie, aufgenommen im Herbst 1968. Rechts daneben das Armaturenbrett in der damaligen Ausführung. In der Mitte ein großes Kartenfach.

Modell	XJ6 4.2	XJ6 3.4	XJ6 2.8
Produktionszeit	1968–1986	1975–1979	1968–1973
Zylinder	Reihen-6	Reihen-6	Reihen-6
Bohrung x Hub, Hubraum	92 x 106 mm, 4235 ccm	83 x 106 mm, 3442 ccm	83 x 86 mm, 2790 ccm
PS bei U/min	205 PS/4500 (245 SAE)	163 PS/5000	149 PS/5750 (180 SAE)
Verdichtung	8:1	8,5:1	8:1 oder 9:1
Ventile	2 ohc	2 ohc	2 ohc
Vergaser	2 SU (ab 1978 Einspritzung)	2 SU	2 SU
Batterie	12 V 60 Ah	12 V 66 Ah	12 V 51 Ah
Getriebe	4V + R (OD) od. Autom.	4V (5V ab 1978) + R (OD)	4V + R (OD) od. Autom.
Chassis	selbsttr. Karosserie	selbsttr. Karosserie	selbsttr. Karosserie
Lenkung	Zahnstangen (Servo)	Zahnstangen (Servo)	Zahnstangen (Servo)
Fußbremse	Scheiben v/h, Servo	Scheiben v/h, Servo	Scheiben v/h, Servo
Radstand, Spur vorn/hinten	2764, 1473/1481 mm	2865, 1470/1490 mm	2764, 1470/1490 mm
Ges.-Abmessungen	4813 x 1770 x 1375 mm	4945 x 1770 x 1375 mm	4813 x 1770 x 1345 mm
Bereifung	70 VR 15	70 VR 15	70 VR 15
Gewicht	1660 kg	1685 kg	1630 kg
Höchstgeschwindigkeit	204 km/h	188 km/h	190 km/h
Stückzahlen	Serie I: 78891, Serie II: 77501, Serie III: 77410 (bis 31.12.1984)		
Anmerkungen	ab 1972 mit 2867 mm Radst. (XJ6L), ab 1975 Servolenkung		

Litre elektronische Benzineinspritzung auf. Das Handschaltgetriebe bekam zugleich fünf statt der bisherigen vier Vorwärtsgänge. Als im Frühjahr 1986 der XJ6 in Katalysator-Ausführung ausgeliefert wurde, ging die Motorleistung von 205 auf 178 DIN-PS zurück. Von allen Modellen gab es Daimler-Varianten; ihre Stückzahl belief sich auf insgesamt 51 954 Exemplare gegenüber 233 802 Jaguar-Ausführungen bis Ende 1984.

Stückzahlen (Modelljahre bis einschl. 1984)

1. Serie	1969	8085
	1970	17 525
	1971	23546
	1972	14 885
	1973	18 850
2. Serie	1973	1656
	1974	18 270
	1975	14 229
	1976	15 440
	1977	10 956
	1978	15 422
	1979	1525
3. Serie	1979	6146
	1980	9836
	1981	10 216
	1982	14 422
	1983	17 412
	1984	19 578

Oben: Den Kofferraum des neuen XJ6 durfte man durchaus als geräumig bezeichnen. Der Kraftstofftank war (wie schon beim 420) geteilt, die Spritzufuhr ließ sich auch getrennt schalten. Darunter: Der inzwischen modernisierte Volant, hier bei einem 1980er XJ6.

Links: XJ6L der Serie II, Baujahr 1973. Später wurde der längere Radstand Standard, der kürzere blieb den Zweitürern vorbehalten.

Jaguar XJ-C

Der elegante Zweitürer, den Jaguar im September 1973 vorstellte, allerdings erst ein Jahr später zu produzieren begann, blieb ein Außenseiter im Angebot. Er war ein vollwertiger Viersitzer nach der amerikanischen Hardtop-Definition mit einem Höchstmaß an Komfort und technisch mit den viertürigen Schwestermodellen identisch. Unter der Bezeichnung XJ-C gab es dieses Auto bis 1978 als Sechszylinder mit dem 4235-ccm-dohc-Motor sowie als V12 mit Einspritzmotor und Getriebeautomatik. Das Fahrzeug wies den kürzeren Radstand auf, den der XJ6 bei seinem Debüt gehabt hatte. Nur 6505 Sechs- und 1873 Zwölfzylinder wurden angefertigt, dazu 1676 Exemplare als Daimler Sovereign Six und 408 als Daimler Double Six – letztgenanntes Modell dürfte damit den größten Seltenheitswert aufweisen.

Das XJ-C Coupé kam mit einem Vinylbezug auf dem Dach zur Auslieferung. Selbstverständlich gab es diesen schönen Wagen auch in der Daimler-Version (unten).

Modell	XJ-C 4.2	XJ-C V 12
Produktionszeit	1973–1977	1973–1977
Zylinder	Reihen-6	V 12
Bohrung x Hub, Hubraum	92,1 x 106 mm, 4235 ccm	90 x 70 mm, 5343 ccm
PS bei U/min	167 PS/5400	240 PS/5750
Verdichtung	7,8 : 1	9 : 1
Ventile	2 ohc	2 ohc
Vergaser	2 SU	Einspritzung
Batterie	12 V 60 Ah	12 V 68 Ah
Getriebe	4V + R (OD)	Automatik
Chassis	selbsttr. Karosserie	selbsttr. Karosserie
Lenkung	Zahnstangen, Servo	Zahnstangen, Servo
Fußbremse	Scheiben v/h, Servo	Scheiben v/h, Servo
Radstand, Spur vorn/hinten	2765, 1470/1480 mm	2765, 1470/1480 mm
Ges.-Abmessungen	4845 x 1770 x 1375 mm	4845 x 1770 x 1375 mm
Bereifung	205/70 VR 15	205/70 VR 15
Gewicht	1780 kg	1860 kg
Höchstgeschwindigkeit	188 km/h	217 km/h
Stückzahlen	6505	1873
Anmerkungen	1676 Exemplare als Daimler Sovereign	408 Exemplare als Daimler Double Six

Der XJ12C galt als besonders schick und wurde nur in 1862 Exemplaren hergestellt. 408 wurden als Daimler Double Six gebaut.

Links: Als relativ geräumiger 2+2 bot der XJ12C auch im Fond genügend Platz für zwei Personen.

Jaguar XJ12

Den XJ12 als Spitzenmodell des Hauses stellte Jaguar der Presse im Juli 1972 vor; öffentlich zu sehen war der Wagen erstmals auf dem Pariser Salon im Oktober. Es gab diesen 5,3-Liter-Hochleistungswagen ausschließlich mit automatischem Getriebe, zunächst von Borg-Warner, ab Mai 1977 von General Motors. Der XJ12 machte alle Faceliftings des Sechszylinders mit, erhielt im September 1973 eine modifizierte Frontpartie und ab April 1975 serienmäßig die elektronische Kraftstoff-Einspritzanlage von Bosch-Bendix-Lucas; im März 1981 wurde sie durch eine digitalgesteuerte Anlage ersetzt. Der von Michael May entwickelte Fireball-Zylinderkopf kam ab Juli 1981 im Modell H.E. *(high efficency)* zum Einbau. Wie den XJ6, gab es auch den XJ12 in Daimler-Version, wobei in den ersten beiden Serien eindeutig mehr Jaguar-Zwölfzylinder, in der dritten Serie aber mehr Daimler-V12 verkauft wurden.

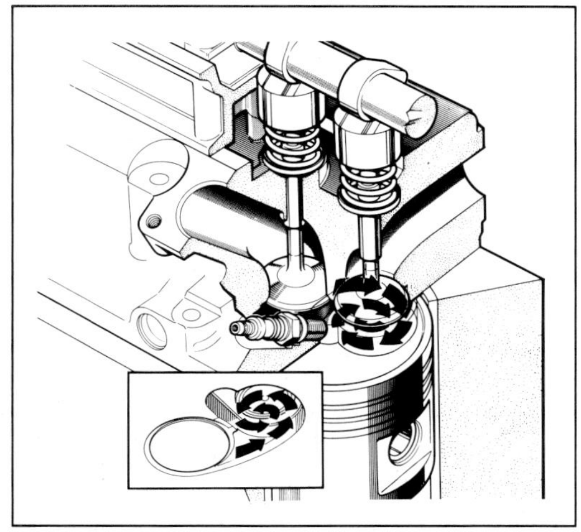

Der Fireball-Brennraum (rechts) war eine Entwicklung Michael Mays. Eine intensivere Verbrennung des Gemischs machte den Motor nicht zuletzt auch sparsamer.

Stückzahlen (Modelljahre bis einschl. 1984)

1. Serie	1972	326
	1973	2894
2. Serie	1973	168
	1974	4744
	1975	2239
	1976	3283
	1977	1913
	1978	3284
	1979	429
3. Serie	1979	937
	1980	814
	1981	457
	1982	518
	1983	341
	1984	1509
1. Serie Daimler V12		879
2. Serie Daimler V12		4292
3. Serie Daimler V12		5049

Modell	XJ 12 5.3	XJ 12 5.3 H.E.
Produktionszeit	1972–1981	1981–1992
Zylinder	V 12	V 12
Bohrung x Hub, Hubraum	90 x 70 mm, 5343 ccm	90 x 70 mm, 5343 ccm
PS bei U/min	272 PS/5700	295 PS/5500
Verdichtung	9:1	12,5:1
Ventile	2 ohc	2 ohc
Vergaser	4 Zenith	Einspritzung
Batterie	12 V 68 Ah	12 V 68 Ah
Getriebe	Automatik	Automatik
Chassis	selbsttr. Karosserie	selbsttr. Karosserie
Lenkung	Zahnstangen, Servo	Zahnstangen, Servo
Fußbremse	Scheiben v/h. Servo	Scheiben v/h, Servo
Radstand, Spur vorn/hinten	2765, 1473/1482 mm	2865, 1480/1495 mm
Ges.-Abmessungen	4814 x 1768 x 1343 mm	4960 x 1770 x 1375 mm
Bereifung	205/70 VR 15	215/70 VR 15
Gewicht	1800 kg	1815 kg
Höchstgeschwindigkeit	225 km/h	245 km/h
Stückzahlen	21 488	
Anmerkungen	ab 1975 mit Einspritzung ab 1977 Hydramatic	

Oben: Jaguar XJ12L in der Ausführung von 1973/74.

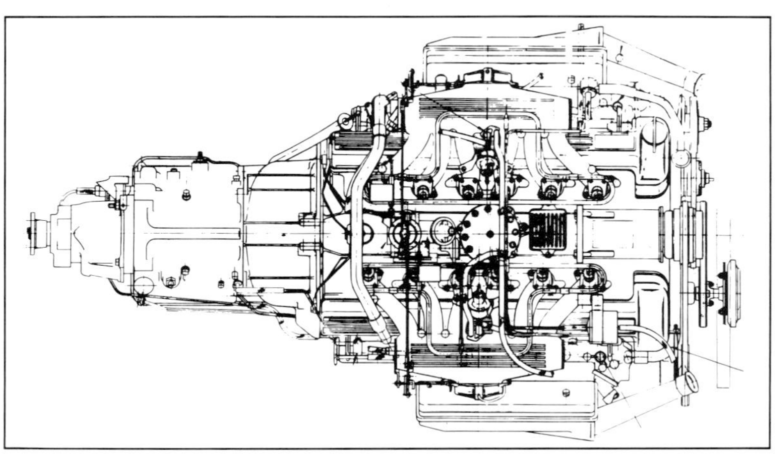

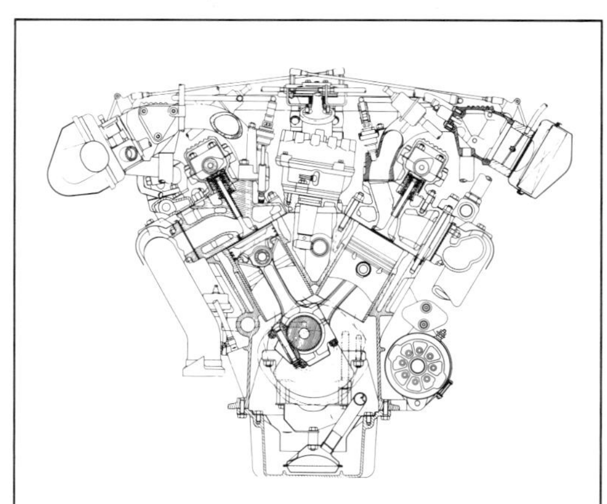

Draufsicht und Schnitt durch die V12-Maschine des großen Jaguar.

WDU 674J

BUY 1

Golden Jubilee
MAY70

SI-HT 3

CVC 453L

Oben: Jaguar XJ6 Baujahr 1982 vor dem Schloß Beaulieu im Süden Englands. Ein passender Hintergrund zu einem noblen Auto.

Links oben: Jaguar Mk. II mit der klassischen Kühlerpartie, entworfen von William Lyons. Links: Werbefoto eines XJ6 in einer etwas untypischen Umgebung.

DAH-AR 488

Oben: Jaguar XJ-S Modell 1979/80.

Links: Heute schon eine Rarität – das XJ-C Coupé, wie es in der Zeit von 1973 bis 1978 produziert wurde. Besonders die V12-Version ist sehr selten.

Rechts: 1986er Spitzenmodell – Jaguar Sovereign. Dieser V12 weist noch die herkömmliche XJ-Karosserieform auf.

Oben: Daimler 420 Limousine, das größte Kaliber aus Allesley, von dem pro Jahr nur mehr 250 Exemplare gebaut werden.

Links: Daimler 1987, die Individualisten-Version des Jaguar XJ6 neuesten Baumusters. Bemerkenswert sind die großen Scheinwerfer-Einheiten.

Jaguar Sovereign XJ12

In einer dem äußeren Gewand des XJ40, der 1986 für Aufsehen sorgte, nur in minimalen Details »angeglichenen« Karosserie gab es auch den seit 1972 mit konstantem Erfolg hergestellten XJ12 in einer Neuauflage. Traditionelle Bau- und Stilelemente des XJ hatte man indessen beibehalten. Noch immer tat in diesem Fahrzeug der V12 H.E.-Motor seine Pflicht, und als Alternative zur kontinentaleuropäischen Konkurrenz hatte man dieses Modell länger als ursprünglich geplant beibehalten. Ein richtiger Entschluß, wie sich durch die anhaltende Nachfrage – besonders die Daimler-Ausführung »Double Six« betreffend – bestätigte. Die Einführung eines V12 von BMW sorgte für eine zusätzliche Belebung dieses Top-Marktsegments 1986/87. Den V12 gab es wie bisher nur mit Getriebeautomat (GM Hydramatic).

Rechts: Der klassische XJ12 von 1986 (5.3 HE).

Unten: Frontansicht des 1986/87er XJ12.

Modell	XJ 12/Sovereign V 12 (Serie III)
Produktionszeit	1986–1992
Zylinder	V 12 H.E.
Bohrung x Hub, Hubraum	90 x 70 mm, 5343 ccm
PS bei U/min	295 PS/5500
Verdichtung	12,5 : 1
Ventile	2 ohc
Vergaser	Einspritzung
Batterie	12 V 68 Ah
Getriebe	Automatik
Chassis	selbsttr. Karosserie
Lenkung	Zahnstangen, Servo
Fußbremse	Scheiben v/h, Servo
Radstand, Spur vorn/hinten	2885, 1480/1495 mm
Ges.-Abmessungen	4960 x 1770 x 1375 mm
Bereifung	215/70 VR 15
Gewicht	1920 kg
Höchstgeschwindigkeit	228 km/h
Stückzahlen	
Anmerkungen	

Jaguar XJ-S

1975 brachte eine große Zahl von Neuigkeiten im Jaguar-Programm, so auch die Vorstellung des XJ-S im Oktober. Es handelte sich um ein neues Coupé mit besonders flacher, eleganter Linienführung (11,5 cm niedriger als der XJ-C), aber auch mit einer Frontpartie, die das bisherige Familien-»Gesicht« vermissen ließ. Bis 1977 gab es den XJ-S mit dem vertrauten 3442-ccm-dohc-Motor, ab 1975 auch mit der V12-Maschine, gut für 242 km/h. Die von Michael May entwickelte H.E.-Version machte aus dem ab 1981 offerierten Sechszylinder einen 3,6-Liter-Vierventiler mit Benzineinspritzung (D-Jetronic). Vom Raumangebot war der XJ-S fast ebenso geräumig wie der XJ-C, aber mehr als ein Two-plus-Two und in jedem Fall ein adäquater Nachfolger des E-Type Coupés, auf den viele Jaguar-Kunden gewartet hatten.

Oben links: Jaguar XJ-S Sechszylinder 3.6 von 1975. Oben: Blick auf den Einspritzmotor des Coupés.

Gegenüberliegende Seite: XJ-S V12 Coupé in der Ausführung von 1986/87 mit modifizierten Stoßfängern und neuen Leichtmetallfelgen.

Links: Heckansicht des V12. Auf Motorway und Autobahn sieht man ihn aus dieser Perspektive in den meisten Fällen…

Modell	XJ-S 3.4	XJ-S 3.6 H.E.	XJ-S 5.3	XJ-S 5.3 H.E.
Produktionszeit	1975–1977	1981–1991	1975–1981	1981–1993
Zylinder	Reihen-6	Reihen-6	V 12	V 12
Bohrung x Hub, Hubraum	83 x 106 mm, 3442 ccm	91 x 92 mm, 3590 ccm	90 x 70 mm, 5343 ccm	90 x 70 mm, 5343 ccm
PS bei U/min	163 PS/5000	228 PS/5300	289 PS/5500	295 PS/5500
Verdichtung	8,5:1	9,6:1	9:1	12,5:1
Ventile	2 ohc	2 ohc, 4 Ventile	2 ohc	2 ohc
Vergaser	2 SU	Einspritzung	Einspritzung	Einspritzung
Batterie	12 V 66 Ah	12 V 68 Ah	12 V 68 Ah	12 V 68 Ah
Getriebe	4 V + R od. Automatik	5 V + R	4 V + R od. Automatik	Automatik
Chassis	selbsttr. Karosserie	selbsttr. Karosserie	selbsttr. Karosserie	selbsttr. Karosserie
Lenkung	Zahnstangen, Servo	Zahnstangen, Servo	Zahnstangen, Servo	Zahnstangen, Servo
Fußbremse	Scheiben v/h, Servo	Scheiben v/h, Servo	Scheiben v/h, Servo	Scheiben v/h, Servo
Radstand, Spur vorn/hinten	2590, 1470/1490 mm	2590, 1480/1495 mm	2590, 1470/1490 mm	2590, 1470/1490 mm
Ges.-Abmessungen	4870 x 1790 x 1260 mm	4765 x 1795 x 1260 mm	4870 x 1790 x 1260 mm	4870 x 1790 x 1260 mm
Bereifung	215/70 VR 14	215/50 VR 15	205/70 VR 15	215/50 VR 15
Gewicht	1750 kg	1660 kg	1750 kg	1695 kg
Höchstgeschwindigkeit	188 km/h	240 km/h	242 km/h	245 km/h
Stückzahlen			14860	
Anmerkungen				1992: modifizierte Karosserie

Jaguar XJ-SC

Eine interessante Aufwertung erfuhr das Jaguar-Coupé durch eine Karosserie-Veränderung, die es zum Cabriolet machte, wenn auch mit einigen Einschränkungen. Der ab 1983 gebaute XJ-SC – technisch dem XJ-S entsprechend – wies eine abnehmbare Dachpartie und ein ebensolches Rückteil auf; stehen blieben die Seitenteile und ein breiter Bügel. Das Angebot umfaßte den 3,6- und ab August 1985 den 5,3-Liter-Motor, beides Einspritzer und mit genügend »Musik« für 225 bis 230 km/h. Den Sechszylinder bekam man ab 1987 auch mit Getriebeautomatik.

Mit der Einführung des XJ-SC hatte Jaguar auch wieder einen offenen Wagen im Programm, seit dem E-Type das erste Cabrio nach langer Pause. Das in verschiedenen Stadien fixierbare Verdeck bot diverse Frischluft-Fahr-Alternativen.

Ganz oben: Blick ins Interieur des Automatic-Coupés. In der Ausstattung dieses Wagens wurde nicht gespart. Die Varianten des Offenfahrens machen die darunterliegenden Bilder deutlich. Sogar eine einzelne Dachhälfte ist beim XJ-SC herausnehmbar.

Modell	XJ-SC 3.6	XJ-SC 5.3
Produktionszeit	1983–1988	1985–1992
Zylinder	Reihen-6 H.E.	V 12 H.E.
Bohrung x Hub, Hubraum	91 x 92 mm, 3590 ccm	90 x 70 mm, 5343 ccm
PS bei U/min	228 PS/5300	295 PS/5500
Verdichtung	9,6:1	12,5:1
Ventile	2 ohc, 4 Ventile	2 ohc
Vergaser	Einspritzung	Einspritzung
Batterie	12 V 68 Ah	12 V 68 Ah
Getriebe	5 V + R	5 V + R (Automatik)
Chassis	selbsttr. Karosserie	selbsttr. Karosserie
Lenkung	Zahnstangen, Servo	Zahnstangen, Servo
Fußbremse	Scheiben v/h, Servo	Scheiben v/h, Servo
Radstand, Spur vorn/hinten	2590, 1490/1505 mm	2590, 1490/1505 mm
Ges.-Abmessungen	4765 x 1795 x 1260 mm	4765 x 1795 x 1260 mm
Bereifung	215/70 VR 15	215/70 VR 15
Gewicht	1660 kg	1800 kg
Höchstgeschwindigkeit	225 km/h	230 km/h
Stückzahlen	8072	ca. 61 500
Anmerkungen	ab 1987 mit Getriebe-Automatik	ab 1988 als Vollcabriolet

Jaguar XJ6 (XJ40)

Nach langjähriger Entwicklungsarbeit stellte Jaguar im Herbst 1986 ein neues Sechszylinder-Modell vor, das unter der Arbeits-Chiffre XJ40 lief, offiziell aber die vertraute Typenbezeichnung XJ6 mit auf den Weg bekam. Bei einer dem bisherigen Erscheinungsbild der großen, viertürigen Limousine entsprechenden Gesamtlinie ließ sich auf den ersten Blick leicht übersehen, daß man hier eine völlige Neukonstruktion geschaffen hatte. Technisch aufwendig war die neue Hinterachse mit jetzt nur je einer Schraubenfeder rechts und links und nach innen verlegten Scheibenbremsen. Im Angebot waren zwei Motoren, ein neuer ohc-2,9-Liter und der vierventilige dohc-3,6-Liter, beide mit indirekter, elektronischer Benzineinspritzung (Bosch/Lucas). In der Bundesrepublik wurde anfangs die 2,9-Liter-Version nicht angeboten. Wahlweise wurden beide Versionen mit Fünfganggetriebe oder Vierstufen-Automatik von ZF offeriert. Die in der Ausstattung gehobenere Version erhielt die Zusatzbezeichnung Sovereign (z.B. rechteckige Scheinwerfereinheiten). Als Daimler 3.6 gab es traditionsgemäß Variationen mit Superausstattung (von der Sitzheizung bis zum Schiebedach) für den Individualisten.

Jaguar XJ40 in der Röntgenzeichnung; darunter »the real thing«, wie im Oktober 1986 erstmals gezeigt.

Links: Das Topmodell der Jaguar-XJ40-Reihe trug wieder die Bezeichnung Sovereign. Es wartete mit einer besonders eleganten Ausstattung und speziellen Felgen auf.

Oben: Motor und Interieur des neuen Jaguar XJ6 alias XJ40 von 1986. Das Sechszylinderaggregat trägt die Bezeichnung AJ6.

Auch vom XJ40 gab es gleich bei Erscheinen wieder eine Daimler-Version, wenn auch zunächst keinen Double-Six. Erst im vorletzten Baujahr wurde auch der XJ40 auch als V12 angeboten.

Modell	XJ6 2.9	XJ6 3.6
Produktionszeit	1986–1990	1986–1989
Zylinder	Reihen-6	Reihen-6
Bohrung x Hub, Hubraum	91 x 74,8 mm, 2919 ccm	91 x 92 mm, 3590 ccm
PS bei U/min	165 PS/5600	224 PS/5000
Verdichtung	12,9:1	9,6:1
Ventile	1 ohc	2 ohc, 4 Ventile
Vergaser	Einspritzung	Einspritzung
Batterie	12 V 68 Ah	12 V 68 Ah
Getriebe	5 V + R od. Automatik	5 V + R od. Automatik
Chassis	selbsttr. Karosserie	selbsttr. Karosserie
Lenkung	Zahnstangen, Servo	Zahnstangen, Servo
Fußbremse	Scheiben v/h, Servo	Scheiben v/h, Servo
Radstand, Spur vorn/hinten	2870, 1500/1500 mm	2870, 1500/1500 mm
Ges.-Abmessungen	4988 x 2005 x 1380 mm	4988 x 2005 x 1380 mm
Bereifung	220/65 VR 390	220/65 VR 390
Gewicht	1720 kg	1770 kg
Höchstgeschwindigkeit	193 km/h	220 km/h
Stückzahlen		
Anmerkungen		geringere Leistungswerte mit Katalysator

Ein XJ40, wie er in Coventry nie in Serie ging: Das Lübecker Autohaus Lachswehr karossierte diesen offenen Viersitzer mit elektrisch betätigtem Verdeck. Die Bauzeit betrug drei Monate, der Verkaufspreis lag bei 287 000 Mark.

Jaguar XJS 4.0 Liter

Auf dem Genfer Salon 1988 wurde der XJS in einer neuen Version gezeigt: Aus dem Cabriolet mit Targabügel war ein Vollcabrio geworden. Das annähernd zur Gänze versenkbare Verdeck (mit elektrischer Betätigung) machte das Fahren in diesem Auto jetzt zu einem puren Frischluftvergnügen. 1991 stattete Jaguar den XJS mit dem AJ40-Motor aus, und im Herbst 1992 erfuhr das beliebte XJS Coupé weitere Modifikationen: Vierzig Prozent aller Teile wurden überarbeitet. Die Änderungen hatte man aus stilistischen, fertigungstechnischen und die Qualität betreffenden Erwägungen vorgenommen. Optisch wirkte das Fahrzeug jetzt noch rassiger, noch eleganter. Vor allem im Heckbereich hatte das Styling aus dem XJ-S einen hübscheren Wagen gemacht. Im März 1993 folgte das in gleichem Maße überarbeitete Convertible, bei dem der AJ6 4.0-Liter-Motor ab Herbst 1992 den 3,6-Liter-Sechszylinder ersetzt hatte.
Schließlich schaffte man 1993 noch etwas mehr Platz hinter den Sitzen und machte den Wagen dadurch zu einem 2+2. Beide XJS-Modelle blieben bis zu ihrer Ablösung durch den XK8 im Frühjahr 1996 praktisch unverändert.

XJS 4.0 Convertible vom Oktober 1993. Der Wagen hatte nach Änderungen an der Karosserie mehr Platz im Fond und durfte als echter 2+2 bezeichnet werden.

Armaturenbrett des XJS Modell 1991. Holz und Leder bestimmen das traditionelle Jaguar-Ambiente.

Modell	XJS Coupé 4.0	XJ-SC Convertible 4.0
Produktionszeit	1991–1996	1993–1996
Zylinder	Reihen-6	Reihen-6
Bohrung x Hub, Hubraum	91 x 102 mm, 3980 ccm	91 x 102 mm, 3980 ccm
PS (kW) bei U/min	226 (166)/4750	226 (166)/4750
Verdichtung	9,5:1	9,5:1
Ventile	2 ohc, 24 Ventile	2 ohc, 24 Ventile
Kraftstoffversorgung	Lucas/Bosch-Einspritzung	Lucas/Bosch-Einspritzung
Batterie	12 V 68 (72) Ah	12 V 68 (72) Ah
Getriebe	5-Gang oder Automatik	5-Gang oder Automatik
Chassis	selbsttragende Karosserie	selbsttragende Karosserie
Lenkung	Zahnstangen, Servo	Zahnstangen, Servo
Fußbremse	4 Scheiben, ABS	4 Scheiben, ABS
Radstand, Spur vorn/hinten	2590, 1490/1505 mm	2590, 1490/1505 mm
Ges.-Abmessungen	4820 x 1795 x 1255 mm	4820 x 1795 x 1255 mm
Bereifung	225/55 ZR 16	225/60 ZR 16
Gewicht	1705 kg	1830 kg
Höchstgeschwindigkeit	227 km/h	225 km/h
Stückzahlen		
Anmerkungen		

Die gestreckten, fließenden Linien des XJS Coupés machten den Wagen auch zu einem ästhetischen Erlebnis.

Jaguar XJR-S, XJS 6.0 Liter

Das Coupé XJR-S sorgte im Herbst 1991 für Schlagzeilen, als es mit speziellen Alufelgen, breiten Reifen, tiefergelegtem Fahrwerk und einem auf 337 PS getunten V12-Motor angeboten wurde. Der von JaguarSport präparierte Motor hatte 5993 ccm Hubraum und war 11:1 verdichtet. Auch die Typenbezeichnung XJR-S deutete darauf hin, daß es sich hier um ein Walkinshaw-Projekt handelte. Der in Deutschland 140.950 Mark teure XJR-S war über 270 km/h schnell, doch durch elektronische Abregelung hatte man die Spitze auf 254 km/h gedrosselt. Die Beschleunigung von 0 auf 100 km/h betrug 6,8 Sekunden – ein brillanter Wert in Anbetracht des beachtlichen Leergewichts von 1825 kg. Denn der Wagen war ja ein Komfort-Coupé mit allen Raffinessen, kein Rennsportwagen wie der 1990-91 gebaute XJR-15. Der XJR-S wurde bis 1993 angeboten. 1988-89 gab es bereits einige ebenfalls als XJR-S bezeichnete (aber nicht nach Deutschland verkaufte) Exemplare; sie waren aber noch mit dem 5343-ccm-Motor ausgerüstet.

Der XJS 6.0 Liter in Convertible-Ausführung (2+2) wurde von 1992 bis 1996 angeboten und hatte »nur« 318 PS, wog 1920 kg und beschleunigte von 0 auf 100 km/h in 7,4 Sekunden. Den bislang leistungsstärksten offenen Serien-Jaguar, bevor 1998 der XKR mit 383 Kompressor-PS erschien, gab es bis April 1996; das Auto kostete in den letzten Produktionsmonaten 163.199 Mark. Auch dieser in nicht sehr großer Stückzahl hergestellte Jaguar wird mit Sicherheit dereinst einen hohen Liebhaberwert bekommen.

Oben: XJR-S 6.0 Coupé Modelljahrgang 1992 – mit dem drehmomentstarken Zwölfzylinder unter der Haube ein klassisches Fahrzeug der Spitzenklasse.

Unten: Der XJ-S 6.0 ist eines der wenigen Jaguar Automobile mit einem Heckspoiler. Seine Funktion: Die Auftriebskräfte an der Antriebsachse zu verringern.

Modell	XJR-S Coupé 6.0	XJS Cabriolet 6.0
Produktionszeit	1991–1993	1993–1996
Zylinder	V12	V12
Bohrung x Hub, Hubraum	90 x 78,5 mm, 5993 ccm	90 x 78,5 mm, 5993 ccm
PS (kW) bei U/min	330 (243)/5250	302 (222)/5350
Verdichtung	11,0:1	11,0:1
Ventile	2 ohc	2 ohc
Kraftstoffversorgung	Zytek Elektronik	elektronische Einspritzung
Batterie	12 V 72 Ah	12 V 72 Ah
Getriebe	4-Stufen-Automatik	4-Stufen-Automatik
Chassis	selbsttragende Karosserie	selbsttragende Karosserie
Lenkung	Zahnstangen, Servo	Zahnstangen, Servo
Fußbremse	4 Scheiben, vorn innenbel., ABS	
Radstand, Spur vorn/hinten	2592, 1500/1520 mm	2592, 1490/1505 mm
Ges.-Abmessungen	4820 x 1883 x 1250 mm	4820 x 1795 x 1255 mm
Bereifung	225/55 ZR 16	225/60 ZR 16
Gewicht	1825 kg	1860 kg
Höchstgeschwindigkeit	254 km/h	258 km/h
Stückzahlen		
Anmerkungen	bei JaguarSport gebaut	Ab Oktober 1993 mit größerem Cockpit: 2+2

XJS V12 Cabriolet 1994. Der Wagen bot jetzt ein Maximum an Komfort, vor allem mehr Platz im Fond, das Verdeck ließ sich elektrisch öffnen und schließen.

Unten: Frischluftvergnügen mit 302 PS. Mit dem V12-Motor wurde der Wagen bis 1996 gebaut.

JAGUAR

Jaguar XJ6 (XJ40) 4.0 Liter, 3.2 Liter, XJ 12 6.0 Liter

Für den Modelljahrgang 1990 stellte Jaguar den XJ6 alias XJ40 mit 4,0-Liter-Motor vor. Das Aggregat trug die Bezeichnung AJ40, war ein Vierventiler von 222 PS (163 kW) und löste den AJ6 3,6 Liter ab. Weitere Besonderheiten der Limousine waren ein neues, von Teves (ATE) entwickeltes ABS-System, ein neues Fünfgang-Handschaltgetriebe von Getrag (alternativ zur Vierstufen-Automatik erhältlich) sowie zahlreiche Verfeinerungen im Interieur. Eine um rund 4500 Mark preisgünstigere Version mit 3,2-Liter-Motor ergänzte das Programm ab Oktober des gleichen Jahres. Der kleinere dohc-Sechszylinder hatte ebenfalls vier Ventile pro Zylinder und elektronisch gesteuerte Benzineinspritzung. Zur Motor Show in Birmingham 1992 gab es einige Änderungen im Detail sowie im Daimler-Angebot eine mit 12 cm längerem Radstand versehene Longwheelbase-Ausführung mit dem Beinamen »Majestic«. Aber auch als Jaguar war die lwb-Variante erhältlich.

Als Zwölfzylinder war der XJ40 zunächst nicht vorgesehen. Nach einigen konstruktiven Veränderungen bewerkstelligte man es schließlich doch, den größeren Motor unterzubringen. Der XJ40 mit V12-Motor wurde von März 1993 bis Februar 1994 angeboten, während die letzten Exemplare, die im März und April 1994 Browns Lane verließen, nur mehr als Daimler Double Six ausgeliefert wurden.

Rechts oben: Volant des XJ6 von 1992. Den Einzug der Elektronik signalisieren nicht zuletzt auch die zunehmende Zahl der Bedienungstasten im Cockpit.
Rechts: Daimler 4.0 Modell 1992.

Links: Jaguar XJ6 3,2/4.0 Liter von 1992. Die Vierventil-Motoren trugen zur großartigen Laufkultur des weiterentwickelten XJ40-Aggregats bei.

Modell	XJ6 (XJ40) 3.2	XJ6 (XJ40) 4.0	XJ12 (XJ40)
Produktionszeit	1989–1994	1989–1994	1993–1994
Zylinder	Reihen-6	Reihen-6	V12
Bohrung x Hub, Hubraum	91 x 83 mm, 3239 ccm	91 x 102 mm, 3980 ccm	90 x 78,5 mm, 5993 ccm
PS (kW) bei U/min	200 (147)/5200	222 (163)/4750	311 (225)/5350
Verdichtung	9,75:1	9,5:1	11:1
Ventile	2 ohc	2 ohc	2 ohc, 24 Ventile
Kraftstoffversorgung	Lucas Motormanagement	Lucas Motormanagement	elektron. Einspritzung
Batterie	12 V 68 Ah	12 V 68 Ah	12 V 72 Ah
Getriebe	5-Gang oder Automatik	5-Gang oder Automatik	4-Stufen-Automatik
Chassis	selbsttragende Karosserie	selbsttragende Karosserie	selbsttragende Karosserie
Lenkung	Zahnstangen, Servo	Zahnstangen, Servo	Zahnstangen, Servo
Fußbremse	4 Scheiben, vorn innenbel., ABS		
Radstand, Spur vorn/hinten	2870, 1500/1500 mm	2870, 1500/1500 mm	2870,1500/1500 mm
Ges.-Abmessungen	4988 x 2055 x 1358 mm	4988 x 2055 x 1358 mm	4990 x 2055 x 1358 mm
Bereifung	225/65-15	225/65-15	225/65 ZR 16
Gewicht	1736 kg	1736–1748 kg	1830 kg
Höchstgeschwindigkeit	210 km/h	225 km/h	245 km/h
Stückzahlen			
Anmerkungen	identisches Modell als Daimler	identisches Modell als Daimler	identisches Modell als Daimler Double Six

Jaguar XJR 4.0 Liter

Den aktuellen XJ6 bot Jaguar von Oktober 1990 bis 1997 auch als XJR an (ab September 1994 im Gewand der neuen Karosserie des X300). Bei diesem Fahrzeug war der 4.0-Liter-Sechszylindermotor aber noch nicht mit einem Kompressor bestückt. Der Wagen mit dem 221 PS (163 kW) starken Saugmotor unterschied sich äußerlich durch einen Kühlergrill aus feinmaschigem Drahtgeflecht, ganz im traditionellen Le-Mans-Look. Die Serienausstattung umfaßte vom optimierten Fahrwerk mit Sperrdifferential bis zum automatischen Niveauausgleich und von der Klimaautomatik bis zum Airbag alle nur denkbaren Raffinessen. 1993 kostete die Sportlimousine mit 5-Gang-Schaltgetriebe 131.300 Mark, mit Automatik 135.445 Mark; als X300 – jetzt allerdings mit Kompressor – stand dieses Jaguar-Modell zu annähernd gleichem Preis im Katalog (siehe auch Seite 260-261).

Einen XJR auf XJ40-Basis hatte es auch 1988-89 bereits gegeben. Sein 3,6-Liter-Motor hatte jedoch keinen Kompressor. Das »power pack« dieses Modells beschränkte sich auf Fahrwerk- und Ausstattungs-Modifikationen.

Oben: Auf dicken Sohlen: XJR 4.0 Modell 1990 mit optimiertem Fahrwerk und P-600-Reifen von Pirelli 225/55 ZR.
Unten: Ein Jaguar mit der Bezeichnung XJR ließ Tom Walkinshaws besonderes Engagement deutlich erkennen.

Modell	XJR 4.0	JaguarSport XJR-15
Produktionszeit	1990– 1994	1990– 1991
Zylinder	Reihen-6	V12 60°
Bohrung x Hub, Hubraum	91 x 102 mm, 3980 ccm	90 x 78,5 mm, 5993 ccm
PS (kW) bei U/min	248 (182)/5150	450 (335)/6250
Verdichtung	9,75 : 1	11 : 1
Ventile	2 ohc	2 ohc
Kraftstoffversorgung	Lucas Elektronik	Lucas-Zytek Elektronik
Batterie	12 V 72 Ah	12 V 50 Ah
Getriebe	5-Gang oder Automatik	6-Gang, mit Diff. verblockt
Chassis	selbsttragende Karosserie	Monocoque Kevlar/Karbon
Lenkung	Zahnstangen, Servo	Zahnstangen
Fußbremse	4 Sch., vorn innenbel., ABS	4 Scheiben, belüftet
Radstand, Spur vorn/hinten	2870, 1500/1500 mm	2780,1500/1500 mm
Ges.-Abmessungen	4988 x 2055 x 1355 mm	4800 x 1900 x 1100 mm
Bereifung	225/55 ZR 16	9,5" vorn, 13" hinten
Gewicht	1798 kg	ca. 1050 kg
Höchstgeschwindigkeit	230 km/h	ca. 300 km/h
Stückzahlen		50
Anmerkungen		von Jaguar gebauter Wettbewerbswagen, basierend auf dem XJR-9 LM

Oben: Cockpit des bei JaguarSport (eine gemeinsame Gründung von Jaguar Cars und der Firma Tom Walkinshaw Racing) gebauten XJR-15. Er trug eine TWR-Plakette auf dem Bug.
Unten: Für die Straße konzipiert, dann aber zu einem Rennsportwagen entwickelt: Der an die 300 km/h schnelle XJR-15 war mit dem 6.0-Liter-V12 bestückt.

JaguarSport TWR XJR-15

Das Rennsportcoupé XJR-15 war eine Entwicklung der Tom Walkinshaw Racing Ltd. in Kidlington, zu der Jaguar zwar eine größere Zahl von Komponenten lieferte, die TWR aber weitgehend unabhängig von Jaguar durchführte. Die Entwicklung lief parallel zum XJ220, der zugunsten des XJR-15 dann auch den Doppelturbo-V6-Motor bekam, den Walkinshaw beisteuerte. Aber nicht nur dem Charakter nach war der 1990 vorgestellte XJR-15 mit Mittelmotor dennoch ein echter Jaguar. Er basierte konstruktiv auf dem Le-Mans-Siegerwagen von 1988 /XJR-9 LM) und hatte eine Monocoque-Karosserie aus Kevlar/Karbon; der Wagen war knapp 110 cm hoch und wog nur 1050 kg. Das TWR/Hewland-Getriebe mit sechs Vorwärtsgängen war mit dem Differential verblockt. Zwölf Zylinder mit Trockensumpfschmierung, 450 PS, 297 km/h Spitze: Kaum etwas für eine Wochenend-Spritztour. Zwei Exemplare des XJR-15 wurden nach Deutschland verkauft. Der Preis betrug rund 1,3 Millionen Mark.

Als eine Rarität à la Jaguar C-Type und D-Type dürfte dieser Rennsportwagen, von dem es weltweit nur 50 Stück gibt, in absehbarer Zeit hohen Sammlerwert genießen, denn er ist der letzte Superlativ-Sportwagen mit dem Jaguar-V12-Motor.

JaguarSport XJ220

Lange vor dem Anlaufen der Serienfertigung hatte der 1988 erstmals in Birmingham und in Paris gezeigte Jaguar Supersportwagen XJ220 für Schlagzeilen gesorgt. Die Prototypen hatte die Firma Loades in Coventry gebaut, für die Serienausführung war JaguarSport in Zusammenarbeit mit Tom Walkinshaw zuständig. Der Verkaufspreis für das 330 km/h schnelle High Performance Coupé, dessen offizielle Modellbezeichnung auch das Wort »JaguarSport« beinhaltete, betrug 332.000 Pfund Sterling (in Großbritannien kam die Purchase Tax hinzu); auch in den Exportländern war der Betrag in englischer Währung zu entrichten. Die Kaufverträge wurden ausschließlich mit der britischen Lieferfirma abgeschlossen. In seiner zuerst gezeigten Ausführung mit V12-Motor – 6222 ccm, 500 PS – kam der XJ220 nicht auf den Markt. Statt dessen bekam er einen 3498 ccm großen V6-Motor mit zwei Garrett-Turboladern und Intercooler, 550 PS stark; ein Motor, wie er auch im Rennsportcoupé XJR-11 zu finden war. Mit 1390 kg gegenüber den 1500 kg des Prototyps war der XJ220 erheblich leichter als dieser (Beschleunigung von 0 auf 100 km/h in weniger als vier Sekunden!), ferner 29 cm kürzer. Die Auslieferung des auf 280 Stück limitierten XJ220 begann im Juli 1992. Jedem Exportland wurde nur eine geringe Anzahl zugestanden; in Deutschland wurden 21 Exemplare ausgeliefert. Mit V12-Motor, so ist zu vermuten, wären das Interesse wohl noch größer gewesen, denn für viele der anfänglich interessierten Kunden war der Symbolgehalt des Zwölfers, unabhängig von rationalen Argumenten, ein ganz wesentliches Kriterium gewesen, sich für einen solchen Wagen von immerhin fast einer Million Mark zu trennen. Doch der V12 sollte dem XJR-15 vorbehalten bleiben.

Oben: So war der XJ220 Prototyp im Oktober 1988 in Birmingham zu sehen. Dort hatte er noch einen V12-Motor, während der ab Juli 1992 in Serie hergestellte Hochleistungs-Sportwagen einen Doppelturbo-V6 aufwies.
Unten: Seinen obligatorischen Crashtest absolvierte der XJ220 in der MIRA-Zentrale in Warwickshire. Die Knautschzonen aus Aluminium und der Überrollkäfig garantierten ein Optimum an Siicherheit für die Fahrzeuginsassen.

Modell	XJ220 Prototyp 6.2	XJ220 3.5
Produktionszeit	1988	1992–1994
Zylinder	V12	V6, 90°
Bohrung x Hub, Hubraum	92 x 78 mm, 6222 ccm	94 x 84 mm, 3498 ccm
PS (kW) bei U/min	500 (373)/7000	549 (404)/7000
Verdichtung	10:1	8,3:1, 2 Turbolader/Intercooler
Ventile	2 x 2 ohc, 48 Ventile	2 x 2 ohc, 24 Ventile
Kraftstoffversorgung	Multipoint-Elektronik	elektron. Motormanagement
Batterie	12 V	12 V
Getriebe	5-Gang	5-Gang, m. Differential verblockt
Chassis	Leichtmetall-Monocoque	Leichtmetall-Monocoque
Lenkung	Zahnstangen	Zahnstangen
Fußbremse	4 Scheiben, Servo, ABS	4 Scheiben, Servo, ABS
Radstand, Spur vorn/hinten	2845 mm	2640 mm
Ges.-Abmessungen	5140 x 2000 x 1150 mm	4850 x 2010 x 1150 mm
Bereifung	295/40 ZR 17	255/45 ZR 17, 345/35 ZR 18
Gewicht	1500 kg	1470 kg
Höchstgeschwindigkeit	ca. 322 km/h	ca. 345 km/h
Stückzahlen	2	280
Anmerkungen	Allradantrieb (Kraftverteilung 69,1% h:30,9% v).	lt. verschiedenen Quellen geringe Differenzen bei den Leistungsdaten

Oben: Swallow Seitenwagen, XK 120 und XJ220: Ein Jubiläumsbild vor dem Jaguar-Werksportal in der Browns Lane, Coventry.

Rechts: Die Länge des Serien-XJ220 hatte sich im Vergleich zum Prototyp um 29 Zentimeter verringert, das Gewicht betrug 30 kg weniger, die Motorleistung hatte um 10 Prozent zugenommen.

Jaguar XJ6, XJ12 (X300)

Im September 1994 stellte Jaguar eine neue XJ-Serie vor, die zwar unter den Modellnamen XJ6 und XJ12 lief, intern aber als X 300 bezeichnet wurde und damit die Baureihe XJ40 ablöste. Die Silhouette des Viertürers und viele seiner Stilelemente erinnerten an den Klassiker Serie III, und das war voll beabsichtigt. Die sehr viel flüssiger, feiner und damit sympathischer als beim XJ40 gezeichnete Karosserie, auch das harmonischere Interieur gefiel nicht nur loyalen Jaguar-Kunden außerordentlich gut, sondern überzeugte auch Umsteiger aus den Lagern anderer prominenter Marken. Vor allem reizte ein Einstiegspreis von 88.600 Mark: Der Begriff »value for money« hatte wieder einmal seine Bestätigung erfahren.

Das Motorenangebot umfaßte – wie zuvor beim XJ40 – bei den Sechszylindern einen 3,2 Liter und einen 4.0 Liter. Auch den auf 6.0 Liter vergrößerten V12 gab es im X300. Spitzenmodell war das Modell XJR 4.0 mit Kompressor, 320 PS stark. Eine Sportlimousine für wirklich hohe Ansprüche, mit Maschengitter-Einsätzen im Kühlergrill nach alter Le-Mans-Manier: Ein Klassiker, der selbst überzeugte V12-Nostalgiker an ihrer Philosophie zweifeln ließ. Die Modellvarianten Daimler Six und Daimler Double Six waren ab 1995 auch mit langem Radstand erhältlich.

1997 wurde in Coventry der letzte Wagen mit einem V12-Motor dieser Bauart ausgeliefert: Es war ein Daimler Double Six, den der Jaguar Daimler Heritage Trust für seine Sammlung bekam.

Unten: XJ Sport 3.2 und 4.0 waren äußerlich identisch. 1997 waren sie die letzten XJ-Modelle mit Reihensechszylinder.

Zweimal X300: Oben die Frontansicht des neuen XJ8 3,2, darunter der Kompressorwagen XJR 4.0 Liter.

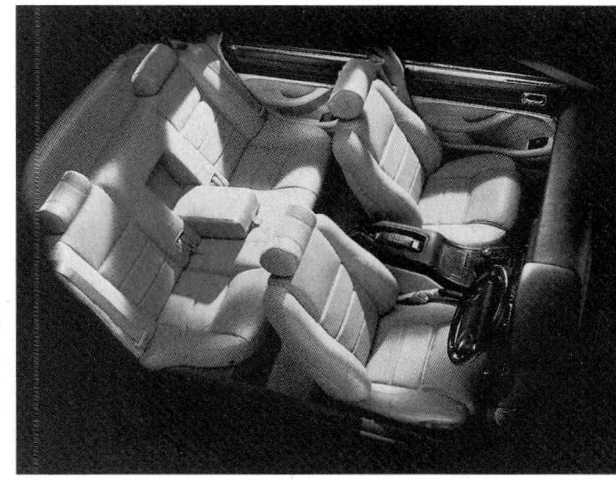

Oben: Interieur des XJR von 1995.

Links: Sovereign 4.0 Modelljahr 1995. Die optische Anlehnung an den Serie-III-Jaguar kam auf dem Markt sehr gut an.

Modell	XJ6 (X300) 3.2	XJ6 (X300) 4.0	XJ6 (X300) Kompressor	XJ12 (X300) 6.0
Produktionszeit	1994–1997	1994–1997	1994–1997	1994–1997
Zylinder	Reihen-6	Reihen-6	Reihen-6	V12
Bohrung x Hub, Hubraum	91 x 83 mm, 3239 ccm	91 x 102 mm, 3980 ccm	91 x 102 mm, 3980 ccm	90 x 78,5 mm, 5993 ccm
PS (kW) bei U/min	201 (155)/5100	241 (177)/4800	320 (235)/5000	311 (229)/5350
Verdichtung	10:1	10:1	8,5:1 (Eaton-Kompressor)	11:1
Ventile	2 ohc, 24 Ventile	2 ohc, 24 Ventile	2 ohc, 24 Ventile	2 ohc, 24 Ventile
Kraftstoffversorgung	elektron. Einspritzung	elektron. Einspritzung	elektron. Einspritzung	elektron. Einspritzung
Batterie	12 V 72 (92) Ah	12 V 72 (92) Ah	12 V 72 (92) Ah	12 V 72 (92) Ah
Getriebe	5-Gg. od. 4-St.-Automatik			4-Stufen-Automatik
Chassis	selbsttragende Karosserie			
Lenkung	Zahnstangen, Servo			
Fußbremse	4 Scheiben, Servo, ABS			
Radstand, Spur vorn/hinten	2870, 1500/1500 mm	2870, 1500/1500 mm	2870, 1500/1500 mm	2870, 1500/1500 mm
Ges.-Abmessungen	5025 x 1800 x 1360 mm	5025 x 1800 x 1360 mm	5025 x 1800 x 1360 mm	5025 x 1800 x 1360 mm
Bereifung	225/60 (55) ZR 16	225/60 (55) ZR 16	225/45 ZR 17	225/60 ZR 16
Gewicht	1800 kg	1800 kg	1875 kg	1975 kg
Höchstgeschwindigkeit	222 km/h	240 km/h	250 km/h (abgeregelt)	250 km/h (abgeregelt)
Stückzahlen				
Anmerkungen	identische Daimler-Modelle: Daimler Six 4.0. Daimler Double Six 6.0, beide mit kurzem und mit langem Radstand (2995 mm)			

Jaguar XK8, XKR

Daß dem Nachfolger des Jaguar XJS (einige meinten: eigentlich des E-Type) ein grandioser Erfolg beschert sein würde, war vorauszusehen. Als der bildschöne, leistungsstarke 2+2 im September 1996 präsentiert wurde, wurde ihm ein euphorischer Empfang zuteil. 1997 war das erste volle XK8-Verkaufsjahr, und mit 14.619 Exemplaren setzte Jaguar so viele Sportwagen in einem Jahr ab wie nie zuvor in seiner 75jährigen Geschichte.

Der attraktive Wagen wurde als Coupé und als Cabriolet angeboten und war mit einem ebenfalls nagelneuen Motor bestückt. Es war ein V8 mit 3996 ccm Hubraum und 284 PS Leistung. Eine besonders wirkungsvolle Abgasanlage in Verbindung mit einem neuen Kühlsystem (die Katalysatoren erreichten ihre Betriebstemperatur in nur 60 Sekunden nach Kaltstart) sowie eine neue Fünfstufen-Getriebeautomatik (eine Daimler-Benz-Entwicklung) gehörten ebenso zu den Besonderheiten wie sein exzellentes Fahrwerk, das sich durch CATS noch optimieren ließ – eine Abkürzung für Computer Active Technology Suspension. Es handelte sich hierbei um eine elektronisch gesteuerte Dämpferverstellung, bei der über Sensoren Kennwerte für Steuerimpulse ermittelt und den Dämpfern fortlaufend mitgeteilt wurden. Die geschwindigkeitsabhängige Servotronik-Lenkung des XK8 war in Zusammenarbeit mit der Zahnradfabrik Friedrichshafen (ZF) entstanden.

Auf dem Genfer Salon im März 1998 stellte Jaguar den XK8 in einer neuen Variante mit Kompressormotor vor. Der als XKR bezeichnete 2+2 war sowohl in Coupé- als auch in Cabrioletausführung erhältlich. Das aufgeladene AJ-V8-Triebwerk entsprach dem, das in der Sportlimousine XJR zu finden war und verhalf dem rassigen Fahrzeug mit 336 PS zu einer Beschleunigung von 5,4 Sekunden von 0 auf 100 km/h. Der XKR erhielt 18-Zoll-Alufelgen und trug ein Jaguar-Emblem mit rotem Fond auf der Motorhaube.

Oben: Schwer zu sagen, ob man das Coupé dem Cabriolet vorziehen sollte oder umgekehrt. Links: Der offene XK8. Die Sportwagendefinition hatte ab 1997 eine neue Ausprägung erfahren...

Modell	XK8 Coupé	XK8 Convertible	XKR Kompressor
Produktionszeit	1996–	1996–	1998–
Zylinder	V8	V8	V8
Bohrung x Hub, Hubraum	86 x 86 mm, 3996 ccm	86 x 86 mm, 3996 ccm	86 x 86 mm, 3996 ccm
PS (kW) bei U/min	284 (209)/6100	284 (209)/6100	363 (267)/6150
Verdichtung	10,75:1	10,75:1	8,9:1 (Eaton-Kompressor)
Ventile	2 x 2 ohc, 32 Ventile		
Kraftstoffversorgung	Multipoint-Einspritzung		
Batterie	12 V 72 (92) Ah		
Getriebe	5-Stufen-Automatik		
Chassis	selbsttragende Karosserie		
Lenkung	Zahnstangen, Servo		
Fußbremse	4 Scheiben, innenbelüftet, ABS		
Radstand, Spur vorn/hinten	2588, 1550/1490 mm	2588, 1550/1490 mm	2588, 1550/1490 mm
Ges.-Abmessungen	4760 x 2015 x 1296 mm	4760 x 2015 x 1296 mm	4760 x 2015 x 1296 mm
Bereifung	245/50 ZR 17	245/50 ZR 17	245 + 255/45 ZR 18
Gewicht	1696 kg	1780 kg	1715 kg
Höchstgeschwindigkeit	250 km/h (abgeregelt)	248 km/h	250 km/h (abgeregelt)
Stückzahlen			
Anmerkungen	CATS-Fahrwerk optional	CATS-Fahrwerk optional	Coupé und Cabriolet

Oben: Highlight des Genfer Salons im März 1998: Der Jaguar XKR mit aufgeladenem V8-Motor. Die Kompressorversion ist äußerlich nur an zwei geschlitzten Einsätzen auf der Motorhaube zu erkennen.
Unten: XK8 Coupé. Der Slogan »the cat is back« paßt ausgezeichnet zu dieser eleganten Wildkatze.

Rechts: Cockpit des XJ8 in der »Classic«-Version mit hellem Holz.

Rechts unten: Mit dem V8-Aggregat, das der XK8 erhielt, stellte Jaguar 1997 die erste neue Motorengeneration seit Einführung des AJ6 4.0 Liter (im XJ40) vor.

Jaguar XJ8, XJR

Auf der IAA im September 1997 gab der X308 sei Debut – das war der X300 mit dem V8-Motor, der seine Bewährungsprobe bereits im XK8 absolviert hatte. Die als XJ8 bezeichnete Limousinen-Modellreihe entsprach äußerlich den vorherigen Sechszylindern, von geringen Modifikationen an den Stoßfängern, Blinkern und Scheinwerfern sowie im Interieur abgesehen. Mit Erscheinen des XJ8 war die Ära des Sechszylinders zu Ende gegangen. Es gab den XJ8 als 3,2 Liter, als 4.0 Liter und als XJR 4.0 Liter mit Kompressor – ein schneller, rassiger Reisewagen, mit dem die XJR Sechszylinder-Sportlimousine einen würdigen und leistungsstarken Nachfolger bekommen hatte. Daß sich der aufgeladene V8 mit geringerem Kraftstoffverbrauch als der Kompressor-Sechszylinder begnügte, war nur eine seiner Tugenden, und deshalb hatte man es auch bei 81 Liter Tankvolumen belassen.

Der Basispreis für den XJ8 betrug bei seiner Einführung DM 93.000,–; für den XJR lag er bei DM 139.000,–. Teuerstes Modell war der Daimler Super V8 mit DM 170.000,–.

Unten: Jaguar XJ8 3.2 Modelljahrgang 1998, rechts daneben der XJR mit 4.0-Liter-Kompressormotor, wieder mit einem Maschengrill in der Kühleröffnung.

Modell	XJ8 3.2	XJ8 4.0	XJR 4.0 Kompressor	Daimler V8
Produktionszeit	1997–	1997–	1997–	1997–
Zylinder	V8	V8	V8	V8
Bohrung x Hub, Hubraum	86 x 70 mm, 3248 ccm	86 x 86 mm, 3996 ccm		
PS (kW) bei U/min	237 (174) / 6350	284 (209)/6100	363 (267)/6150	284 (209)/6100
Verdichtung	10,5:1	10,75:1	8,9:1 (Eaton-Kompressor)	10,75:1
Ventile	2 x 2 ohc, 32 Ventile			
Kraftstoffversorgung	Multipoint-Einspritzung			
Batterie	12 V 72 (92) Ah			
Getriebe	5-Gang-Automatik			
Chassis	selbsttragende Karosserie			
Lenkung	Zahnstangen, Servo			
Fußbremse	4 Scheiben, innenbelüftet			
Radstand, Spur vorn/hinten	2870, 1500/1500 mm			2995,1500/1500 mm
Ges.-Abmessungen	5023 x 2078 x 1345 mm	5023 x 2078 x 1345 mm	5023 x 2078 x 1345 mm	5148 x 2078 x 1345 mm
Bereifung	225/60 ZR 16	225/60 ZR 16	225/40 ZR 18	225/60 ZR 16
Gewicht	1780 kg	1780 kg	1780 kg	1880 kg
Höchstgeschwindigkeit	225 km/h	240 km/h	250 km/h (abgeregelt)	240 km/h
Stückzahlen (bis 12/97)				
Anmerkungen	ABS Modell Executive	ABS; Modell Executive und Sovereign	ABS; als Daimler Super V8 mit Radstand 2995 mm	ABS

Jaguar XJR 4.0 Liter V8 von 1998: Grace, pace and space...

Oben: Auch von hinten macht der 1998er Sovereign eine ausgesprochen gute Figur...

Links daneben: Interieur des Jaguar Sovereign 4.0 Modelljahrgang 1998.

Links: Daimler Super V8 mit Kompressormotor und langem Radstand, Flaggschiff des 1998er Modelljahrgangs.

Jaguar S-Type

Als am 20. Oktober 1998 die Motor Show in Birmingham eröffnet wurde, gab es eigentlich nur ein Tagesgespräch: Der neue Jaguar. Zeitgleich erlebte das intern X200 genannte Modell seine Premiere auf der A.A.A. in Berlin. Mit der bereits seit längerem angekündigten Limousine der oberen Mittelklasse präsentierte Jaguar einen Nachfahren zum legendären Mk. II der sechziger Jahre, mit dessen Linien sich auch gewisse Ähnlichkeiten feststellen ließen, sehr zur Freude engagierter Jaguar-Fans, die sich ein Auto der Topklasse bisher nicht leisten konnten oder wollten. Auf einen Wagen dieser Größenordnung hatten sie schon lange gewartet.
Die Rezeptur eines attraktiven, klassisch-britischen Designs in Verbindung mit brillanter Technik und einem hohen Maß an Fahrkomfort war gekonnt. Innen und außen durfte man dem S-Type das Prädikat »typisch Jaguar« zuerkennen. Nur wenige Insider hatten Gelegenheit gehabt, den Wagen vor dem Launching probezufahren, zumal seine Einführung auf dem Markt erst für März 1999 programmiert war. Eines stand für die Tester in jedem Fall fest: Die Konkurrenz hatte im oberen Mittelklassesegment einen neuen Herausforderer bekommen (Anmerkung: Die untenstehenden technischen Daten hatten bei Redaktionsschluß noch keinen endgültigen Charakter).

Der im Oktober 1998 vorgestellte Jaguar S-Type weist in seinem Karosserie-Design gewisse Ähnlichkeiten mit seinem Namensvorgänger der sechziger Jahre auf.

Modell	S-Type (X200) 3.0 V6	S-Type (X200) 4.0 V8
Produktionszeit	1999–	1999–
Zylinder	V6	V8
Bohrung x Hub, Hubraum	89 x 79,5 mm, 2967 ccm	86 x 86 mm, 3996 ccm
PS (kW) bei U/min	220 (164)/6500	270 (201)/6250
Verdichtung	10,5:1	10,75:1
Ventile	2 ohc	2 x 2 ohc, 32 Ventile
Kraftstoffversorgung	Multipoint-Einspritzung	Multipoint-Einspritzung
Batterie	k.A.	12 V 72 (92) Ah
Getriebe	5-Gang-Schaltgetriebe	5-Stufen-Automatik
Chassis	selbsttragende Karosserie	selbsttragende Karosserie
Lenkung	Zahnstangen, Servo	Zahnstangen, Servo
Fußbremse	4 Scheiben innenbel., ABS	4 Scheiben innenbel., ABS
Radstand, Spur vorn/hinten	k.A.	k.A.
Ges.-Abmessungen	k.A.	k.A.
Bereifung	225/55 ZR 16	235/50 ZR 17
Gewicht	1622 kg	1687 kg
Höchstgeschwindigkeit	225 km/h	250 km/h (abger.)
Stückzahlen	–	–
Anmerkungen	auch in Version 3.0 V6 Executive	Dynamische Stabilitätskontrolle und CATS-Fahrwerk optional

Als Erlkönig tauchte der Jaguar S-Type schon lange vor seiner Präsentation in der Presse auf. In seiner Serienausführung war er jedoch sehr viel attraktiver als die vorab veröffentlichten Fotomontagen.

OHP 693X

PRIVILEG UND VERPFLICHTUNG AUS DEM DAIMLER-ERBE

Gegen Jahresende 1959 wurde im Hause Jaguar wieder einmal ein schon oft diskutiertes Thema akut: Expansion. Die Fabrik in Allesley war bis in den letzten Winkel genutzt, der Zukauf eines neuen Areals stand zur Debatte. Inzwischen gab es aber einen Baustopp für zusätzliche Industrieanlagen in Coventry. Projekte von einer Größenordnung, die für Jaguar in Frage kamen, hätte man nur in sehr viel dünner besiedelten Gebieten im Norden oder Osten Großbritanniens realisieren dürfen.

Genau zu diesem Zeitpunkt wurde bekannt, daß die Daimler Motor Company zum Verkauf stand. Daimler hatte große Betriebe in Radford, in einem anderern Stadtteil der Autostadt Coventry, und da Lyons an einem Standortwechsel durchaus nicht interessiert war, schien eine Übernahme Daimlers überlegenswerter zu sein als der Bau einer neuen Automobilfabrik 300 oder mehr Meilen von Coventry entfernt.

Für den Betrag von 3,4 Millionen Pfund übernahm Jaguar eine der traditionsreichsten Firmen der Branche. Jack Sangster, Vorsitzender des Vorstands ber BSA/Daimler-Gruppe, und der damals recht angeschlagene Industrieboß und Generaldirektor Sir Bernard Docker hätten sich keinen besseren Partner wünschen können. Lyons übernahm nicht nur die Betriebsanlagen, sondern auch die Verpflichtung, den Markennamen Daimler weiterhin auf dem hohen Niveau, auf welchem er seit sechs Jahrzehnten angesiedelt war, weiterzuführen.

Die Übernahme im Jahre 1960 verdoppelte nicht nur das Betriebsareal und den Maschinenpark der Jaguar Cars Limited, sondern verschaffte ihr auch zusätzliches technologisches Potential und vor allem ein zweites Bein im Kraftfahrzeugbau: Daimler war nicht zuletzt Hersteller von Omnibussen und sogar Militärfahrzeugen.

Königliche Privilegien

Wie ihr Name vermuten läßt, beginnt die Geschichte der Daimler Motor Company bei dem deutschen Ingenieur Gottlieb Daimler, der mit seinem Zeitgenossen Carl Benz als einer der ersten Pioniere des Motorwagens in die Geschichte eingegangen ist. Daimlers Verbindung mit den Briten datiert zurück auf das Jahr 1890, als auf einer Ausstellung in Bremen eine von ihm konstruierte Straßenbahn mit Benzinmotorantrieb präsentiert wurde. Und ein anderer Aussteller zeigte eine ähnliche Bahn, allerdings mit elektrischem Antrieb, vergleichbar mit jener, wie sie auch Siemens & Halske herstellte.

Dieser andere Aussteller war ein Engländer namens Frederick Richard Simms. Auf ihn machte Daimlers Trambahn und überhaupt

Daimler Double-Six 1985: Alternativ-Jaguar für Gentlemen mit Traditionsbewußtsein. Schließlich ist die Marke Daimler eine Gründung aus dem neunzehnten Jahrhundert …

Oben: Daimler-Generaldirektor Ellis und seine Tochter auf dem Vordersitz eines Coventry-Daimler 1897.

Unten: Star der frühen dreißiger Jahre – Daimler Double-Six Cabriolet, karossiert von Corsica Ltd.

Rechts: Sensation in der Kleinstadt – der sportliche Tourer ist ein Daimler 20 HP von 1914/15.

Oben: 1938er Straight Eight Daimler, eine herrschaftliche Limousine. Rechts daneben ein 4.5 Litre Daimler von 1936.

Rechts: Daimler 2.5 Litre Drophead Coupé von 1938. Konservativ in den Linien, aber perfekt in der Technik und hervorragend im Finish.

der Viertaktmotor großen Eindruck; seine eigenen Exponate interessierten ihn nicht mehr. Er kam mit der Daimler Motoren Gesellschaft, Bad Cannstatt, in Kontakt und war sofort bereit, eine größere Anzahl Motoren zu bestellen, um sie in England zu vermarkten. Für eine Verwendung des Viertakters in Motorbooten, Omnibussen, Straßenbahnen, in Personenautos und auch für stationäre Zwecke sah Simms große Chancen. Mit einigen Geschäftsleuten gründete er die Daimler Motor Syndicate Ltd., aus der am 7. Juni 1895 die Daimler Motor Company hervorging. Die Rechte zur Führung des damals schon sehr bekannten Namens Daimler im Firmentitel, auf die es Simms natürlich ankam, hatte der deutsche Erfinder seinen britischen Geschäftspartnern zugestanden. Gottlieb Daimler wurde sogar in den Vorstand der Firma berufen; Vorstandsvorsitzender wurde ein cleverer Geschäftsmann aus London namens Harry J. Lawson.

Simms wurde allerdings bald, wie man so schön sagt, »ausgebootet«. Aber seine Aktivitäten hinterließen dennoch nachhaltige Spuren: Er gründete den Royal Automobile Club (RAC) und die Society of Motor Manufacturers and Traders (SMMT), machte zahlreiche Erfindungen und erwarb für seine Verdienste hohe Auszeichnungen als einer der Pioniere des Automobilismus in ganz Großbritannien.

Neben der Auswertung von Daimler-Konstruktionen auf dem Lizenzwege ging es den Engländern auch um die Fortentwicklung des Viertaktmotors in eigener Regie. Es gab hier einen großen Nachholbedarf. In Coventry erwarb die Firma Grund für die Errichtung von Fabrikgebäuden, und aus bescheidenen Anfängen heraus entwickelte sich schon in kurzer Zeit eine Motoren- und Automobilfabrik – nicht gerade zur Erbauung der

Oben: Ein berühmtes Daimler-Cabrio, der 2.5 Litre DB Special Sports mit einer Karosserie von Barker, Baujahr 1949.

Links: Daimler Regency, eine viertürige Limousine von 1954. Unten: Daimler Majestic Major 1960.

Stammfirma in Stuttgart-Bad Cannstatt. Daimler, der im März 1900 verstarb, hatte in den Aktivitäten der Briten allerdings noch keine Konkurrenz für sich erblickt – und wäre dem so gewesen, hätte er nichts daran ändern und auch seinen Namen, mittlerweile zu Weltruhm gekommen und als Inbegriff der Motorisierung schechthin stehend, aus der Firmenbezeichnung nicht mehr streichen lassen können.

Die ersten in Coventry gebauten Daimler Motorwagen erschienen 1897 und stellten Konstruktionen dar, die exakt dem deutschen Vorbild entsprachen. Und schon ein Jahr später wurde ein Vierzylindermodell angeboten, ebenso Lenkung per Steuerrad anstatt der bis dahin üblichen Hebel. Doch kamen die Motoren zunächst noch immer aus Bad Cannstatt.

Einer der für Daimler wichtigsten Kunden, die sich für ein solches Vehikel ernsthaft interessierten, war der Prinz von Wales, der nachmalige König Edward VII. Anläßlich einer Vorführung Ende November 1897 stand für ihn fest: Er wollte einen Motorwagen besitzen. Er ließ sich zwar noch zwei Jahre Zeit, bis er seine Bestellung aufgab, aber seit 1899 durfte Daimler die Insignien »By Appointment to His Majesty« führen – als Lieferant der Britischen Krone.

Der erste »Royal Daimler« – er existiert noch heute – trug ganz wesentlich dazu bei, im konservativen England eine Welle der Motorisierung auszulösen. Die Daimler Motor Company hatte zwar Konkurrenz, vor allem aus Frankreich – De Dion-Bouton, Peugeot, Decauville, Panhard-Levassor zum Beispiel –, doch ihr Bekanntheitsgrad war um die Jahrhundertwende unübertroffen. Und der Hof orderte noch viele weitere Wagen. Seine Majestät und sein nicht minder motorbegeisterter Sohn, der spätere König Georg V., verfügten um 1904 bereits über zehn Automobile, und auch die Prinzessin von Wales – die spätere Queen Mary – ließ sich einen Wagen nach ihren Vorstellungen bauen. Daimler blieb lange das exklusive Traditions-Automobilfabrikat des englischen Hofes.

In motorsportlichen Wettbewerben schnitten

Coventry-Daimler stets hervorragend ab. Sehr oft gingen die führenden Männer der Firma selbst an den Start, etwa Generaldirektor Instone oder Betriebsleiter Percy. Auch an internationalen Veranstaltungen, wie sie die Herkomer-Fahrten oder das Kaiserpreis-Rennen im Taunus darstellten, nahmen die Briten teil. Natürlich gab es immer wieder Verwechslungen zwischen dem »echten Daimler« und dem »anderen Daimler«, zumal die Engländer auch auf dem Kontinent mit dem Spruch warben, daß ihre Fahrzeuge mit »Original-Daimler-Motoren« bestückt seien. Zum Glück hatten die Stuttgarter ab 1901 ihren Motorfahrzeugen die Bezeichnung »Mercedes« verliehen, die sie konsequent benutzten, nicht zuletzt auch, um sich von der englischen Konkurrenz abzusetzen. Heikel wurde es dennoch im Ausland, wo es Lizenzfertigungen des Coventry-Daimler gab, etwa in Italien. Die S.A. de Luca Daimler, Neapel, gab sogar Nennungen für ihre Wagen (die indessen aus England gestammt haben dürften) für die Targa Florio 1907 ab.

Oben: Daimler SP 250, der klassische V8-Sportzweisitzer, dessen Bau nach der Übernahme Daimlers durch Jaguar leider nicht fortgesetzt wurde.

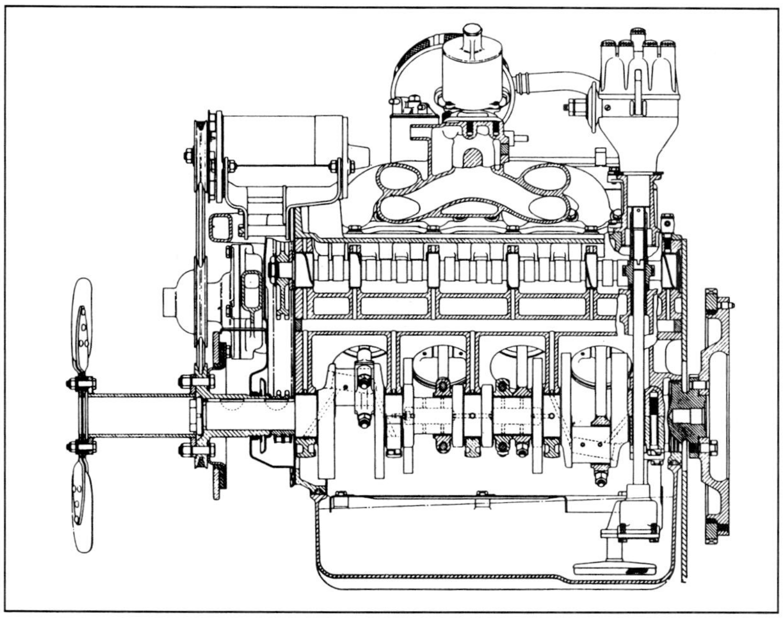

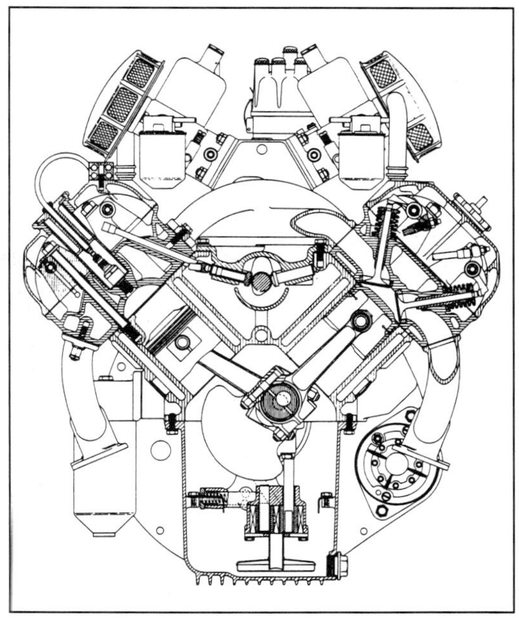

Längs- und Querschnittzeichnung des V8-Motors, den Daimler als Mitgift in die Ehe mit Jaguar brachte. Ein 2,5-Liter, der sich auch für den Einbau im Mk. II eignete.

Technische Perfektion

Kein Geringerer als Dr. Frederick W. Lanchester, Mitbegründer einer Automobilfabrik, die seinen Namen trug (und die mittlerweile sein Bruder George führte) und zweifellos eines der besten Talente seiner Ära, arbeitete seit 1908 als Technischer Direktor bei Daimler. 1893 hatte Dr. Lanchester Britanniens ersten Motorwagen – ohne Abstützung auf ausländische Patente – auf die Räder gestellt, und dieser Wagen, vergleichbar mit Carl Benz' Konstruktion, hatte kein Pferdekutschen-Chassis, sondern ein ausschließlich für diesen Zweck gebautes Fahrgestell mit Pneumatik-Bereifung. Der luftgekühlte Lanchester-Einzylindermotor verfügte über ein Dreigang-Planetengetriebe.

Die Perfektionierung und Einführung neuer, sehr hoher Qualitäts-Standards bei Daimler waren zweifellos Lanchester zu verdanken. Mittlerweile gab es auch Sechszylindermodelle, und sie zählten zum Feinsten, was auf dem englischen Markt zu haben war. Eine Herausforderung für die noch recht junge Firma Rolls-Royce…

Schon 1904 hatte sich der britische Daimler-Motor so weit vom deutschen Original entfernt, daß es bis auf den Namen keinerlei Gemeinsamkeiten mehr gab. Zwei Jahre später sorgte ein kluger Schachzug der Engländer für eine weitere Distanzierung: Sie sicherten sich die Weltrechte am Patent eines Amerikaners, der einen ventillosen Dreh-

Oben: Daimler-Modellstudie aus dem Jahre 1957. Rechts daneben: Cockpit des SP 250, sauber und funktionell im Design.

Als der SP 250 vorgestellt wurde, erregte er wegen seiner gewagten Karosserie – aus Kunststoff – Aufsehen. Die mächtigen Heckflossen waren 1959 aber up to date …

schieber-Mechanismus zur Gaswechselsteuerung am Verbrennungsmotor erfunden hatte. Charles Yale Knights *sleeve valve* wurde weltberühmt, und Lanchester war es, der mit einer intensiven Vervollkommnung des »geräuschlosen Knight« (Wortspiel im Englischen: *Silent Knight*) aus dem ohnedies hervorragenden Daimler einen Wagen entstehen ließ, der dem Rolls-Royce Silver Ghost (»The Best Car in the World«) seine angestrebte Alleinstellung bis in die dreißiger Jahre hinein streitig machte. Ab Ende 1909 gab es langfristig keinen Daimler-Motor mit herkömmlichem Ventilmechanismus mehr. Gewiß, der Knight-Motor verbrauchte mehr Öl, doch seine Laufruhe und Zuverlässigkeit glichen dies allemal aus.

Automobile mit Knight-Drehschiebermotoren bauten damals viele Hersteller, die dafür hohe Lizenzgebühren abführen mußten, so die deutsche Daimler-Gesellschaft, Willys in den USA, Panhard, RAF, Voisin, Minerva. Aber sie kamen später alle wieder davon ab: Die Gaswechselvorgänge waren nicht präzis genug steuerbar.

Von Anfang an hatte man in Coventry sich auch dem Bau von Nutzfahrzeugen verschrieben, und auf diesem Sektor ließ sich bald mehr Umsatz machen als im Geschäft mit Personenwagen. Feuerlöschfahrzeuge

Rechts: Daimler-Fahrgestelle für Omnibusse mit besonders langem Radstand, 1973 für die Lieferung nach Hong Kong bereitgestellt.

Unten: 1963er Daimler 2.5 Litre V8 Saloon. In der zweiten (und letzten) Generation 1967-69 hieß der feine Wagen V8 250 (unteres Bild).

und Lastwagen wurden gebaut, auch Busse. Ihren ersten Großauftrag erhielt Daimler 1912 von den städtischen Verkehrsbetrieben der Stadt London: Sie bestellten 350 Doppeldecker-Omnibusse. Das war der Beginn eines über Jahrzehnte ersprießlichen und ausbaufähigen Geschäftszweiges.

Daimler und BSA: Einigkeit macht stark

Im Spätherbst des Jahres 1910 fusionierte die Daimler Motor Company mit der Birmingham Small Arms Company, abgekürzt BSA. Die damals auch für ihre Fahr- und Motorräder weltbekannte Waffenfabrik baute seit 1907 Automobile und verfügte über große finanzielle Ressourcen. Ganz im Unterschied zu Daimler – hier war man stets knapp bei Kasse, hatte aber einen ausgezeichneten Namen, vor allem durch das Knight-Patent, das die Leute in Birmingham sehr interessierte. So legten BSA und Daimler ihre Potentiale zusammen, wobei das Management der neuen Firma in der Hauptsache aus BSA-Direktoren bestand.

In der Folge erschienen einige Daimler-»Spar«-Modelle unter dem BSA-Markenzeichen; eine Politik, die sich nicht ganz bezahlt machte. Einen weiteren Versuch in dieser Richtung, das ausgezeichnete technische Daimler-Erbe auf breiterer Basis zu nutzen,

Oben: Daimler Fleetline Omnibus von 1935. Kurviges Karosseriestyling war sehr gefragt!

Links: 1911 gebauter Daimler Doppeldecker, wie man ihn in vielen Städten Englands sah.

Unten: 1939 gebauter Daimler Lastwagen als Pferdetransporter in Holz-Stahl-Gemischtbauweise.

startete man 1931, als BSA auch die Firma Lanchester übernahm: Auch einige Lanchester waren in der Basis vereinfachte Daimler. BSA-Automobile gab es als Eigenkonstruktionen aber stets weiterhin.

In den zwanziger Jahren hatten sich der Automobil- und der Motorradzweig bei BSA indessen auseinanderdividiert. So gab es eine Weile Fahrzeuge mit gleichem Namen aus zwei Lagern. Erst 1937 kamen keine Autos mehr von der Autoabteilung der Birmingham Small Arms Company, wohl aber von der BSA Cycles Ltd. in Small Heath – es waren vor allem die kleinen Dreiradflitzer, die nun dem Namen BSA zu weiterer Popularität verhalfen und bis zu Anfang des Zweiten Weltkrieges hergestellt wurden. Mit Daimler hatten sie nichts mehr zu tun. Weitaus größere Verbreitung fanden natürlich stets die Motorräder jenes Herstellers.

Lanchester Automobile gab es bis 1956. Im Verbund mit Daimler teilten sie sich zahlreiche Bauelemente, wobei der einst so berühmte Lanchester im Laufe der Jahre zu einem Stiefkind geriet und ein Schattendasein führte – während Daimler durch etliche Glanzpunkte seiner alten Reputation stets aufs neue gerecht wurde.

Waffenhersteller wie BSA, Hotchkiss, Steyr, F.N. oder Erhardt-Wartburg pflegten sich in langen Friedensperioden meist zu langweilen und nach Chancen Ausschau zu halten, wie sie ihr vieles Geld in der Herstellung ziviler Bedarfsgüter vermehren konnten. Zuerst war da der Fahrrad-Boom in den achtziger Jahren, an welchem sie partizipierten, dann kam das Motorrad, schließlich das Automobil. Die Fliegerei war für viele der Branche ebenfalls ein neues Betätigungsfeld, und mannigfache Kreuz- und Querverbindungen ließen in der einschlägigen Industrie der ersten zwei Jahrzehnte des zwanzigsten Jahrhunderts ein engmaschiges Netz von Interessenverknüpfungen (und natürlich auch eine Reihe harter Wettkämpfe) entstehen. Kam es zu neuen Krisensituationen in der Weltpolitik, stellte man die stets gut geölten Weichen flugs wieder um. Ab Juli 1914 war BSA nichts weiter als ein potenter Maschinengewehr-Produzent, während man bei Rolls-Royce Flugmotoren und bei Daimler Militärlastwagen und schwere Zugmaschinen zu bauen begann. Die britische Regierung vermochte innerhalb weniger Tage ganz Coventry in ein Zentrum der Rüstungsindustrie zu verwandeln. Die ersten Panzerwagen (»Tanks«) der britischen Militärgeschichte, 1916 in der Somme-Schlacht eingesetzt, waren bei Daimler gebaut worden. Interessanterweise trugen auch die ersten Panzerwagen des europäischen Kontinents den Namen Daimler – hergestellt bei Austro-Daimler in Wiener-Neustadt, Österreich. Der dortige Chefkonstrukteur hieß übrigens Ferdinand Porsche. Die österreichische Daimler Motoren-Gesellschaft war bei ihrer Gründung eine sozusagen »eheliche« Tochter des Stuttgarter Stamm-Unternehmens, verselbständigte sich indessen später ebenfalls und bildete einen der drei Pfeiler der Steyr-Daimler-Puch AG, wie sie noch heute existiert.

Auch Flugmotoren wurden während des Ersten Weltkriegs in der Daimler-Fabrik in Radford hergestellt; die Aviatik hatte in Europa seit 1914 ungeheuer an Bedeutung gewonnen. Alle führenden Automobilhersteller der Welt wurden über kurz oder lang Flugmotoren-Produzenten, von Benz bis Isotta-Fraschini, von Austro-Daimler bis Wolseley – so wie es sich ab 1918/19 für etliche Firmen über kurz oder lang umkehrte, siehe BMW, Salmson oder Voisin…

Dieser Daimler befindet sich seit 1899 in Familienbesitz und gehört Lord Montagu of Beaulieu. Neben ihm der Bürgermeister von London, im Fond Peter Garnier und Stirling Moss. Ein Foto von 1973.

Die nach ihrer Fusion mit BSA zur Daimler Company Ltd. umfirmierte Automobilfabrik wurde ihrem ursprünglichen Geschäftsgegenstand nach Kriegsende wieder gerecht. Und es gab eine aufsehenerregende Neuerung: Ab 1920 begann Daimler mit dem Aufbau eines eigenen Servicenetzes. Bis dato konnte man einen Coventry-Daimler nur direkt bei der Fabrik bestellen und dort reparieren lassen – ein Netz von Daimler-Händlern hatte es nicht gegeben!

Eine weitere interessante Geschäftsidee kurbelte den Umsatz an. Die Daimler Company gründete eine Mietwagengesellschaft mit einer Flotte von 250 herrschaftlichen Automobilen, die man stunden- oder tageweise samt Chauffeur zu bestimmten Tarifen ausleihen konnte. Schon vor dem Ersten Weltkrieg hatte man damit ins Geschäft zu kommen versucht (wie Gottlieb Daimler bereits im Jahre 1888), die Sache aber mehr nebenher betrieben. Bei der Mietzentrale in London konnte man sogar Lastwagen bekommen.

Nach offizieller Lesart war es auch ein Daimler, der als erstes Automobil der Welt ab Werk mit einem Radiogerät zu bestellen war; zumindest bot Daimler auf der Londoner Motor Show 1922 ein solches Fahrzeug an.

Daimler Double Six als Coupé von 1974. Im Hintergrund sein Vorgänger, ein Double Six von 1931.

Links: Frontansicht des in den USA als »Sovereign« (ohne Markenbezeichnung Daimler) angebotenen V12.

Nur war die Reichweite das damals einzigen Senders in Großbritannien so gering, daß man hundert Kilometer außerhalb Londons keinen Empfang mehr registrieren konnte.

Luxus im Superlativ

Zwei für friedliche Zwecke höchst angenehme Resultate hatte Daimlers Engagement in der Rüstungsindustrie 1914–18 mit sich gebracht. Einmal war es eine Konsolidierung des Nutzfahrzeug-Geschäfts – im Bau von Omnibussen war das Unternehmen jetzt führend. In Sachen Zuverlässigkeit und Robustheit war ein Daimler unschlagbar. Zum anderen aber hatte die intensive Beschäftigung mit Flugzeugaggregaten durch hervorragende Ingenieure den Motorenbau bei Daimler in Bereiche gebracht, die jeden Vergleich mit der Weltelite zuließen. Der sichtbare Beweis dieser Qualifikation wurde 1926 geliefert, als Daimler einen Zwölfzylinder in V-Bauweise mit Schieberventilen vorstellte.
Der 7136-ccm-Double-Six setzte Maßstäbe. Sicherlich war der luxuriöse Wagen mit diesem Motor nicht zuletzt im Hinblick auf den legendären Silver Ghost von Rolls-Royce entstanden (aber mit einem V12 zog RR erst 1935 nach). Den Double-Six gab es später auch mit 3744, 5296 und 6511 ccm Hubraum. Laufruhe und Geschmeidigkeit dieser *sleeve-valve*-Motoren wurden sehr gelobt.
1930 führte Daimler in Europa das automatische Getriebe ein, konstruiert unter der Ägide eines bereits damals weltberühmten Mannes – Lawrence H. Pomeroy, Schöpfer des großen Vauxhall Sportwagens 30/98 HP. Es handelte sich um ein Planetengetriebe mit Vorwahlmechanismus, der auch im Lanchester und BSA angeboten wurde und vor allem im Nutzfahrzeugbau zur Anwendung kam.
Um 1935 hatte sich bei Daimler die allmähliche Rückkehr zum konventionellen Ventil-Motor vollzogen, so daß auch die letzten Double-Six – die bis 1937 im Programm blieben – keine Knight-Motoren mehr waren. Mitte der dreißiger Jahre war – dank Lanchester – der Daimler allerdings auch als Reihenachtzylinder zu haben, eine Baureihe, die über einen langen Zeitraum in den Flaggschiffen der repräsentativen Flotte aktuell bleiben sollte. Der Daimler Straight Eight erreichte hinsichtlich seiner Qualitäten schnell den gleichen Ruf wie der Double-Six.
Als ein neuer Weltkrieg Daimler abermals zum Hersteller von Militärfahrzeugen und Flugmotoren werden ließ, die alte Fabrik in Radford aber diesbezüglichen Anforderungen nicht mehr gerecht wurde, siedelte sich die Firma ein paar Meilen weiter südlich in Allesley an; dort entstand an der Browns Lane in aller Eile ein Zweigwerk für die Herstellung von *aero engines* für Bristol- und Hercules-Bomber. Später erwarb William Lyons das Areal in Allesley.
Das berühmteste Fahrzeug, das bei Daimler in den frühen vierziger Jahren gebaut wurde, dürfte der Scout Car gewesen sein, eine Art Panzerspähwagen mit Einzelradaufhängung und 2,5-Liter-Sechszylindermotor. Eine größere Version mit 4,1-Liter-Maschine wies als Besonderheit Scheibenbremsen auf. Etwa 9500 dieser Fahrzeuge verließen Coventry bis Anfang 1945 neben etlichem anderen Militärgerät.
Den 4,1-Liter-Sechszylindermotor des gepanzerten Daimler führte man friedlicheren Zwecken im ersten Nachkriegswagen zu, im Typ DE.27; die 2,5-Liter-Maschine baute man im DB.18 ein. Der Straight Eight Daimler hatte 5,5 Liter Hubraum und war wieder ein Elitewagen für hohe Ansprüche. Die Daimler-Modelle Consort und Empress waren Nachfolger des DB.18.

Der 5,5 Liter (5460 ccm, 85,1×120 mm) Straight Eight trug die Bezeichnung DE.36 und basierte auf dem DE.27, nur war er länger – der Radstand betrug 3726 mm, die Gesamtlänge etwas über sechs Meter. Ein gewaltiger Wagen, der von 1946 bis 1953 im Programm blieb und mit zum Teil attraktiven, aber auch monumentalen Spezialaufbauten versehen wurde. Es gab ihn auch mit einer Standard-Karosserie, geliefert von Hooper oder der Firma Frestone & Webb. Nach alter Tradition saßen bei vielen Ausführungen die Reserveräder noch in den vorderen Kotflügeln. Die Lieferzeiten waren lang, sie betrugen ein Jahr und mehr, denn bis ins letzte Detail entstanden solche Wagen in Handarbeit. Fast jedes Exemplar stattete man mit Extras gemäß Kundenwunsch aus; ein Listenpreis existierte lediglich für das Chassis – wie zur guten, alten Zeit. Und fast alle Daimler DE.36 hatten eine elektrisch zu öffnende Separation zwischen Fahrerabteil und Fond, ebenso Klapptischchen, Picknick-Sets, ein riesiges Werkzeugsortiment (das man aber kaum brauchte) und die ausgefallensten Edelhölzer im Interieur. Einen solchen Daimler besaßen beispielsweise die Königin von Holland, die Ministerpräsidenten von Australien, Südafrika oder Neuseeland, der König von Siam, der Fürst von Monaco, aber auch der Zeitungszar Lord Beaverbrook und selbstverständlich das englische Königshaus.

So wie es nach dem Kriege erstmals Rolls-Royce-Automobile mit Standard-Werkskarosserien gab, war auch Daimler jetzt in der

Oben: Daimler Long Wheelbase Sovereign, Spitzenmodell von 1972.

Rechts: Mit einem Jaguar-420-Motor bestücktes Kampffahrzeug, 1972-73 bei Alvis hergestellt.

Lage, Autos mit »eigener« Karosserie anzubieten, wenn man sich nicht für einen Sonderaufbau entscheiden mochte. Sowohl die berühmte Firma Barker als auch der königliche Kutschenbauer Hooper gehörten inzwischen nämlich zur Daimler-Familie. So mancher Empress oder Regency wurde Kundenwünschen entsprechend aufgebaut – übrigens nicht nur von englischen Karossiers. Auch Saoutchik in Paris oder die Schweizer Firma Ghia-Aigle karossierten Daimler-Fahrgestelle der verschiedenen Typen. Namen, die der Noblesse eines Daimler – nicht allein eines DE.36 – nur gerecht werden konnten. Doch die Zeit der individualkarossierten Automobile war eigentlich schon vorbei; Daimler war einer der letzten Autohersteller, dessen Wagen solchen Extravaganzen unterzogen wurden.

Im Jahre 1953 erschien mit dem Daimler Conquest ein Wagen, der in mehrfacher Hinsicht Geschichte machte. Er wies zwar »nur« eine Karosserie auf, die eine Modifikation des Aufbaus vom Lanchester Leda darstellte, hatte aber einen 2,4-Liter-Sechszylindermotor mit Alukopf und zwei Vergasern unter der Haube, 75 PS stark. Im Sportmodell Conquest Century, der in zahlreichen Tourenwagen-Wettbewerben Siege errang, hatte die Maschine 100 PS. Es gab dieses feine Auto bis 1958. Einerseits war es ein für damalige Zeiten recht modernes Fahrzeug, leistungsstark und schnell, andererseits entsprach es mit seiner konservativen Linienführung ganz und gar dem Geschmack der Traditionalisten, denen ein Triumph TR3 oder ein Austin Healey 100 Six – oder gar ein Mercedes 190 SL – schon viel zu sehr den Geist der neuen Zeit verkörperte. Der Conquest Century war mehr als ein Statussymbol aristokratischer Playboys und für 1928 Pfund Sterling sicherlich ein echter *bargain*.

Dann stellte man nacheinander einen 3,4 Liter, einen 3,6 Liter und einen 3,8 Liter vor; letzterer wies als Modell Majestic von Haus aus Getriebeautomatik auf. Der geräumige Repräsentationswagen mit Scheibenbremsen, vornehmem Holz- und Leder-Interieur sowie handgearbeiteter Karosserie wurde seinem Namen mehr als gerecht – und er war auch noch stets das bevorzugte Automo-

Links: Daimler Executive 1987 mit elektronischem Sekretariat für Manager, die sich auf dem Beifahrersitz langweilen …

Gegenüberliegende Seite: Daimler Double-Six 1987, noch immer das Allerfeinste vom Feinen für den anspruchsvollen und gleichermaßen gutbetuchten Businessman.

bil der königlichen Familie. Wo immer die Queen und ihr offizieller Stab auf den Straßen Britanniens auftauchte, war es in einem dunkelroten Daimler Majestic. Standen Staatsvisiten im Ausland auf dem Kalender, wurden nicht selten sechs, acht oder auch zwölf Daimler mit auf Tournee genommen, sei es per Schiffs- oder auch per Luftfracht. Bei ganz großen Feierlichkeiten holte man natürlich einen oder zwei der Straight Eight aus dem Marstall.

Staatskarossen und Sportzweisitzer

Kontroverses in den Modellpaletten großer Automobilhersteller ist in der Automobilgeschichte nichts Ungewöhnliches. Der Kaiser von Japan und andere gekrönte Häupter ließen sich in einem »Großen Mercedes« 7,7 Liter chauffieren, während Rudolf Caracciola oder Manfred von Brauchitsch im Mercedes Kompressor-Rennwagen Große Preise gewannen. BMW produzierte einen beinahe eiförmigen, zweisitzigen Kleinstwagen namens Isetta, und zugleich die schnellste Reiselimousine Europas mit 3,2-Liter-V8-Motor. Citroën brachte seinen »Regenschirm auf Rädern«, den berühmten 2 CV, auf den Markt, während der Staatspräsident Frankreichs im hydropneumatisch gefederten Luxus-DS wie auf einem fliegenden Teppich reiste. So fabrizierte der königlich-privilegierte Nobelautohersteller Daimler in den fünfziger Jahren auch avantgardistische Sportwagen wie den Conquest Roadster – und den SP 250 mit Plastik-Aufbau.

Unter Edward Turner, ein Mann aus dem BSA-Motorrad-Lager, war Anfang 1957 bei Daimler der Grundstein zu einer neuen Motorenkonstruktion gelegt worden. Es handelte sich um einen V8 mit 2,5 Liter Hubraum. Im April 1959 wurde dann ein sportlicher Zweisitzer mit diesem Motor auf der New Yorker Autoschau präsentiert: der Daimler Dart.

Aber erst im Herbst jenes Jahres lief die Serienfertigung an; jetzt hieß der Sportwagen nur noch SP 250. Zu seinen Besonderheiten zählten vordere Einzelradaufhängung, Scheibenbremsen ringsum und ein auf der Lenksäule verstellbares Lenkrad.

Der 2548-ccm-V8-Motor (76,2×69,9 mm) mit Kopf und Ölwanne aus Leichtmetall und hochliegender Nockenwelle (aber nicht in ohc-Bauweise) zwischen den Zylinderreihen lieferte 140 PS bei 5800/min. Die Maschine verriet die Handschrift ihrer Konstrukteure, die aus dem Motorradbau kamen. Das kurzhubige, überquadratische Layout, die halbkugelförmigen Verbrennungsräume, die schräghängenden Ventile waren Kriterien eines Hochleistungsaggregats; die Kurbelwelle war fünffach gelagert. Der Motor hatte ein Trockengewicht von 232 Kilogramm und war recht kompakt.

Die Heckflossen-Karosserie des Zweisitzers (die Richtung hatte bereits der Conquest Zweisitzer gewiesen) bestand aus glasfaserverstärktem Polyester und war eine Schöpfung des berühmten Hooper-Designers Osmond Rivers. Nicht jeder fand sie auf Anhieb hübsch, aber sie war ungewöhnlich und für einen Wagen der Traditionsmarke Daimler schon fast gewagt.

Den ausgezeichneten V8-Motor erhielt Sir William Lyons als Mitgift bei der Hochzeit, die sich 1960 zwischen Jaguar und Daimler vollzog. Der SP 250 wurde natürlich noch weitergebaut, doch sein Antriebsaggregat

fand ab Oktober 1962 auch Eingang in eine Jaguar-Limousine – die aber unter dem Namen Daimler angeboten wurde. Dieses Modell war der erste Daimler mit selbsttragendem Aufbau und zudem Nummer eins einer langen Reihe von Wagen, die sich als Geschwister (oder Vettern) zu zeitgenössischen Jaguar-Automobilen etablieren sollten. Ähnlich, wie es Rolls-Royce mit dem formidablen Markennamen Bentley handhabte, war der »besondere« Jaguar seither stets ein Daimler. Aus dem Daimler 2.5 Litre wurde ab August der Daimler V8 250 mit geringfügigen Modifikationen. Es gab das Auto inzwischen auch mit Handschaltung (vor April 1967 nur mit Automatik). Im Oktober 1969 verschwand der V8 250, inzwischen zehn Jahre alt, aus dem Daimler/Jaguar-Programm.
Es gab aber noch einen größeren V8 im Daimler-Angebot, im Oktober 1959 vorgestellt. Diese Maschine entsprach in ihrer Konstruktion genau dem 2548-ccm-Motor und hatte 4561 ccm Hubraum (95,3×80 mm); sie feierte im großen Majestic Major ihr Debüt. Dieses Aggregat wog nur 40 Kilogramm mehr als der kleinere V8; seine Leistung lag bei 220 PS. Äußerlich glich der Majestic Major dem Majestic. Man sah dem komfortablen Repräsentationswagen nicht an, daß er in 12 Sekunden auf 100 km/h zu beschleunigen war und flotte 195 km/h Spitzentempo fuhr…
Auch die Fertigung des Majestic Major – ein Auto, das noch immer ein separates Fahrgestell aufwies – wurde nach der Daimler-Jaguar-Ehe fortgesetzt und im September 1961 durch eine Pullman-Version ergänzt, genannt DR 450. 60 Zentimeter mehr Wagenlänge und eine Separation zum Fahrerabteil machten dieses Fahrzeug zum Nonplusultra für den verwöhnten *back seat driver*. Nur zwei andere Automobile waren in dieser Kategorie auf dem Markt: der Vanden Plas Princess von Austin und der Rolls-Royce Phantom V. Letzterer kostete indessen knapp dreimal soviel wie der große Daimler. Rolls-Royce hatte natürlich längst ein paar Phantome im Bukkingham Palace plazieren können, nicht zuletzt auf Initiative des Herzogs von Edinburgh, Prinz Philip – ein Autoliebhaber, der sich vom Mini bis zum Landrover die verschiedensten Gefährte zulegte. Als offizielle Staatskarossen aber standen die Daimler Limousinen in vorderster Reihe im Marstall.

Badge Engineering

Was im Oktober 1966 auf der Motor Show in Earls Court als »The New Daimler« zu sehen war, entsprach der Fortführung einer Modellpolitik, wie sie sich vor genau vier Jahren mit Erscheinen des Daimler 2.5 Litre Saloon alias Jaguar Mk. II angedeutet hatte: Der neue Daimler Sovereign war ein Jaguar 420 G mit der berühmten Orgelpfeifen-Kühlermaske. Wie der 420 G, so hatte auch der Daimler Sovereign eine selbsttragende Karosserie. In Ausstattung und Fahrleistung waren beide Fahrzeuge natürlich absolut identisch. Doch so, wie im unteren BMC-Angebot der eine sich für einen Austin Mini und der andere für einen Morris Mini entschied, wollte man auch der vermögenderen Klientel die Wahl zwischen einem Jaguar und einem Daimler lassen. »Badge Engineering« nennen das die Briten.
Auch der Ende 1969 vorgestellte neue Sovereign stellte nichts anderes dar als einen Jaguar XJ6 mit Daimler-Kühler und modifizierten Schriftzügen auf Ventildeckeln, Radkappen und Kofferraumhaube (wo aber die verchromte Griffleiste mit der Kennzeichenbeleuchtung jetzt ebenfalls die Riffelung wie auf dem Kühler aufwies). Doch machte eine komfortablere Innenausstattung den Unterschied aus, die beim – teureren – Daimler serienmäßig war, im Jaguar aber gegen Aufpreis ebenfalls bestellt werden konnte. Eine Politik, die man mit Konsequenz fortführte. Es gab den neuen Sovereign mit 4,2- und 2,8-Liter-Maschine, so wie auch das Jaguar-Angebot beide Modelle umfaßte.

Vanden Plas und Daimler

Mit der Verschmelzung einiger der traditionsreichsten Automobilmarken Englands zur British Motor Corporation kam auch der 1923 als Ableger der Belgischen Stammfirma Van den Plas in London gegründete Karosseriehersteller Vanden Plas (man beachte die unterschiedliche Schreibweise) in den Staatskonzern. Und als im Sommer 1966 Jaguar-cum-Daimler ebenfalls seinen Beitritt erklärte, wurde beschlossen, die höchst reputablen Namen Vanden Plas und Daimler zusammenzubringen.
Bis zum Mai 1968 gab es allerdings noch den Vanden Plas Princess auf Basis des reichlich antiquierten Austin 4 Litre. Nachfolger dieses BMC-Prestige-Automobils wurde die Daimler Limousine, ein verhältnismäßig modernes

Fahrzeug mit selbsttragender Karosserie und Einzelradaufhängung vorn und hinten, aber traditioneller Linienführung, auf die 200 bis 300 Kunden pro Jahr sehr viel Wert zu legen pflegten. Kenner nahmen in der Silhouette des Automobils, in seinen gestreckten Linien und ausladenden Kotflügeln einen »Hauch von Hooper Coachwork« wahr.

Intern als DS 420 bezeichnet, wies der 5,47 m lange Wagen (Radstand: 3,58 m) mit seinen 2,2 Tonnen Leergewicht die 4,2-Liter-Sechszylindermaschine des XJ6 auf. Die Leistung gab Jaguar mit 245 BHP an. Keine technische Finesse, auf die man in der königlichen Limousine hätte verzichten müssen; auch die Servolenkung vom Typ Varamatic und das Borg-Warner-Automatikgetriebe waren selbstverständlich. Die Innenausstattung in Nußbaum-Wurzelholz und Connolly-Leder, eine raffinierte Klimaanlage, ausreichend dimensionierte Klappsitze für zwei weitere Mitfahrer im Fond und andere Extras gehörten zur Standardausrüstung. Bei seiner Vorstellung im Jahre 1968 kostete die Daimler DS 420 Limousine 5700 Pfund zuzüglich Purchase Tax; bis 1987 hatte sich der Preis des in handwerklicher Einzelanfertigung hergestellten Nobelwagens verachtfacht.

Der zunächst in den Räumen der ehemaligen Firma Vanden Plas, später in einer Spezialabteilung im Jaguar-Werk Browns Lane gebaute »Big Daimler« (offiziell: »Daimler Limousine«) war ein Fahrzeug, bei dem die Zeit stillzustehen schien. Die Rohkarosserien kamen von den Park Sheet Metal Works in der Nähe Coventrys, und der Ausbau der Limousine geschah in aufwendiger, zeitintensiver Handarbeit. Schon aus Kapazitätsgründen konnte an mehr als zwei DS 420 nicht gleichzeitig gearbeitet werden. Noch 1987 hieß es im violett-goldenen Daimler-Prospekt: »Mit aristokratisch ansprechender äußerer Formgebung sowie seiner eleganten Großzügigkeit und anspruchsvollen Qualität im Interieur gilt die Daimler Limousine heute als der feinste Ausdruck einer hochexklusiven Form des Autofahrens...« Etwa 250 Abnehmer fanden sich Jahr für Jahr für dieses 2,2 Tonnen schwere Nobelfahrzeug, vor allem in diplomatischen Kreisen. Einige Exemplare erhielten einen ganz speziellen Aufbau – als Bestattungswagen.

Noch exklusiver als die Limousine gab sich der Repräsentationswagen aus Coventry in seiner Ausführung als Landaulet, bei wel-

Gegenüberliegende Seite: Interieur des Daimler 3.6 Modell 1986/87.

Oben: Daimler 3.6 von 1986/87 (XJ40) und Fond einer 4.2 Daimler Limousine mit eingebautem Full-Service-Büro…

chem sich die rückwärtige Dachpartie öffnen ließ. In einer Pressemitteilung vom 8. März 1974, formuliert vom Pressechef Andrew Whyte, wurde dieser Achtsitzer im Vanden-Plas-Stil als das »teuerste Fahrzeug im British-Leyland-Modellangebot« bezeichnet. Sein Grundpreis belief sich auf 15.000 Pfund, das waren umgerechnet 82.800 Mark. Für das Daimler Landaulet made in Coventry interessierten sich in erster Linie Kunden in Westindien und in Afrika, betonte Whyte. Das Gegenstück zu dieser britischen Nobelkarosse war der Mercedes-Benz 600, der damals rund 75.000 Mark kostete, die Landaulet-Version 125.000 Mark. 1974 entstand in Sindelfingen durchschnittlich ein Exemplar des 600 pro Woche.

Zwei von der Royal Family georderte schwarze DS 420 Limousinen waren die letzten ihrer Art, die Jaguar im September 1992 zum Preis von je 90.000 Pfund Sterling auslieferte. Das Schlußlicht bildete jenes Exemplar, das am 30. November des gleichen Jahres fertiggestellt wurde, aber im Werksbesitz verblieb. Insgesamt 5043 Daimler DS 420 Limousinen waren im Verlauf von 24 Jahren produziert worden, davon hatten 927 eine Spezialkarosserie erhalten. Auf dem deutschen Markt war das kostbare 5,74-Meter-Automobil zu keiner Zeit angeboten worden; wer es in eigener Regie importierte, mußte Ende der achtziger Jahre mit etwa 250.000 Mark Anschaffungspreis rechnen – und mit dem Wagen die Prozedur einer Einzelzulassung durchlaufen, denn für dieses Automobil existierte keine Allgemeine Betriebserlaubnis (ABE).

Der im Deutschen gebräuchliche Ausdruck *Limousine* für einen geschlossenen Zwei- oder Viertürer gleich welcher Dimension bezeichnet im Englischen und auch im Amerikanischen stets einen besonders großen Personenwagen mit Trennscheibe als Separation des Fonds. Der Daimler Double Six, die Zwölfzylinder-Variante des Jaguar XJ (ab 1972) wurde in Großbritannien im Unterschied zum Typ 420 demnach nicht als *Limousine* bezeichnet, sondern schlicht und einfach als Car.

Interessanterweise waren die Hälfte aller 1986 in der Bundesrepublik neu zugelassenen Wagen der Serie III Daimler-Versionen. Vielleicht war es die Vertrautheit eines Namens deutscher Herkunft, die hier eine Rolle spielte. Noch Anfang der achtziger Jahre hatte man den Markennamen Daimler in der deutschen Jaguar-Preisliste vergeblich gesucht: In der BL-Ära hatten die Briten, nach der Aussage eines Pressesprechers in Coventry, den deutschen Automobilmarkt nicht durch »zwei Namen für baugleiche Modelle irritieren« wollen. Falls es eine Irritation bezüglich der Herkunft eines Autos mit dem Namen Daimler je gegeben haben sollte, nahm die Firma Jaguar sie ab 1985 aber gern (wieder) in Kauf und belebte mit den noblen Fahrzeugen dieser Markenbezeichnung ihren Absatz gerade in Deutschland auf angenehme Weise.

Aber auch in den USA gab es zeitweilig keinen Daimler. Als dort 1986 der XJ40 vorgestellt wurde, fehlte das Modell mit dem geriffelten Kühlergrill zwar nicht, doch es hieß »Vanden Plas«. Die PR-Manager jener Jahre begründeten dies mit dem Argument, man habe mit Rücksicht auf Daimler-Benz auf ein Daimler-Modell verzichtet, ohne daß vom amerikanischen Mercedes-Importeur indessen eine Forderung in dieser Hinsicht bestanden habe.

Oben: Bau der großen Daimler-Limousine in Allesley.

Links: Einsetzen des 4,2-Liter-Motors in den Daimler. Unten: Arbeiten am Interieur.

Militärlastwagen und Doppeldecker-Omnibusse

Von der Einbeziehung von Jaguar und Daimler in den British-Leyland-Markenverbund waren auch zwei prominente Nutzfahrzeug-Fabrikate betroffen. Denn nicht nur Daimler baute Lastwagen und Omnibusse, sondern auch Guy.

Guy Motors Limited, 1914 in Wolverhampton gegründet, hatte sich aus kleinsten Anfängen zu einem wichtigen Hersteller mittlerer und schwerer Kaliber entwickelt, produzierte ein- und doppelstöckige Omnibusse und vor allem Militärfahrzeuge. Wie bei Jaguar, gab es hier einen »Old Man«, durch dessen Tatkraft und Führungsqualitäten es die Firma zu ihrem hohen Ansehen gebracht hatte. Als Sydney Guy 1975 starb, änderten sich die Verhältnisse rasch. Drei Jahre später stand das traditionsreiche Unternehmen zum Verkauf. William Lyons, stets auf Expansion bedacht, übernahm die Guy Motors Ltd. und versprach sich durch Rationalisierungsmaßnahmen eine Rekonvaleszenz der Firma.

Der Nutzfahrzeugbereich in Lyons' Imperium bekam zusätzliche Bedeutung, als sich Sir William 1960 für den Kauf Daimlers ent-

schied; 1962 wurden die Produktionsbereiche von Guy und Daimler koordiniert. Guys Nachbar Meadows, seit den zwanziger Jahren ein angesehener Motorenlieferant, kam 1962 ebenfalls zur Jaguar-Gruppe.
Guy stellte 1976 unter British-Leyland-Regie die Produktion ein; Leylands eigene Interessen auf dem Nutzfahrzeugsektor bestimmten die Eliminierung der Marke. Dafür verstärkte man die Anstrengungen bei Daimler. Nach Leyland war Daimler in den BL-Jahren die am weitesten verbreitete Doppeldecker-Omnibusmarke in Großbritannien und in vielen Ländern des Commonwealth.

Größten Seltenheitswert hat der in ganz geringer Zahl als Landaulet karossierte Daimler DS 420, im früheren und jetzt zu Jaguar gehörenden Vanden-Plas-Werk gebaut.

Links: Eine Daimler Limousine im Londoner Rush-Hour-Verkehr, 1970.

Unten: Für Staatsempfänge geradezu prädestiniert: Der große Daimler, eines der teuersten Automobile, die in Coventry je hergestellt wurden. Das letzte Exemplar entstand 1992.

Vertrauter Name: Daimler Eight

Das Erbe der seit 1896 existierenden Marke Daimler of Coventry wurde von Jaguar in den späteren achtziger und in den neunziger Jahren mit Sorgfalt gepflegt. Mehrere spezielle Editionen strichen die besondere Bedeutung – auch im historischen Sinne – des Markennamens hervor, der 1996 seinen hundertsten Geburtstag feiern durfte. So gab es 1996 in einer limitierten Auflage von 200 Stück einen Daimler Double Six Century »Commemorative Series« mit langem Radstand und besonders reichhaltiger Ausstattung. Dem Daimler mit Zwölfzylindermotor blieb es auch vorbehalten, als letzter V12 im Angebot zu verbleiben, als es keinen Jaguar XJ12 mehr gab. Am 17. April 1997 wurde aber auch die Fertigung des zwölfzylindrigen Daimler eingestellt. Der letzte Daimler Double Six der Serie X300 mit langem Chassis erhielt eine dunkelgrüne Lackierung und ging als Museumsfahrzeug an den Jaguar Daimler Heritage Trust.

Damit fand zugleich eine andere Daimler-Ära ihr Ende: die des Werkes Radford. Knapp zwei Kilometer vom Stadtzentrum Coventrys entfernt und inmitten eines Wohnviertels gelegen, hatte dieser Betrieb schon aus Gründen der Umweltverträglichkeit keine Chancen mehr. 1906 war das Werk von der Daimler Motor Company in Betrieb genommen worden; während des Ersten Weltkrieges wurden hier Flugmotoren und Flugzeuge gebaut, später der berühmte Daimler Straight Eight sowie Nutzfahrzeuge. Die Namen vieler prominenter Konstrukteure sind mit dem Werk in Radford verbunden; zu ihnen zählt beispielsweise Laurence Pomeroy. Die Übernahme der Betriebsstätten in Radford, die der BSA-Konzern veräußern wollte, sicherte der Firma Jaguar – die wegen des Mk. II und der bevorstehenden E-Type-Fertigung in Platznot kam – 1960 ein Verbleiben am Standort Coventry.

Nach Schließung des Werkes im nördlichen Teil der Stadt Coventry am 11. Juli 1997 wurde das Gelände für ein privates Bebauungsprojekt freigegeben; die in den letzten Jahren auf Radford konzentrierte Motorenfertigung fand nun in der Bridgend Factory statt. Mit der Einführung der Jaguar XJ8-Serie im September 1997 wurden auch zwei neue Daimler-Modelle vorgestellt, der Daimler V8 und der Daimler Super V8; letzterer hatte den Kompressormotor des Jaguar XJR unter der Haube. Beide Wagen wurden ausschließlich mit dem 2995 mm langen Radstand geliefert – kein anderes Modell stand nun als Long-wheelbase-Version mehr im Katalog. Die beiden Flaggschiffe kosteten bei ihrer Einführung in Deutschland 151.900 bzw. 170.900 Mark. Das CATS-Fahrwerk sowie elektrische Sitzverstellungen vorn und hinten waren beim Daimler Super V8 im Preis enthalten. Auch die Daimler-Version des letzten X300 mit V12-Motor hatte es 1997 in Großbritannien serienmäßig nur mit langem Radstand (Gesamtlänge des Wagens: 5148 mm) gegeben; eine Kurzversion

In nicht mehr als 200 Exemplaren baute man 1996 den Daimler Century Saloon mit besonders feiner Ausstattung. Das Jubiläumsmodell war als Sechs- oder Zwölfzylinder erhältlich; 50 Fahrzeuge wurden in Deutschland verkauft.

(5023 mm) war allerdings »to special order« erhältlich. Minderpreis: 500 Pfund Sterling. Das entsprach £ 4 oder rund 12 Mark pro Millimeter Wagenlängen-Differenz. Oder eingesparte 8 Mark 57 pro Kilogramm. Deutlich mehr Fußraum im Fond des Long Wheelbase Daimler waren vielreisenden Businessmen 500 Pfund aber allemal wert.
Einen Daimler mit großvolumigem V8-Motor (4,6 Liter, 220 PS) hatte es 1959 in Gestalt des Major Majestic schon einmal gegeben. Auch der von 1962 bis 1968 gebaute V8 250 im Karosseriegewand des formschönen Jaguar Mk.II war jedem Fan in bester Erinnerung, ebenso die weiter vorn erwähnten Daimler-Automobile mit Achtzylinder-Reihenmotor. Die Bezeichnung »Eight« hatte also zumindest für Daimler-Kenner einen vertrauten Klang.
Würde Jaguar bereit sein, sich von dem Markennamen Daimler zu trennen, wenn ein in Stuttgart beheimatetes Unternehmen namens Daimler-Benz daran interessiert wäre? Eine ketzerische Frage, auf die man in Coventry mit einem klaren »Nein« antwortete, als sie im Sommer 1998 gestellt wurde. »Ein solches Interesse ist unserem Hause gegenüber nicht bekundet worden«, hieß es seitens der Marketingleitung. Es wäre auch ein äußerst sorgfältig abzuwägender Entschluß, sich von einem Namen zu trennen, der mit Großbritanniens Automobilgeschichte nicht nur eng verwurzelt ist, sondern als Synonym für ihre Gründungsphase steht. Denn das Automobil kam aus Deutschland nach England, wie Immo Sievers in seiner Hochschulschrift *AutoCars* von 1995 detailliert dokumentiert hat, und die Rolle Daimlers war im ausgehenden 19. Jahrhundert für die Entstehung der britischen Automobilindustrie von entscheidender Bedeutung.

603
RALLYE
ALPES
RUB 120

ERFOLGREICHE RENN- UND RALLYE-JAHRZEHNTE

Ian Appleyard prägte das sportliche Erscheinungsbild der Marke Jaguar in den ersten Nachkriegsjahren. Am Lenkrad dieses XK 120 – Copilotin war seine Frau – errang er mit seinen Mannschafts-Kollegen Gatsonides und Mansbridge 1953 den Alpenpokal.

Jaguar – das ist ein Name, der mit Erfolgen auf der Renn- und Rallyestrecke eng verknüpft ist. Aber der Jaguar wurde nicht als Rennwagen geboren, wie etwa ein Aston Martin, Alfa Romeo oder Lotus; Fabrikate, deren Namen anfangs für nichts anderes als für ihre Wettbewerbseinsätze standen.

William Lyons pflegte ein ambivalentes Verhältnis zum Motorsport. Als Jüngling hatte er sich im Sattel seiner Brough Superior oder Harley-Davidson selbst an den Start zahlreicher Rennen begeben, und ohne seinen starken Glauben an die Überlegenheit der Jaguar C- und D-Types in den fünfziger Jahren hätte er ihrem Bau wohl auch nicht zugestimmt. Andererseits gehörte Lyons nie zu jenen, die viel auf die motorsportliche Karte setzten, um daraus einen größtmöglichen Werbenutzen zu ziehen. Rennen waren zweckdienliche Mittel, um konstruktive Qualitäten unter Beweis zu stellen, aber der Zweck heiligte sie in den Augen Lyons' nicht.

Der stets auf äußerste Sparsamkeit bedachte und sein Unternehmen nach überwiegend ökonomischen Gesichtspunkten führende Lyons war also kein großzügiger Mäzen des Rennsports, dennoch legte er viel Wert auf ein sportliches Markenimage, und schon der erste unter der Marke SS präsentierte Wagen eigener Konstruktion hatte betont sportive Linien. Überdurchschnittlich schnelle Touren- und Reisewagen zu bauen, war durchaus sein ernstes Anliegen, im motorsportlichen Engagement Leistungsbeweise zu erbringen, indessen *»another cup of tea«*.

Der kleine Austin Swallow Roadster der zwanziger Jahre durfte sich aber bereits Sportwagen nennen lassen, und der später von Swallow karossierte Wolseley Hornet Special war auch ein »heißer« Flitzer – Stationen auf dem Wege zum SS 1, der auf der Motor Show in London im Oktober 1931 sein Debüt gab. Und dieses Fahrzeug sah mit seinen extrem niedrigen Linien nicht nur sehr sportlich aus, sondern wartete auch mit entsprechenden Fahreigenschaften auf. Mechanische Pannen trübten aber immer wieder das Vergnügen, und Zuverlässigkeit entschied nun einmal über gute Wettbewerbs-Plazierungen. Kaltstart-Probleme, zu hohe Öl- und Wassertemperaturen bei forcierter Fahrt waren die häufigsten Mängel.

Lyons und sein Partner Walmsley verhielten sich damals keinesfalls abstinent gegenüber dem Motorsport, dafür war der Reiz der Herausforderung viel zu groß. Doch die ersten Beteiligungen an Zuverlässigkeitsfahrten, wie sie der Royal Automobile Club damals durchzuführen pflegte, endeten mit recht mittelmäßigen Resultaten. Erst 1933 wurde zu einem Jahr bescheidener Erfolge. Zu bescheiden für einen ehrgeizigen William Lyons. Aber wenn er einmaL A gesagt hatte, mußte er auch B sagen, und so faßte er den Ent-

Links: Eastbourne Rally 1954. Ein immerhin schon acht Jahre alter Jaguar 2.5 Litre bei einer Sonderprüfung am Berg.

Oben: Das Jaguar-Werksteam 1937. Am Lenkrad ihrer SS 100 die Fahrer E. H. Jacob, Ernest Bill Rankin und George Matthews.

schluß, mit dem SS 1 doch noch einiges zu unternehmen.
Großer Reputation erfreute sich in den dreißiger Jahren – wie schon in der Zeit vor dem Ersten Weltkrieg – die Internationale Alpenfahrt. Ein gerade bei Briten beliebter Tummelplatz sportlicher Betätigung; zahlreiche Siege beispielsweise auf Rolls-Royce, Frazer-Nash, Sunbeam, Triumph oder Austin-Healey beweisen das. 1933 meldete die Swallow Coach Building Ltd. drei SS 1 Tourenwagen zur Teilnahme. Die Vorbereitung der Fahrzeuge hatte viel mehr Zeit in Anspruch genommen als geplant, und ohne eine Probefahrt durchführen zu können, nahm das Team die Tourer nur wenige Stunden vor Abfahrt der Kanalfähre in Empfang. Einer der drei Piloten war eine Frau: Miss Margaret Allan. Und schon die Fahrt nach Dover zeitigte Probleme: Die Motoren wurden zu heiß. Und in Frankreich, noch 500 Kilometer vor Erreichen des Startorts, gab es mehrere Aufenthalte wegen durchgebrannter Zylinderkopfdichtungen.
Im Verlauf der Alpenfahrt folgten weitere Schwierigkeiten. Mit kochenden Kühlern mußten Humphrey Symon und Margaret Allan so oft anhalten, bis sie aus der Wertung waren. Allein Charly Needham brachte es zu einem achten Platz in der von lauter Bugattis okkupierten 3-Liter-Klasse. Aber es gab noch zwei weitere Fahrer auf SS-Fahrzeugen. Ein Wagen wurde vom österreichischen SS-Importeur Hans Georg Koch gesteuert, der andere von seinem Kunden Graf Orssich. Koch mit seinem Beifahrer Kurt Reitmeyer plazierte sich in der 3-Liter-Klasse besser als Needham mit seinem Werkswagen, nämlich auf Platz 6, und im Gesamtklassement war er der Vierzehnte. Graf Orssich wurde Elfter seiner Klasse.
Der Tourenwagen von Humphrey Symon und James Wright hätte vielleicht in der Wertung bleiben können, hätten die Fahrer nicht aus Rücksicht auf das ihnen vorausfahrende Damenteam Margaret Allan/Colleen Eaton zuviel Zeit verloren – und als Miss Allans Motor dann endgültig seinen Geist aufgab, nahmen sie die beiden Ladies auch noch mit, den blauen SS 1 am Straßenrand zurücklassend.
Die Ausfallursache war schnell gefunden. Kochs Wagen waren in serienmäßiger Ausführung an den Start gegangen, doch die drei Werksfahrzeuge hatte man mit modifizierten Zylinderköpfen auf die Reise geschickt gehabt – und Lyons, der sich über das schlechte Abschneiden seiner Wagen sehr ärgerte, sah sich sofort nach einem fähigen Mann um, der zukünftig im Hause fürs Tuning verantwortlich sein sollte. Die Behandlung der Zylin-

derköpfe war nämlich in einer anderen Firma erfolgt. Es war Harry Weslake, der jetzt hierfür eingesetzt wurde. Da man ihn zunächst nicht ständig, sondern nur gelegentlich für solche Jobs benötigte, erhielt er keinen Anstellungsvertrag, sondern arbeitete für Lyons (und andere Firmen) freiberuflich als selbständiger Techniker.
Ernest Bill Rankin, ein in den dreißiger Jahren bekannter Werbemann und zuständig für SS-Public-Relations, setzte sich sehr für eine Fortsetzung sportlicher Aktivitäten ein. Gemeinsam mit Weslake bereitete er einen neuerlichen Start bei der Alpenfahrt vor. 1933 nahm nur ein Werkswagen teil, gefahren von Douglas Clease, der damit bereits einige regionale Rallyes mitgemacht hatte. Zwei weitere Privatwagen wurden aber vom Werk mit gemeldet; Charles Needham war wieder mit von der Partie, diesmal mit dem Werks-Faktotum Harry Gill als Beifahrer, ferner ein bekannter Sportsmann namens Sydney Light, der mit seinem SS 1 bereits an der Rallye Monte-Carlo teilgenommen hatte – indessen nur, um in der »Komfort-Wertung« (die mit der Zeitwertung nichts zu tun hatte) einen Preis zu gewinnen.
Die drei werksgenannten Wagen konnten abermals keine Blumentöpfe gewinnen, geschweige denn einen der begehrten Alpenpokale. Harry Gills Report fiel nach der Heimkehr entsprechend hart aus. Und es war durchaus nicht Weslakes Verschulden, daß die Motoren wieder einmal nicht durchgehalten hatten. Überdies, so hatte sich erwiesen, waren die Fahrzeuge glattweg zu lang, was in engen Spitzkehren als ein Handikap erkannt worden war. Erneut war es ein privater SS-1-Fahrer, der besser abgeschnitten hatte: Frank W. Morgan war immerhin als Klassenvierter ins Ziel gekommen.

Keine halben Sachen: SS 90 und SS 100

Die mit so vielen Rückschlägen behafteten Sporteinsätze der SS 1 und gelegentlich auch SS 2 stellten Lyons vor die Alternative: Entweder man betrieb gar keinen Motorsport, oder es mußte ein Wagen auf die Räder gestellt werden, der ebensoviel hielt, wie seine Erscheinung versprach.
Weslake und eine Reihe tüchtiger Männer hatten großen Anteil am Zustandekommen des SS 90, wie er im März 1935 vorgestellt wurde. Dieses Auto war ein reiner Sportzweisitzer mit wesentlich kürzerem Fahrgestell als der SS 1, größerem Kühler und vor allem größerer Ölwanne aus Aluminium (zwecks besserer Wärmeabführung). Der seitengesteuerte Sechszylindermotor mit 2663 ccm Hubraum (73×106 mm) und siebenfach gelagerter Kurbelwelle war ansonsten der gleiche wie im SS 1. Geändert hatte man aber auch den Zylinderkopf, jetzt aus Leichtmetall bestehend und mit einer Nockenwelle, die größere Überschneidungen der Ein- und Auslaßzeiten gewährte.
Auch der SS 90 war kein Rennwagen, Lyons hatte ihn aber sehr wohl mit der Absicht gebaut, mit ihm sportliches Terrain gutzumachen. Er mußte einfach den Beweis antreten, daß ein SS nicht nur flott aussah, sondern auch durchhielt, wenn's drauf ankam. Die geringe Stückzahl von nicht einmal dreißig insgesamt gebauten Exemplaren macht deutlich, daß der SS 90 indessen kein Ersatz für den – weiterhin produzierten – SS 1 darstellen sollte.
Mit 120 km/h war auch der SS 1 kein langsames Auto, doch der SS 90 ging an die 130. Die damals recht bekannten Sportfahrer Brian Lewis, Samuel H. Newsome und der von der Alpenfahrt her erinnerliche Douglas Clease setzten ihre SS 90 in etlichen Prüfungen ein, so in der Scottish Rally und in der Torquay Rally. Es gab Klassensiege und Tagesbestzeiten – aber keine Schlagzeilen.
Die Grenzen der Leistungsfähigkeit des seitengesteuerten Sechszylindermotors waren erreicht. Weslake hatte aus dem 75-PS-Motor zwar etwa weitere 15 PS herausholen können, aber ein weiteres Plus brachte nur ein Umbau auf Kopfsteuerung. Im Frühjahr 1935 stieß William Heynes zu Jaguar, und unter seiner Regie gediehen die von Weslake bereits vorbereiteten Arbeiten für einen ohv-Motor schnell zur Realität. Auf der Motor Show im Oktober konnte Chefkonstrukteur Heynes stolz den obengesteuerten SS 100 vorführen. Er hatte das gleiche kurze Chassis wie der SS 90 – trug aber den neuen Modellnamen Jaguar.
Wieder war es die phantastische Form dieses Wagens, die zunächst bestach und jeden Betrachter dazu verleitete, dem Jaguar Vorschußlorbeeren zuzuerkennen. Immerhin: Der Wagen beschleunigte in knapp 13 Sekunden von Null auf 100 km/h und ging an die 96 Meilen pro Stunde (153 km/h). Das stimmte zwar nicht ganz mit der Erwartung überein, die man mit der Bezeichnung des Fahrzeugs verband (jedermann glaubte, die 100 stünde für ebenso viele Meilen), aber das

RAC Rally 1954. Ein Mk. VII wurde Klassensieger, dieser Mk. V kam auf den dritten Platz.

Werk hatte diese Interpretation nie selbst gebraucht, wie seinerzeit auch keine offiziellen Leistungsangaben über den Motor veröffentlicht wurden.
Wenn es die Straßen erlaubten, ließ sich ein SS 100 mit 120 km/h Dauertempo fahren, und das galt als enorm. Es war aber weniger das hohe Tempo als der »Dampf« in den unteren Drehzahlbereichen, durch den der SS 100 imponierte, und der nicht durch alarmierend hohe Kühlwassertemperaturen oder Wassereinbrüche infolge defekter Kopfdichtungen ein allzu frühes Ende fand. Der seinerzeit in England sehr beliebte Trialsport – Querfeldeinfahrten über gemietete Privatgrundstücke wegen des Verbots von Rallyes auf öffentlichen Straßen – sah so manchen SS 100 strafpunktfrei am Ziel. Natürlich zeigte der Wagen auch in zahlreichen Bergrennen seine Qualitäten. Richtig interessant aber wurde es erst, als der SS 100 auch mit 3,5-Liter-Maschine angeboten wurde.
Ein erster international bedeutender Sieg, noch mit einem SS 100 2.5 Litre herausgefahren, ergab sich auf der 1936er Alpenfahrt (im Vorjahr hatte sie nicht stattgefunden). Das Ehepaar Thomas und Elsie Wisdom errang mit dem schwarzen Roadster, der das Kennzeichen BWK 77 trug, den Gletscherpokal für strafpunktfreie Fahrt, eine phantastische Leistung und ganz sicher eine verdiente Belohnung für nicht nachlassende Anstrengungen in Anbetracht der vorangegangenen Enttäuschungen. William Lyons, der nicht mehr viel Hoffnung auf einen wichtigen Rallyeerfolg gehabt hatte, war jetzt besser auf weitere Engagements zu sprechen.
Wisdoms SS 100 2.5 Litre war ein Werkswagen, und er sollte unter etlichen anderen Fahrern noch weitere Erfolge erringen, so etwa mit Samuel Newsome oder Brian Lewis am Steuer. Erstmals fand Jaguar mit diesem Wagen auch in einer Brooklands-Meldung Erwähnung: Thomas Wisdom absolvierte einige Runden mit »103 bis 105 Meilen« (166 bis 169 km/h), wie *The Motor* schrieb.
Ein weiterer Erfolg war dem Australier Mc-Evoy beschieden, der einen SS 100 beim Großen Sportwagen-Preis 1936 in Reims zum Klassensieg in der 3-Liter-Kategorie fuhr. Siege auf dem europäischen Kontinent trugen natürlich viel dazu bei, der Marke SS-Jaguar einen größeren Bekanntheitsgrad zu

Goodwood-Rennen 1954. Ein Mk. V Cabriolet im Alleingang vor der Haupttribüne. Saloon Car Racing war schon damals stets eine Attraktion.

Unten: Alpenfahrt 1950. Appleyard im NUB 120 bei einer kurzen Rast. Hinter dem Jaguar ein Allard.

verschaffen. Ob indessen auch nur ein einziges Fahrzeug mehr verkauft wurde, wenn ein Klassensieg zu verbuchen war, durfte als Frage akademischer Bedeutung gelten. Lyons hätte sie – bei aller Freude über Bestplazierungen – vermutlich noch immer mit einem klaren Nein beantwortet.

Der Roadster mit der Nummer BWK 77 wurde ständig gewissen Modifikationen unterzogen. Man probierte unterschiedliche Hinterachsübersetzungen und Stoßdämpfer aus und tauschte die 2663-ccm-Maschine gegen den neuen 3485-ccm-Sechszylinder, als dieser erschien. Jetzt drehte der SS 100 sogar eine Brooklands-Runde mit 190 km/h. Und jeder Rallyeeinsatz wurde belohnt. Auch manches Rennen – wie jenes in Reims – durfte ein SS 100 für sich entscheiden, so auch das in der portugiesischen Stadt Vila Real, das der später als Ferrari-Pilot bekannt gewordene Casimiro de Oliveira gegen starke Konkurrenz von seiten deutscher BMW- und Adler-Teams gewann.

William Heynes hatte natürlich großen Anteil an rennsportlichen Erfolgen, denn wenn Wagen und Motoren jetzt als äußerst standfest gelten durften und über jene Stamina verfügten, die fürs Durchhalten unabdingbar ist, war das ihm zu verdanken. Heynes war oft in Brooklands und lernte dort auch Walter Hassan kennen, der einst für das Bentley-Rennteam gearbeitet hatte und nun für Thomson & Taylor als Tuner tätig war. Mehr als einmal erhielt Hassan die Gelegenheit, Runden mit dem Werkswagen BWK 77 zu drehen, und er bekam Appetit auf dieses vorzügliche Auto. Es ergab sich schließlich, daß er 1938 eine Position bei Jaguar antrat, und zwar als Entwicklungsingenieur. Noch oft sah man ihn in Brooklands, bevor die Bahn während des Krieges zu militärischen Zwecken umfunktioniert (und danach nie wieder zu Rennen benutzt) wurde, und seine SS 100 entbehrten mitunter der Kotflügel – ein Usus, den auch andere Fahrer praktizierten.

Walter Hassan erhielt noch im gleichen Jahr den Auftrag, einen Wagen für die Teilnahme an der Rallye Monte-Carlo 1939 zu präparieren. Es war allerdings kein Werksfahrzeug, sondern die 3.5-Litre-Limousine eines privaten Fahrers namens Jack Harrop, der schon einige Male in regionalen Rallyes gestartet war und Klassensiege errungen hatte, auch in der 1938er RAC Rally. Mit zwei Beifahrern

Oben: Appleyard am Steuer seines XK 120 auf schottischen Straßen in der RAC Rally im März 1953, die er als Gesamt- und Klassensieger beendete. Auch hier war seine Frau – die Tochter William Lyons' – als Copilotin dabei. Der Wagen mit der signifikanten Nummer existiert noch heute.

Oben: Ein XK 120 auf der Strecke von Spa-Francorchamps in Belgien.

Links: In Lake Elkhart, USA, pilotierter Jaguar XK 120.

Unten: Hans Glaser im XK 120 Lightweight Coupé beim Slalom des Stormarner ADAC (Prix Maritim).

startete er in Athen. Man hatte seinem Wagen das Chassis am Heck verstärkt, weil Harrop dies für angebracht erachtet hatte, auch eine Abdeckung unterhalb des Schalldämpfers montiert, da man befürchtete, er würde auf den schlechten Straßen des Balkans abgerissen werden können. »Daß wir ohne Strafpunkte bis zur ersten Sonderetappe in Grenoble kamen, grenzte an ein Wunder«, schrieb Beifahrer William Currie in sein Tagebuch. Man hatte bereits diverse alpine Felsen touchiert und auch einmal im Straßengraben gelegen...

Die fünf Sonderetappen von Grenoble bis nach Monte Carlo hatten es in sich. Vor allem schienen die glühendgefahrenen Bremsen allmählich ihren Dienst aufzugeben. Harrop muß ein ausgezeichneter Fahrer gewesen sein, denn er absolvierte die zweitschnellste Gesamtzeit aller Teilnehmer und hatte, laut Currie, am Ziel »praktisch absolut keine Bremsen mehr«. Die Endwertung sah den Jaguar auf dem zehnten Platz. Den Gesamtsieg holte sich ein ebenfalls in Athen gestartetes französisches Team auf Hotchkiss.

Dieser erste Erfolg für eine Jaguar Limousine wurde gebührend gefeiert. Es sollten später noch viele weitere Siege auf vergleichbaren Fahrzeugen folgen. Im Vordergrund stand derweil aber noch immer der SS 100, mit dem die Fahrer Thomas Wisdom, Paul Pycroft und Lord Vernon zum Beispiel das Rennen Paris-Nizza 1938 bestritten, ein Vorläufer der Tour de France, bei der diverse Einlagen als Einzelwettbewerbe gewertet wurden. In Montlhéry und auf der Bergstrecke von La Turbie absolvierten Wisdom und Pycroft hervorragende Zeiten.

Wisdoms meistbenutzter Wagen mit dem Kennzeichen BWK 77, mit dem er so viele Einsätze gefahren hatte, galt als schnellster SS 100 schlechthin. Mit speziellen Leichtmetallkolben und einer Verdichtung von 14:1 hatte man die Maschine auf 169 PS getrimmt. In Bergrennen (hier mit hinterer Zwillingsbereifung) ließ sich damit alles verputzen, was bis 3,5 Liter Hubraum an den Start ging. Mit einer Hinterachsübersetzung von 3:1 und einem à la Mercedes SSKL durchbohrten Fahrgestell lief dieser SS 100 gestoppte 201 km/h – bis er mit Kurbelwellenbruch auf der Strecke blieb. Der Wagen wurde später verkauft und ging durch mehrere Hände, erlebte dann aber eine originalgetreue Restaurierung.

Inzwischen hatte es sich herumgesprochen, daß der SS 100 tatsächlich ein »richtiger« Sportwagen war, und zahlreiche Privatfahrer erwarben Fahrzeuge, mit denen sie in Brooklands oder Donington antraten. Nach wie vor hielt sich das Werk aber mit offiziellen Einsätzen diskret zurück, und Gerüchte, man habe Vorbereitungen getroffen, um den SS 100 bei den 24 Stunden in Le Mans einzusetzen, dementierten Lyons und Heynes nachhaltig. Die Masche mit abmontierten Kotflügeln, manchmal ersetzt durch *cycle wings*, und durchbohrten Chassisträgern machte Schule. Die schnellsten SS-100-Piloten waren damals C. E. Truett, Cyril Mann, Herbert E. Bradley. Immer wieder waren es die favorisierten BMW 328 und Aston Martin, gegen die sie antraten, wobei die größere Maschine des SS 100 3.5 Litre zwar Vorteile in punkto Tempo brachte, die Konkurrenz wegen des geringeren Gewichts vor allem im Rallyesport oder auf kurvenreichen Rundstrecken aber besser manövrierbar war. Die härtesten Gegner am Lenkrad eines Frazer-Nash BMW waren Hugh Hunter, H. J. Aldington und A. F. P. Fane.

Der Krieg brachte eine Unterbrechung des Motorsportgeschehens, wenngleich es auch 1940 noch eine Mille Miglia und ein paar andere Rennen unter italienischer Regie gab, ebenso in den USA, wo einige SS 100 bereits ebenfalls mit Erfolg eingesetzt worden waren. Und nach 1945 ging es mit dem SS 100 weiter, obwohl er nicht mehr gebaut wurde und alle Einsätze mit sechs bis zehn Jahre alten Fahrzeugen erfolgten.

Alte Schwerter – frisch geschärft

So wie es in Paris schon kurz nach Kriegsende ein Rennen mit Benefiz für Kriegsversehrte gab, fanden entsprechende Wettbewerbe 1945 auch in Großbritannien statt. Selbstverständlich hatte man die eingemotteten Sportwagen der dreißiger Jahre hervorholen müssen, neue Fahrzeuge gab es nicht – und es hätte sie sich auch niemand leisten können. Man war froh, etwas Sprit, gebrauchte Reifen oder Zündkerzen auftreiben zu können. 1946 bis 1948 traten dann viele SS 100 wieder in Aktion, und wie in alten Zeiten waren auch die BMW 328 wieder mit von der Partie. Die Aldington-Brüder aus dem Hause Frazer-Nash hatten bis Ende 1939 die deutsche Marke mit viel Engagement vertrieben und ihr durch persönliche Einsätze zu großem Erfolg verholfen.

Und es war wieder die berühmte Alpenfahrt, die lockte. Der Sohn eines Jaguar-Händlers namens Ian Appleyard gab seine Nennung für die erste Nachkriegsveranstaltung dieser Art im Sommer 1947 ab; sein Wagen war damals fast zehn Jahre alt. Hätte Appleyard nicht mehrere Reifenpannen gehabt (die beim SS 100 an der Tagesordnung waren, der als chronischer Reifenfresser galt), wäre er wohl einer der strafpunktfreien Teilnehmer geworden; so kam er »nur« auf den dritten Platz in seiner Klasse. Ein noch einmal um sieben Jahre älterer Bugatti war als einziger Absolvent der Fahrt strafpunktfrei geblieben ...

Mit einem anderen SS 100 war Ian Appleyard 1948 wieder dabei. Es handelte sich um so etwas wie einen fabrikneuen Wagen, den er William Lyons abgebettelt hatte; das Auto war während der Kriegsjahre in Lyons' Privatgarage unbenutzt untergestellt gewesen. Den ursprünglichen 2.5-Litre-Motor hatte Appleyard gegen ein 3.5-Litre-Aggregat ausgetauscht.

Bei ungünstigsten Witterungsverhältnissen – es regnete in Strömen – vermochten Appleyard und sein Beifahrer Weatherhead sich strafpunktfrei bis ins Ziel zu bewegen. Das Traumziel war erreicht – ein Jaguar-Team hatte den Alpenpokal gewonnen Die Entscheidung hatten die letzten dreißig Minuten gebracht, die Appleyard auf belebten Land- und Kleinstadtstraßen um Cannes und Nizza mit einem Schnitt von 100 bis 120 km/h zu absolvieren hatte, denn durch eine Erste-Hilfe-Leistung an einem verunglückten Sunbeam-Team war viel Zeit draufgegangen. Auch dieses erfolgreiche Fahrzeug – es trägt das britische Kennzeichen LNW 100 – existiert heute noch. Von Appleyard sollte bald mehr zu hören sein.

Andere SS-100-Fahrer setzten ihre Wagen in weniger spektakulären Veranstaltungen ein, trugen aber gleichermaßen dazu bei, daß der gute Ruf des Namens Jaguar weitergetragen wurde. Einige der bekanntesten Piloten waren Les Leston, Tom Cole und der aus Berlin stammende Wahlamerikaner Johnny von Neumann in den USA. Auch Coles Roadster war ein konvertierter 2.5 Litre, während Leston sich für seinen Wagen eine Stromlinien-Coupékarosse anfertigen ließ mit der Panora-

Sporterfolge mit dem Jaguar SS 100

1936	Internationale Alpenfahrt (T.H./E.M. Wisdom)	Bestleistung, Gletscherpokal
	Shelsley Walsh Bergprüfung (S.H. Newsome)	Klassensieg bis 3000 ccm
1937	RAC Rally (J. Harrop)	Gesamt- und Klassensieg
	RAC Rally (T.H. Wisdom)	2. Platz und Teampreis (Rankin/Jacob/Lewis)
	Welsh Rally (E.H. Jacob)	Gesamt- und Klassensieg Tourenwagen
	Shelsley Walsh Bergprüfung (S.H. Newsome)	2. Platz i. d. Klasse bis 5000 ccm
	BARC Brooklands-Rennen (T.H. Wisdom)	1. Platz
1938	RAC Rally (J. Harrop)	Klassensieg Tourenwagen
	Welsh Rally (V.E.M. Hetherington)	Klassensieg Tourenwagen
	Rallye Paris-Nizza (T.H. Wisdom)	Klassensieg bis 3000 ccm
	1939 RAC Rally (S.H. Newsome)	2. Platz Tourenwagen
	RAC Rally (A.D.C. Gordon)	2. Platz Club-Teamwertung
	Shelsley Walsh Bergprüfung (S.H. Newsome)	Klassensieg bis 5000 ccm
	Welsh Rally (W.C. Norton)	Klassensieg Tourenwagen
	Welsh Rally (V. Watson)	Damenpokal Tourenwagen
1946	Shelsley Walsh Bergprüfung (S.H. Newsome)	2. Platz i. d. Klasse bis 5000 ccm
	Prescott Bergprüfung (R.M. Dryden)	Klassensieg Sportwagen
	1947 Prescott Bergprüfung (R.M. Dryden)	Klassensieg Sportwagen
	Junior Car Club Rally (H.E. Matthews)	Klassensieg
	Junior Car Club Rally (I. Appleyard)	Klassensieg
1949	Tulpen-Rallye Holland (I. Appleyard)	2. Platz Gesamtwertg., Klassensieg

mascheibe von einem Sportflugzeug. Vorher hatte der Roadster statt der normalen Kotflügel *cycle wings* gehabt. Les Leston wurde später Inhaber eines bekannten Tuning- und Motorzubehörgeschäfts.

Erfolge des HKV 500 und NUB 120

Fast ohne Parallele ist das in Großbritannien gebräuchliche System der Kennzeichen-Vergabe. Eine dem fabrikneuen Kraftfahrzeug einmal zuerkannte Nummer verbleibt an diesem, bis daß der TÜV (drüben: MOT) den Besitzer von seinem Vehikel scheidet und der Shredder es übernimmt.
Natürlich gibt es Fahrzeuge, die niemals auf dem Schrott landen, nämlich Veteranen mit besonderem Sammlerstatus. Und es gibt Ausnahmen von der Regel mit dem Kennzeichen auf Lebenszeit – wenn nämlich ein Nummern-Fetischist sein Fahrzeug »umtauft«. Wohnort- oder Besitzerwechsel bleiben auf das zuerteilte Kennzeichen innerhalb Großbritanniens ohne Einfluß; gelingt es aber jemandem, einen Wagen mit einer für ihn besonders reizvollen Nummern- und Ziffernkombination zu erwerben, der kurz vor der endgültigen Abmeldung steht (Verschrottung, Export), dann vermag er diese Nummern-Transplantation legal vollziehen zu lassen. Gefragt sind natürlich alte, weil ein- oder zweistellige Kombinationen, persönliche Initialen mit »Schnapsnummern« oder Zusammenstellungen, die eine bestimmte Aussage ergeben, wie sie auch hierzulande gefragt sind: etwa SEX 111 oder FUN 42 (sprich: *fun for two* – Spaß für zwei). Für Altwagen mit solchen Kennzeichen werden oft immense Summen verlangt – und gezahlt.
Ein weiterer Effekt des normalerweise lebenslang einem Fahrzeug zugeteilten Kennzeichens ist seine sofortige und eindeutige Identifizierung auch in späteren Zeiten. Spezialisten wissen, daß XP 3037 ein ganz besonderer Aston Martin war oder die Nummer CH 7763 zu einem Rolls-Royce Phantom-Versuchsfahrzeug gehörte. Autokennzeichen

Rechts: Ronald Adams, Derek Johnston und Frank Biggar an Bord ihres Mk. VII, mit dem sie in der Rallye Monte-Carlo 1956 vor Schock/Moll auf Mercedes den Gesamtsieg errangen.

Links: Ein Jaguar Mk. VII bei der Rallye Monte-Carlo 1952. Richard Cotton kam mit diesem Wagen auf den 6. Platz.

Unten: B. J. Brittle steuert einen Mk. VII bravourös durch die Schikanen von Eastbourne in der 1954er RAC Rally.

und Chassisnummer sind für den Insider also gleichermaßen unverwechselbare Merkmale. Und Jaguar-Fans kennen »ihre« Kennzeichen, wie etwa BWK 77 an einem der schnellsten SS 100. Und HKV 500 sowie NUB 120 stehen für nicht minder berühmte, andere Fahrzeuge.
Um vorzugreifen: NUB 120 war ein Jaguar vom Typ XK 120, bekannt geworden durch Ian Appleyard und andere Piloten. So sieht die Erfolgsliste dieses Zweisitzers aus, dessen Plazierungen viele Fans auswendig kennen – siehe nebenstehende Aufstellung.
Selbstverständlich existiert dieser XK 120 heute noch. Der Wagen wird bei historischen Anlässen hin und wieder einer begeisterten Zuschauerschaft präsentiert.
Ian Appleyards Rallye-Karriere hatte mit seiner Teilnahme an der Alpenfahrt 1947 am Steuer eines betagten SS 100 ihren Anfang

Oben: Jaguar 420 Cabriolet. Eine Einzelanfertigung, die ihren ganz besonderen Reiz hat, nicht zuletzt durch die freizügige Offenlegung des feinen Interieurs. Der Wagen gehört einem Jaguar-Liebhaber in Süddeutschland.

Oben: Von Bertone 1977 auf der Automobilausstellung von Barcelona gezeigt – der Ascot auf Basis XJ-S.

Links: XJ-S in serienmäßiger Ausführung Modell 1986/87.

Gegenüberliegende Seite oben: Jaguar XJ-SC. Diesen Wagen gibt es seit 1983, als V12 seit 1985.

Rechts unten: Das von der Firma Arden in Kleve gebaute Voll-Cabriolet auf Basis des XJ-SC mit gänzlich versenkbarem Verdeck.

Oben: Montage des neuen XJ6 im Jaguar-Werk Allesley. Die Zusammenführung von Aufbau und Motor/Fahrwerk nennt der Fachmann »Hochzeit«.

Links: In sorgfältiger Handarbeit wird in Allesley auch die Karosserie der großen Daimler 420 Limousine aufgebaut.

Oben rechts: Karosseriebau in Castle Bromwich. Hier entstehen die Rohaufbauten aller Jaguar-Automobile.

Rechts: Ein 1987er Sechszylinder am Band kurz vor seiner Fertigstellung.

MTK-JD 881

Arden
V12

STARTS HERE

Links: Jaguar SS 100 – ein ausgezeichnet erhaltenes Exemplar im Besitz eines Sammlers in Deutschland.

Links oben: Prominente Kulisse für einen XK 120 – Le Mans. Der Wagen ist eines der ersten Coupés.

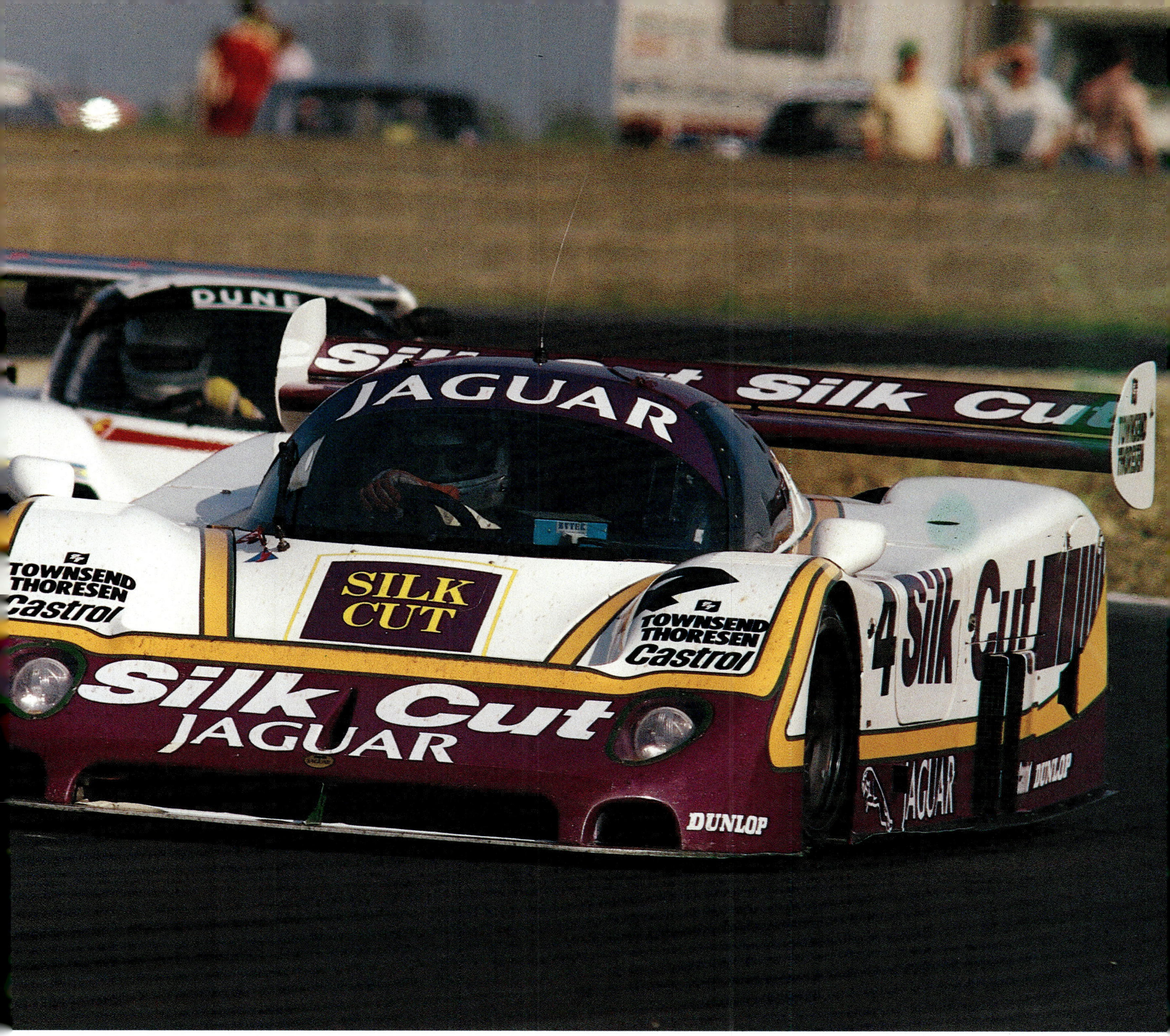

Oben: John Watson im Silk Cut Jaguar vom Typ XJR-8, Favorit der Rennsaison 1987. Die Aufnahme entstand in Jarama, Spanien. Durch zunehmenden Punktegewinn war Jaguar die Weltmeisterschaft schon bald so gut wie sicher.

Nächste Seite: Details eines liebevoll restaurierten Jaguar Mk. II.

JAGUAR

MK 2

genommen. Als Sohn des Morris- und Jaguar-Händlers John Ernest Appleyard in Leeds war er mit dem SS 100 sozusagen groß geworden, und nach seiner Militärzeit hatte er nichts Eiligeres zu tun, als sich im Geschäft seines Vaters zum Profi ausbilden zu lassen. Ernest Appleyards Unternehmen galt als vorbildlich (und ist es heute noch). Für die gesamte Morris-Händlerschaft war es sozusagen eine »Musterfarm«. Noch 1949 war Ian mit einem SS 100 unterwegs und kam mit ihm auf den zweiten Rang bei der holländischen Tulpen-Rallye. Es war der Wagen mit der Nummer LNW 100, den später die Londoner Autofirma Henlys erwarb und zu Ausstellungszwecken benutzte.

Die Saison 1949 sah viele neue Wagen am Start. Allard und Healey hatten sich gemausert, Frazer-Nash ebenfalls. Aber der Jaguar XK 120 stellte sie alle in den Schatten. Und wieder war es gar nicht einmal die Absicht William Lyons' gewesen, den neuen Sportwagen zu einem Wettbewerbsinstrument zu machen. Der 3442-ccm-Motor mit zwei obenliegenden Nockenwellen war zwar als ausgesprochenes Hochleistungsaggregat ausgelegt, doch daß man damit auch Rennen und Rallyes gewinnen konnte, mußten Heynes, Hassan, Bailey und Weslake ihrem Chef erst nachhaltig klarmachen.

Mit einem Vierzylindermotor, der versuchsweise gebaut worden war, begann die neue Jaguar-Ära. Auf einem belgischen Autobahn-Teilstück bei Jabbeke wurde im September 1948 ein stromlinienförmig karossierter Wagen, den man mit diesem Motor bestückt hatte, probegefahren – ein (fast) geheimer Rekordversuch, bei dem Goldie Gardner auf ein Tempo von 283 km/h kam. Die Leitung des Projekts oblag Walter Hassan. Aber die Vierzylindermaschine ging nicht in Serie, sie blieb ein Versuchsobjekt. Dafür erschien vierzehn Tage nach der Jabbeke-Demonstration der neue *»production«*-Jaguar XK 120 mit Sechszylindermotor.

Und auch den XK 120, den allerersten, beförderte man kurze Zeit später nach Belgien, um abermals eine Rekordfahrt durchzuführen. Die Importeurin Joska Bourgeois mobilisierte die einheimische Presse, und die

Internationale Alpenfahrt
1950 Alpenpokal
1951 Alpenpokal
1952 Alpenpokal und Klassenzweiter

Tulpen-Rallye
1951 Gesamtsieger

RAC-Rally
1951 Gesamtsieger
1952 Gesamtdritter
1953 Gesamtsieger

London-Rally
1951 Gesamtsieger (als einziger strafpunktfrei)
1952 Gesamtvierter (strafpunktfrei)

East Anglian Rally
1950 Gesamtsieger

Morecambe-Rally
1950 Sieger Serienwagen-Klasse
1951 Sieger Serienwagen-Klasse
1953 Gesamtsieger

209 km/h – mit serienmäßigem Motor – imponierten den Anwesenden durchaus. Das ganze Unterfangen war innerhalb weniger Tage organisiert worden, und fast hätten die englischen Journalisten den Rekord-Jaguar gar nicht zu Gesicht bekommen: In Southend herrschte dichter Nebel, als die gecharterte Maschine zu ihrem Flug über den Kanal starten sollte. Als sie endlich in der Luft war, hatte man in Jabbeke die Run schon absolviert – die Absperrung der Straße war nur für wenige Stunden beantragt worden. Als die Herren der britischen Presse eintrafen, gab es für sie in letzter Minute eine kleine Wiederholung des Geschwindigkeits-Tests – dann ging es zu einem gemütlichen Jaguar-Lunch. In England veröffentlichte Fotos von der Rekordfahrt waren also nicht ganz authentisch, wohl aber die der belgischen Presse. Der gleiche Wagen wurde später von Walter Hassan und Thomas Wisdom für eine Testfahrt in die Seealpen benutzt und anschließend für sein erstes Rennen präpariert. Das Kennzeichen auch dieses Wagens sagt dem Kenner etwas: Es lautete HKV 500.

Im Juni 1949 begann der *Daily Express* gemeinsam mit dem British Racing Drivers' Club (BRDC) mit den Vorbereitungen für ein Ein-Stunden-Rennen, das acht Wochen später in Silverstone stattfinden sollte. Eine Strecke, die erst vor einem Jahr eröffnet worden war. Man schrieb den Wettbewerb speziell für Serienwagen aus. Mit Spannung erwartete man den Auftritt des XK 120: Würde dieser Jaguar dem guten Ruf gerecht werden, den der SS 100 genoß? Als Einfahrer wurden F. R. W. »Lofty« England, Walter Hassan und Ernest Rankin bestimmt. Und völlig unplanmäßig setzte sich auch William Lyons ans Steuer, um ein paar Trainingsrunden zu drehen. Doch im Rennen selbst sollten erfahrene Profis antreten: der bekannte Maserati-Champion und thailändische Prinz Birabongse (dessen Mechaniker Lofty England einst war), der ehemalige BMW-328-Favorit Leslie Johnson sowie Peter Walker, ein auf ERA groß gewordener Grand-Prix-Pilot.

Sydney Allard mit seinem Allard V8 und Leonard Potter in einem identischen Wagen waren die schärfsten Klassengegner der Jaguar Roadster, aber da gab es auch Louis Chiron, weltberühmter Bugattist, und Thomas Wisdom am Lenkrad eines neuen Healey Silverstone sowie Norman Culpan in einem Frazer Nash. Zwei nicht mehr ganz taufrische 4,5 Liter Lagonda stellten die schwersten Kaliber des Rennens dar.

Drei XK 120 standen am 20. August 1949 in Silverstone am Start. Neben dem weißen HKV 500 trug ein blau lackierter Wagen die Nummer HKV 455, während der dritte Roadster in Rot kein Kennzeichen hatte; er war ein Linkslenker (den man fürs Rennen mal eben auf Rechtslenkung umgebaut hatte) und für den Export vorgesehen.

Leslie Johnson im HKV 500 trug mit einem

In Silverstone gewann der Mk. VII wiederholt den Tourenwagen-Preis. Hier Ian Appleyard (1954) als Sieger vor seinen Teamkollegen Tony Rolt und Stirling Moss.

Rechts: Le-Mans-Start beim 1954er Silverstone-Rennen 1954. Schnellster Mann links im weißen Dreß ist Moss; auf Wagen Nr. 3 steuert Appleyard zu.

Schnitt von 133,23 km/h den Gesamtsieg davon, gefolgt von Peter Walker im roten Wagen, der nur fünfeinhalb Sekunden nach ihm ins Ziel kam. Der thailändische Prinz hatte in der 17. von 28 Runden mit einem Reifenschaden aufgeben müssen. Als Dritter qualifizierte sich Culpan mit seinem schnellen Frazer Nash (dessen Motor bekanntlich vom BMW 328 stammte).

Nun hatte der Jaguar den Beweis erbracht, daß er nicht nur ein »show off« war, ein Auto zum Angeben. William Lyons hatte eigentlich gar keine andere Wahl gehabt, als das Auto früher oder später im Motorsport antreten zu lassen – er war es der Reputation des Namens Jaguar schuldig. In Englands erstem Nachkriegsrennen für Produktionswagen hatte der XK 120 also einen überzeugenden Sieg davongetragen, der sich sehr schnell herumsprach. Die Lieferfristen für den rassigen Zweisitzer wurden lang und länger.

Ein Werksteam zu unterhalten, konnte sich Jaguar noch immer nicht erlauben. Wenn eine Reihe von Roadstern – damals noch mit Aluminiumaufbau – talentierten Fahrern zur Verfügung gestellt wurde, dann gaben diese ihre Nennungen unter eigenem Namen ab. Und solche Fahrzeuge erhielten neben Leslie Johnson und Peter Walker auch Thomas Wisdom, Nick Haines, der Italiener Clemente Biondetti sowie der bereits eingangs erwähnte Ian Appleyard. Teils waren es ihre Privatwagen, teils gehörten sie Jaguar Cars. Appleyard verständigte anfangs durchaus nicht immer das Werk, wenn er eine Nennung abgab, aus Furcht, Lyons könnte ihm womöglich einen Strich durch die Rechnung machen. Doch er hatte einen guten Verbündeten, der in diesen Dingen zu ihm hielt: Lyons' Tochter Pat, die Ian Appleyard oft als Copilot begleitete.

Die meisten XK 120 waren damals für den Export bestimmt, vor allem nach USA, und dort traten etliche Exemplare auch gleich im Motorsport in Aktion. Diese Rennen hatten zwar meist nur lokale Bedeutung oder waren reine Clubveranstaltungen, doch die Motorpresse war beeindruckt von den Leistungen der neuen britischen Sportwagen und trug durch ihre Berichterstattung viel dazu bei, daß der XK 120 sich zunehmender Nachfrage erfreute. Amerikanische Jaguar-Besitzer hatten sogar ein besonders inniges Verhältnis zu ihren Wagen. »Lofty« erinnerte sich an einen Bomberpiloten, der vom Luftwaffenstützpunkt in Omaha/Nebraska auf dem »Dienstwege« per B 36 nach England geflogen kam und in seinem privaten Reisegepäck nicht einmal die obligate Zahnbürste mitführte, dafür den Zylinderkopf seines XK 120. Er brachte ihn nach Foleshill mit der dringenden Bitte, man möge die Ventile neu einschleifen – und er würde am liebsten drauf warten.

Fast im gleichen Augenblick kam für den Service-Manager England ein Telefonanruf aus einer Stadt im US-Staat Illinois: Ganz

schnell, so vernahm er, möge Jaguar doch neue Kupplungsteile für einen C-Type auf den Weg bringen. »Lofty« schaltete: »Sie haben die Sachen in zehn Stunden. Schnell genug?« Der Mann in Illinois konnte es kaum glauben. Der B-36-Pilot nahm das Paket für seinen Landsmann und Leidensgenossen mit in seine Maschine und lieferte es – frachtfrei – ab; für diesen Dienst hatte man ihm die Bearbeitung seines Zylinderkopfes gratis durchgeführt – in weniger als zwei Stunden. Everybody was happy. Ob die US Air Force den transatlantischen Ausflug eines Jaguar-Fans als Routine- oder Übungsflug verzeichnen mußte, dürfte heute nicht mehr so genau nachprüfbar sein.

Auf dem Kontinent war es Biondetti, der alte Alfa-Romeo-Kämpe, der für Jaguar Lanzen brach. Er hatte 1949 am Lenkrad eines Ferrari 166 die Targa Florio gewonnen und wollte im April 1950 das gleiche mit einem Jaguar schaffen, mußte mit Motorschaden allerdings aufgeben. Am Start der Mille Miglia – auch die hatte ihn im Vorjahr als Sieger gesehen – war sein Wagen wieder munter, und ebenfalls angetreten waren hier die Jaguar-Fahrer Haines, Johnson und Wisdom. Letzterer hatte 1949 die Mille als Klassensieger in einem Healey Silverstone gewonnen – diesmal aber blieb er mit Getriebeschaden hängen, kurz vor dem Ziel. Biondetti hatte ebenfalls Pech, mehrfachen Federbruchs wegen, Haines schied durch einen Unfall aus. So war es Johnson, der die 1950er Mille Miglia als einziger Jaguar-Fahrer in Wertung beendete und sogar auf den fünften Platz kam. 173 Ausfälle (allein 30 durch Unfälle) kennzeichneten die Härte dieses Straßenrennens, das Ferrari – wie später noch so oft – letztlich für sich zu entscheiden vermochte…

Für eine ganze Anzahl von Teilnehmern an solchen Rennen war es eine Selbstverständlichkeit, daß sie ihre Fahrzeuge auf eigener Achse an den Start und – sofern noch heil – später auch wieder nachhause fuhren. So bewegte Tom Wisdom seinen JWK 988 auf den Landstraßen des Kontinents bis nach Oporto an der Atlantikküste, um dort an einem Sportwagenrennen teilzunehmen. Er wurde Dritter nach einem Alfa und einem OSCA. »Für mich und Jaguar war es die Mühe wert«, sagte er in einem Interview, »denn ich konnte wirklich den Beweis erbringen, daß der XK 120 gleichermaßen ein Reise- wie ein Rennwagen ist.«

Wisdom meldete alsdann für die 24 Stunden von Le Mans, allerdings mit einem kleinen Jowett Jupiter. Dafür kamen seine Kollegen Johnson und Haines an den Sarthe-Kurs, um den berühmten französischen Marathon zu bestreiten. Einen dritten (Peter Walkers) Wagen gab man Peter Whitehead. Als offizielle Werkswagen wollte William Lyons die drei Fahrzeuge auch hier wieder keineswegs gemeldet wissen. Er finanzierte zwar ihren Einsatz, schickte »Lofty« England auch mit einer Abordnung der besten Mechaniker mit hinüber, betrachtete das 24-Stunden-Rennen jedoch als ein reines Experiment.

William Heynes hatte die Le-Mans-Wagen bestens vorbereitet, sie aber weitgehend im Serienzustand belassen. In seinen 1960 veröffentlichten Erinnerungen bezeichnete er sie als die »vermutlich serienmäßigsten Wagen, die an den 24 Stunden je teilnahmen«. Lediglich andere, mit Lüftungsschlitzen versehene Bremstrommeln und -beläge sowie einen größeren Kraftstofftank – 110 statt 63 Liter fassend – hatte man den Wagen gegeben. Auf dem Beifahrersitz führte jeder einen Werkzeugkasten und ein paar Ersatzteile mit. Ein recht gemischtes Feld von teilnehmenden Fahrzeugen war 1950 nach Le Mans gekommen, darunter Briggs Cunninghams Cadillacs und ein Bentley aus dem Jahre 1934. Und es waren große Namen, die vertreten waren: Luigi Chinetti, Juan Manuel Fangio, Sydney Allard, Louis Rosier, Raymond Sommer, Reg Parnell, Maurice Trintignant zum Beispiel.

Die Jaguar-Fahrer hielten sich wacker. Als die Nacht hereinbrach, lagen Johnson und sein Teamkamerad Hadley an vierter Stelle, rückten später sogar an die dritte vor. Aber es waren nicht die gefürchteten Bremsprobleme, die seine Fahrt drei Stunden vor Schluß stoppten, sondern ein Kupplungsdefekt. Sein bisher mit 156 km/h gehaltener Schnitt hatte bereits höchste Erwartungen geweckt. Die anderen beiden Jaguar hielten durch; Haines brachte seinen Wagen an 12. Stelle durchs Ziel, Whitehead an 15. Position. »Lofty« England und Cheftechniker Heynes hatten das Rennen von den Boxen aus verfolgt. Sie waren sich einig: Um hier erfolgreich sein zu können, mußte an ihren Fahrzeugen noch viel getan werden. Aber die Konkurrenz kochte auch nur mit Wasser; im Extremfall trat sie mit antiquierten Formelwagen an, denen man Scheinwerfer und Kotflügel angeschraubt hatte. Offenbar kam es auf gute Fahrer an, und die hatte man bei Jaguar ganz gewiß.

»Wir haben in Le Mans eine Chance. Wir sollten sie nutzen«, sagte Heynes nach dem Rennen zu seinem Chef, und der gab – zur Überraschung aller Jaguar-Direktoren – ein Einverständnis, allerdings nach längerer Bedenkzeit. Verschiedentlich wurde kolportiert, Lyons habe ganz spontan seine Zusage gegeben, was aber nicht stimmt. Erst im Oktober hieß es definitv: Im kommenden Jahr sollte Jaguar nicht nur dabeisein, sondern möglichst auch den Sieg erringen.

Und jetzt war die Zeit des bereits erwähnten NUB 120 gekommen. Besondere Umstände trugen dazu bei, daß Ian Appleyard mit diesem Wagen berühmt wurde – durch seine Ehe mit Patricia Lyons war er der Schwiegersohn des Jaguar-Chefs geworden. Die junge

Dame war bei Ians Rallyeeinsätzen inzwischen oft seine Beifahrerin gewesen; sie bildeten ein ausgezeichnetes Team. Die Teilnahme an der 1950er Alpenrallye war die erste Unternehmung mit NUB 120, und sie

Oben: Der Herzog von Edinburgh läßt sich den Siegerwagen von Le Mans 1953 zeigen, den Jaguar C-Type von Rolt/Hamilton.

Rechts: Peter Walker in seinem C-Type beim Bergrennen am Shelsley Walsh 1957 – das allerdings ein privater LGS-Jaguar gewann.

Links: Tony Rolt, Sieger des Le-Mans-Rennens von 1953 am Steuer seines Jaguar C-Type.

wurde erschwert durch einen blockierten ersten Gang. Die Appleyard-Crew beendete die harte Prüfung dennoch mit einem Klassensieg und dem so heiß umkämpften Alpenpokal, nach 3600 strafpunktfreien Kilometern. Die einzigen Blessuren, die das Auto – vom Getriebeschaden abgesehen – davongetragen hatte, bestanden aus einem verbeulten linken Kotflügel und einem losen Schalldämpfer.

Appleyards Jaguar XK 120 wies als Sonderzubehör lediglich einen Riemen über der Motorhaube, Steinschlaggitter aus Draht vor den Scheinwerfern und den 110-Liter-Le-Mans-Tank auf; das war auch schon alles.

Links: Le Mans 1951 – Der Sieger-Jaguar dreht an der Spitze des in Wertung angekommenen Teilnehmerfeldes eine Ehrenrunde, dahinter die zwei Cunningham.

Unten: Stirling Moss vor dem Start zur Mille Miglia 1953 im C-Type.

Außer Ian Appleyard vermochte sich 1950 ein weiterer junger Fahrer auf Jaguar in einem international bedeutsamen Rennen zu profilieren – Stirling Moss. Er bekam die Chance, in der 1950er Tourist Trophy Tom Wisdoms Wagen zu fahren. Die beiden machten untereinander aus, Kosten und Erträge zu teilen, und der bisher nicht allzu bekannte Moss – noch keine 21 Jahre alt – sah darin eine Riesenchance für sich. Und man staunte nicht schlecht, als der junge Bursche schon beim Training mal eben die beste Zeit des Tages absolvierte, obwohl viel Prominenz mit scharfen Fahrzeugen angetreten war...

Das seit 1936 erstmals wieder in Ulster, Nordirland, anberaumte Rennen begann bei strömendem Regen und mit dem üblichen Le-Mans-Start. Leslie Johnson kam mit seinem XK 120 als erster weg, Moss überholte ihn aber noch in der ersten Runde und vergrößerte seinen Abstand zusehends. Über 17 Runden lang duellierten sich die beiden, und es wurde alsbald klar, daß hier ein außerordentliches Fahrtalent sein Können bewies. Stirling Moss wurde natürlich Sieger dieses klassischen Wettbewerbs in Dundrod, und mit Whitehead und Johnson wurde ihm auch der Teampreis zuerkannt.

Moss erhielt einen Vertrag mit Jaguar und damit den offiziellen Status als Werkspilot, was man als eine Sensation werten durfte.

Im Oktober 1950 gab es noch einmal eine eindrucksvolle Demonstration für das Durchhaltevermögen des XK 120, als Leslie Johnson seinen Wagen nach Montlhéry brachte, um ihn in einem 24-Stunden-Marathon laufen zu lassen – mit einem Schnitt von 160 Stundenkilometern. Als Fahrer ließ sich Johnson von Moss abwechseln. Die schnellste Runde wurde mit 203,06 km/h gemessen, der Schnitt nach 24 Stunden mit 172,9: Das gesteckte Ziel war erreicht. Derselbe Wagen wurde im März 1951 noch einmal nach Montlhéry gebracht, um nach ein paar leistungssteigernden Zaubergriffen erneut Schlagzeilen zu machen – diesmal ging es um ein Stundenmittel von 212,11 km/h. Außer einer Unterbodenverkleidung wies der Roadster ein weitgehend abgedecktes Cock-

pit und eine kleine Rennscheibe auf. Was man nicht erkennen konnte: Der Sechszylindermotor des Wagens hatte einen neuen Zylinderkopf erhalten, den sogenannten *C Type Head*.
Zurück zu Ian Appleyard. In der Tulpen-Rallye fuhr er auf NUB 120 einen stark applaudierten Gesamtsieg heraus, und ebenso erfolgreich war die Crew Mr. & Mrs. Appleyard in der RAC Rally und in der London Rally. Vor allem aber gewann das Ehepaar Appleyard erneut den Alpenpokal gegen starke Konkurrenz (zu der jetzt auch zahlreiche private XK-120-Fahrer aus der Schweiz zählten). Noch immer waren die Bremsen der schwächste Punkt des XK 120, und Appleyard nahm die Gelegenheit wahr, von einem unterwegs verunfallten Wagen gleichen Typs die noch nicht so sehr strapazierten Bremsschuhe »auszuleihen« und sie seinem Fahrzeug zu verpassen. Daß die Bremsen infolge starker Überhitzung sehr schnell verschlissen, war mit auf die massiven Scheibenfelgen zurückzuführen. Ab 1952 erhielt NUB 120 Speichenräder mit Zentralverschluß.

In der berühmten Langstreckenprüfung Lüttich–Rom–Lüttich hatten sich die Belgier Herzet und Baudoin 1950 mit einem XK 120 an fünfter Stelle plazieren können. 1951 waren es Jacques Ickx und John Claes, die in einem Werkswagen strafpunktfrei die 4800-Kilometer-Reise beendeten. Auch diese Leistung fand höchste Anerkennung in der Motorsportwelt.
Claes hatte mit seinem XK 120 kurz zuvor die Serienwagenklasse bei einem Rennen in Spa-Francorchamps gewonnen, und Klassensiege gab es im September 1951 bei der Tour de France durch Hache, Crespin, Simone und Descollas. Dann fand Louis Chiron eine Chance, mit einem Jaguar XK 120 anzutreten – bei der 1951er Ulster Trophy. Er fiel der Handicap-Formel für Motoren über 3 Liter Hubraum zum Opfer und mußte Mike Hawthorn auf einem antiken Riley (Baujahr 1936) den Sieg überlassen. Zwei XK 120 nahmen auch wieder an der 1951er Mille Miglia teil, gefahren von Leslie Johnson/John Lea und Stirling Moss/Frank Rainbow. Es gab jedoch Unfälle infolge ausgelaufenen Öls auf der Straße, so daß beide Mannschafen gezwungen waren, aufzugeben.
Der XK 120 war noch lange nicht am Ende seiner Renn- und Rallyekarriere. In zahlreichen Wettbewerben sowohl in seinem Heimatland als auch auf dem europäischen Kontinent, in den USA, aber auch in Australien und anderen Teilen der Welt trat dieses Fahrzeug – mit Original- oder auch modifizierten Bremsen – noch jahrelang erfolgreich gegen starke Konkurrenz an. Der allgegenwärtige »Lofty« England kümmerte sich als Service- und Rennmanager in starkem Maße um die vielen Privatfahrer. In Foleshill aber hatte jenes Versprechen, das Lyons nach dem Le-Mans-Rennen von 1950 Heynes gegeben hatte, andere Prioritäten gesetzt: Es entstand hier ein rassereiner Rennsportwagen, der als C-Type Jaguar sehr bald in die Geschichte des Motorsports eingehen sollte.

Der C-Type – eine Legende

Wer sich in den fünfziger Jahren für seinen Jaguar XK 120 (oder den mit der gleichen Maschine bestückten Mk. VII Saloon) mehr »Dampf« wünschte, besorgte sich einen C-Type-Zylinderkopf. Er wurde Ende 1950 entwickelt und unterschied sich vom Serienkopf durch größere Auslaßventile und -krümmer sowie einen höheren Ventilhub dank anderer Nockenform. Die Verdichtung war von 8:1 auf 9:1 angehoben worden (wozu auch andere Kolben beitrugen), später auf 8,5:1 reduziert. Im Verein mit weiterer Feinarbeit an den Einlässen, die für größere Vergaser ausgelegt waren, kam man auf satte 200 PS Leistung bei 5500 Touren.
Es war nicht ein solcher Kopf allein, der einen neuen Rennwagen ausmachte. Aber er stellte den Ausgangspunkt dafür dar. Grundsätzlich änderte man aber nicht viel an dem bewährten dohc-Sechszylinder. Eine härtere Legierung für die Hauptlager und noch sorgfältiger ausbalancierte Schwingungsdämpfer für die Kurbelwelle waren alles, worin sich der neue Jaguar-Rennblock vom Serienaggregat abhob.

Rechts: Peter Walker am Steuer seines 1951er C-Type in Le Mans. Mit Peter Whitehead wurde er Gesamtsieger des 24-Stunden-Rennens.

Rund um den solchermaßen nur gering modifizierten Motor baute die Heynes-Mannschaft ein gänzlich neues Auto, den Jaguar C-Type Rennsportwagen, mit dem man bei den 1951er 24 Stunden von Le Mans Furore machen wollte. Verstärkt wurde die Kupplung, überarbeitet das Getriebe (es sollte sich schneller schalten lassen) und das Differential, für das man nicht weniger als sieben verschiedene Übersetzungen präparierte. Von entscheidender Bedeutung aber war die Verbesserung der Bremsen. Heynes erarbeitete gemeinsam mit der Firma Lockheed ein System mit automatischer Selbstnachstellung, und ein ganz wesentlicher Faktor war der bessere Kühleffekt für die Trommeln durch die Verwendung von Speichenrädern.

Der für Le Mans entworfene C-Type Jaguar sah dem XK 120 Straßenwagen kaum ähnlich. Seine von Malcolm Sayer entworfene Karosserie aus Leichtmetall kam zwar nicht aus dem Windkanal, war aber in der Konsequenz seiner Stromform so definitiv, daß man ihm beste aerodynamische Werte abnahm. Die Ähnlichkeit zum späteren E-Type ist unverkennbar. Um am Motor und allen Teilen des vorderen Fahrwerks ungehindert arbeiten zu können, ließ sich der gesamte Aufbau bis zur Spritzwand nach vorn aufklappen, ebenso ließ sich nach Lösen einiger Schrauben die Heckpartie öffnen.

Unter der Aluminiumhaut hatte der C-Type kein Fahrgestell wie der XK 120. Schon aus Gründen der Gewichtseinsparung hatte Heynes dem Wagen ein Rohrrahmen-Chassis gegeben, wobei die mittlere Wagenkörperpartie mittragende Funktion hatte. Die hauptlasttragenden Rohre hatten 5 Zentimeter Durchmesser, andere 3,7 oder 2,5 Zentimeter. Mit seinen doppelten Dreieckslenkern vorn und sehr langen Drehstabfedern sowie einer Drehstabfederung auch hinten bescheinigten alle Fahrer dem Wagen eine ausgezeichnete Straßenlage. Der C-Type hatte ein Trockengewicht von knapp über 1000 Kilogramm.

Drei Exemplare wurden zunächst gebaut; im Werk rangierten sie unter XKC 001, 002 und 003. Auf der Silverstone-Rennstrecke sowie einem abgeschlossenen Versuchsgelände des britischen Automobilhersteller-Verbandes (MIRA) wurden sie einer ersten Probe unterzogen; als Testfahrer fungierten Peter Walker und Peter Whitehead – sie hatten nichts an dem Wagen auszusetzen. Vier Wochen später verfrachtete man die Autos nach Le Mans. Moss und Fairman teilten sich einen Wagen, ebenso Johnson und Biondetti sowie Walker und Whitehead. Die werksseitige Betreuermannschaft bestand nur aus fünf Personen: »Lofty« England, drei Mechanikern und einem Helfer namens Bob Berry, der später sein Studium abbrach, um bei Jaguar einen Full-Time-Job anzutreten. Er brachte es bis zum PR-Direktor. Der französische Jaguar-Importeur stellte einen weiteren Mann ab.

Einen ersten Zwischenfall gab es, als Moss beim Training mit einem Aston Martin kollidierte (was aber nur zu geringem Blechschaden führte). Beim Start und während der ersten viereinhalb Stunden war dann die Welt wieder in Ordnung, sehr sogar, denn die drei C-Type, angeführt von einem brillant

Rechts: Ronnie Peterson läßt sich anläßlich eines Oldtimer-Meetings in Brands Hatch im C-Type chauffieren. Am Lenkrad »Lofty« England.

Gegenüberliegende Seite unten: British Empire Trophy Race auf der Isle of Man. Der C-Type ist ein Wagen der Ecurie Ecosse.

agierenden Stirling Moss, fuhren dem gesamten Feld voraus. Dann aber fiel der Biondetti/Johnson-Wagen wegen einer gebrochenen Ölleitung aus – ein kleiner, abgescherter Flansch hatte den Schaden verursacht. Voller Sorge wartete man in der Jaguar-Box auf die gleiche Panne bei den anderen beiden Wagen. Und bei Moss' Fahrzeug trat sie tatsächlich ein: Mangels Ölzufuhr aus gleicher Ursache war es bei seinem Motor zu einem Kolbenklemmer mit abgerissenem Pleuel gekommen.

Als einzige Chance blieb jetzt der Walker/Whitehead-Wagen, und da er gegenüber der ebenfalls von Pannen reichlich heimgesuchten Ferrari- und Talbot-Konkurrenz einen gesunden Vorsprung hatte, konnte »Lofty« England mit einer gewissen Erleichterung ein Go-Slow-Signal geben. Mit der Regelmäßigkeit einer Präzisionsuhr zog der letzte Wagen seine Runden und wurde um 16 Uhr abgewunken – als Sieger. Mit 150,43 km/h Gesamtschnitt hatte der C-Type des Teams Walker/Whitehead Jaguar und damit Großbritannien einen kaum noch für möglich gehaltenen Triumph beschert. Wäre die lächerliche Panne mit den gerissenen Halterungen an der Ölleitung nicht gewesen, hätte es vermutlich einen dreifachen Sieg gegeben.

William Lyons, vorsichtig wie immer, hatte nicht alles auf die Karte des C-Type setzen wollen und rechtzeitig drei Ersatzwagen bereitstellen lassen, die auf herkömmlichen XK 120 basierten und die Chiffren LT 1, 2 und 3 trugen. Ihre Karosserien waren aus ultraleichtem Elektron-Leichtmetall und bestanden ähnlich wie beim C-Type aus je einer vorderen und hinteren Partie, zur Gänze aufklappbar, allerdings in der typischen XK-Karosserieform. Zum Einsatz kamen diese Wagen nicht. Die Karosseriekörper wurden in einem Seitentrakt des Werkes aufbewahrt und fanden erst später Verwendung; zwei gingen nach USA. Bei einer Werksbesichtigung wurden sie »entdeckt«: Schon damals waren amerikanische Jaguar-Liebhaber sehr hinter besonderen Fahrzeugen her…

Noch im gleichen Jahr hatte der C-Type zwei weitere Auftritte. Zuerst gab man Stirling Moss, Peter Walker und Leslie Johnson die drei Fahrzeuge für die Tourist Trophy. In dieser Folge belegten sie den ersten, zweiten und vierten Platz im Gesamtklassement (Rolt in Johnsons Wagen); Dritter wurde Bob Gerard auf Frazer Nash. Das andere Rennen war ein Sportwagen-Wettbewerb in Goodwood, ein ehemaliger Militärflugplatz, wo Moss ebenfalls den Sieg davontrug.

Die Schotten geizten nicht

Bei allem Erfolg für Jaguar in der Saison 1951 war es für Lyons noch immer undenkbar, daß eine Rennabteilung ins Leben gerufen würde. Die Entwicklung und Bereitstellung des C-Type, das Engagieren eines Stirling Moss, das Abstellen eines (wenn auch kleinen) Mechanikerteams, die vielen Reisespesen waren bereits so stark zu Buche geschlagen, daß beträchtlich höhere Ausgaben für die kommende Rennsaison nicht in Frage kamen, so sehr William Heynes und »Lofty« England dafür plädierten. Hier sprang aber ein privates Rennteam aus Schottland ein, die Ecurie Ecosse, das in eigener Regie und auf eigene Kosten überall dort präsent war, wo das Werk nicht erschien. Anfang 1952 erwarb die schottische Ecurie einen C-Type, einige XK 120 waren bereits vorhanden.

Mit einem Werkswagen nahm Stirling Moss an der 1952er Mille Miglia teil. Norman Dewis von der Versuchsabteilung war sein Beifahrer. Hätte Moss bei einem Ausrutscher in den Graben nicht die Lenkung seines C-Type zu sehr demoliert, um weiterfahren zu können, wäre ihm nicht nur eine gute Plazierung sicher gewesen, sondern seinem Wagen auch ganz besondere Aufmerksamkeit zuteil ge-

Oben: Jaguar D-Type 1955 in Le Mans, gefahren von Mike Hawthorn. Hinter ihm einer der Mercedes SLR mit Luftbremse.

Links: D-Type-Front aus dem Blickwinkel des Teleobjektivs ...

worden – er war nämlich mit den neuen, von Dunlop eigens entwickelten Scheibenbremsen ausgestattet. Dieser Auftakt war damit vereitelt worden. Aber in etlichen Testfahrten hatte Moss bereits eindeutig ermitteln dürfen: Jetzt war der Jaguar endlich ein Wagen, bei welchem es keine Bremsprobleme mehr gab. Es war zwar noch ein weiter Weg bis zur Serienreife der Scheibenbremse, sie gab noch etliche Probleme – vor allem mit der Wärmeabführung – auf, auch war sie keine brandneue Erfindung. Durch Jaguar aber war ihr der Durchbruch beschieden.
Übrigens war es nicht bei den drei ersten Exemplaren XKC 001 bis 003 geblieben. Ein vierter Wagen wurde an den Rennfahrer Duncan Hamilton ausgeliefert, einen fünften erhielt Tom Wisdom, und weitere fanden Käufer in den USA.
1952 war das Jahr, in welchem eine erste Auseinandersetzung mit dem neuen Mercedes-Benz 300 SL erfolgen sollte, eine große Herausforderung für die Briten. Mechanisch waren die Jaguar die gleichen wie 1951, geändert hatte man indessen die Karosserien, und zwar auf Drängen Stirling Moss', der sie »schneller« haben wollte. Sie wiesen längere, flacher abfallende Überhänge auf. Und die Wagen hatten Trommel-, keine Scheibenbremsen. Als Fahrer hatte man Anthony Rolt und Duncan Hamilton, Stirling Moss und Peter Walker, Peter Whitehead und Ian Stewart verpflichtet. Die Fahrzeuge wurden wegen der Änderungen erst in allerletzter Minute fertig, man hatte kaum Zeit zu gründlichem Training; die Pflichtrunden in Le Mans zeitigten nur eins: höhere Kühlwassertemperaturen, als es den Technikern lieb war.
Es waren keine spektakulären Unfälle oder andere dramatische Zwischenfälle, die Jaguar einen schwarzen Tag bescherten. Alles ging recht schnell – schon nach der ersten Stunde waren alle drei C-Type mit festgefahrenen Maschinen aus dem Gefecht. Die neue Karosserie hatte offensichtlich einen viel zu geringen Kühllufteinlaß im Bug, und das – so meinte man – hatte zu solchen Hitzestauungen geführt, daß die Motoren thermisch überfordert waren und »platzten«. Später wurde indessen ermittelt, daß es in erster Linie das vom Luftstrom nur mittelbar abhängige Pumpensystem des Kühlwasserhaushalts war, das man unzureichend dimensioniert hatte. Das Überlaufgefäß des Kühlers hatte man zudem – aus Gründen besserer Platznutzung unter der flachen Motorhaube – hinter die Maschine verlegen müssen, und in den langen Rohrzuführungen wie in der Wasserpumpe hatten sich den Durchfluß hemmende Dampfblasen gebildet. Man kam der Sache schon bald auf die Spur, änderte die Kühlanlage gemäß bewährtem Muster – und der C-Type lief wieder wie die sprichwörtliche Eins.

Rechts: 1958er 3.4 Litre in Zandvoort, eine Wertungs-Einlage anläßlich der traditionellen Tulpen-Rallye.

Dennoch – die neuen Karosserien verwendete man nicht mehr. Und zwar aus einem anderen Grund: Sie hatten eine ungünstige Gewichtsverteilung zur Folge gehabt und der Vorderachse einen Auftriebswert verliehen, der sich bei höheren Tempi unangenehm bemerkbar machte. Die Fahrzeuge verloren an Richtungsstabilität. Die alte Karosse hatte eine Gewichtsverteilung von 58 Prozent auf der Vorder- und 42 Prozent auf der Hinterachse ergeben – die neue ein Verhältnis von 65,5 zu 34,5.

Da der C-Type unter der Kategorie Straßen-Rennsportwagen lief, hatte es auch Sinn, dieses Fahrzeug einem Straßentest zu unterziehen, und eine solche Prüfung absolvierte ein Wagen im August 1952 durch die Zeitschrift *The Motor*. Christopher Jennings bescheinigte dem mit Straßenzulassung versehenen Jaguar, obwohl ein Wettbewerbsfahrzeug, »einige Bequemlichkeit und einen gewissen Komfort auch bei Überlandpartien«. Nur vermißte er leider den Platz fürs Reisegepäck. Auch hatte man sich wetterfest anzuziehen, denn über ein Verdeck verfügte das Auto natürlich ebensowenig. Man könne es bei 190 km/h durchaus »einige Stunden« am Lenkrad des Boliden aushalten, wurde berichtet; die Spitze ermittelte Mr. Jennings mit 233 km/h. Bei heißem Wetter machte sich der Mangel einer Lüftungsanlage im Cockpit bemerkbar – die Wärmeabstrahlung der Maschine und des Getriebes war enorm. Wer genug Zeit hatte zu warten, konnte sich einen C-Type jederzeit bestellen. Einschließlich Purchase Tax kostete der Wagen 1952 genau 2327 Pfund Sterling. Elf Wagen entstanden für den reinen Renneinsatz durchs Werk und die Ecurie Ecosse, weitere 43 gingen an private Käufer. Die ersten drei mit den Nummern XKC 001, 002 und 003 wurden indessen verschrottet.

Den ersten Sieg eines C-Type der Ecurie Ecosse errang Ian Stewart für die Schotten im 1952er Jersey Road Race. Es war nicht selbstverständlich, daß der Rennsport-Jaguar überall die Nummer eins war, denn einmal gab es mittlerweile außerordentlich hochfrisierte XK 120, und dann hatte Aston Martin inzwischen den brisanten DB 3 auf Achse, meist gefahren von Reg Parnell oder Peter Collins. Zwei weitere Triumphe für die Schotten gab es indessen in Irland beim Rennen um die begehrte Wakefield Trophy sowie beim Chaterhall Race in Schottland, die beide Ian Stewart gewann.

Die Meldung zum 9-Stunden-Rennen in Goodwood gab Jaguar wieder unter eigenem Namen ab. Moss/Walker galten als Favoriten, zumal ihr Wagen im Unterschied zu jenem in Le Mans versuchsweise mit Scheibenbremsen versehen war. Aber in der siebenten Stunde kam es zum Bruch einer der hinteren Radaufhängungen, und die Reparatur kostete wertvolle 29 Minuten Zeit. Moss kam somit nur auf den fünften Platz – seine Kollegen Hamilton und Whitehead waren ausgefallen.

Mehr Glück hatten C-Type-Piloten in Amerika. Hier waren es John Fitch, Sherwood Johnston und Phil Hill, die in Elkhart Lake und Watkins Glen Erfolge verbuchten. Noch hatten längst nicht alle Wagen Scheibenbremsen, die man damals noch als »experimental« bezeichnete, zumal die Trommelbremsen durch konstante Weiterentwicklung so weit optimiert worden waren, daß es kaum noch zu Fadingerscheinungen kam. Scheibenbremsen hatte man aber Tom Wisdoms C-Type verpaßt, der in der 1953er Mille Miglia eingesetzt wurde, gefahren von Major Tony Rolt. Wegen Ölverlust infolge einer angeschlagenen Wanne mußte Rolt indessen aufgeben; ebenso warfen ein Leck im Benzintank Johnson und eine gebrochene Halbachse Moss aus dem Rennen.

Triumph für die Scheibenbremse

Um so lohnenswerter war der Jaguar-Einsatz in Le Mans. Es waren drei gänzlich neue Wagen, die 1953 an den Sarthe-Kurs geschickt wurden, mit stärker dimensioniertem, dennoch leichterem Rohrrahmenchassis und verbesserten Hinterradaufhängungen. Auch

hatte man ihnen neue Kraftstofftanks aus Kunststoff gegeben. Statt der vertrauten SU-Vergaser wies der Motor drei Weber-Doppelvergaser auf, gut für etwa zehn zusätzliche Pferdestärken und ein spürbares Plus an Beschleunigungsvermögen vor allem im Drehzahlbereich um 4000 Touren. Vom Kühlsystem à la Le Mans 1952 war man natürlich wieder abgekommen, aber die Fahrzeuge hatten jetzt Aluminium- statt Messingkühler, die einen um 30 Prozent verbesserten Wärmeaustauschwert garantierten und zudem Gewicht sparen halfen. Alles in allem brachte der neue C-Type um die 100 Kilogramm weniger auf die Waage als die erste Version der Saison 1951.
Neben einer ebenfalls verstärkten Kupplung verfügten die Le-Mans-Wagen sämtlich über Scheibenbremsen mit Servo-Hydraulik. Es waren zahlreiche Tests bei den Firmen Dunlop und Jaguar vorausgegangen, ehe man sicher war, daß sie nun im Renneinsatz volltauglich waren.
Trotz aller technischer Finessen und Erfahrungen, die man mit dem C-Type inzwischen gesammelt hatte, war die Euphorie nicht die gleiche wie vor dem Start im Jahre 1952. Zu gut erinnerte man sich an die Pannen im Vorjahr, zudem hatte die Konkurrenz mächtig aufgeholt. Es standen Jaguar scharfe Auseinandersetzungen bevor, mit Aston Martin, Ferrari, Alfa Romeo, Porsche. Vor allem Ascari, Villoresi und Hawthorn auf Ferrari mußte man ernst nehmen.
Moss saß im XKC 052, setzte sich schon kurz nach dem Start an die Spitze – und wurde bereits in der ersten Runde des 24-Stunden-Rennens vom Pech heimgesucht; seine Benzinpumpe streikte. Anthony Rolt bekam mit, wie Moss an die Boxen mußte und versuchte daraufhin, mit seinem XKC 051 die Ferrari von Ascari und Villoresi zu attackieren. Ohne Zweifel hatten die Italiener die stärkeren Motoren, aber die Scheibenbremsen des Jaguar glichen einiges aus: Rolt kam wesentlich schneller in die Kurven hinein und auch wieder heraus. Moss ging zwar auch bald wieder auf die Reise, vermochte zunächst aber nicht aufzuholen, vor allem, weil er mit dem gleichen Schaden in der Kraftstoffanlage erneut an die Boxen mußte. Whitehead/Stewart hielten sich brav im Mittelfeld, drängten aber unablässig nach vorn.
Moss holte später aber wieder auf, hatte in den Morgenstunden sogar die zweite Position im Gesamtfeld erlangt; Rolt/Hamilton führten. Letzterer vermochte seine Distanz über den Rest des Tages so weit zu vergrößern, daß ihm niemand mehr gefährlich werden konnte. Die Mannschaft Whitehead/Stewart hatte sich ebenfalls weit vorgeschoben, so daß es zu einem triumphalen Erfolg für Jaguar kam: Hamilton wurde als Sieger abgewunken, Rolt wurde Zweiter, Whitehead Vierter. Den dritten Platz hatte sich das Team Walters/Fitch auf einem Cunningham erkämpft. Und es gab noch einen weiteren C-Type, an neunter Stelle gewertet und von den Belgiern Roger Laurent und Charles de Tornaco gefahren – dieses Fahrzeug war eine private Nennung der Ecurie Francorchamps. Der Jubel war groß, aber es war das letzte Mal, daß Jaguar ein C-Type-Werksteam auf die Reise geschickt hatte. So war auch der Einsatz der Fahrer Moss und Whitehead beim 12-Stunden-Rennen von Reims im Juli des gleichen Jahres – das sie gewannen – kein *works entrance*, und beim 9-Stunden-Rennen von Goodwood waren es Fahrzeuge der Ecurie Ecosse, die mit Stewart/Dickson und Lawrence/Curtis auf den 4. und 5. Platz kamen. Und bei der Tourist Trophy 1953 hagelte es Getriebeschäden; in der Handicap-Formel schaffte es Moss ebenfalls gerade noch zu einem vierten Platz. Fünf Reifenwechsel hatten zu diesem schwachen Ergebnis gleichermaßen beigetragen.
Le Mans hatte seinen Eindruck bei William Lyons keinesfalls verfehlt. Aber er hatte kein allzu großes Interesse daran, sich in Sachen Rennsport jetzt quasi in eine Eskalation drän-

Ray Archibald und Tony Shelly bei einem Boxenstop mit Radwechsel beim 6-Stunden-Rennen von Neuseeland 1961.

gen zu lassen, die nicht nur in zunehmendem Maße Geld kostete, sondern in der Publikumswirkung – so meinte er – keine meßbare Resonanz zeige. Nach dem Motto »Wir bauen und verkaufen normale Automobile – keine Rennwagen«, beschied er alle an ihn herangetragenen Wünsche dieser Art abschlägig. Um so mehr trat die Ecurie Ecosse in Erscheinung, etwa beim Leinster Trophy Race, in welchem Jimmy Stewart (Ians Bruder) in einem C-Type nach Baird auf Ferrari Zweiter wurde; weitere erfolgreiche Fahrer für den Schotten-Stall waren James Scott-Douglas und Ninian Sanderson. Die Ecurie Ecosse war es auch, die vom Werk die drei 1953er Le-Mans-Fahrzeuge übernahm. Die Einsätze couragierter Privatfahrer wie Harry Gray, Robert Wilder, Sherwood Johnston, aber – nach dem Jaguar-Rückzug – auch Duncan Hamilton und Peter Whitehead dürfen ebenfalls nicht unerwähnt bleiben. Vor allem der talentierte Hamilton war ein aktiver C-Type-Fahrer; 1954 wurde er Sieger im British Empire Trophy Race im Oulton Park gegen die drei ex-Le-Mans-Wagen der Ecurie Ecosse, Gewinner des Coup de Paris in Montlhéry und Erster beim Sportwagen-Rennen von Aintree. Das Internationale Sportwagenrennen in Zandvoort entschied dann wieder die Ecurie Ecosse mit ihren C-Type-Rennwagen für sich.

Ganz oben: Lindner am Nürburgring als Mercedes-Schreck. Darunter: ADAC-12-Stunden-Rennen 1962. Lindners Mk. II mit der Start-Nummer 1 vor den Tribünen am Ring.

Weiter im Alphabet: Jaguar D-Type

William Lyons' Absage an den Motorsport im Jahre 1953 war nicht endgültig. Zwar hatte er sich sehr viel Zeit gelassen, bis er endlich dem Bau eines neuen Wagens für das 1954er Le-Mans-Rennen zustimmte, aber immerhin: Jaguar würde mit von der Partie sein. Und es war auch wieder die Ecurie Ecosse, die das Jaguar-Banner hochhielt, ebenso wie eine Anzahl von Privatfahrern.
Was man in Le Mans diesmal zu präsentieren gedachte, war ein Wagen, der mit dem C-Type nicht allzuviel gemeinsam hatte. Bestand das Chassis des C-Type noch aus einem eigenen Rohrrahmen, so war der neue Jaguar D-Type in selbsttragender Monocoque-Bauweise gehalten: Kastenförmige, vernietete Aluminiumprofile stellten die Basiselemente dar. Die Vorderradaufhängung entsprach der des XK 140, ebenso die Lenkung und im wesentlichen auch die Hinterradaufhängung.
Selbstverständlich bekam der D-Type ringsum Scheibenbremsen (servounterstützt) mit je drei Bremszylindern und Klotzpaaren pro Vorderrad und zwei pro Hinterrad (später ging man zu je einem Klotzpaar über). Der Durchmesser der Bremsscheiben aus verchromtem Stahl betrug 324 mm, und besondere Beachtung war der ausreichenden Belüftung geschenkt worden, zumal der D-Type keine Speichenräder hatte, sondern mit Löchern versehene Alufelgen, auf der Radnabe durch fünf konische Zapfen positioniert. Diese Felgen waren leichter als die Drahtspeichenräder und auch etwas weniger empfindlich.
Mit einem Radstand von 2290 mm war dieses Maß um 166 mm geringer als beim C-Type, die Gesamtlänge um rund 300 mm kürzer.

Oben: Jaguar-Konstrukteur Bill Heynes macht eine Sitzprobe im Prototyp des D-Type Rennsportwagens. Heynes starb 1989 im Alter von 85 Jahren.
Unten: Trevor Crisp, Harry Mundy und Olaf v. Fersen diskutieren über Michael Mays HE-Zylinderkopf.

Der Jaguar-Händler Peter Lindner, Jahrgang 1919, gehörte zu den besten Sportfahrern der frühen sechziger Jahre. Ein Unfall in Montlhéry kostete ihn das Leben.

Peter Nöcker, wie Lindner ein hochbegabter und sehr erfolgreicher Mk.-II-Pilot, gewann 1963 auf Jaguar die Europa-Tourenwagenmeisterschaft.

Die roadsterähnliche Karosserie des Zweisitzers war unter der Leitung Malcolm Sayers entstanden, der Versuchsmodelle im Maßstab 1:10 im Windkanal testete, ehe er sich auf die endgültige Form festlegte, die auch Williams Lyons guthieß. Im Cockpit, von einer Kunststoffscheibe bis in die Seiten hinein eingerahmt, ging es ein wenig komfortabler zu als beim C-Type.

Der im Grunde mit der Maschine des XK 140 identische Motor wies Trockensumpfschmierung auf, was eine niedrigere Bauhöhe des dohc-Sechszylinders ergab, denn man konnte ja auf eine bauchige Ölwanne zugunsten einer flacheren verzichten. Der separat angeordnete Öltank faßte 14 Liter. Die Zylinderköpfe entsprachen in ihren Spezifikationen dem C-Type-Kopf, nur hatte man ihnen größere Einlässe gegeben und gleichzeitig die Ventilzeiten noch stärker überlappen lassen. Mit ihren drei Weber-Doppelvergasern (45 mm) und einer Verdichtung vom 9:1 leistete die Maschine im D-Type 245 PS bei 5750 Touren im Vergleich zu 220 PS beim C-Type.

Neu waren auch eine hydraulisch betätigte Kupplung sowie ein in allen vier Vorwärtsgängen synchronisiertes Getriebe, das Jaguar von Grund auf in eigener Regie entwickelt hatte in Anbetracht zahlreicher Kalamitäten, die immer wieder beim C-Type aufgetreten waren. Viel Muße zum Durchtesten des D-Type war wieder einmal nicht vorhanden, aber seine Schöpfer meinten ihrer Sache sicherer denn je zu sein... Doch man unterschätzte die Konkurrenz keineswegs. Ferrari hatte sich zu einem starken Gegner entwikkelt, auch Aston Martin.

Ein typisches Saloon Car Race in England 1962. Hier waren die Jaguar Mk. II stets zahlreich vertreten, wie auch in den großen Kategorien bei Tourenwagen-Wettbewerben auf dem Kontinent.

Rechts: Consten am Steuer seines Mk. II in der Tour de France 1963.

Oben: Trierer Flugplatzrennen im Oktober 1963. Wie immer sorgen die Mk. II für beste Rundenzeiten.

Der D-Type in Aktion

Das Le-Mans-Team 1954 setzte sich aus bewährten Fahrern zusammen. Hamilton und Rolt teilten sich einen Wagen mit dem Kennzeichen OKV 1 (Straßenzulassung), Moss und Walker OKV 2, Whitehead und – erstmals – Ken Wharton OKV 3. Den Chassisnummern nach rangierten diese Wagen noch immer als C-Type: XKC 401 (als Reservefahrzeug), 402, 403, 404; den Begriff »D-Type« prägte man erst etwas später. Ihre amtlich zugeteilten Kennzeichen jedoch waren als äußere Unterscheidungsmerkmale signifikanter als die natürlich nur Insidern bekannten Chassisnummern.

Die 1954er 24 Stunden von Le Mans waren ein Regenrennen, und viele Teilnehmer hatten ihre Not mit dem nassen Pflaster. Hauptgegner der Jaguar D-Type waren die 4,1-Liter Ferrari, vor allem der von Froilan Gonzalez gefahrene Wagen. Gefährlich aber waren auch die ausgezeichneten Wagen von Cunningham und Mercedes-Benz.

Kurz nach dem ersten Tankstop waren die D-Type Jaguar wieder an den Boxen. Ihre besonders feinporigen Kraftstoffilter waren verstopft – vermutlich hatte irgendein Zusatz im Benzin dies bei allen drei Wagen bewirkt. Dann überdrehte Moss seinen Motor, weil er am Ende der Mulsanne-Geraden, die er in einer neuen Rekordzeit (278,31 km/h) hinter sich gelassen hatte, abrupt zum Herunterschalten gezwungen war – ansonsten wäre er mit vollem Tempo geradeaus von der Strecke geschossen. Ein Defekt an der Bremsleitung hatte ihn mit dem Pedal ins Leere treten lassen...

Die Maschine des OKV 2 hatte den Ausflug in Bereiche von 9000 Touren übelgenommen – Moss war aus dem Rennen. Aber OKV 3 fiel ebenfalls aus: Getriebeschaden.

So blieb nur der Hamilton/Rolt-Wagen, und beide Fahrer hatten abwechselnd ihre Not, Gonzalez auf dem (ebenfalls einzig verbliebenen) Ferrari zu folgen, der letztlich auch den Sieg errang, eine Minute und 45 Sekunden vor Hamilton. Dritter wurde Sherwood Johnston, jetzt einen Cunningham pilotierend, Vierter das private C-Type-Team Laurent/Swaters.

William Lyons' altbekannte Skepsis bekam wieder Oberwasser. Dennoch stimmte er einer Teilnahme der Werksmannschaft am 12-Stunden-Rennen von Reims zu, das kurze Zeit später stattfand. Schließlich galt es, die Schlappen von Le Mans gutzumachen. Zuerst war es Moss, der eine Zeitlang führte, dann aber wegen eines Kardanwellenschadens aufgeben mußte; dafür übernahmen Rolt/Hamilton die Spitze, bis auch ihr Wagen wegen Ölverlust an der Hinterachse ausfiel. So blieb die Sieges-Chance bei Peter Whitehead – und er nutzte sie!

Jaguar beschickte nur noch ein einziges weiteres Rennen in jenem Jahr, die Tourist Trophy in Irland, und sie bescherte der Mannschaft nichts als eine Menge Ärger durch Pannen und Defekte. Um so eifriger bereitete man sich fürs Le-Mans-Rennen 1955 vor. Es sollten hierfür neue Fahrzeuge gebaut wer-

den; OKV 1, 2 und 3 wurden verkauft. Sie wurden noch viele Meilen in vielen Rennen bewegt, meist von Anthony Rolt und Duncan Hamilton.

Im Mai 1955 erhielt die Ecurie Ecosse die Chance, zwei D-Type zu erwerben, Fahrzeuge, die als erste zum Verkauf vorgesehen waren, aber der offiziellen Le-Mans-Spezifikation entsprachen und jetzt eine neue Serienbezeichnung bekommen hatten: XKD 501 und 502. Desmond Titterington gewann in einem dieser Wagen die Ulster Trophy und wollte mit Jimmy Stewart auch am diesjährigen Eifelrennen teilnehmen, ein Trainingsunfall vereitelte jedoch das Vorhaben.

Diese neuen D-Type, wie sie als Werkswagen auch für Le Mans vorbereitet wurden, sahen etwas anders aus als im Vorjahr, schlanker und im Frontbereich etwas verlängert (genau: um 190 mm). Auch hatten sie vorn zusätzliche Einlässe für Kühlluft zu den Vorderradbremsen sowie eine etwas weiter herumgezogene Windschutzscheibe. Auf dem Wagenheck zog sich eine Kopfstütze in Form einer langen Flosse wie ein Flugzeugleitwerk bis zum äußersten Ende der Karosserie hin, etwas anders geformt als bei den Vorjahreswagen.

In Anbetracht der Anstrengungen von Seiten Daimler-Benz und Ferrari hatte man bei Jaguar das Leistungspotential der Motoren anheben müssen. 270 PS war die Vorgabe, um gegen die Konkurrenz bestehen zu können, und man kam dem Ziel nur durch einen völlig neuen Zylinderkopf näher. William Heynes und seine Ingenieure entwickelten einen mit größtmöglichen Ventiltellerquerschnitten, was einen weiteren Ventilwinkel (35/40 statt bisher für beide 35 Grad) bedingte, außerdem änderte man die Nockenform zwecks längerer Öffnungszeiten. Die 45-mm-Weber-Vergaser behielt man bei.

Am Fahrwerk veränderte man ebenfalls einiges. Gegenüber der 1954er Ausführung war der vordere Fahrwerksschemel nicht mehr fester Bestandteil des Monocoque-Körpers, sondern stellte einen angeschraubten, separaten Rahmen aus Nickelstahlrohren dar, erweitert um einen Hilfsrahmen, der Wasser- und Ölkühler trug. Man konnte den Vorderbau samt Motor und Radaufhängungen nach Lösen weniger Schrauben vom Mittelwagen trennen. Durch die Verwendung dünnerer Tragrohre aus gleichzeitig besserem Material ließen sich immerhin 25 Kilogramm Gewicht einsparen.

Von den acht Wettbewerbswagen, von denen zwei die Schotten erhalten hatten, gab man noch einen der Ecurie National Belge, die anderen fünf bereitete man für die 24 Stunden von Le Mans vor – drei für den Renneinsatz, zwei zu Trainings- und diversen Versuchszwecken.

In weitaus größerem Umfang als zuvor unterzog man sämtliche Komponenten des Wagens sorgfältigen Prüfungen. Bis ins kleinste Detail wurde vor der Montage alles auf fehlerfreie Beschaffenheit gecheckt. Stundenlange Probeläufe auf dem Prüfstand hatten die Motoren über sich ergehen zu lassen, ehe mit ihnen die ersten Tests auf der Straße vorgenommen wurden. Die Zeit war wie immer knapp – nur fünf Monate standen für alle Arbeiten insgesamt zur Verfügung. Aber man rationalisierte den Aufwand durch Serienfertigung: Neben den fünf Werksfahrzeugen und jenen für die Schotten und Belgier legte man gleich auch eine Reihe für Privatkunden auf, und zwar 54 Exemplare. Das Stück zu 2685 Pfund Sterling, damals rund 32 000 Mark. Die Fahrzeuge erlebten ihre Fertigstellung natürlich nach und nach, auch wurden 16 als XK SS aufgebaut (siehe Seite 210), so daß man letztlich auf insgesamt 78 D-Type Wagen kam. Neun noch in Arbeit befindliche Chassis fielen allerdings dem Brand im Werk im Februar 1957 zum Opfer.

Die Katastrophe

Als das Training für Le Mans begann, standen die drei Werks-D-Type mit Mike Hawthorn/Ivor Bueb, Anthony Rolt/Duncan Hamilton sowie Norman Dewis/Donald Beauman zur Schlacht gegen die Mercedes und Ferrari bereit. Mit der vorn nicht verlängerten Karosserie (*short nose*) erschienen die D-Type der Belgier (John Claes/Jacques Swaters) und des jetzt auf Jaguar umgestiegenen Briggs-Cunningham-Teams (Phil Walters/Bill Spear). Stirling Moss fuhr inzwischen für Daimler-

Benz: Am Steuer eines 300 SLR hatte er mit Denis Jenkinson als Beifahrer bekanntlich kurz zuvor die Mille Miglia gewonnen. Auch Fangio gehörte zum Mercedes-Team.

Die hervorragend präparierten Mercedes wiesen nicht nur Einzelradaufhängung, sondern auch Luftbremsen in Form von durch Hand aufstellbare Heckspoiler auf, äußerst effektiv im Zusammenspiel mit großdimensionierten, innenliegenden Trommelbremsen, doch für Jaguar-Piloten weniger eindrucksvoll – sie vertrauten mehr auf ihre Scheibenbremsen. Dafür hatten die deutschen Wagen Fünfganggetriebe. Schärfster britischer Fahrer war zweifellos Mike Hawthorn, der mit 197 km/h auch einen neuen Rundenrekord absolvierte. Und er war es, der unversehens die Ursache zu jenem Desaster darstellte, das am Abend des 11. Juni 1955 so vielen Menschen das Leben kostete. Er bremste vor dem Boxenbereich aus hohem Tempo ab, um wegen eines Tankstops rechts heranzuziehen, was den soeben von ihm überholten Austin-Healey-Fahrer Lance Macklin zu einem kurzen Ausweichmanöver zwang – soweit kein Drama, denn Macklin hatte Hawthorns Absicht offenbar mitbekommen. Im gleichen Moment aber kamen Pierre Bouillin (genannt Levegh) und Juan Manuel Fangio mit ihren 300 SLR herangeschossen, mit einer Geschwindigkeit von etwa 240 km/h. Fangio hatte genug Distanz, um den Risikobereich umfahren zu können, Bouillin aber war zu dicht an Macklin und zu schnell, um an dem ausscherenden, auch erheblich langsameren Austin-Healey im Bogen vorbeiziehen zu können. Der Mercedes-Fahrer knallte gegen das Heck des Wagens, beschrieb eine Drehung und wurde in Richtung Haupttribüne hochkatapultiert. Ein Stück seines Autos blieb an der Mauer hängen, der vordere Teil samt Motor flog in die Höhe – niemand konnte sich in Sicherheit bringen. Achtzig Menschen starben bei jenem Unglück, Hunderte wurden verletzt.

Das Rennen ging zunächst weiter; bei einem Stop wäre vermutlich eine Panik ausgebrochen, die Rennleiter Charles Faroux vermeiden mußte. Um Mitternacht zog Daimler-Benz die verbliebenen Wagen zurück. Hawthorn hatte nach dem Crash wie benommen noch eine Runde gedreht, war dann regelrecht zusammengebrochen. Bueb übernahm sein Fahrzeug, fuhr das Rennen an erster Stelle liegend zu Ende. Ausgefallen waren Dewis/Beauman durch eine Kollision mit einem Lotus-Climax sowie Rolt/Hamilton wegen Ölverlust im Getriebe. Die Frage, ob Jaguar die 24 Stunden von 1955 gewann, läßt sich nicht eindeutig beantworten – die Endwertung bejahte sie zwar, aber die Mercedes-Tragödie ließ jede Wertung zu einer theoretischen Größe werden.

Gegenüberliegende Seite oben: Silverstone-Rennen 1963 – zwei Mk. II in voller Aktion!

Rechts: Bei schlechtestem Wetter unternahm Jaguar 1963 einen Rekordversuch in Monza. Es ging um 10 000 Meilen, die mit einem Schnitt von über 106 Meilen pro Stunde (170 km/h) absolviert wurden.

Von einer »Schuld« Hawthorns war nie die Rede. Mercedes-Pressechef Arthur Keser war gegen Mitternacht an die Jaguar-Box gekommen und hatte in diesem Sinne auch eine ganz persönliche Stellungnahme hierzu abgegeben. Verwunderung gab es bei den Briten nur, warum die Deutschen erst sechs Stunden später ihre Wagen aus dem Rennen nahmen – und dann sofort mit dem gesamten Material in Richtung Heimat abfuhren, so daß eine Untersuchung des Unglücks nur in Abwesenheit wichtiger Zeugen vorgenommen werden konnte. Über den Hergang des Geschehens existiert ein Film, den ein französischer Kameramann aufgenommen und Jaguar später zur Verfügung gestellt hatte. Der Filmer war beim Drehen ebenfalls durch umherfliegende Wrackteile verletzt worden und hatte lange im Hospital liegen müssen. Le Mans wurde 1955 auch für William Lyons zu einem traurigen Ereignis ganz persönlicher Art: Auf der Anfahrt zur Rennstrecke hatte sein einziger Sohn einen tödlichen Autounfall bei einer Kollision mit einem Militär-Omnibus erlitten. Man ermittelte, daß eine Ölspur auf der Straße den erfahrenen und sicheren Jaguar-Lenker Michael John Lyons zum Verhängnis geworden war. Zudem hatte der Omnibus-Chauffeur eine Kurve geschnitten...

Die Ecurie Ecosse fuhr ihre D-Type noch zu einigen Erfolgen in England, so bei den 9 Stunden von Goodwood (zweiter Platz durch Titterington/Sanderson). Bei der Tourist Tro-

Links: Oldtimer-Rennen auf dem Nürburgring 1978. Jaguar ist hier stets gut vertreten.

Unten: Ein Jaguar Special des amerikanischen Teams Hugh-Kirchner. Es ist ein stark modifizierter XK 120.

Sporterfolge mit dem Jaguar C-Type

1951	24 Stunden von Le Mans (P. Whitehead)	1. Platz
	24 Stunden von Le Mans (P. Walker)	3. Platz Leistungsindex
	Tourist Trophy (S. Moss)	1. Platz
	Tourist Trophy (P. Walker)	2. Platz
	Tourist Trophy (L. Johnson/ A. Rolt)	3. Platz (Teampreis)
1952	Silverstone-Rennen (S. Moss)	Klassensieg
	Boreham Sportwagenrennen (S. Moss)	Klassensieg
	Goodwood 9-Stunden-Rennen (S.Moss/P. Walker)	Klassensieg
	Shelsley Walsh Bergprüfung (P. Walker)	Klassensieg
	Wakefield Trophy Race (I. Stewart)	1. Platz
	Prescott Bergprüfung (P. Walker)	Klassensieg
	Elkhart Lake Race (Ph. Hill)	1. Platz
	Goodwood Sportwagenrennen (A. Rolt)	1. Platz
	Goodwood Sportwagenrennen (S. Moss)	2. Platz
1953	Sebring 12-Stunden-Rennen (S. Johnston/R. Wilder)	3. Platz
	Snetterton W.E.C.C.-Rennen (I. Stewart)	1. Platz
	24 Stunden von Le Mans (A. Rolt/D. Hamilton)	1. Platz
	24 Stunden von Le Mans (S. Moss/P. Walker)	2. Platz
	Reims 12-Stunden-Rennen (S. Moss/P. Whitehead)	1. Platz
	Spa 24-Stunden-Rennen (J. Scott-Douglas/G. Gale)	2. Platz
	Spa 24-Stunden-Rennen (H. Roosdorf/T. Ulmen)	3. Platz
	Goodwood 9-Stunden-Rennen (J. Stewart/B. Dickson)	3. Platz
	Tourist Trophy (S. Moss/P. Walker)	Klassensieg
1954	Goodwood Ostermontags-Rennen (J. Stewart)	1. Platz
	Goodwood Ostermontags-Rennen (A. Rolt)	2. Platz
	Goodwood Johnson Challenge (J. Stewart)	1. Platz
	Goodwood Johnson Challenge (N. Sanderson)	2. Platz
	Silverstone-Rennen (R. Salvadori)	1. Platz
	Silverstone-Rennen (J.D. Titterington)	2. Platz
	Oulton Park-Rennen (J.D. Titterington)	1. Platz
	Reims 12-Stunden-Rennen (P. Laurent/J. Swaters)	3. Platz
	Leinster Trophy Race (J. Kelly)	2. Platz
	International Snetterton Race (N.W. Head)	2. Platz
	Zandvoort Sportwagen-Rennen (N. Sanderson)	Klassensieg über 3000 ccm
	Wakefield Trophy Race (P. Whitehead)	1. Platz
	Wakefield Trophy Race (J. Kelly/D. Hamilton)	2. Platz
	Goodwood Trophy Meeting (R. Salvadori)	1. Platz
	Brands Hatch Albatross Trophy (D. Margulies)	1. Platz
1955	Brands Hatch Martini Trophy (W.A. Scott-Brown)	3. Platz

phy waren es wieder offizielle Werkswagen, die in Erscheinung traten, und sie lieferten sich ein spannendes Duell mit den Mercedes-Boliden von Moss und Fangio (die TT und die Targa Florio des Jahres 1955 sollten die einzigen Rennen sein, die Daimler-Benz vor dem endgültigen Revirement noch beschickte). Mike Hawthorn pilotierte seinen D-Type in wahrhaft artistischer Manier, mußte sich am Ende aber – mit gebrochener Kurbelwelle – von Moss auf dem 300 SLR geschlagen geben.

Der letzte Auftritt des Werks-D-Type

Daß William Lyons für eine Le-Mans-Beteiligung im Jahre 1956 noch einmal seine Zustimmung gab, hätte niemand für wahrscheinlich gehalten. Aber er gab grünes Licht für die Bereitstellung von sechs Wagen, die eigens für das 24-Stunden-Rennen aufgebaut wurden. Äußerlich unterschieden sich diese Fahrzeuge vom 1955er Modell durch eine höhere Windschutzscheibe (nach dem Reglement mußte sie 200 mm hoch sein), breitere Sitze und eine Tür an der linken Seite (ebenfalls der Ausschreibung entsprechend). Durch die Verwendung noch leichterer Bauteile und eines kleineren Tanks – maximal 125 Liter Sprit mitzunehmen war gestattet – ließen sich diese Renner abermals um 25 Kilogramm abmagern.

Was man einem der Wagen von außen nicht ansehen konnte, war eine Modifikation des 3442-dohc-Motors: Er hatte jetzt Benzineinspritzung. Versuchsweise hatte man jenen Jaguar damit ausgestattet, den Hawthorn fuhr, und er war mit ihm auch schon in Reims unterwegs gewesen – das 12-Stunden-Rennen stand 1956 vor Le Mans auf dem Kalender. Und eine weitere Neuerung war die de-Dion-Hinterachse, die ebenfalls schon vorher einem harten Test unterzogen worden war, und zwar beim Silverstone-Rennen Mitte Mai. Allerdings nur während des Trainings, denn Titterington baute mit diesem Wagen schon während der ersten Runde einen Unfall.

Dann versuchte man einen Jaguar D-Type im Eifelrennen auf dem Nürburgring gut zu plazieren – ohne Erfolg, trotz eines neuen und sehr talentierten Fahrers im Jaguar-Team – Paul Frère. Ihm hatte man auch in Reims einen D-Type gegeben, noch ohne Einspritzmotor. Mit Mike Hawthorn wurde er Zweiter; den Sieg errangen Hamilton/Bueb auf dem »injection« XKD 605. Auf Platz 3 qualifizierte sich die Mannschaft Titterington/Fairman, und von der Ecurie Ecosse folgten die Jaguar-Piloten Sanderson/Flockhart dicht auf. F.R.W. »Lofty« England hatte alle Veranlas-

sung, sich für die 24 Stunden von Le Mans 1956 gute Chancen auszurechnen. In der Kategorie der Seriensportwagen stellten die Jaguar die hubraumstärksten Kaliber dar. Lauter erfahrene Männer gehörten zum Team: Hawthorn/Bueb, Titterington/Frère, Fairman/Wharton. Zwei Vorjahreswagen – mit Vergasermotoren – meldeten die Ecurie Ecosse und die Equipe National Belge.
Hawthorn teilte den Optimismus »Lofty« Englands nicht. Er berichtete später, er habe schon beim Training »ein ungutes Gefühl gehabt« – obwohl er und seine Teamkollegen Bestzeiten hinlegten. Aber an jenen Tagen war die Piste auch noch trocken, und beim Rennstart regnete es. Und schon in der zweiten Runde absolvierten Paul Frère und Jack Fairman auf dem rutschigen Le-Mans-Pflaster fatale Dreher, wodurch der eine seinen Wagen an einer Einzäunung außer Gefecht setzte, der andere mit dem Ferrari de Portagos zusammenstieß. Hawthorn sah sich als einzig »Überlebender« – und das Rennen hatte kaum begonnen...
Das konnte nicht gutgehen, wie Hawthorn befürchtete, und sein noch im Training wegen unregelmäßigen Laufs ausgetauschter Motor fing auch prompt zu stottern an. Es gab Reparaturen an einer Kraftstoffleitung, und daß Mike es letztlich schaffte, auf Platz 6 das Rennen zu beenden, nahm er für ein reines Wunder. Doch das Team Flockhart/Sanderson von der Ecurie Ecosse hatte pannenfrei durchgehalten, auf einem Wagen ohne Einspritzmotor, ohne die übergroßen Ventile im 40-Grad-Winkel – und war Gesamtsieger geworden!
Jaguar Cars Ltd. hatte das Le-Mans-Rennen 1956 als Abschiedsvorstellung gegeben. Die Werksfahrzeuge übernahm später die Ecurie Ecosse, und mit ihnen gab es noch einmal einen großartigen Auftritt anläßich des Le-Mans-Rennens von 1957. Flockhart/Bueb und Sanderson/Lawrence errangen einen Doppelsieg. Und es gab noch etliche Einsätze im In- und Ausland, bei denen die D-Type-Jaguar gute Plazierungen erzielten, wenngleich Ende 1957 auch klar wurde, daß die beste Zeit dieses Fahrzeugs wohl vorüber war.

Erfolge mit dem XK 140 und XK 150

Die im Stellenwert sehr weit vorn rangierenden Aktivitäten mit den C- und D-Type-Rennsportwagen lassen die Erfolge etwas in den Hintergrund treten, die mit den Nachfolgern des Straßensport-XK 120 erreicht wurden. Die Ecurie Ecosse und andere Rennställe setzten den XK 140, um mit diesem Wagen zu beginnen, in etlichen Langstrecken-Wettbewerben ein, auch bei den 1956er 24 Stunden von Le Mans. Durch einen zu frühen Tankstop wurde das Team Bolton/Walshaw – an 12. Stelle im Feld liegend – nach 21 Stunden allerdings disqualifiziert... Großartige Chancen für ein absolut serienmäßiges Coupé waren verschenkt worden.
Im Rallyesport waren es private Einsätze, bei denen viele XK 140 brillierten. Werksnennungen gab es nicht, nachdem der Tod Michael John Lyons' den hierfür zuständigen Ian Appleyard – Michael John war sein Schwager – veranlaßte, alle diesbezüglichen Programme zu streichen. Aber in den USA, weit von den Plätzen europäischer Traurigkeit entfernt, war der Jaguar XK 140 ein Favorit, und hier dominierte er jahrelang auf den kleinen und großen Rennstrecken. Noch 1965 gewann Ron McConkey aus Iowa die Nationale Sportwagenmeisterschaft des SCCA auf einem XK 140, und die Wettbewerbe hierzu waren ganz gewiß keine Oldtimer-Veranstaltungen.
Aber der XK 140 war ebensowenig ein Wettbewerbswagen wie der XK 150. Wie Paul Skilleter, Jaguar-Historiker par excellence, einmal formulierte: Alles was man mit einem XK 150 anstellen konnte, vermochte man mit einem gleich guten XK 120 oder 140 besser oder auch schneller zu erledigen...
Immerhin, 1960 gewann ein XK 150 Roadster, gesteuert von Eric Haddon, die GT-Klasse bei der Internationalen Tulpen-Rallye (den Gesamtsieg machte ein Citroën DS). Etliche – auch bessere – Plazierungen gab es in zahlreichen kleineren Veranstaltungen vornehmlich in Großbritannien.

Jaguar XK 120 Rekordwagen, wie er 1949 in Jabbeke/Belgien für sensationelle Bestzeiten sorgte.

Limousinen am Start

Sporterfolge mit dem Jaguar D-Type

1954	24 Stunden von Le Mans (A. Rolt/D. Hamilton)	2. Platz
	Reims 24-Stunden-Rennen (P. Whitehead/K. Wharton)	1. Platz
	Reims 24-Stunden-Rennen (A. Rolt/D. Hamilton)	2. Platz
1955	Dakar Grand Prix (D. Hamilton)	3. Platz
	Sebring 12-Stunden-Rennen (M. Hawthorn/P. Walters)	1. Platz
	Coupe de Paris (D. Hamilton)	Klassensieg
	Goodwood Ostermontags-Rennen (D. Hamilton)	3. Platz
	Helsinki-Rennen (M.W. Head)	1. Platz
	Ulster Trophy Race (J.D. Titterington)	1. Platz
	Goodwood Sportwagen-Rennen (D. Hamilton)	1. Platz
	Goodwood Johnson Challenge (D. Hamilton)	1. Platz
	Portugal Grand Prix Oporto (D. Hamilton)	3. Platz
	24 Stunden von Le Mans (M. Hawthorn/L. Bueb)	1. Platz
	24 Stunden von Le Mans (J. Claes/J. Swaters)	3. Platz
	Silverstone-Rennen (J.D. Titterington)	3. Platz
	Silverstone-Rennen (N. Sanderson)	2. Platz
	Goodwood 9-Stunden-Rennen (J.D. Titterington/N. Sanderson)	2. Platz
	Silverstone B.R.D.C. Race (D. Hamilton)	1. Platz
	Watkins Glen Seneca Cup USA (S. Johnston)	1. Platz
1956	Sebring 12-Stunden-Rennen (R. Sweikert/Ensley)	3. Platz
	Snetterton-Rennen (R. Flockhart)	1. Platz
	Goodwood Ostermontags-Rennen (R. Flockhart)	1. Platz
	Coupe de Paris (D. Hamilton)	1. Platz
	Belgische Prod.-Wagen-Rennen Spa (N. Sanderson)	Klassensieg
	Goodwood Whitsun Trophy Race (J.D. Titterington)	1. Platz
	Reims 12-Stunden-Rennen (D. Hamilton/ L. Bueb)	1. Platz
	Reims 12-Stunden-Rennen (M. Hawthorn/P. Frère)	2. Platz
	Reims 12-Stunden-Rennen (J.D. Titterington/J. Fairman)	3. Platz
	Silverstone Sportwagen-G.P. (J.D. Titterington)	3. Platz
	24 Stunden von Le Mans (R. Flockhart/N. Sanderson)	1. Platz
1957	Spa Sportwagen-Rennen (H. Taylor)	3. Platz
	24 Stunden von Le Mans (R. Flockhart/ L. Bueb)	1. Platz
	24 Stunden von Le Mans (N. Sanderson/J. Lawrence)	2. Platz
	24 Stunden von Le Mans (J. Lucas/»Mary«)	3. Platz
	Snetterton Vanwall Trophy Race (H. Taylor)	1. Platz

Die Jaguar-Episode unterwegs nach Monte Carlo im Januar 1939 wurde bereits geschildert. Und es sollte noch etliche, zum Teil spektakuläre Unternehmungen geben, in denen Jaguar-Limousinen sowohl in Langstreckenprüfungen als auch in Rundstreckenrennen hervorragend abschnitten.

Zu erwähnen wäre in erster Linie der Sieg eines Jaguar Mk. VII in der Rallye Monte-Carlo 1956, gefahren von der Mannschaft Ronald Adams, Frank Biggar und Derek Johnston. Zuvor aber hatten andere das Vergnügen, die Qualitäten dieses Wagens im Wettbewerb zu beweisen. Sogar auf der Rennstrecke war mit der großen Luxuslimousine Staat zu machen: Stirling Moss, Ian Appleyard, Tony Rolt und Mike Hawthorn kutschierten sie von 1952 bis 1956 alljährlich zum Sieg in der großen Klasse der Tourenwagen in Silverstone. Das schwere Auto ließ sich besser manövrieren, als es meist den Anschein hatte. Ian Appleyard bewegte einen Mk. VII in der Tulpen-Rallye 1952 und kam auf einen zweiten Platz im Gesamtklassement. Ein Jahr später wurde er ebenfalls Zweiter in der Monte und Fünfter bei der Tulpen-Rallye. Abermals einen zweiten (Ronald Adams) – auch einen achten (Cecil Vard) – Platz gab es für den Mk. VII dann 1954 in Monte Carlo, knapp hinter dem Sieger Chiron auf einem Lancia Aurelia.

Alles andere als ein Sportwagen, war auch der Jaguar 2.4 Litre Saloon ungeheiligtes Mittel zum Zweck in Sachen Motorsport. Einer der ersten, die das unter Beweis stellten, waren Frank Grounds, der in der RAC-Rally 1956 Vierter in der Klasse bis 2,7 Liter wurde sowie der Belgier Paul Frère, einst Pressechef der Jaguar-Repräsentanz Bourgeois. Acht Wochen später gewann er am Lenkrad des neuen »Compact Saloon« Belgiens erstes Serienwagenrennen für Limousinen in Spa-Francorchamps.

Mit dem 3.4 Litre ließ sich natürlich mehr anfangen. In Silverstone setzte dieser Wagen die vom Mk. VII gesetzte Tradition fort und sicherte dem Hause Jaguar publicitywirksame Siege: 1957 durch Hawthorn, Bueb und Hamilton, und die Tradition dieses vielbeachteten Wettbewerbs für »normale« Automobile wurde später von anderen Jaguar-Limousinen-Lenkern noch lange fortgesetzt. In der Tour de France, der Rallye Lüttich–Rom–Lüttich, in der Monte-Carlo-Rallye – überall waren die »Compacts« dabei. Das deutsche Team Lindner/Walter war damals schon mit von der Partie. Don und Earle Morley, Thomas Sopwith (der ein eigenes Saloon Car Team, die Ecurie Endeavour, führte), Roy Salvadori und Sir Gewaine Bailey waren weitere Favoriten, die sowohl in Rallyes als auch Rennen diese Wagen mit Erfolg einsetzten. Und mit einem 3.4 Litre kamen Robert Parkes und George Howarth in der 1959er Rallye Monte-Carlo als Klassensieger auf Platz 8 in der Gesamtwertung, gefolgt von Philip Walton und Michael Martin.

Sporterfolge mit dem Jaguar Mk. VII

1952	Rallye Monte-Carlo (R. Cotton)	4. Platz Gesamtwertung
	Rallye Monte-Carlo (J. Herteaux)	6. Platz Gesamtwertung
	Tulpen-Rallye Holland (I. und P. Appleyard)	2. Platz Gesamtwertg., Klassensieg
	Silverstone Int. Trophy Race (S. Moss)	Klassensieg Serientourenwagen
	Rallye Lissabon (J. Sosa)	2. Platz offene Klasse
1953	Rallye Monte-Carlo (I. Appleyard)	2. Platz
	Rallye Monte-Carlo (D.C.T. Bennett)	9. Platz
	RAC Rally (D.G. Scott)	Klassensieg Tourenwagen
	Tulpen-Rallye Holland (I. Appleyard)	Klassensieg Tourenwagen
	Silverstone Int. Trophy Race (S. Moss)	Klassensieg Serientourenwagen
1953	Motor Car Club Rally (J.E. Osborne/D. Brown)	Klassensieg Serienwagen
	1954 Rallye Monte-Carlo (R. Adams)	6. Platz
	Rallye Monte-Carlo (C. Vard)	8. Platz
	Tulpen-Rallye Holland (J.P. Boardman)	4. Platz und Klassensieg Tourenwg.
	Tourenwagenrennen Silverstone (I. Appleyard)	1. Platz
	Tourenwagenrennen Silverstone (A. Rolt)	2. Platz
	Tourenwagenrennen Silverstone (S. Moss)	3. Platz
	Scottish Rally (J.M.C. Shand)	Klassensieg Tourenwagen
	MCC Rally Round Britain (E.R. Parsons/J.G. Vann)	Gesamtsieg
1955	Rallye Monte-Carlo (R.J. Adams)	8. Platz und Teampreis (Vard, Appleyard)
	RAC Rally (L.S. Strom/K.F. Pointing)	Klassensieg Serientourenwagen
	Tulpen-Rallye Holland (J.P. Boardman)	Klassensieg Tourenwagen
1956	Rallye Monte-Carlo (R. Adams/F. Biggar)	Gesamtsieg
	Tourenwagenrennen Silverstone (L. Bueb)	1. Platz

Mit einem fabrikneuen 3.4 Litre errangen die Brüder Morley 1959 den Gesamtsieg bei der Tulpen-Rallye, als sie bei der Abschlußprüfung auf dem Zandvoort-Ring die schnellste Zeit absolvierten. In jenem Jahr war Ivor Bueb der große Rundstrecken-Champion. Unter den Kontinentaleuropäern hatten die Franzosen Bernard Consten und Jacques Renel eine große Zeit mit dem Mk. II, ebenso Jean Behra und René Richard, die 1961 den Alpenpokal in der Tourenwagenklasse gewannen. Consten war viermal in der Tour de France siegreich, von 1960 bis 1963. Nicht weniger aktiv waren drei Französinnen mit ihren Mk. II, die in vielen Rallyes mitfuhren: Marie-Louise Mermod, Louisette Texier und Annie Soisbault.

Ein weiteres Team stellte ein Jaguar-Händler aus Guildford, Surrey, auf die Beine: John Coombs. Seine hochfrisierten Fahrzeuge fuhren unter anderem Peter Sargent, Roy Salvadori, Graham Hill – letztere waren 1962/63 überall, wo sie an den Start gingen, unter den Erstplazierten.

1961 hatte der Frankfurter Jaguar-Händler Peter Lindner für Schlagzeilen gesorgt, als er auf dem Nürburgring mit seinem Mk. II 3.4 Litre einen Gesamtsieg und zwei Klassen-

Rechts: PSV-Wertungsfahrt um den Martha-Pokal in Österreich, Mai 1961. Ein Jaguar XK 150 Coupé war mit von der Partie.

Gegenüberliegende Seite: Nascar-D-Type in der Daytona Speed Week, Florida, 1955.

siege gegen favorisierte Spitzenfahrer auf Mercedes-Benz errang. Die anläßlich des ADAC-6-Stunden-Rennens 1961 auf dem Ring gefahrene Jaguar-Rekordrunde wurde in der Presse besonders herausgestellt: Lindner hatte sie in 11:16 Minuten absolviert. 90 Wagen waren gestartet, die Hälfte hatte das Rennen in Wertung beendet. Auch 1962 und 1963 – jetzt mit einem 3.8 Litre – setzte er den Stuttgartern hart zu. Peter Nöcker war nicht weniger erfolgreich und gewann die erste Europa-Tourenwagenmeisterschaft mit einem Mk. II. Lindner und Nöcker starteten auch im Ausland, so 1963 in Brands Hatch, wo sie knapp nach Roy Salvadori und Denis Hulme – ebenfalls auf Jaguar Mk. II – ins Ziel kamen. Eigenartigerweise hatte es oft Proteste gegeben, die sich gegen Lindners oder Nöckers Fahrzeuge richteten, sich aber als haltlos erwiesen. Ihre Wagen entsprachen durchaus den Ausschreibungen.

Das Werk unterstützte die Initiativen erfolgreicher Limousinen-Fahrer nach Kräften und stand auch hinter dem Vorhaben, mit dem Mk. II einen Weltrekordversuch zu starten. Zu Jahresbeginn 1963 brach eine Mannschaft aus Coventry in Monza mit einem völlig serienmäßigen Mk. II 3.8 Litre den 10 000-Meilen-Rekord in der Klasse C mit über 170 km/h Schnitt, und das bei schlechtestem Wetter. Die Sponsorschaft für die Fahrt hatte die Ölfirma Castrol übernommen.

In regionalen Veranstaltungen und Clubrennen traten Mk. II Limousinen noch bis Mitte der siebziger Jahre auf – doch die Spotlights hatten längst eine gänzlich andere Kategorie erfaßt. 1961 war schließlich die Ära des E-Type angebrochen.

Katz- und Maus-Spiel mit Ferrari

Daß mit dem Erscheinen des E-Type auf dem Genfer Salon im Frühjahr 1961 geradezu eine Herausforderung an die große »Sekte« der Jaguar-Gläubigen präsentiert wurde, dürften seine Schöpfer wohl vorausgesehen haben. Dem Terminus Sportwagen wurde dieses Fahrzeug mehr als gerecht – der E-Type stellte eine Verheißung dar, einen Realität gewordenen Traum.

Seine Typenbezeichnung trug dazu bei, daß man meinte, es handele sich bei diesem Fahrzeug um ein Derivat des D-Type. Das große C, das beim C-Type 1951 noch für »Competition« gestanden hatte, war zum alphabetischen Auslöser geworden. Das E beim E-Type (oder XK-E, wie er in Amerika genannt wurde), mochte mit »Excitement« oder »Excessive« übersetzt werden, aber bei Jaguar hatte man an solche Wortspiele durchaus nicht gedacht.

Der E-Type war mit dem D-Type nicht direkt verwandt, wenn er auch dessen schlanke, stark abgerundete Formen (die ja auch der C-Type schon hatte) aufwies. Es war der Chef-stylist Malcolm Sayer, von dem schließlich die Linien aller drei Modelle stammten. Ganz zweifellos erhielt der E-Type indessen eine Menge konstruktiver Erfahrungen eingebaut, die Jaguar im Rennsport nicht zuletzt mit

Aristokratie am Steuer eines schnellen Jaguar E-Type: Der Earl of Denbeigh.

dem D-Type gesammelt hatte. Schon 1958 waren die ersten Prototypen des neuen Wagens auf der Straße, aber da es damals kaum Erlkönig-Jäger gab und man – im Unterschied zu heutigen Gepflogenheiten – Pressevertretern schon in einem frühzeitigen Versuchsstadium die Gelegenheit verschaffte, solche Fahrzeuge zu testen (und sie schwiegen dann auch bis zur Sperrfrist, wenn man sie darum bat), wurde nach den Regeln des britischen Fair Play auch nichts in der Öffentlichkeit bekannt, bis die offizielle Vorstellung erfolgte.

Einer der Versuchswagen war indessen als ein möglicher Nachfolger des D-Type gedacht und in dieser Richtung auch aufgebaut und öffentlich vorgeführt worden. Er trug die Chiffre E2A und sah dem späteren Serien-E-Type schon sehr ähnlich. Er wies die Monocoque-Karosserie des D-Type auf, war aber im Fahrwerk mit Einzelradaufhängung ringsum und innenliegenden Scheibenbremsen sowie doppelten Schraubenfedern hinten doch gänzlich anders. Interessant war auch das Antriebsaggregat: Ein dohc-Sechszylindermotor mit 2997 ccm Hubraum und einem Leichtmetallblock (85×88 mm). Die Zylinder hatte man mit Stahlbüchsen versehen, die Gemischzuführung erfolgte über eine Lucas-Einspritzanlage. Bei 6750/min gab der Motor auf dem Prüfstand 293 PS ab.

Obwohl noch ein reines Versuchsfahrzeug, tauchte es dennoch in Rennen auf, ganz offiziell. Briggs Cunningham hatte die Jaguar-Männer überredet, ihm den E2A für die 24 Stunden von Le Mans 1960 zu leihen. Als Fahrer nominierte der Amerikaner seine Landsleute Dan Guerney und Walter Hansgen. Aber sie hatten Pech mit dem an sich sehr schnellen Fahrzeug, weil die Einspritzanlage nicht so funktionierte, wie man das von ihr erwartet hatte...

Dennoch bedeutete ein verpatzter Le-Mans-Einsatz nicht gleich das Ende dieses Boliden. Cunningham brachte ihn zurück nach Coventry und ließ eine 3,8-Liter-Maschine mit Weber-Vergasern einbauen, und Walter Hansgen fuhr mit dem Wagen anschließend tatsächlich einen Sieg heraus, bei einem Sportwagenrennen auf Long Island. Das war aber dann doch das Ende der kurzen Karriere des E2A. Das Fahrzeug überlebt in einer Privatsammlung als Museumswagen.

Eine dreijährige Entwicklungszeit hatten die XK-Modelle nicht verbuchen können. So durfte der E-Type als der wohl – nach damaligen Maßstäben – am gründlichsten durchgearbeitete Sportwagen aus dem Hause Jaguar gelten, als Sir William Lyons ihn in Genf präsentierte. Das trug zu einem großen Vertrauensbonus bei jenen bei, die in dem neuen Wagen sofort genau das Wettbewerbsinstrument sahen, auf das sie so lange gewartet hatten. Aber der Serien-E-Type war mitnichten ein Rennwagen; erst nachhaltige Modifikationen machten ihn – bedingt – wettbewerbsfähig.

Ende April 1961 waren die ersten E-Type, mehr oder weniger in ihrer Serienausführung, auf der Rennstrecke – beim Oulton Park GT Trophy Race. Und prompt gewann Graham Hill die Trophy, Roy Salvadori wurde nach Innes Ireland auf einem Aston Martin DB4 Dritter.

Wenn ein Fabrikat beim Erscheinen des Jaguar E-Type provoziert sein mußte – dann Ferrari. Die Gilde der 250 GT sah sich gefordert. So kam es nach Oulton Park zu einer zweiten Konfrontation mit den italienischen Zwölfzylindern beim Crystal Palace Race vier Wochen später, das Salvadori wiederum gewann – Anfang einer Reihe spannender Duelle die ganze Saison über. Die Anfangserfolge hielten aber nicht lange vor. Abwechslungshalber siegte Willy Mairesse auf Ferrari in Spa-Francorchamps, und Stirling Moss, ebenfalls in einem 250er, in der Tourist Trophy. Und ab jetzt machten die Ferrari dem E-Type das Leben recht sauer.

Einige der E-Type-Einsätze waren direkt vom Werk aus unternommen worden, andere von der Ecurie Ecosse und von der Ecurie Endeavour (John Coombs). Peter Sargent war der erste Rennfahrer, der privat einen E-Type an den Start brachte, und zwar bei einem Rennen über sechs Runden auf dem Nürburgring im August 1961 als Auftakt zum Großen Preis von Deutschland. Sargent wurde Siebenter; er hatte Probleme mit den Bremsen gehabt.

Man durfte sich nichts vormachen – daß der E-Type kein ausgesprochener Rennwagen sein konnte, ging schon aus seinem Gewicht hervor, denn mit 1118 kg war der auf viel Komfort ausgerichtete Roadster einem knapp 980 kg wiegenden Scaglietti-Spider, dessen V12-Motor schließlich schon in der Straßenausführung beachtliche 240 DIN-PS leistete, spürbar unterlegen. Der Jaguar hatte ein paar Pferdestärken mehr, kam aber an die

270 km/h Spitzentempo eines gut getunten Ferrari 250 GT nicht heran, war auch in der Beschleunigung behäbiger und durch seine massive Tendenz zum Untersteuern nur etwas für trainierte Muskelmänner.
So ließ man sich bei Jaguar allerhand einfallen, um bei Wettbewerbswagen das Gewicht herunterzubringen. Man verwendete dünnere Blechsorten für die Karosserie, ersetzte die serienmäßige Motorhaube durch eine solche aus Aluminium, die Glasfenster durch Plexischeiben. Durch Sparmaßnahmen vom Bug bis zum Heck speckte man den Lightweight E-Type um mehr als 100 kg ab. Dann verpaßte man ihm den Zylinderkopf des D-Type und einen größeren Kraftstofftank, 15-Zoll-Rennreifen und stärkere Bremsscheiben: Das war Graham Hills Endeavour-Coupé (mit Alu-Hardtop) für die Saison 1962. Aber Männer wie Mike Parkes & Co. und ihre Ferrari 250 GT bzw. GTO waren so schnell nicht zu schlagen. Hill und einige Ecurie-Kollegen sammelten eine Anzahl ehrenvoller Zweitplazierungen, 1961 als auch 1962, und Versuche, in Le Mans etwas von den einstigen Triumphen nachzuvollziehen, zeitigten auch keine großen Erfolge. Ein vierter Platz für Cunningham/Salvadori und ein fünfter für das Team Sargent/Lumsden waren 1962 schwer erkämpft.
Coombs ließ nicht locker. Durch weitgehende Verwendung von Aluminiumteilen und andere Tricks brachte er den Renn-E-Type noch einmal im Gewicht herunter, auf etwa 920 Kilo. Es entstand natürlich nicht nur ein solcher Wagen, sondern eine ganze Anzahl, und jeder war durch unterschiedliche Modifikationen anders, wies andere Getriebe- und Hinterachsuntersetzungen auf, differierte auch in Details an den Bremsen, Aufhängungen, Kraftstoffanlagen. Bevorzugt wurden *injection units* von Lucas sowie Trockensumpfschmierung. Bei einer Verdichtung von 10:1 und Verwendung des »Weitwinkel«-Zylinderkopfs ermittelte man auf dem Prüfstand Leistungen zwischen 290 und 320 PS.
Im Werk entstanden zwölf Wagen mit Karosserien gänzlich aus Leichtmetall, die anderen Tuner verwendeten Alu nur zum Teil. Im März 1963 wurden sie das erstemal offiziell vorgeführt. Von den Werkswagen stellte man je ein Exemplar Cunningham und John Coombs zur Verfügung, und unter den nächsten, die bevorzugt einen Lightweight Special des '63er Jahrgangs erhielten, war der Jaguar-Vertreter Peter Lindner in Frankfurt.
Das März-Debüt fand in den USA statt, in

Oben: Der amerikanische Jaguar-Champion Bob Tullius.

Rechts: Von Quaker State gesponserter E-Type V12, auf 400 PS getunt, von Bob Tullius gesteuert.

Sebring. Briggs Cunningham und der Jaguar-Importeur Kjell Qvale meldeten je einen dieser neuen Renner – aber noch immer waren die Ferrari nicht zu schlagen, dazu gab es neue Konkurrenz in Form der brillanten AC Cobra. Die Jaguar-Fahrer Hansgen und McLaren mußten sich mit einem siebenten und einem achten Platz begnügen. Vierzehn Tage später war es Graham Hill, der einen Coombs-E-Type ins Rennen führte: Bei strömendem Regen gewann er die Lombard Bank Trophy, beim nachfolgenden Oster-Rennen in Goodwood siegte er ein weiteres Mal. Mike Parkes schien zumindest verblüfft. Als Hill im Mai auch das Silverstone-Rennen zu gewinnen ansetzte, muß Parkes offensichtlich nervös geworden sein, zumal ihm Roy Salvadori und Richard Potheroe in ihren E-Type ebenfalls zusetzten: Der bislang so favorisierte Ferrari-Fahrer kam von der Strecke ab und machte den drei Jaguar Platz für einen spektakulären Dreifach-Sieg!

Mit zwei Lightweight-E-Type gedachten die Teams Lindner/Nöcker und Sargent/Lumsden beim 1963er 1000-Kilometer-Rennen auf dem Nürburgring für Eindruck zu sorgen, aber beide Fahrzeuge schieden aus. Drei annähernd serienmäßige Wagen belegten dafür in der GT-Klasse über 3 Liter die ersten drei Plätze, errungen von Therstappen/Ruthardt, Werner/Olsen und Gaillet/Siebenthal.

Einen der Sebring-Wagen und zwei weitere Lightweights meldete Cunningham für die 24 Stunden von Le Mans. Aber es gab wieder eine Reihe von unglücklichen Umständen, die für Pannen und Ausfälle sorgten. Fazit: Ein einziger neunter Platz im Gesamtklassement. Wenigstens beim Avusrennen hatte der Jaguar-Starpilot Peter Nöcker sein Erfolgserlebnis: Er stahl den Ferrari GTO und Porsche die Schau und siegte mit einem neuen Streckenrekord von 219,25 km/h. Auf längeren Geraden vermochte der E-Type, einmal in Fahrt gekommen, seine Qualitäten noch immer am besten zur Geltung zu bringen, in den Kurven waren andere besser.

Die immer wieder sehr gemischten Plazierungen zeigten, wieviel Aufwand nötig war, wollte man wie Ferrari die Nase vorn behalten. Jaguar – vor allem in British-Leyland-Regie – verstand sich aber niemals als Rennwagenhersteller im eigentlichen Sinne, und das Engagement im Bau der Lightweights sowie »Lofty« Englands aufopfernde Bemühungen, das Beste aus gegebenen Möglichkeiten zu machen, waren das Äußerste, was Coventry zu bieten hatte. Der E-Type war aber auch ohne großartige Rennerfolge ein heißbegehrter Wagen, der sich 150mal pro Tag verkaufen ließ – Graham Hill, auch Jackie Stewart und die vielen anderen Klassefahrer hatten wenig Chancen, die Bilanzen des Werkes weiter aufzubessern. Die Fragwürdigkeit hoher Einsätze im Motorsport kam Lyons wieder einmal sehr zum Bewußtsein, als man ihm mitteilte, daß Peter Lindner beim 1000-Kilometer-Rennen von Montlhéry durch einen Unfall sein Leben verloren hatte...

Links: Unter BL-Flagge Lee Mueller, der im August 1974 erstmals einen V12-E-Type an den Start eines US-Rennens brachte.

Links: Motor des getunten V12-Coupés eines Quaker-State-Teamwagens.

Gegenüberliegende Seite: Der Rennwagen, der nie ein Rennen bestritt – Jaguar XJ13.

Zwölf Zylinder und jede Menge Power

Ob es Jaguar eines Tages gelingen würde, noch einmal beachtliche Akzente im Motorsport zu setzen, ließ sich zumindest in der Ära des Lightweight E-Type nicht voraussagen. Die langhubigen Sechszylinder mochten exzellente Tourenwagenmaschinen sein – im Rennsport aber zeigte jetzt Ferrari, wo es langging.

Jedoch bedurfte es nicht der Herausforderung aus Maranello, um in Coventry dahinterzukommen, welche Vorteile ein Zwölfzylinderaggregat in V-Form in sich barg – auch, wenn man damit nicht (nur) Rennen gewinnen wollte. Die ersten Überlegungen zu einem V12 brachte der Jaguar-Konstrukteur Claude Baily schon zu Papier.

Damals stand das Thema Le Mans sehr stark im Vordergrund, und Bailys Motorenkonzept war ursprünglich auch ausschließlich auf einen Rennmotor ausgerichtet. Er entwarf einen Fünfliter mit vier obenliegenden Nokkenwellen. Daß man einen derartigen Motor in leistungsverminderter Version auch für die Straße verwenden könnte, war eine zweitrangige Überlegung. Doch dann schlief die V12-Geschichte ein, man hatte anderes zu tun – und erinnerte sich ihrer erst wieder Ende 1960.
Man baute tatsächlich einen solchen Fünfliter-V12 (70×87 mm, 4994 ccm) mit vier Nockenwellen, Trockensumpfschmierung und Lucas-Benzineinspritzung – 500 PS bei 7600/min leistend. Diese Maschine fand ihren Platz mittschiffs in einem Monocoque-Fahrzeugkörper aus Aluminium und hatte samt Transaxle-Antrieb tragende Funktion – Trieb- und hinteres Fahrwerk ließen sich leicht aus dem Wagen nach hinten herausfahren. Insgesamt sah der Wagen aus wie eine Kreuzung zwischen einem D-Type und einem E-Type. Die Aufhängungen entsprachen im Prinzip denen des E-Type. Verantwortlich für die Chassis/Aufbau-Konstruktion waren Malcolm Sayer und Derek White. Bailys Motorenentwurf war inzwischen von Heynes, Mundy und Hassan perfektioniert worden. Dieses Auto erhielt auch eine Bezeichnung: XJ13. Es dauerte lange, bis der Wagen fahrbereit war, zu lange sogar, denn als dieser Jaguar für das 1966er Le-Mans-Rennen startklar auf dem Werkshof stand, hatten sich alle diesbezüglichen Überlegungen wieder einmal erübrigt. Der XJ13 wurde ein Opfer der Konzessionen an den BMC-Konzern, mit dem Jaguar zu fusionieren im Begriffe stand. Die einzigen Ausfahrten, die der XJ13 erlebte, fanden für Filmaufnahmen statt… Aber die Arbeit war nicht umsonst. Aus dem Viernok-

Oben: Testfahrt mit dem XJ13. Ronnie Peterson absolviert eine Proberunde.

Ein prominenter Rennfahrer im Cockpit – Phil Hill. Auf dem Nebensitz »Lofty« England.

kenwellen-Fünfliter wurde ein dohc-5,3-Liter-Aggregat für den »Normalgebrauch«. Es entstand ein V12 für den ambitionierten Automobilisten, um dessen Gunst es bei Jaguar schon immer gegangen war. Die erste Limousine wurde versuchsweise 1967 (ein 420 G) damit bestückt; die offizielle Vorstellung eines Jaguar Serien-V12 fand allerdings erst 1972 statt.
Gewaltige Kraftwerke entstanden aus dem Serien-V12 in den Händen experimentierfreudiger Tuner. Guy Bedington steigerte die 272 Katalog-PS auf gut 400, und Kenilworth Motor Racing kam auf 450 durch eine Hubraumerweiterung auf 5,9 Liter. In zahlreichen Sportwagenrennen in England und vor allem in den USA gewannen solche Fahrzeuge ihre (Spezial-)Klassen bis Mitte der siebziger Jahre; internationale Auftritte blieben ohne nennenswertes Impact.

Paradepferd für British Leyland?

Es war im Frühjahr 1976, als man sich bei British Leyland daran erinnerte, daß einige der Marken des Konzerns so etwas wie eine Motorsport-Tradition aufzuweisen hatten – lange genug hatte man sie verleugnet. Vielleicht konnte man sie reaktivieren, um der abbröckelnden Popularität englischer Autos etwas entgegenzuwirken – und so kam es zu der Entscheidung, daß Jaguar endlich ein etwas größer bemessenes Sportbudget zugebilligt bekam.
Die Firma Broadspeed (Ralph Broad) erhielt den Auftrag, sich des XJ-S anzunehmen, und man gab sich alle Mühe, aus dem schweren Coupé ein wettbewerbsfähiges Sportfahrzeug zu machen. Dann aber sollte es ein XJ12 sein, der – so meinten die PR-Männer – mehr »wie ein Jaguar« aussähe. In der Tat wurden beide Modelle hergenommen, und man sah sie 1976/77 auf zahlreichen Veranstaltungen, auch auf dem Nürburgring und dem Salzburgring zum Beispiel. Die Fahrer dieser Wagen waren Tim Schenken, John Fitzpatrick, Derek Bell, Andy Rouse. Ihre Einsätze blieben ohne den erwarteten Erfolg, vor allem in Anbetracht der starken BMW-Konkurrenz. Erst sehr viel später, nämlich 1982, trugen die enormen Aufwendungen im Motorsport ihre ersten Früchte.

Jaguar-Superman Tom Walkinshaw

1980 hatte die Marke Jaguar begonnen, ihre eigene Identität wieder aufzubauen, und Jaguar hatte es nicht mehr nötig, für BL Kastanien aus einem Feuer zu holen, das schon zu verlöschen schien. Damit begann auch im Motorsport für Jaguar eine neue Ära, mitgeprägt von einem Meister seines Fachs: Tom Walkinshaw.
Er war Schotte, hatte Erfahrungen auf Ford und Lotus gesammelt und kam aus dem BMW-Lager, dem er sich 1977 angeschlossen

hatte. Mit Dieter Quester gewann er noch im gleichen Jahr unter anderem die Tourist Trophy. Dann machte er sich selbständig und gründete einen Tuningbetrieb. Schnell erkannte er die Chancen, die sich ihm boten, wenn er der angeschlagenen, dennoch von einer großen Welle des Goodwill getragenen Marke Jaguar jetzt sein ganzes Engagement zuteil werden ließ: »Es war so etwas wie eine nationale Aufgabe, die ich darin sah.«

Tom Walkinshaw Racing – abgekürzt TWR – erhielt die volle Unterstützung durch Jim Randle, Chefkonstrukteur bei Jaguar, und John Egan. Und man gewann einen Sponsor, der einen großen Teil des Programms zu finanzieren zusagte – die Ölfirma Motul. So gerüstet, baute TWR eine Reihe von XJ-S für die damals neugeschaffene Gruppe A auf, die 1982 gestartet wurde. Weitgehend serienmäßig hatten die Wagen zu sein, die hier antraten, wenngleich es genügend Freiraum gab, die Fahrzeuge zu optimieren, insbesondere den Motor und das Fahrwerk betreffend. Dennoch, der TWR XJ-S sah wie ein Jaguar aus, wenn man von der Motul-Kriegsbemalung absah, und das war letztlich ein Effekt, der einer Marke nur zugute kommen konnte – wie einst im Mai.

Amerikanischer Quaker-State-Jaguar, ein XJ-S in Rennversion mit einer Reihe von Modifikationen.

Und es gab – genau wie in der guten, alten Zeit – Probleme mit der Kühlung. Der Wagen, mindestens 1400 kg schwer und dementsprechend stark motorisiert (TWR hatte der Maschine 450 PS bei 7300/min entlockt), mußte an der Frontpartie eine Menge zusätzlicher Luft hereinlassen, auch für zwei Ölkühler, wollte man nicht in Schwierigkeiten geraten.
Walkinshaw pflegte seine Wagen selbst zu chauffieren, suchte sich aber auch gute Teamkollegen wie Chuck Nicholson oder Wim Percy. Nach einigen nicht sehr fruchtbaren Anläufen in Monza und Vallelunga kam TWR in Zolder 1982 zu einem ersten Sieg in einem Rennen, das zur Belgischen Meisterschaft für Produktionswagen zählte, und dann folgten ein Sieg beim Tourenwagenrennen in Brünn – und auf dem Nürburgring. Weitere Bestplazierungen ergaben sich in Silverstone und noch einmal in Zolder. Keine Frage: 1982 hatte sich zu einer Jaguar-Saison entwickelt. Der frühere Jaguar-Rennchef »Lofty« England freute sich in seinem österreichischen Exil: British Racing Green galt wieder etwas in der Welt.
Im Londoner Waldorf Astoria wurde am 4. März 1983 auf einer Pressekonferenz das Jaguar-Rennprogramm für die Saison 1983 bekanntgegeben. Erneut sollten zwei Walkinshaw-XJ-S in der Gruppe A der Europa-Tourenwagenmeisterschaft an den Start geschickt werden. Sechs Spitzenfahrer hatte man unter Vertrag; neben Tom Walkinshaw selbst waren es wieder John Fitzpatrick und Chuck Nicholson, daneben Martin Brundle, Pierre Dieudonné (Belgien) und Enzo Calderari (Schweiz).
Das zwanzigste Jahr der Europa-Tourenwagenmeisterschaft begann turnusgemäß in Monza. Kein Sieg für Jaguar: BMW *»took the flag«*, wie die Briten sagen. Vallelunga: Dritter Platz für Walkinshaw, der es ohne eine Kollision mit der Leitplanke (wegen eines Radbruchs) vielleicht zum Sieg geschafft hätte. Donington: Verzögerungen beim Nachtanken bei Walkinshaw, dennoch ein 1-2-3-Erfolg der Mannschaft Calderari/Fitzpatrick/Brundle. Endlich vermochte in Enna-Pergusa Mr. TWR selbst einen Sieg für Jaguar heimzufahren …
Auch in Brünn gewann Walkinshaw, ebenso am Österreichring und am Salzburgring, während es in der Eifel für die Jaguar offenbar zu heiß gewesen war. Immer wieder waren es die immens rapiden BMW 635 CSi, die den Briten hart zusetzten, und bei Saisonmitte standen beide punktgleich in den Listen. In Zolder zeigte es sich schließlich: BMW hatte die Meisterschaft für sich entschieden. Aber TWR war den Beweis nicht schuldig geblieben, daß der Jaguar sich zu einem Gegner gemausert hatte, den man wohl wieder ernst nehmen mußte!
Ein deutscher Fahrer schloß sich 1984 TWR an: Hans Heyer. Und jetzt wurde es spannend – in Monza, Brünn und Zeltweg zeigte das Jaguar-Team der Konkurrenz die Rücklichter,

Ganz oben: Großer Preis der Tourenwagen auf dem Nürburgring 1982. Walkinshaw/Nicholson auf dem Motul-Jaguar XJ-S liegen in Führung. Darunter: Derek Bell und Andy Rouse beim Tourenwagenrennen auf dem Nürburgring 1977.

ebenso in Donington, Salzburg und Enna, sogar beim 24-Stunden-Rennen von Spa-Francorchamps. Das Klassenziel für 1984 war erreicht. »Eine großartige Demonstration für Jaguar« nannte Thomas Suter in der *Automobil Revue* den Einsatz der Fahrer Walkinshaw, Heyer und Percy in Spa. Mit drei Runden Vorsprung gegen die besten BMW-, Rover- und Volvo-Fahrer hatte der Jaguar diesen zehnten TEM-Lauf gewonnen.
Der Fairness halber sei erwähnt, daß TWR sehr viel mehr Unterstützung im Werk fand als man John Broad je gewährt hatte. Auch dieser sicherlich äußerst fähige Rennexperte war aufs Ganze gegangen, soweit ihm die gezogenen Limits dazu befähigten, aber sein Einsatz war zu einer Zeit erfolgt, die einfach noch nicht »reif« genug war für ein Jaguar-Comeback.

Durchbruch bei den Prototypen

Bevor nach einigen Verzögerungen grünes Licht für Rennwagen der neuen Gruppe C – geschaffen für Sportwagen-Prototypen – gegeben wurde, in der Jaguar mit an den Start zu gehen gedachte, profilierte sich auf diesem Spezialgebiet die britische Traditionsmarke in ihrem Exportland Nummer eins, in den Vereinigten Staaten.
In den Jahren 1978/79, als es für Jaguar im BL-Verbund ebenso schlecht aussah wie für alle anderen Fabrikate, war es der Amerikaner Bob Tullius, Chef der British Leyland Incorporated USA und erfahrener TransAm-Pilot, der parallel zu den Bemühungen Walkinshaws etwas für das Sportimage des Hauses zu tun vorschlug. Auch er fand bei John Egan ein offenes Ohr für seine Pläne.
Der Franzose Jean Rondeau hatte 1980 mit seiner aufsehenerregenden Konstruktion deutlich gemacht, wie ein Le-Mans-Rennen sozusagen »im Sturm« zu nehmen war. Eine neue Ära schien angebrochen zu sein, in der mittlerweile etablierte Marken wie Renault oder Porsche feststellen mußten, daß sie nicht mehr allein waren.
Tullius wagte auszusprechen, was Sir William Lyons in früheren Zeiten vermutlich abgestritten hätte: Jeder Jaguar-Sieg in Le Mans würde garantiert dazu beitragen, 200 zusätzliche Fahrzeuge in den Staaten abzusetzen. Mike Dale, Verkaufsleiter der neugegründeten Jaguar-Tochter in Amerika, hörte dies gern, und Egan gab von Coventry aus seine Zustimmung. Bob Tullius erhielt für seine »Group 44« Freie Fahrt.
Unterstützt von den Firmen Goodyear und Quaker State, nahm ein umfangreiches Projekt Gestalt an. Und man mußte sich schon anstrengen, wollte man Porsche und BMW, auch Lola-Chevrolet, Paroli bieten. Es entstand ein Mittelmotor-Monocoque-Wagen, bei welchem der Motorblock mit dem Getriebe/Antriebsteil tragendes Element der gesamten hinteren Fahrzeughälfte wurde. Der Fahrer saß in einer Art Käfig aus Stahlrohren. Unter der Leitung des Rennwagen-Konstrukteurs Lee Dykstra entstand ein breites, ultraflaches Coupé, angetrieben vom Jaguar-V12-Motor, der um die 570 PS bei mäßigen 6900 Touren abgab. Im Frühjahr war dieser XJR-5 genannte Renner startklar für erste ausgiebige Testfahrten.
Wenn Jaguar ein Interesse hatte, den XJR-5 mit einem gewissen Impact einzusetzen, dann in Le Mans. Nicht nur der 200 von Tullius prophezeiten Mehr-Wagen wegen. Zu eingehenden Erprobungen brachte Tullius den 300-km/h-Wagen im Juli 1982 erst einmal nach Summit Point; weitere Tests folgten in den nächsten Monaten im Beisein der Coventry-Männer Jim Randle und John Egan. Für den Renneinsatz, so erwies sich bald, war das Fahrzeug indessen noch zu schwer und in einigen Details nicht zuverlässig genug – man gab sich Mühe, es im Winter 1982/83 noch ein wenig abzuspecken und in der Mechanik zu optimieren. Auch die Karosserie erfuhr noch einen letzten Feinschliff, ehe das 24-Stunden-Rennen von Daytona im Februar 1983 die Stunde der Wahrheit bringen sollte. Es ging auch alles gut, bis der Bruch des vorderen rechten Radlagers die Mannschaft Tullius/Adam/Bedard außer Gefecht setzte ... Pech gab es auch in Sebring – eine geplatzte Zylinderkopfdichtung warf den Jaguar der Group 44 abermals aus dem Rennen und der Wertung. Erst beim 500-Kilometer-Rennen in Road Atlanta – eine Strecke mit sehr viel fachmännischem Publikum – war dem XJR-5 endlich ein erster Sieg vergönnt.
In Riverside und Laguna Seca war wieder nichts zu holen; Porsche und March-Chevrolet bauten ihren Punktevorsprung aus. Auch von den nachfolgenden Läufen der 1983er Saison waren sowohl in Europa als in den USA schließlich nur zwei für den Jaguar XJR-5 erfolgreich: Mosport und Pocono.
Resümee einer Jaguar-Saison, die sich hauptsächlich nur aus Zweitplazierungen und Ausfällen zusammengesetzt hatte: Die 570 PS waren nicht genug, um gegen die erheblich leistungsstärkere Konkurrenz bestehen zu können. Aber Tullius gab nicht auf, auch seine Sponsoren nicht. Drei Siege in der IMSA-Reihe 1983 waren immerhin ermutigend. An den Motoren wurde erneut gearbeitet; man brachte sie auf 670 PS.
Mittlerweile war auch Tom Walkinshaw nicht müßig geblieben; auch ihm lag vor allen Dingen an einem Einsatz in Le Mans. Sein Gruppe-A-XJS war immerhin schon bei 400 PS angelangt – ein Schwachpunkt waren aber noch immer die Bremsen. Für Le Mans wäre ein Gruppe-C-Wagen auf Basis des Tullius-Jaguar in Frage gekommen, nur hätte man das Gewicht noch weiter vermindern müssen. Nun, Walkinshaw ging das Projekt an und setzte einen seiner hochgetunten Vierventil-Saugmotoren ins Monocoque der Group 44 – der Wagen wog aber, wie erwartet, über 900 Kilogramm. Zuviel für 670 PS. Einen Le-Mans-Einsatz wagte dann die amerikanische Group 44 in eigener Regie. Vielversprechend ging die Reise los, und es gab 20 Stunden lang genug Anlaß zu berechtigter Hoffnung für eine interessante Plazierung – bis ein Getriebeschaden den Tullius-Wagen außer Betrieb setzte. Dafür gab es aber wenig später angenehme News aus den USA, wo der inzwischen zu Tullius gestoßene Profi Brian Redman – er war übrigens auch der Pechvogel von Le Mans – wiederholt für die Group 44 fuhr: Er gewann mit Haywood das

harte Road-Atlanta-Rennen vor einem weiteren XJR-5 mit den Jaguar-Favoriten Tullius und Robinson.
Immer wieder erwies sich der XJR-5 als der schnellste Wagen, aber vom Reifenplatzer bis zu austretendem Öl hatten sich auch 1986 Umstände gegen Tullius und sein Jaguar-Team verschworen. Und dort, wo es auf die letzten Kraftreserven ankam, entschied das ansehnliche PS-Plus der Porsche.

Mr. Southgate baut ein Sieger-Auto

Walkinshaw und Tullius arbeiteten gut zusammen und teilten sich Know-how und Material. Der Brite unternahm alles in seinen Möglichkeiten Stehende, um dem V12-Motor im Tullius-Chassis noch mehr Power zu geben, aber die Arbeiten an diesem XJR-6 zogen sich so weit in die Saison 1985 hinein, daß für Le Mans nichts mehr zu machen war. Und auch erst ziemlich spät, kurz vor dem klassichen 24-Stunden-Rennen auf dem Sarthe-Kurs, stand Tullius' neuer Jaguar bereit, genannt XJR-7.
Tom Walkinshaws XJR-6 war eine Konstruktion von Anthony Southgate, der aus dem Arrow-Team kam. Sein Leichtbau-Jaguar auf Tullius-Basis unterschied sich vom amerikanischen Original durch eine große Zahl von Bauteilen aus Kohlefasern, und in aufwendigen Windkanaltests wurde die äußere Form des Wagens gegenüber der bisherigen stark verändert. Mit 865 Kilogramm Gewicht war Southgate fast an das Le-Mans-Mindestlimit von 850 Kilogramm herangekommen.
Der in Amerika gebaute XJR-7 verleugnete seine Verwandtschaft zum XJR-5 weniger. Er hatte zwar ein paar zusätzliche Pferdestärken, war auch schneller als je ein Jaguar zuvor (354 km/h – ohne Aufladung!), erlitt dafür aber mechanische Pannen, die einmal mehr zeigten, daß der Teufel im Detail steckte. Ventilbruch und die daraus folgenden Kalamitäten ließen den Traum von einem Le-Mans-Sieg ein weiteres Mal in sehr weite Ferne rücken…
Mit einem neuen Sponsor, der Zigarettenmarke Silk Cut (die aus grünen Streifen auf der Karosserie violette werden ließ), rüstete Tom Walkinshaw für neue Attacken in der Saison 1987. Seine XJR-8 genannten Gruppe-C-Coupés mit 6495-ccm-Motoren (Zweiventiler, nach wie vor ohne Aufladung) leisteten bei einer Verdichtung von 12,8:1 jetzt 700 PS

Rechts: Monza, März 1983. Ein Jaguar XJ-S beim ADAC-Tourenwagenrennen 1983. Tom Walkinshaw in Führung.

Gegenüberliegende Seite: Walkinshaw-XJ-S aus der Saison 1983.

Unten rechts: Konkurrenten friedlich nebeneinander beim britischen Top Car Test Day 1986.

bei 7000 Touren, gut für 355 bis 360 km/h. Als Fahrer verfügte er über den Iren John Watson, den Amerikaner Eddie Cheever, den Brasilianer Raul Boesel und den Holländer Jan Lammers. Dreizehn Rennen waren für 1987 angesagt, das erste in Jarama/Spanien am 22. März, das letzte in Calder/Australien am 25. Oktober.

Es war ein Traum-Auftakt für Jaguar, denn schon in Jarama siegte die Mannschaft Watson/Lammers vor Stuck/Bell auf Porsche 962, und Platz 3 belegten Cheever/Boesel. Jaguars Punktekonto verdoppelte sich durch einen weiteren Sieg in Jerez acht Tage später – diesmal hießen die Sieger Cheever/Boesel. Und beim dritten Lauf zur Sportwagen-Weltmeisterschaft sah es so aus, als würden sich all die Anstrengungen, all die Lehrgelder und Erfahrungen der vergangenen Jahre endlich auszahlen – Jaguar gewann zum drittenmal. Das Team Lammers/Watson (ihre schnellste Runde absolvierten sie mit 214,7 km/h) steuerte den gewaltigen 6,5-Liter-V12 wiederum vor Stuck/Bell ins Ziel. Die Pechsträhne mußte jetzt die Porsche-Fahrer erwischt haben, die trotz bester Trainingszeiten zum Hinterherfahren verurteilt schienen. Diesen dritten Lauf über die berühmten 1000 Kilometer von Monza hatten John Watson und Jan Lammers mit einem Schnitt von 199 km/h und einem Vorsprung von zwei Runden auf den nachfolgenden Stuck-Porsche absolviert. Ein heftiger Landregen war indes Raul Boesel zum Verhängnis geworden, sonst hätte er sich auch gut plazieren können, statt kurz vor Rennschluß in einem Sandbett zu landen (weil er keine Regenreifen montieren lassen wollte). Dafür gab es in Silverstone am 10. Mai für Cheever und Boesel sowie Lammers und Watson einen Doppelsieg. Die meisten der 26 000 Zuschauer freuten sich sehr über diesen Erfolg einer britischen

Jaguar Zwölfzylinder am Start

E-Type Serie III Roadster (5,4 Liter, 460 PS), eingesetzt 1974-1976 von der amerikanischen Group 44 Inc. und der Huffaker Engineering. 1975 Sieg in der SCCA Championship durch Bob Tullius.
1975 gewann Peter Taylor (GB) mit einem Serie III Coupé die Britische Serienwagenmeisterschaft.

XJ12C Von Broadspeed Engineering präparierter Wagen (5,4 Liter, ca. 550 PS), der 1976-1977 an der Europäischen Tourenwagenmeisterschaft teilnahm.

XJ-S Von der Group 44 Inc. 1976-1978 in der TransAm-Serie eingesetzt. Bob Tullius gewann 1977 die amerikanische Fahrermeisterschaft, 1978 die Markenmeisterschaft.
1982-1987 von Tom Walkinshaw präpariertes Coupé (5,4 Liter, 485 PS). Gewann 1984 die Tourenwagen-Europameisterschaft (Gruppe A) und die Fahrermeisterschaft (Tom Walkinshaw). Beste Ergebnisse: 24 Stunden von Spa 1984, 1000 km von Bathurst, Australien, 1985.

XJR-5 1982-1985 von der Group 44 Inc. in den USA in der IMSA-Serie eingesetzt (6.0 Liter, 600-650 PS). 1983 IMSA-Champion. In Le Mans 1984 zurückgezogen, 1985 13. Platz (GTP-Sieger).

XJR-6 Gebaut von TWR, eingesetzt 1985-1986 (6.2 bzw. 6.5 Liter, 650 bzw. 690 PS). Sieg in Silverstone 1986, Ausfall in Le Mans nach 16 Stunden an 2. Position.

XJR-7 Von der Group 44 Inc. 1985-1988 eingesetzt (6.0 und 6.5 Liter, 650 bzw. 690 PS).

XJR-8 Gebaut von TWR, eingesetzt 1987 (7.0 Liter, 720 PS). Acht Rennen gewonnen, 5. Platz in Le Mans. Sieger in der Marken- und in der Fahrer-Weltmeisterschaft (Silk Cut Jaguar, Raul Boesel).

XJR-9 Gebaut von TWR, eingesetzt 1988-1989 (7.0 Liter, 750 PS; IMSA: 6.0 Liter, 650 PS). Neun Rennen gewonnen; Sieger in der Marken- und in der Fahrer-Weltmeisterschaft (Silk Cut Jaguar, Martin Brundle). 1988 Sieg bei den 24 Stunden von Daytona, 1., 4. und 16. Platz in Le Mans, 1989 dort 4. und 8. Platz.

XJR-12 Gebaut von TWR, eingesetzt 1990-1993 (7.0 Liter, 750 PS; Le Mans: 7,4 Liter, 750 PS; IMSA: 6.0 Liter, 650 PS). Sieg in Daytona 1990 und 1992, Sieg in Le Mans 1992, dort 2., 3. und 4. Platz 1991.

XJR-15 Gebaut von TWR, eingesetzt in Cup-Rennen 1991-93 (6.0 Liter, 450 PS).

Links: Tourenwagen-Meisterschaft 1984. Die Walkinshaw-Coupés bei der Eröffnungsrunde ganz vorn...

Unten: Silk Cut-TWR in der Le-Mans-Ausführung von 1986. Am Steuer der Franzose Jean-Louis Schlesser.

Marke. Für TWR-Silk-Cut-Jaguar bedeutete das Resultat eine Anfüllung des Weltmeisterschafts-Punktekontos auf 80 – mit einem Abstand von 26 Punkten zu Porsche. Voller Spannung erwartete man nun den Ausgang des nächsten großen Rennens – das waren die 24 Stunden von Le Mans.

Klar, daß die Anstrengungen hinsichtlich Le Mans 1987 mit besonderem Hochdruck liefen. Dreißig Jahre nach dem letzten Sieg bei diesem großen 24-Stunden-Rennen durch Bueb und Flockhart wollte Jaguar wieder ganz vorn mit dabei sein – möglichst sogar gewinnen. Die Chancen standen hierzu nicht schlecht. Die ersten WM-Läufe hatten den Briten schließlich einen beachtlichen Punktevorsprung geliefert und zu berechtigtem Optimismus für den Saisonverlauf Anlaß gegeben. Tom Walkinshaw checkte in stundenlangen Dauer-Erprobungen die XJR-8 LM (für Le Mans) gründlich durch, und in Silverstone vier Wochen zuvor hatte ein überragender »Heimsieg« schließlich auch gezeigt, daß alles in der sprichwörtlichen Butter war. Aerodynamisch optimiert hatte man zudem die Karosserie für die Le-Mans-Autos – die Wagen verliefen im Heck flacher als bei der Sprint-Version. Detailarbeit an allen Ecken und Enden trug zu einen noch schnelleren Service bei. Batterie und Kraftstoffpumpen

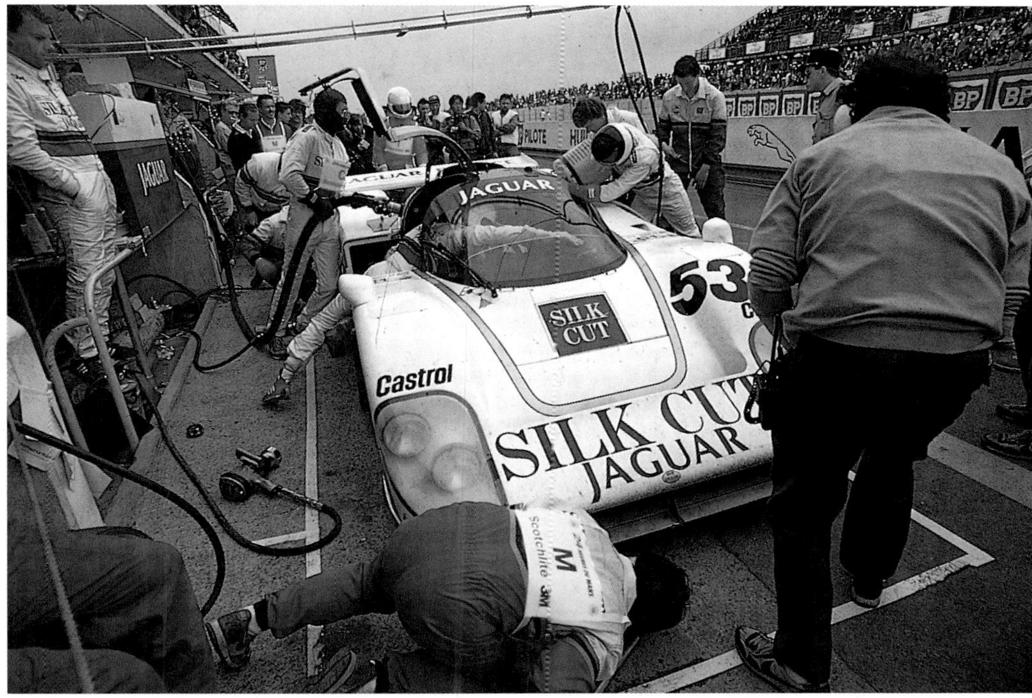

Oben: Tom Walkinshaw – Organisator, Konstrukteur und begabter Rennfahrer.

Unten links der Jaguar-Vertragspilot Brian Redman, daneben Eddie Cheever.

Rechts oben: Geschäftige Eile an den Le-Mans-Boxen beim 24-Stunden-Rennen 1986. Darunter die Unterschiede beim XJR-8 in der Normal- und in der Le-Mans-Version.

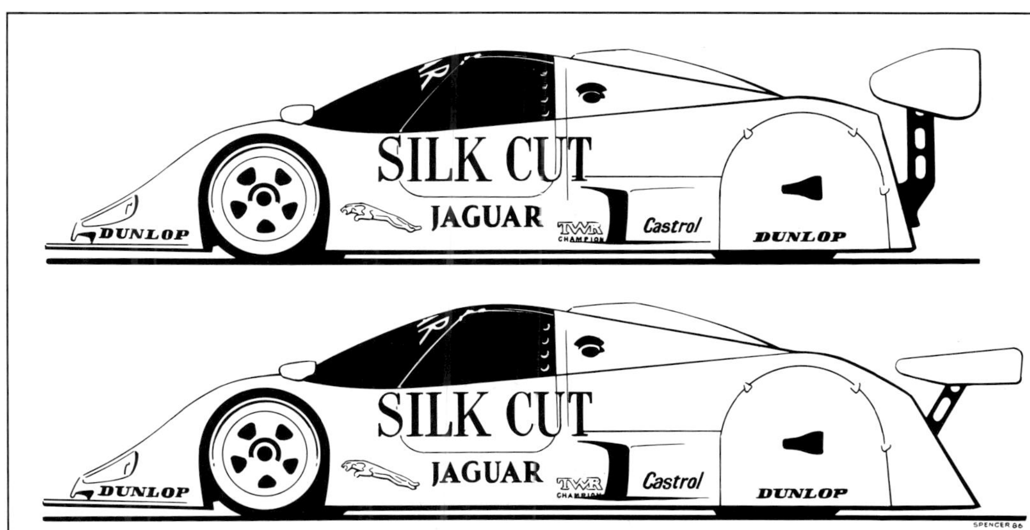

ließen sich jetzt in Sekundenschnelle auswechseln. 50 Kilo wogen die Le-Mans-Wagen jetzt zwar mehr als die anderen Fahrzeuge, aber das war ein Preis, den Standfestigkeit und Stabilität verlangten. »Jaguar hat zwei Vorteile«, schrieb Adriano Cimarosti in der *Automobil Revue*: »Erstens ist der Durst des V12-Saugmotors von 6,9 Liter Inhalt relativ mäßiger als bei den 2,8-Liter-Sechszylinder-Turboaggregaten, so daß von 680 PS geschöpft werden kann, und der zweite Vorteil ist die raffinierte Aerodynamik, die deutlich auf Bodeneffekt ausgelegt ist und vor allem auf kurvenreichen Strecken dank zusätzlicher Haftung ins Gewicht fällt.« In der Tat hatte man den Le-Mans-TWR auf geringeren Abtrieb ausgelegt, wodurch er weniger Treibstoff verbrauchte. Jedes der teilnehmenden Fahrzeuge hatte mit 2550 Liter handelsüblichem Superkraftstoff auszukommen.

Fünfzig Teammitglieder kamen an den Sarthekurs für das lange Wochenende des 13./14. Juni 1987. Das war nicht halb so viel, wie Renault 1978 aufbot, um Porsche zu schlagen. In den fünfziger Jahren waren die Jaguar-Mannschaften natürlich erheblich kleiner gewesen. Aber das waren andere Zeiten. Dem Zufall durfte man 1987 keinen großen Stellenwert mehr beimessen – alles mußte bis aufs kleinste vorbereitet sein, ein

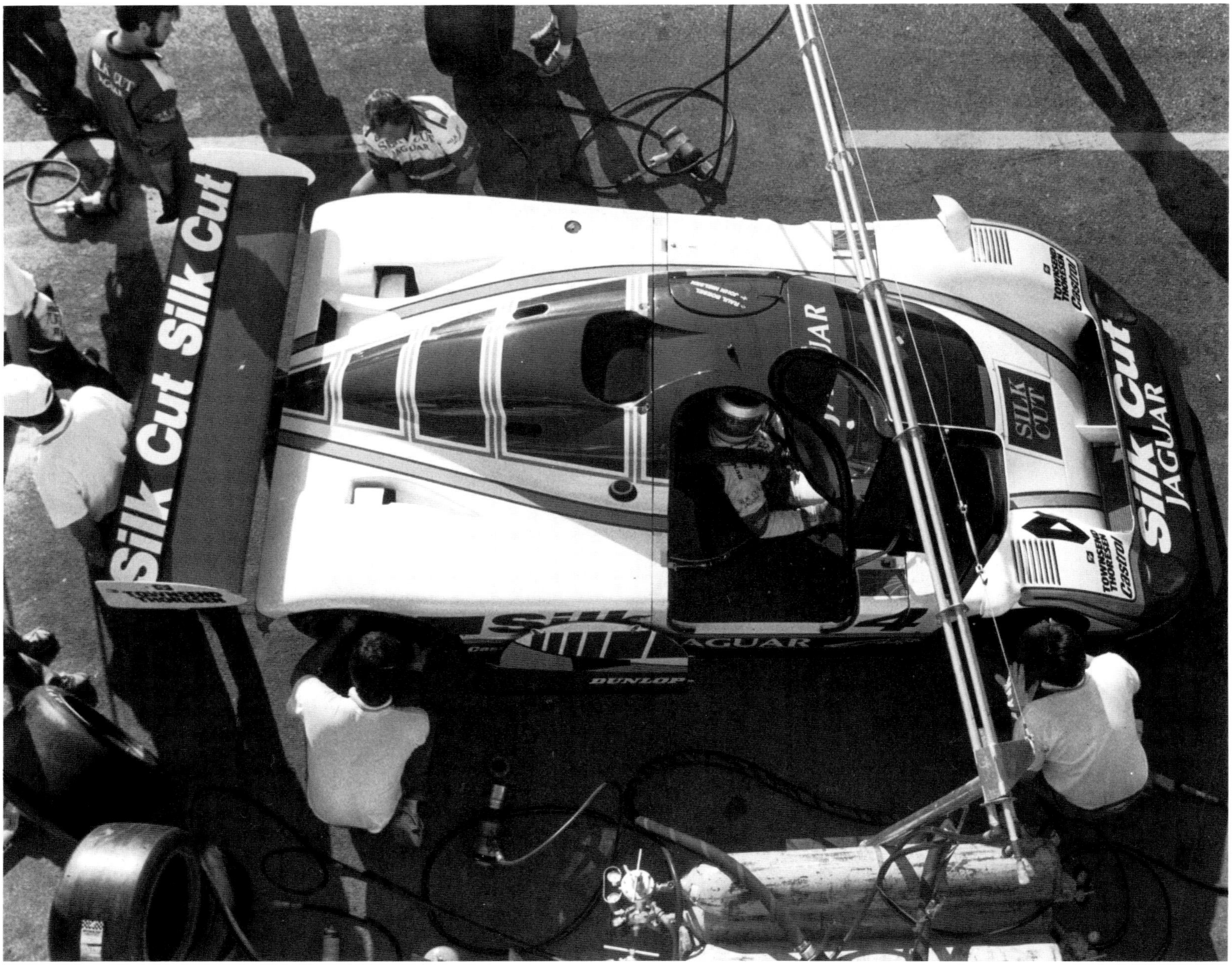

Stab von Spezialisten und Managern, Helfern und Zupackern mußte eine exakt durchgespielte Strategie einhalten. Die Zeiten des Improvisierens waren längst vorbei.
Als das Startsignal am 13. Juni um vier Uhr nachmittags auf Grün schaltete, saßen in den drei XJR-8 Eddie Cheever (Partner: Raul Boesel), Martin Brundle (Partner: John Nielssen) und John Watson (Partner: Jan Lammers). Als Reservefahrer hatte man Armin Hahne und Win Percy aufgestellt. Unter den fünfzig Teilnehmern war eine ganze Porsche-Armada: Stuttgart hatte zum Kampf gerüstet. So gut vorbereitet die drei Jaguar auf die Reise gingen, so viel Pech gab es aber auch für sie. Es häuften sich mechanische Pannen, unplanmäßige Aufenthalte. Um 2.50 Uhr morgens entschied sich das Schicksal offenbar endgültig gegen Jaguar. Win Percy platzte im Watson/Lammers-Wagen ein Hinterreifen am Rande der Mulsanne-Geraden – bei einem Tempo von annähernd 350 km/h. Zwischen den Leitplanken hin- und hergeschleudert, löste sich der Wagen in seine Bestandteile auf. Und wie durch ein Wunder blieb Win Percy so gut wie unverletzt. Das Rennen wurde für gut anderthalb Stunden unterbrochen; zwei Jags waren noch mit von der Partie. Aber kurz vor sieben Uhr früh kam Boesel mit eingedellter Bugpartie an die Boxen, und etwas später zog auch der dritte Wagen an die Box: Getriebedefekt. Walkinshaw meinte, da müsse sich wohl jemand verschaltet haben. Der Nielssen/Brundle/Hahne-Wagen mußte dann endgültig aufgeben, als eine defekte Zylinderkopfdichtung ein Weiterfahren unmöglich machte. Lammers kam schließlich erneut zu einer Zwangspause, die 45 Minuten währte: Auch er hatte Getriebeschaden zu vermelden. Weitere Pannen kamen hinzu. Kleinigkeiten, die aber wertvolle Zeit kosteten. Jaguar hatte keine Chance mehr, den Vorsprung der Porsche-Konkurrenz aufzuholen. Der von Cheever, Boesel und Lammers pilotierte Silk-Cut-TWR kam letztlich mit 30 Runden Rückstand auf den fünften Platz ins Ziel. Die Sieger hießen Stuck, Bell und Holbert auf Porsche 962 3,7 Liter. »We will be back – 1988!« versprach Tom Walkinshaw, der trotz der Niederlage seine gute Laune nicht verloren hatte. Im-

Links: Boxenstop in Monza beim dritten Lauf zur Sportwagen-Weltmeisterschaft am 12. April 1987. Der Silk-Cut-XJR-8 wurde von der Mannschaft Watson/Lammers vor Porsche zum Sieg gefahren ...

Rechts: Zwei Schnappschüsse vom Jaguar XJR-8 in Jarama. Auch diesen ersten Lauf zur Sportwagen-WM 1987 gewann der TWR-Silk Cut von John Watson und Jan Lammers.

merhin: Einen guten Punkte-Vorsprung vor Porsche hatte Jaguar in der Sportwagen-Weltmeisterschaft auch nach den 24 Stunden von Le Mans 1987. Und sieben Läufe standen noch bevor (oder fünf, wenn die Strecken in Japan und Australien von der FISA nicht akzeptiert werden sollten).

Die Saison 1987 war zu jenem Zeitpunkt, als diese Zeilen niedergeschrieben wurden, also noch lange nicht vorüber. Wie auch immer ihr Ausgang verlaufen würde – der Name Jaguar hatte auf den großen Rennstrecken der Welt wieder einen ausgezeichneten Klang erhalten. Die 200 zusätzlichen Wagen, die Bob Tullius auf dem amerikanischen Markt zusätzlich verkaufen helfen wollte, sofern sich die Marke wieder verstärkt im Rennsport einsetzte – diese Zahl dürfte sich inzwischen wohl verdoppelt und verdreifacht haben. Eine Weltmeisterschaft würde dem Namen Jaguar gut anstehen, meinten viele, aber sie bedeutete letztlich nicht alles. So oder so habe man seinen Einsatz nicht verspielt, sagte Firmenboß Egan beim Autogrammschreiben in Le Mans: »Er war hoch, aber vertretbar. Unsere Rennpläne werden auch nicht kurzfristig beschlossen. Wir bleiben dabei und haben ja auch schon gewaltig aufgeholt innerhalb der verhältnismäßig kurzen Zeitspanne!«

Grand-Prix-Fahrer Alan Jones im Gespräch mit John Egan. Jones' Formel-1-Renner trug den Namen »Saudia Leyland Williams«. Jones fuhr privat einen XJS und einen Daimler Double Six.

Einen guten Punktevorsprung vor Porsche hatte Jaguar in der Sportwagen-Weltmeisterschaft auch nach den 24 Stunden von Le Mans. Ein Trost für die Niederlage am Sarthe-Kurs war ein hervorragender Jaguar-Sieg in Riverside. Dieses 500-Kilometer-Rennen der IMSA-Serie hatten John Morton und Hurley Haywood gewonnen. Grund zum Feiern gab es für die Jaguar-Fans in Europa erst wieder beim 7. WM-Lauf in Silverstone, den Boesel/Nielsen mit einem Schnitt von 179,92 km/h als Sieger beendeten; nach einem Porsche kamen Lammers/Watson als Dritte ins Ziel. Und als Raul Boesel am 30. August auch das Nürburgring-Rennen gewann, hatte Jaguar den Weltmeister-Titel in der Tasche. Das Regen-Rennen von Spa-Francorchamps gewann der Brasilianer ebenfalls; hier hieß sein Teamgefährte Johnny Dumfries, ein neuer Mann im Silk-Cut-TWR-Stall. Als Zweite wurden Lammers/Watson abgewunken. Boesels Fahrer-Championat war damit gesichert. Beim Finale in Japan wurde er mit Dumfries Zweiter; diesmal fuhren Lammers Watson hinterher. Mit großem Punkteabstand zu Porsche – 178 zu 91– endete für Jaguar die Saison 1987.

1988 standen elf Gruppe-C-Rennen an sowie 15 Läufe in der amerikanischen IMSA-Serie. Letztere begann mit einem Jaguar-Sieg in Daytona, während in Europa die Saison mit einer Niederlage gegen den neuen Sauber-Mercedes ihren Anfang nahm: In Jerez konnten sich Nielsen/Watson/Lammers mit ihrem XJR-9 nur für den zweiten Platz qualifizieren. Doch schon eine Woche später holten sich Eddie Cheever und Martin Brundle den Sieg in Jarama: Nach Baldi/Schlesser auf Sauber-Mercedes liefen Nielsen/Watson auf Platz 3 ins Ziel.

Doch die neue deutsch-schweizerische Konkurrenz war 1988 noch nicht in Hochform. Die Jaguar-Fahrer Cheever/Brundle fuhren ihr sowohl in Monza als auch in Silverstone davon – vor allem triumphierten die britischen Raubkatzen endlich wieder in Le Mans. Lammers, Dumfries und Wallace pilotierten ihren XJR-9 LM vor 200.000 begeisterten Zuschauern bei schwüler Hitze in 24 Stunden, 3 Minuten und 28 Sekunden über 394 Runden, das entsprach einem Schnitt von 221,665 km/h! Zwei Teams, die zur amerikanischen Jaguar-Castrol-Gruppe gehörten und ihre Fahrzeuge eigens für die 24 Stunden herübergebracht hatten, kamen auf den Plätzen 4 und 16 an (Daly/Cogan/Perkins, Sullivan/Jones/Cobb).

Beim Rennen in Brands Hatch hießen die Sieger Brundle/Nielsen, in Spa reichte es leider nur zu einer Zweitplazierung. Die errungenen Erfolge reichten jedoch aus, um Jaguar die 1988er Weltmeisterschaft bei den Sportwagen-Prototypen erneut zu sichern, und Martin Brundle wurde der Titel als bester Fahrer zuerkannt.

Martin Brundle.

John Watson.

Andy Wallace.

Davy Jones.

Alain Ferté.

Michel Ferté.

Die Jaguar-Katzen hatten sich ihren Hunger schon früh im Jahr bei einigen IMSA-Rennen stillen dürfen, ehe sie in Europa in der Saison 1989 auf ihre Gegner losgelassen wurden. Es gab überragende Jaguar-Siege in Daytona, Tampa, Portland und Del Mar. In der Kategorie der Sportprototypen (WSPC) waren jetzt auch Aston Martin und etliche japanische Teams mit von der Partie. Die letzten beiden Rennen in den USA bestritt die Walkinshaw-Crew nicht mit dem V12-Saugmotor, sondern mit aufgeladenen V6-Triebwerken; die Fahrzeuge trugen die Bezeichnung XJR-10.

Außerhalb der USA machte Japan den Auftakt, und zwar mit einem Rennen in Suzuka. Neu im Silk-Cut-Jaguar-Team war der Franzose Patrick Tambay. Zwei XJR-9 traten in Nippon an, aber es langte nur zu einem fünften Platz durch Nielsen/Wallace. Beim zweiten Lauf, ausgetragen in Dijon, kam Jaguar ebenso wenig zum Zuge. Und der dritte wurde wegen Streitereien zwischen Veranstaltern und Sportbehörden bezüglich TV-Rechte und Zeitnahme nicht zur Weltmeisterschaft gezählt – es waren ausgerechnet die prestigeträchtigen 24 Stunden von Le Mans.

Tony Southgate hatte vier Exemplare eines in vieler Beziehung neuen und PS-stärkeren V12-Wagens gebaut, genannt XJR-9LM. Und »Major Tom« Walkinshaw war mit einer stärkeren Mannschaft zur Stelle, der nun auch Jeff Kline, die Brüder Alain und Michel Ferté sowie Eliseo Salazar angehörten.

Das Glück war nicht auf Jaguars Seite: Es gab jede Menge Ausfälle durch Ausrutscher ins Bankett, Feuer im Cockpit, Getriebe- und Motorschäden und entsprechend lange Boxenaufenthalte. So langte es letztlich nur für einen vierten Platz, herausgefahren durch Lammers/Tambay/Gilbert-Scott. Immerhin hatte Alain Ferté die Rekordrunde des Rennens absolviert – mit 3:21:27, entsprechend 242,093 km/h.

Bei Temperaturen zwischen 32 und 37 Grad Celsius ging das für Sauber-Mercedes erfolgreiche Jarama-Rennen über die Bühne und brachte einen zweiten Platz für Lammers/Tambay sowie einen sechsten für Nielsen/Wallace. Große Hoffnungen setzte man dann auf den Einsatz des neuen Jaguar XJR-11, den Nachfolger des in Amerika erprobten XJR-10, in Brands Hatch. Das Reglement gestattete auch hier, schon jetzt mit aufgeladenen 3,5-Liter-Motoren (die ab 1991 ausschließlich erlaubt sein sollten) anstelle mit dem Zwölfzylinder-Sauger zu starten. Jaguars V6-Vierventiler hatte zwei Garrett-Turbolader, vier obenliegende, per Zahnriemen angetriebene Nockenwellen und Leistung im Überfluß, doch das noch unerprobte Aggregat offenbarte eine Reihe von Schwachstellen. Tom Walkinshaw sah nicht sehr glücklich aus, als lediglich Lammers/Tambay es schafften, einen fünften Platz herauszufahren. Und beim 1000-Kilometer-Rennen auf dem Nürburgring am 20. August reichte es für Nielsen und Wallace auch nur für Platz 5. Fortuna war auf der Seite von Sauber-Mercedes, nicht Jaguar.

Siebenter Gesamtsieg in Le Mans

Auch in der Saison 1990 mußte sich Jaguar zunächst in Geduld üben, bis sich die ersten motorsportlichen Erfolge einstellten. Das war nach diversen Enttäuschungen in Suzuka und Monza endlich am 20. Mai in Silverstone der Fall, wo Brundle/Ferté mit ihrem XJR-11 3,5 Liter V6 siegten, dicht gefolgt von Lammers/Wallace. Ferté erhielt dennoch keine WM-Punkte zuerkannt: Er hatte eine Runde zuwenig gefahren. Vierzehn Tage später fand das Rennen in Spa-Francorchamps statt; hier kamen Lammers/Wallace auf Platz 2 ins Ziel. Dafür hatte Walkinshaws XJR-12 das Daytona-Rennen gewinnen können – mit den Fahrern Davy Jones, Jan Lammers und Andy Wallace. Und nach einem triumphalen Sieg in Silverstone

Einsätze des TWR Jaguar-Teams 1985-1991

Jahr	Modell	am Start	am Ziel	Siege	2. u. 3. Pl.
1985	XJR-6	8	3	0	2
1986	XJR-6	20	11	1	5
1987	XJR-8	22	16	8	5
1988	XJR-9	27	17	6	7
1989	XJR-9, XJR-11	21	10	0	1
1990	XJR-11, XJR-12	22	14	2	6
1991	XJR-12, XJR-14	17	14	3	8

wurden auch die 24 Stunden von Le Mans wieder einmal ein Jaguar-Triumph. Vier TWR-Jaguar traten gegen harte Konkurrenz von Seiten Porsche und Nissan an und sicherten sich nach aufregenden Duellen den ersten und den zweiten Platz – genau vierzig Jahre nach dem ersten Sieg eines Jaguar auf dem Sarthe-Kurs... zum siebenten Mal. Bei solchen Langstreckenrennen erwiesen sich die großen Zwölfzylinder immer noch als die besten Instrumente.

Auch 1991 war für Jaguar ein gutes Jahr: Mit dem Cosworth-motorisierten XJR-14 errangen die Briten die Sportwagen-Weltmeisterschaft. Zu einem Sieg in Le Mans hatte es zwar knapp gefehlt, dafür waren drei Jaguar auf den Plätzen Zwei, Drei und Vier ins Ziel gekommen.

1992 ließ man den XRJ-14 im Stall. Dafür bereitete man sich bei TWR auf den Einsatz des XJ220-C vor. Er gab seine Glanzvorstellung am 19. und 20. Juni bei den 24 Stunden von Le Mans 1993. Im Januar jenes Jahres hatte der XJR-12 sein letztes Rennen angetreten, und zwar bei den 24 Stunden von Daytona. Lange in Führung liegend, fiel der Wagen jedoch später wegen eines technischen Defekts aus.

Der V12 hätte in Le Mans nach der Einführung des neuen Reglements (Limitierung der anzusaugenden Luftmenge) keine Chancen mehr gehabt. Deshalb entschieden sich Walkinshaw und Southgate für ein völlig neu konzipierte GT-Coupé – den XJ220-C. Der in Wettbewerbsausführung in nur wenigen Exemplaren gebaute Wagen wies den neuen V6-Motor auf, nach dem neuen Luftmengen-Begrenzungsmodus von über 500 auf »nur« 475 PS gedrosselt. Der Leichtmetall-Sechszylinder (dohc, vier Ventile je Zylinder) verhalf dem Auto zu einem sehr günstigen Leistungsgewicht und basierte auf einer Austin-Rover-Metro-Konstruktion in 90-Grad-Bauweise. Mit drei XJ220-C gingen die Briten an den Start. Mit diesem vom serienmäßigen Hochleistungs-Straßensportwagen XJ220

Oben: Der XJR-12 in Monza 1991. In diesem Jahr endete die Partnerschaft mit Silk Cut. Der XJR-12 nahm 1990-1993 an zehn Rennen teil und wurde zweimal Sieger.

Gegenüberliegende Seite: Le Mans 1989: Mit dem XJR-9 LM sicherte sich das Jaguar-TWR-Castrol-Team die Plätze 4 und 8. Man kann nicht immer siegen…

abgeleiteten Modell versprach sich Jaguar einen guten PR-Effekt: Endlich gab es wieder ein Auto im Le-Mans-Einsatz, das die Nähe zu einem – wenn auch sehr exklusiven – Serienfahrzeug erkennen ließ. Zum Fahrerteam gehörten David Brabham (dessen Bruder Geoff für Peugeot fuhr), John Nielsen, Win Percy, Armin Hahne, David Lesley, der Schauspielersohn Paul Belmondo, Jay Cochron, David Coulthard und Andreas Fuchs.

Einer der vier Wagen, und zwar der abwechselnd von Brabham/Nielsen/Coulthard pilotierte, holte sich mit einem Gesamtschnitt von 173,88 km/h – wie erhofft und erwartet – den GT-Sieg vor fünf Porsche. Aber die Freude währte nicht lange. Die XJ220-C waren ohne Katalysator gefahren, und da das GT-Reglement vorsah, daß die teilnehmenden Fahrzeuge in dieser Beziehung der Serienausführung zu entsprechen hatten, gab es Protest. Sicher, es war und blieb ein Le-Mans-Sieg für Jaguar, aber eben leider nur ein inoffizieller. Der Leistungsbeweis des XJ220 C war überzeugend gewesen, und die Fahrer hatten hervorragende Arbeit geleistet. Nachträglich hieß der 1993er Le-Mans-Sieger (mit zwei Runden Rückstand auf den führenden Jaguar) Porsche 911 RSR, pilotiert von Barth, Gouhier und Dupuy.

JaguarSport setzte den XJ220-C in keinem weiteren Rennen ein. Aber es gab 1993 und 1994 einige Läufe in den USA, bei denen ein Team namens »Jaguar Fast Masters« (Veteranen des Racing Business wie Parnelli Jones, Brian Redman, David Hobbs, Richard Grier, Derek Bell, Ed McCulloch) mit Straßenversionen dieses Boliden an den Start ging, wie etwa auf dem Indianapolis-Oval als Auftakt zum 500-Meilen-Rennen. Die einstigen

Oben: Derek Warwick/ David Brabham auf dem Nürburgring 1991.

Links: Teo Fabi kam 1991 auf dem Nürburgring als Zweiter ins Ziel.

Rechts: Tom Walkinshaw demonstriert in den USA einen XJR-15.

Unten: Le Mans 1993: Boxenstop für einen der drei XJ220-C, die das 24-Stunden-Rennen bestritten.

NASCAR- und Stock-Car-Champions fuhren nicht nur effektvoller Jaguar-PR wegen, sondern konnten auch »Kasse machen«: Es ging um Prämien in der Größenordnung von 100.000 Dollar für den Sieger. Und in der italienischen GT-Serie sah man 1994 ebenfalls einen XJ220, auffällig dekoriert mit Martini-Aufklebern.
Dennoch: Die Rennsportkarriere des 325 km/h schnellen XJ220 blieb auf den 1993er Le-Mans-Einsatz beschränkt. Als das letzte Exemplar die Werkshallen in Bloxham verlassen hatte, verkaufte Walkinshaw den Betrieb an Ford für die Produktion des Aston Martin DB7. Der Jaguar-Konzessionär Grange Motors in Brentwood, Essex, verpflichtete sich zur Betreuung privat eingesetzter XJ220 – bei dieser Firma standen auch die letzten verfügbaren Fahrzeuge aus nicht erfüllten Verträgen zum Verkauf.

Spielzeug oder Sportinstrument?

Last but not least: Der XJR-15. Spielzeug oder Sportinstrument? Im Frühjahr 1991 hatte JaguarSport eine Anzahl gutbetuchter Kunden nach Bloxham eingeladen, um sich einen von dreißig XJR-15 auszusuchen. Jedes Fahrzeug verkörperte einen Wert von 500.000 Pfund Sterling, damals rund 1,4 Millionen Mark. Nach klassisch-britischer Art wurden auf die Erfolge der Autos in einer Rennserie Wetten abgeschlossen: Die Höhe des Einsatzes entsprach dem Fahrzeugpreis. Die Investoren zum »big gambling« zu animieren, war ein brillante Idee. Der Siegerwagen von Spa zum Beispiel brachte dem »Spieler« nicht nur seine hohe Einlage von einer halben Millionen Pfund zurück, sondern 26.000 Pfund zusätzlicher Prämie und als Bonbon obendrein ein XJS Coupé.
Mit den Überschüssen aus dieser Superlativ-Lotterie finanzierte JaguarSport einen Teil seiner Entwicklungskosten. Basierend auf der Technik des XJR-9, war der XJR-15 für die Teilnahme am IMSA-Cup nach den Re-

Gegenüberliegende Seite: Die XJ220-C machten in Le Mans eine ausgezeichnete Figur, zumal der von Brabham/Nielsen/Coulthard gefahrene Wagen sich vor fünf Porsche für den Sieg in der GT-Kategeorie qualifizierte.

Rechts: Der Triumph währte für TWR und Jaguar indes nicht lange. Weil die Wagen ohne Katalysator gefahren waren, wurden sie nachträglich disqualifiziert.

Unten: Fünf XJ220 beteiligten sich an einer Rennserie in den USA. Von prominenten Seniorfahrern gesteuert, erregten sie gebührend Aufsehen. Hier die erste Einweisung zum Test in Indianapolis.

geln der Gruppe C vorgesehen. Ursprünglich sollte der Wagen XJR-9R heißen. Sein V12-Saugmotor mit Trockensumpfschmierung und Sechsganggetriebe ließ sich bis zu 450 PS tunen (gewiß, etwas weniger als die 700 im XJR-12), aber kein schlechter Wert für 1050 kg Fahrzeug-Gesamtgewicht. Das taugte für rund 300 km/h. Das von Peter Stevens gestylte Rennsportcoupé unterschied sich signifikant von Tony Southgates Kevlar-Monocoque XJR-9 und wirkte sehr viel abgerundeter. Die Entwicklung des Wagens hatte im August 1988 begonnen, kurz nach Jaguars sechstem Sieg in Le Mans; die technische Leitung des Projekts unterlag Andy Morrison. Dem Konzept hatte zuerst die Entwicklung eines High Performance Supersportwagens für die Straße zugrunde gelegen. Dann meinten die Männer bei JaguarSport, daß sich ein solches Auto viel besser verkaufen ließe, wenn man es in Rennen einsetzte.

100 Liter Sprit im Tank reichten für ein attraktives 45-Minuten-Spektakel, um das

Gute alte Zeit... In Rennen für historische Fahrzeuge gehört der Jaguar E-Type natürlich zu den klassischen Favoriten!

Publikum zu faszinieren, und zwar vor jedem großen Grand-Prix-Lauf – das war dann die tragende Idee zur Wettbewerbsversion des XJR-15. Aber es tauchte ein hausgemachtes Problem auf. Nicht hinsichtlich der geplanten Rennaktivitäten, denn die XJR-15 sollten ja quasi nur gegeneinander antreten. Das Problem hieß XJ220.

Man arbeitete bei JaguarSport nämlich zur gleichen Zeit daran, den 1988 vorgestellten XJ220 serienreif zu machen. Es lag auf der Hand: Die Straßenversionen beider Fahrzeuge mußten grundsätzlich – und nicht nur formal – voneinander unterscheidbar sein. Walkinshaws Kurzformel lautete: Der XJR-15 wird zum Racer erklärt und erhält den V12-Motor, der XJ220 den neuen 3.5 Liter V6.

Es blieb nicht aus, daß in diesem schmalen Marktsegment ein Modell mit dem anderen in Wettbewerb trat. Doch der XJ220 war eindeutig komfortorientierter (und kostete 500.000 Mark weniger) als der XJR-15, von dem – im Vergleich zu den 350 XJ220 – auch nur 50 Stück gebaut wurden. Sechzehn nahmen an den Cup-Rennen der »International Challenge« teil, nicht 30, wie Walkinshaw es sich vorgestellt hatte. Fahrer wie Davy Jones, Derek Warwick, David Brabham und sogar Juan Manuel Fangio demonstrierten in Monaco, Silverstone und Spa, wie man mit einem solchen Auto umgeht... Als letzte Rennwagen mit Jaguar-Zwölfzylindermotor zogen sie ihre spektakulären Shows ab, wenn auch nicht mit dem »Growler« (Jaguar-Kopf) auf der Fronthaube, sondern mit dem TWR-Emblem. Dennoch war jede Runde mit dem XJR-15, auf welcher Rennstrecke auch immer, eine Runde für das Jaguar-Image und mit dem Spruch »the cat is back!« ein Wegbereiter für den XK8 Sportwagen, mit dem 1997 eine neue Jaguar-Ära begann, so wie einst 1948 mit dem legendären XK 120. Zu erwähnen wäre noch der 1991 ausschließlich für die USA gebaute und unter Ian Reed und Dave Rendall auch bei Walkinshaws US-Tochterfirma TWR Inc. entstandene XJR-16, der in Amerika mit Davy Jones am Steuer vier von zehn Rennen (Road Atlanta, Mid-Ohio, Laguna Seca, Road America) gewann. Der V6-Motor des XJR-16 war ausschreibungsgemäß auf einen Hubraum von 3.0 Liter reduziert worden, hatte gleichwohl die erstaunliche Leistung von 650 PS. Ende 1991 entstand bei TWR in Kidlington ein weiterer Rennwagen mit V6-Motor unter der Bezeichnung XJR-17; er war für die amerikanische IMSA Camel Light Trophy gedacht. Doch da das Reglement jetzt keine Aufladung mehr erlaubte, sah man von seinem Einsatz ab. Der XJR-17 erlebte nur eine einzige Erprobung – an einem kühlen Donnerstag auf der Silverstone-Rennstrecke im Januar 1992 und wurde anschließend nur zu Demonstrationszwecken aus der Remise geholt.

Rechts: Manhattan im Oktober 1982. Auch der diensthabende »Cop« interessiert sich für den Jaguar XJ6...

XJ 4·2

Oben: Jaguar XJR-15, eines der schönsten, schnellsten und teuersten Spielzeuge der Welt…

Links: Der XJR-15 entstand 1990-91 in genau 50 Exemplaren und trug statt des »Growler« ein TWR-Emblem auf der Fronthaube.

Oben: Serienausführung des legendären Jaguar XJ220, der anfänglich zwar mit einem V12-Motor konzipiert, 1992-94 aber mit einem leistungsstärkeren Doppelturbo-V6-Motor geliefert wurde.

Oben: Jaguar XK8 Coupé 1997, darunter die Cabrioletversion. Der XK8 ist einer der attraktivsten offenen Sportwagen seiner Ära und wurde mit vielen Auszeichnungen geehrt.

Rechts: Im Frühjahr 1998 präsentierte Jaguar mit dem XKR die Kompressorversion des neuen Sportwagens, ebenfalls als Coupé oder Cabriolet erhältlich.

HG XK 54

XJ8 Sovereign Modelljahrgang 1998, eine Komfortlimousine sportlichen Zuschnitts für anspruchsvolle Automobilisten.

Oben: Daimler Super V8 4.0 Liter von 1997.

Rechts: Interieur eines rechtsgelenkten XJ8 Executive Baujahr 1998.

Neuer Star am Jaguar-Himmel: Der Ende Oktober 1998 vorgestellte S-Type. Der Produktionsanlauf war für das Frühjahr 1999 vorgesehen.

DER LEAPER UND DER GROWLER

Mit zunehmenden Verkaufserfolgen seiner Automobile, die in den frühen dreißger Jahren unter der Bezeichnung S.S. (eine Abkürzung für Swallow Sports) bekannt geworden waren, erkannte William Lyons die Notwendigkeit, den attraktiven Fahrzeugen aus Coventry einen zugkräftigen und vor allem adäquaten Namen zu geben. »Swallow« (Schwalbe) hatte zu den Motorrad-Seitenwagen und zum kleinen Austin gepaßt, mit denen Lyons seine Karriere im Automobilbau begonnen hatte, doch in den dreißiger Jahren wurden sein Autos größer und sportlicher. Die sympathische, aber doch etwas harmlose Schwalbe wurde in den Ruhestand geschickt. Daß sie nicht durch einen mächtigen Raubvogel ersetzt wurde, weil Lyons sich für »Jaguar« entschied, ist hinlänglich bekannt. Gleichwohl gab es das SS-Emblem und ab 1945 auch einen sechseckig eingefaßten Jaguar-Schriftzug mit adlerähnlichen Schwingen an beiden Seiten, den man noch bis in die fünfziger Jahre verwendete.

Ein aussagestarker Name wie Jaguar sollte auch in einer Kühlerfigur seine Umsetzung finden, denn die beliebten »radiator mascots« verkörperten einen großen Symbolwert. Auf dem Kühlerverschluß des Jaguar SS 100 gehörte also eine rassige, zum Sprung ansetzende Raubkatze, so wie eine flügelschwingende Schwalbe einst Lyons' kleinen Austin geziert hatte.

Doch der erste, von einer »Reklameagentur« (wie man damals sagte) beigesteuerte Entwurf gefiel weder William Lyons noch seinem Werbechef Ernest Bill Rankin. Man beauftragte deshalb den Künstler F. Gordon Crosby, dem »Leaper« (Springer) mehr Dynamik zu verleihen. Er schuf Ende 1937 eine Figur, die von der Nasen- bis zur Schwanzspitze gebannte Spannkraft ausdrückte – nur waren die Hinterläufe noch angewinkelt. Erst 1979, mit der Einführung des Jaguar der XJ-Serie III, erfuhr der Leaper eine Überarbeitung, bekam einen kräftigeren Unterkiefer und gestreckte Hinterläufe. Hatte der Jaguar bisher zum Sprung angesetzt, so befand er sich nun in der nächsten Phase – im Vorwärtsschnellen. Noch mehr Biß gab man dem Tier 1981, als man es graphisch signifikanter machte und seine Konturen verstärkte.

Inzwischen gehört die klassische Kühlerfigur als Autozubehör längst der Vergangenheit an. Übrigens war sie beim Jaguar SS 100 nicht serienmäßig vorhanden; man konnte sie für umgerechnet etwa 45 Mark als Sonderzubehör erwerben. 1950 verschwand die Wildkatze zugunsten des erwähnten, flachen Schwingenmotivs vorübergehend vom Jaguar-Kühler, um erst 1956 beim Mk. VIII wieder aufzutauchen. Dort gehörte sie sogar zur Serienausstattung und man behielt sie auch beim Mk. I und Mk. II, bei den Modellen 240 und 340 sowie beim S-Type bei. Die Fahrzeuge der Baureihen 420, 420G und Mk. 10 bekamen eine etwas kleinere Figur, 125 statt 175 mm lang.

Der von 1966 bis 1970 hergestellte 420G war der letzte Jaguar, der einen werksseitig angebrachten Leaper oberhalb vom Kühlergrill spazierenfuhr. Man sah zwar vereinzelt auch Exemplare der frühen XJ-Serie mit der 125-mm-Katze, doch bei diesen Fahrzeugen thronte sie sozusagen als »Blinder Passagier« auf der Kühlermaske. Der von englischen Jaguar-Freunden »growler« (to growl: knurren) genannte Katzenkopf en face, der zunächst die XK-Modelle 120, 140 und 150 schmückte und von dem im Laufe der Jahre zahlreiche Varianten geschaffen wurden, hatte den Leaper als Markenzeichen am Fahrzeug abgelöst.

Konsequenter wurde »the cat« in der gesamten Öffentlichkeitsarbeit des Hauses Jaguar eingesetzt. Als signifikante, silberglänzende Figur in Lebensgröße verleiht sie Händlerbetrieben in aller Welt die *corporate identity*, und wenn sie sich auch nicht mehr als Kühlerfigur im Blickfeld des Fahrers befindet und ihm zeigen kann, wo's langgeht, ist sie dennoch an Bord, wie das gesunde Schnurren unter der Motorhaube deutlich verrät. Aber man muß schon genau hinhören, denn die Katze hat sich – auch wenn sie kräftig wie nie zuvor ist – sehr leise Töne angewöhnt.

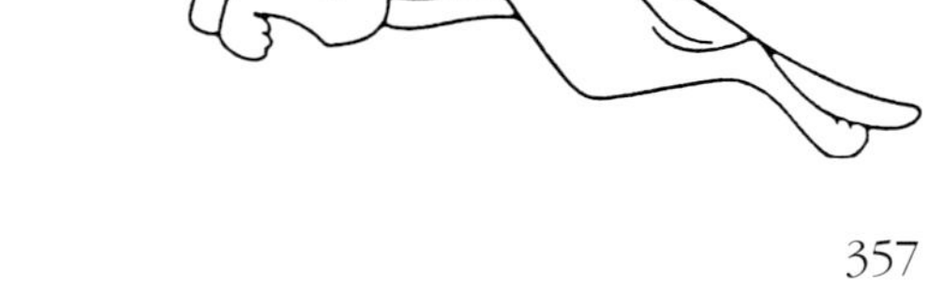

AYLORD
AUSTIN
SHERPA
EDAC
JAGUAR

SONDER-
KAROSSERIEN
UND
DERIVATE

EINZEL-ANFERTIGUNGEN DER HAUTE COUTURE

Welche Umkehrung der Vorzeichen. In den zwanziger Jahren, der Keim- und Gründerzeit der Jaguar-Vorgängermarke SS alias Swallow, wandten sich Automobilhändler an William Lyons mit dem Auftrag, handelsübliche Fahrgestelle mit extravaganten Aufbauten zu versehen. Und vier oder fünf Jahrzehnte später schufen Karosserie-Spezialisten wie Bertone, Ghia, Pininfarina oder Boano ihrerseits Maßgeschneidertes auf Basis serienmäßiger Jaguar-Automobile...

Aus den ersten Swallow-Aufbauten entwickelten sich, wie bereits geschildert, schon bald Serienprodukte, die im Karosseriedesign für frischen Wind sorgten. Die Herstellung von Motoren und Fahrgestellen überließ Lyons zunächst anderen – sein vordergründiges Interesse galt einem funktional und ästhetisch rundum perfekten Aufbau. Lyons bewies eine außerordentliche Stilsicherheit und hatte auch die Gabe, seine Vorstellungen den für die Ausführung zuständigen Mitarbeitern weiterzugeben. Bis zum E-Type war William Lyons an Styling-Basisarbeiten und an der Ausarbeitung vieler Details selbst beteiligt, hatte auch später noch Einfluß auf die Formgebung nachfolgender Modelle. Die Lyons-Linie verkörpert sogar der XJ40, der erst nach dem Tode des Firmengründers in Serie ging. Von der Royal Society of Arts wurde Lyons 1956 mit dem Ehrentitel *Royal Designer for Industry* ausgezeichnet. Nur ungern sah er es, wenn Aufbauten für Jaguar-Fahrzeuge andernorts entstanden, und was bei fast allen Nobel-Automobil-Produzenten Großbritanniens bis in die fünfziger Jahre hinein die Regel war, nämlich die Fremdkarossierung, gehörte bei Jaguar zur Ausnahme.

Die wenigsten Jaguar-Karossen fremder Hersteller konnten es in bezug auf Proportion und Eleganz mit den hauseigenen Schöpfungen aufnehmen. Wirklich gut gelungen waren nicht viele; zu ihnen mögen vielleicht das Vollcabrio von H.G. Lehmann auf Basis des XJ-S zählen, auch Nuccio Bertones XK 150, der 1958 als Einzelstück entstand.

Da der Vollständigkeit halber Sonderkarosserien aber nun einmal zur Abrundung einer Markenbiografie gehören, sollen die markantesten Vertreter hier auch Berücksichtigung finden. Um beim SS 1 anzufangen: Im Juli 1933 wurde erstmals ein 20 HP ohne Aufbau nach Australien verschifft, um dort karossiert zu werden. Das *rolling chassis* wies vor der Maschine lediglich Kühler und Kühlermaske, außerdem Scheinwerfer sowie die vorderen Kotflügel auf, ferner die Lenkung und die Armaturen. Ein zweites Exemplar exportierte man vier Wochen später nach Spanien; dieser SS 1 bekam in Barcelona einen Roadsteraufbau. Fotos von beiden Wagen sind nicht bekannt.

In dieser Verfremdung wäre der Jaguar XK 140 kaum zu erkennen, hätte Ghia auf entsprechende Hinweise verzichtet. Das Fahrzeug wurde auf der Pariser Automobilausstellung im Herbst 1955 gezeigt.

Links: Dieser XK 120 wurde von Oblin in Brüssel karossiert. In der Rallye Lüttich-Rom-Lüttich 1951 war der Wagen ein Aspirant auf den Gesamtsieg, qualifizierte sich schließlich für den zweiten Platz. Darunter: Pinin Farinas Mk. VII von 1952.

Vom SS Jaguar 2.5 Litre und 3.5 Litre wurden in den späten dreißiger Jahren ebenfalls einige Exemplare mit Sonderaufbauten versehen, zum Beispiel in Rumänien und in der Schweiz. Hierbei handelte es sich um Fahrgestelle, wie sie von den Importeuren Frey in Zürich und Fleury in Genf geordert und von einheimischen Karossiers eingekleidet wurden. Nicht zuletzt übte man diese Praxis auch aus Kostengründen, denn ein um das Gewicht des Aufbaus verminderter Kilo-Einfuhrzoll bei Einfuhren in die Schweiz beispielsweise schlug bei einem unkarossierten, deshalb zugleich auch preiswerteren Chassis um so viel günstiger zu Buche, daß sich die Anfertigung einer Karosserie am Zielort durchaus lohnte. Tüscher, Beutler, Ghia-Aigle, Bernath und die Carrosserie Langenthal AG fertigten Jaguar-Karosserien im Importeurs-Auftrag an. Andererseits verlangten aber die meisten Jaguar-Kunden einen Wagen in Originalausführung, und so hielt sich das Geschäft mit Sonderaufbauten – die ja auch längere Lieferzeiten bedingten – in Grenzen. In Belgien war es die zeitweilige Einfuhrsperre für Autos höherer Preiskategorien, die zu solcher Praxis führte.

Aber auch einige englische Firmen stellten Sonderaufbauten auf Basis der 2.5 und 3.5 Litre her, etwa Avon in Warwick (wo man auch einen SS 100 als Cabriolet karossierte), und die nicht allzu bekannte Firma Maltby in Folkestone. Mulliner in Birmingham baute eine viertürige Razor-Edge-Limousine auf 3.5-Litre-Chassis im Auftrag des Standard-Generaldirektors John Black. Insgesamt erhielten Emil Frey in Zürich 17 und Marcel in Genf sieben Fahrgestelle; neun gingen an einzelne Abnehmer in England, eins nach Bukarest. Nur drei SS 100 – sie sind in den genannten Zahlen enthalten – wurden im Ausland karossiert, so zwei in der Schweiz via Emil Frey und ein Wagen durch Van den Plas in Brüssel. Dieses Fahrzeug wurde 1947 auf der Brüsseler Automobilausstellung gezeigt und sah arg nach Saoutchik aus. Nichtsdestoweniger hatte der Wagen *Aero Screens* – die sich waagerecht ins Cockpit klappen ließen: auch nach damaligem Sicherheitsverständnis recht gefährlich. Einer der helvetischen SS 100 bekam einen Aufbau von Willy Bernath und nahm sich wie eine Karikatur des Van-den-Plas-Saoutchik-Wagens aus. 1949 karossierte auch Uhlik in Prag einen (verunfallten) SS 100; es wurde eine Imitation des soeben erschienenen XK 120. Von der Nachkriegsproduktion des 2.5 und 3.5 Litre gingen ebenfalls einige unkarossiert in die Schweiz, und zwar zehn an Frey und zwei an Fleury. Zwei weitere Chassis ohne Aufbauten erhielt die belgische Jaguar-Vertreterin Bourgeois.

Links: Einer der von Tüscher karossierten (und über Emil Frey verkauften) SS 2.5 Litre von 1938. Ein Hauch von Delahaye …

Unten: Der Aufbau dieses Jaguar XK 150 stammt von Nuccio Bertone, 1958 präsentiert.

Oben: 1948 von der Carrosserie Langenthal AG in der Schweiz aufgebauter 2.5 oder 3.5 Litre – eine Lösung, die auch Lyons gefiel.

Rechts: Ein weiterer Farina-Versuch auf Basis des Jaguar Mk. VII; dieses Fahrzeug ist ein viersitziges Coupé von 1956.

Pinin Farina nahm sich einige Male des Jaguar an. 1952 gab er einem Mk. VII einen Ponton-Aufbau nach damaligem Modeverständnis. Das Coupé hatte einen recht rustikalen Kühlergrill; das zweite Fahrzeug, 1956 gebaut, erhielt eine etwas stärker akzentuierte Kotflügelform und einen filigranen, dreigeteilten Kühlergrill, dessen Seitenteile an den Flanken die Scheinwerfer einfaßten. Recht gelungen nahm sich Pinin Farinas XK 120 aus, an welchem er sich versuchte, und der XJ Spider, 1979 in Genf zu sehen (Pininfarina schrieb sich mittlerweile in einem Wort), dürfte nicht nur vom cw-Wert optimal sein, sondern läßt auch in ästhetischer Hinsicht nichts zu wünschen übrig. Beutlers XK 120 hatte viele Stilelemente des Originals übernommen, dennoch glich das Fahrzeug eher einem Alfa Romeo 2500 als einem Jaguar, und der Viersitzer, den Abbott in Farnham aufbaute, geriet immerhin zu einer praktikablen Kuriosität.
Oblin Brüssel karossierte ebenfalls einen XK 120, den man fast für einen Ferrari halten konnte – der Wagen belegte unter Heuzet/Baudoin in der 1951er Fernfahrt Lüttich-Rom-Lüttich den zweiten Platz. Der von Ghia-Aigle auf dem Pariser Automobilsalon 1956 präsentierte XK 140 war ebenfalls nicht nach jedermanns Geschmack, und der von Boano im gleichen Jahr gezeigte 140er mit der Frontpartie nach Art eines überdimensionalen Toaströsters löste ähnliche Kritik aus. Der Entwurf stammte von Raymond Loewy. Die Bugpartie dieses Autos lief spitz zu, die Vorderräder größtenteils freilassend, und hatte statt einer vorderen Stoßstange eine Nasenspitze mit zwei Nüstern, in denen sich die Scheinwerfer verbargen. Der für seine Devise »Häßlichkeit verkauft sich schlecht« bekannt gewordene Designer hatte aber auch schon Gewagteres auf die Räder gestellt.
Die Carrozzeria Allemano nahm sich 1957 eines XK 140 an, hätte es aber wie die meisten anderen Branchenkollegen bleiben lassen sollen: Das Auto geriet zu einem Volvo P 1800 mit Rover-Heck.
Gelungener war Nuccio Bertones XK 150 von 1958, dessen etwas verkleinerten Jaguar-Grill waagerechte Zusatzöffnungen zu beiden Seiten garnierten und dem Fahrzeug somit entfernte Ähnlichkeit mit dem ebenfalls von ihm geschaffenen BMW 3200 CS Coupé gaben. Dieses Fahrzeug war ein Rechtslenker, den später ein Mr. Combs erwarb und in England unter der Nummer 953 HPH zuließ. Irgendwann erfolgte eine Umregistrierung, denn

heute hat dieser Bertone-Jaguar das Kennzeichen APC 6.

Das war nicht Bertones einziger XK 150; schon 1957 hatte er in Genf eine solche Kreation gezeigt, einen Linkslenker, wie der Oblin-Wagen entfernt einem Ferrari ähnelnd. Der Italiener Ettore Mariano erwarb das Fahrzeug 1960 und besaß es noch 25 Jahre später.

Abgesehen von einer größeren Anzahl von 420 G und Mk. II, die in Südafrika und Irland als CKD-Einheiten assembliert wurden, gab es lange keine weiteren, von Jaguar offiziell notierten »Fremdlinge«. Allerdings wurden nachträglich Einzelexemplare umgebaut, wie etwa Peter Ellermeiers 420er Cabriolet oder jener Mk. II 3.8, den Bertone 1966 als Modell FT präsentierte. Der gelungene Zweitürer blieb in vielen Stilelementen ein typischer Jaguar, verriet von der Seite her aber doch in einigen Details, von wem der Aufbau stammte. Die schmalen Stege der B-Säule und die schräg abfallenden seitlichen Dachstützen findet man an etlichen Bertone-Schöpfungen der sechziger und frühen siebziger Jahre wieder. Der Kühlergrill mit seinen Doppelscheinwerfern wies ein exponiertes Mittelstück auf, einem 420 entlehnt und angereichert um eine Jaguar-Kühlerfigur. Mit Drahtspeichenrädern hätte man diesem Auto vielleicht noch etwas mehr »Pfiff« geben können.

Auf Basis der XJ-Modelle bleiben recht bemerkenswerte Karosserie-Kreationen zu kommentieren. Da gibt es einmal den originellen Kombiwagen *(Estate Car)* von Avon, der im Auftrag der Ladbroke Motor Group, Warwick, in den Jahren 1980 bis 1982 in rund 100 Exemplaren angefertigt wurde. Dieser

Raymond Loewy versuchte sein Designerkönnen an diesem Jaguar XK 140, der 1956 bei der Karosseriefirma Boano gebaut wurde. Eine zumindest recht eigenwillige Kreation.

Oben und links: Der von Bertone 1977 entworfene Ascot auf Basis eines XJ-S. Die geometrisch strengen Formen waren in jenen Jahren sehr en vogue.

Gegenüberliegende Seite: Bertones Coupé-Version eines 3,8 Liter Jaguar von 1966. Auch hier wurde aus einem englischen Auto ein typischer Italiener. Darunter die 1973 von Pininfarina gebaute XJ12-Limousine.

Rechts: Jaguar Piranha, eine Bertone-Version des E-Type, von 1973.

XJ6 4.2 blieb zu drei Vierteln das, was er war – eine noble Viertüren-Limousine. Durch einen Anbau mit großen Fensterflächen war jedoch so etwas wie ein Gewächshaus auf Rädern entstanden. Schon optisch ein wenig hecklastig, gab man diesem Wagen verstärkte Federn und Aufhängungen, um dem Zuladegewicht von weiteren 100 Kilogramm gerecht zu werden.

Der andere, nachträglich modifizierte XJ-Jaguar ist der bereits erwähnte Cabrio-Umbau von Jochen Arden aus Kleve im Rheinland. Er macht aus einem XJ-S ein Vollcabrio. Ein bildhübsches Auto, das bis nach Japan und Südamerika – und selbstverständlich auch nach Großbritannien – verkauft wird. Arden schuf auch Karosserie-Veränderungen durch Spoiler und modifizierte Schweller für die aktuellen Limousinen.

Varianten vom Serien-XJ12 präsentierten auch wieder die Italiener Bertone und Pininfarina. Betont schlicht, vielleicht etwas zu massiv, geriet jene viertürige Limousine, die Pininfarina auf dem 1973er Turiner Salon zeigte; Stylingdetails in der Kühlerpartie glaubt man im 1986er XJ6 (XJ40) wiederzuerkennen. Im Interieur glänzte der XJ12 PF allerdings nicht durch italienische Eleganz, hier entglitt die Schlichtheit in Richtung Langeweile. Interessanter gab sich Bertones Interieur-Entwurf bei seinem XJ-S Ascot; diesem Wagen verlieh er dafür aber eine Karosserie-Silhouette, die in ihrer kühlen Kantigkeit selbst Avantgardisten erschrecken ließ. Zwei aufgesetzte Deckel schmückten die Motorhaube des Ascot, während die Frontpartie mit ihrer betonten Waagerechten noch die

sauberste Detaillösung darstellte. Die Deckel auf der Motorhaube hatten sich als notwendig erwiesen, um die Luftfilter des V12-Motors zu verbergen; deren Bauhöhe wäre mit der flachen Linie der Motorhaube sonst nicht in Einklang zu bringen gewesen. Der Ascot, 1977 auf der Automobilausstellung von Barcelona präsentiert, war 20 Zentimeter kürzer als der XJ-S, acht Zentimeter breiter und sechs Zentimeter niedriger. Bertone legte Wert auf die Feststellung, daß der Ascot – »wie alle unsere Prototypen« – in völlig betriebsfertigem Zustand ausgestellt wurde.

Realitätsnäher schien dennoch das 1973 ebenfalls von Bertone vorgestellte Piranha-Coupé, wenngleich auch dieser Jaguar ein Einzelstück blieb. Ecken und Kanten wies der Piranha ebenfalls auf, kontrastierend zu einem korpulent aufgewölbten Heckteil. Insgesamt aber vermittelte der Piranha, in Auftrag gegeben von der britischen Zeitschrift *Weekend Telegraph*, einen Hauch von E-Type, von dem er abstammte.

Sport- und vor allem Rennwagen, die nach Jaguar aussahen, aber keine waren, oder aber auch Fremdfahrzeuge, die durch bewährte Jaguar-Motoren angetrieben wurden, gab es

Oben: Ein weiterer Versuch Pininfarinas, mit Jaguar ins klare zu kommen – eine XJ-Spider-Studie vom Frühjahr 1973. Darunter der von Avon zum Kombi umgebaute XJ6. Der Wagen wurde 1980 vorgestellt und kostete das Doppelte eines Serienmodells.

vor allem in den fünfziger Jahren in bunter Mischung. Auf die HWM mit D-Type-Motor, Lister, LGS Specials, Jaguara, Cooper-Jaguar oder Hansgen Specials näher einzugehen, hieße ein eigenes Buch über sie schreiben zu wollen. Auch diese Wettbewerbsfahrzeuge und ihre Erfolge stellen indes ein Stück Jaguar-Historie dar, allerdings weniger unter dem Aspekt dieses Kapitelthemas als unter dem des Motorsports; Paul Skilleter hat sich ihrer in einem seiner Bücher gründlich angenommen.

Es konnte nicht ausbleiben, daß auch die Oldtimer-Replika-Industrie den Jaguar »entdeckte« und einen Klassiker kopierte, um ihn zu vermarkten – das war der 1972 vorgestellte Panther. Die Firma Westwinds Ltd., angesiedelt in unmittelbarer Nähe der ehemaligen Brooklands-Rennstrecke (heute in südkoreanischer Hand), hatte ihrem Nostalgie-Roadster nicht nur eine ganze Menge von der traditionellen Linienführung eines SS 100 – einschließlich großer Lucas-Scheinwerfer mit Steinschlaggittern – verpaßt, sondern auch einen Motor, der dem Panther etwas Jaguar-Authentizität verlieh. Es war das Aggregat des XJ6, später auch XJ12. Das Fahrwerk des Panther kam ebenfalls vom XJ. Der Panther J 72, in Deutschland von Auto-Becker

vertrieben, lief seit Anbeginn gute 200 km/h. Der SS 100 hätte bei solchem Tempo wohl von der Straße abgehoben. Aber man darf die Wagen nicht vergleichen.
Aus Kunststoffteilen zusammensetzbare Baukasten-Replikate oder besser -Falsifikate eines SS 100 (mechanische Basis: VW Käfer) verdienen in diesem Rahmen kaum der Erwähnung. Sie haben bis auf die freche Adaption eines klassischen Modellnamens mit den Originalen nichts gemein. An entfernte Ähnlichkeiten glauben vermutlich nicht einmal die Produzenten dieser Kits, wenngleich sie in ihren Werbetexten den Unkundigen auch vom Gegenteil zu überzeugen versuchen. Einen Jaguar zu »imitieren«, kann einfach nicht gelingen.
Wer einen Jaguar indessen noch wertvoller machen möchte, könnte die blanken Teile vergolden, das Interieur mit noch mehr Edelholzfurnier schmücken, Bar und Videoanlage installieren – wie es das Londoner Superkaufhaus Harrod's of Knightsbridge 1980 mit einigen XJ6 tat. Für den verdreifachten Listenpreis lieferte »The World's Most Exclusive Department Store« mit eigener Automobilabteilung diesen Über-Jaguar einschließlich Cheminée-Uhr für den Fond und goldenem Schreibgerät für wichtige Statements

Oben: Solche Fahrzeuge entstanden bei Spezialfirmen auf Sonderwunsch. Es ist ein Bestattungsauto auf Basis eines Mk. VIII, gebaut von Collman-Milne.

Rechts: Scherzartikel aus den USA: SS-100-Imitation aus Plastik. Unten: Panther J 72 mit Jaguar-XJ-Motor.

Oben: Panther De Ville, der sowohl den Motor als auch das Fahrwerk des Jaguar XJ12 aufweist. Links: In Weybridge, Surrey, etablierte sich 1972 die Firma Westwind, deren erstes Retro-Auto der Panther J72 war.

Unten: Kit-Car Gazelle, wie der Panther J72 stilistisch dem SS 100 nachempfunden. Allerdings wies der Zweisitzer keinen Original-Jaguar-Motor wie der Panther auf, sondern hatte einen VW-Boxer im Heck.

Oben: Zum Jaguar-Jubiläum 1935-1985 baute die Firma Guy Salmon Ltd. einige XJS in Spezialausführung. Man beachte den modifizierten Jaguar-Grill, Spoiler und die Einzelscheinwerfer.

Links: Von der Firma Royal Motors in Köln modifizierter XJ-SC 1987. Die Felgen stehen dem offenen Wagen recht gut, dessen Anfertigung auf Händlerinitiative basiert und vom Werk zurückhaltend betrachtet wird.

Nachfolgende Seite: Oben ein von Arden zum Vollcabrio umgebautes Modell XJ-SC, darunter ein Arden-XJ 12 (Black Beauty). Ganz rechts das Prunkmobil von Harrods 1980 für den anspruchsvollen Maharadschah mit Blankoscheck.

wichtiger VIPs, die es sich in diesem Wagen allerdings nicht erlauben können, mit der neben ihnen sitzenden Reisesekretärin dezente Fußkontakte zu suchen: Den Fondraum trennt mittschiffs eine breite Konsole mit gut kaschierter Video- und Computer-Elektronik. Und die Rückenlehnen der Vordersitze umlegbar zu machen, verbot sich für die Veredler (es war die Firma Panther Westwinds) auch; bei stärkerer Neigung der Lehnen hätte sich der in ihnen untergebrachte Inhalt der Hausbar (links) oder der des Edelholz-Sekretärs (rechts) dorthin entleert, wo die vom vielen Gold geblendeten Insassen ihre Häupter zu betten pflegten, hätten sie den Komfort eines *reclining seat* in Anspruch genommen. Wer aber flirtet, pichelt, schreibt oder schläft schon in einem derart auffälligen Show Car? Viel unauffälliger läßt sich all das in einem Serienwagen erledigen, denn gemäß feiner englischer Art, alle Extravaganzen auf die Damenhutmode beim Pferderennen in Ascot beschränkend, fühlt sich der Gentleman Driver in einem olivgrünen oder staubgrauen Normal-XJ mindestens ebenso wohl wie ein Hollywood-Komiker in einem Do-it-yourself-Plastik-Imitat à la SS 100 oder ein orientalischer Märchenprinz im Fond des Golden Special von Harrod's of Knightsbridge.

Unter den Karosseriefirmen, die in jüngster Zeit spezielle Umbauten auf Jaguar-Basis vornahmen und sie mit mehr oder manchmal auch mit weniger Erfolg abzusetzen vermochten, sei eine genannt, die in Deutschland beheimatet ist. Der V.I.P. Cars Service in Lippstadt bietet ein XJ-C Coupé als Cabriolet-Umbau an – ein Wagen, der aus dem geschlossenen Zweitürer der Serie II (1974-1978) mit verstärkter Bodengruppe ein reizvolles »drop-head coupé« macht. Der Wagen bleibt dabei ein 2+2. Das Autohaus Lachswehr in Lübeck verwandelt sogar den XJ40 in ein zweitüriges Vollcabrio.

Wiederholt hat sich Italdesign des Themas Jaguar angenommen. Die Prototypen dieses prominenten Unternehmens stellen indes meist nur Designstudien dar, entstehen also nicht im Kundenauftrag. So sorgte auch im März 1990 in Genf wieder ein aufregendes Spezialcoupé aus Giorgetto Giugiaros Studio für Aufsehen, ein vom Jaguar XJ12 zum »Ital-Design Kensington« mutierter Viertürer, der zwar noch als Jaguar zu erkennen sein mochte, gleichwohl jener klassischen Silhouette entbehrte, die das Original so unverwechselbar macht.

Sehr viel mehr »Haus-Charakter« bescheinigten enthusiastische Besucher der 1996er Autoschau in Genf dem Daimler Corsica. Hier handelte es sich um den Prototyp eines offenen Doule Six von bestechender Eleganz und mit einem Interieur, das in Anlehnung an die großen offenen Reisewagen der dreißiger Jahre gestaltet worden war. Ein kleines Team im Special Vehicle Operations Department hatte dieses attraktive Unikat zum 100. Geburtstag der Marke Daimler entstehen lassen.

Indes, für die Anfertigung von Einzelstücken war eigentlich stets die Firma Abbey Panels Ltd. – seit 1997 nach ihren Inhabern in Loades Ltd. umbenannt – in Coventry zuständig. Die Design- und Blechkünstler in Edward Loades' Diensten hatten schon zu Zeiten des Jaguar C-Type und D-Type Rennwagen Karosserien für zahlreiche Versuchsfahrzeuge gebaut, ebenso die Prototypen des XJ-S und des XJ 220 karossiert. Nach außen drang stets nur wenig von den exzellenten Arbeiten dieser Firma, die im Erstellen von Projektstudien wie im Prototypenbau nicht nur für Jaguar tätig ist, sondern auch für etliche andere Automobilhersteller in Europa und in den USA Aufträge abwickelt.

Das in London in geringer Stückzahl hergestellte Rapport Forté Cabriolet basierte auf dem Jaguar XJ-SC.

Da in dieses Kapitel auch Derivate auf Jaguar-Basis und Automobile gehören, deren Triebwerk ein Jaguar-Motor ist, sei hier auf den Rapport Forté hingwiesen, der in kleiner Zahl von der Rapport International Group in London gebaut wurde. Sie bot Ende der achtziger Jahre ihren offenen 2+2 mit dem Motor des XJ12 auf der Plattform des XJS an; das Auto kostete rund 37.000 Pfund Sterling. Besonderer Gag: Das aus Aluminium bestehende Hardtopdach verschwand auf Knopfdruck im Kofferraum – lange bevor der Mercedes-Benz SLK diesen Peugeot-Trick aus den dreißiger Jahren reaktiviert hatte.

Rapport baute auch gepanzerte Limousinen, ebenso wie der bereits erwähnte Panther-Fabrikant Robert Jankel, der neben solchen Spzialfahrzeugen für Geschäftsleute, die Grund zur Annahme haben, Opfer von Anschlägen werden zu können, auch Luxuslimousinen im Stile eines XJ12 in Kombiwagen verwandelt.

Jankels 200 km/h schneller Panther de Ville hatte ebenfalls den 5,4-Liter-Motor des XJ12. Der in 59 Exemplaren gebaute »Neoklassiker« de Ville – den es sogar als Convertible gab – glich entfernt einem Bugatti Royale.

Jaguar-Replikate gab und gibt es auch von anderen Herstellern. Die 1981 in USA als Kit-Car vorgestellte »Gazelle« glich entfernt ebenfalls einem SS100, hatte aber nicht, wie Jankels Panther, einen Original-Jaguar-Motor unter der Haube, sondern einen VW-Boxermotor im Heck. Und der zur gleichen Zeit in São Paulo, Brasilien, präsentierte Fera XK hätte als XK 140 durchgehen können, aber auch nur äußerlich: Sein Motor war ein Chevrolet-Sechszylinder. Im Styling kam der brasilianische Roadster seinem klassischen Vorbild aber doch sehr nahe.

Daß es Jaguar vorbehalten blieb, seiner eigenen Geschichte immer noch am treuesten zu bleiben, bewies das Haus mit einer gelungenen Designstudie zum Sportwagen der Zukunft. Als XK 180 bezeichnet, stand der rassige Zweisitzer als »experimental car« auf dem Pariser Salon Mondial 1998. »So könnte der Nachfolger unseres XK8 einstmals aussehen«, kommentierte Jaguar-Chefstylist Lawson den Wagen.

DIE RESTAURIERUNG KLASSISCHER JAGUAR-AUTOMOBILE

Unter großen Opfern, auch materieller Art, bemühen sich immer mehr Liebhaber klassischer Automobile, ihre E-Type Roadster und Mk.II-Limousinen, vom Zahn der Zeit angenagte Mk.-V-Cabrios oder billig erstandene XJ-Coupés wieder aufzubauen. Die wenigsten Besitzer solcher Fahrzeuge überantworten diese einer »normalen« Werkstatt mit dem Auftrag, eine Generalüberholung bis ins kleinste Detail durchzuführen. Vieles wird in eigener Regie gemacht, vorausgesetzt, es steht ein geeigneter Raum fürs Arbeiten zur Verfügung sowie eine Kollektion guter Werkzeuge. Und dann muß man wissen, wo Ersatzteile herzubekommen sind, Ersatz für Verschleißteile in erster Linie. Immerhin: Eine erstaunliche Angebotsbreite originaler oder originalgetreuer Ersatzteile steht dem Restaurator heute zur Verfügung, und es ist eigentlich nur eine Frage guten detektivischen Spürsinns, die Quellen ausfindig zu machen. Denn es sind weniger die autorisierten Jaguar-Vertretungen, sondern private Anbieter oder spezialisierte Oldtimer-Ersatzteil-Firmen, die solche Schätze offerieren.

Der Jaguar-Fan wird sich in den meisten Fällen an englische Lieferanten halten, deren Anschriften aus der einschlägigen Fachpresse zu entnehmen sind – die Branche ist sehr insertionsfreudig. Aber Insider kennen auch Quellen diesseits des Ärmelkanals, die erstaunlich gut sortiert sind. Und über deren Leumund – das ist wichtig bei der Anschaffung relativ teurer Teile – man am besten etwas durch einen Jaguar-Club erfährt, bei dem sich eine Mitgliedschaft für den Enthusiasten immer lohnt. Schon wegen der Erfahrungen, die andere Restauratoren im Laufe der Jahre an diversen Objekten gesammelt haben.

Einen fix und fertig restaurierten Wagen der fünfziger oder sechziger Jahre kann sich jeder kaufen – sofern er über das Kleingeld verfügt. Eine viel engere Beziehung zu »seinem« Wagen aber baut der auf, der in monate-, manchmal sogar jahrelanger Kleinarbeit sich einen Wagen von Grund auf in eigener Regie herrichtet. Das streckt auch die aufzuwendenden Kosten, verlangt nicht gleich die Investition eines sehr hohen Betrages. Natürlich vermag der Laie nicht sämtliche Arbeiten selbst zu verrichten, ist in vielen Fällen auf den Fachmann angewiesen, ganz klar. Dennoch gibt es tausendundeine Arbeit, die eigenhändig zu verrichten ist, und im Endergebnis zählen gerade diese damit zugebrachten, mühevollen Stunden so sehr für den stolzen Eigner eines Klassikers.

Unvorbereitet sollte man sich nicht in das Abenteuer stürzen, einen heruntergekommenen XK, E-Type oder Mk. VII anzuschaffen. Die Schwachstellen eines bestimmten Modells sind den Experten durchaus bekannt – und man kann sich sehr leicht im Schätzen der auf einen zukommenden Restaurierungskosten vergaloppieren, wenn man die kritischen Ecken nicht kennt. Auch ein Jaguar kann ein Blender sein, mit Spachtelmasse überladen und spraydosenlackiert. Und fehlinvestiertes Geld tut besonders weh, wenn man es in der Anschaffung zum Fenster hinausgeworfen hat. Lehrgeld bei der Arbeit draufzuzahlen, ist ein weniger schmerzhafter Prozeß, erweitert den Erfahrungsschatz. Man findet heute durchaus noch lohnenswerte Objekte, die es aufzubauen lohnt. Nur muß man sich in jedem Falle darüber im klaren sein, daß bei einem abgewirtschafteten, mit Rost und anderen Makeln behafteten Wagen etwa das Dreifache seines Anschaffungspreises noch als Restaurierungsaufwand hinzukommt. Steht der Wagen in akzeptabler Mittelmäßigkeit da, kann der Betrag geringer ausfallen, wird sich vielleicht »nur« verdoppeln. Ist der Wagen angeblich »sehr gut«, geht vielleicht noch einmal ein Viertel des Kaufpreises in Nacharbeiten drauf. Wenn man in Erfahrung gebracht hat, was beispielsweise die Neuanfertigung einer kompletten Lederausstattung für einen Mk. X kostet, hat man einen Anhaltspunkt, eine Relation zu anderen Preisen. Was immer unterm Strich herauskommt (wobei man die eigenen Arbeiten, Teilebeschaffungskosten, Telefonate, Reisen et cetera gar nicht mitzuzählen pflegt), ist eine meist sehr viel höhere

Einen klassischen Wagen im Angebot beim Fachmann zu erwerben, kann zwar etwas teurer sein – aber in der Regel ist man dabei besser dran als bei einer Occasion am Straßenrand!

Summe als jene, die man bei einem Spontanverkauf des restaurierten Objekts später erzielen würde. Auch die Preise für einen toprestaurierten Jaguar wachsen schließlich nicht in den Himmel. Nur wirklich nach höchsten Maßstäben restaurierte Einzelstücke können schon einmal einen (fast) astronomischen Preis erzielen, etwa Roadster vom Typ SS 100. Fazit: Hoher Restaurierungsaufwand lohnt meist nur, wenn man das Fahrzeug behalten will – wer aus spekulativen Überlegungen einen Wagen aufbaut, um ihn möglichst rasch und mit viel Gewinn weiterzuverkaufen, kommt meist nie auf seine Kosten.

Um so vorsichtiger ist der engagierte Jag-Fan also bei der Anschaffung seiner Preziosen. Jeder hier gesparte Hundert- oder Tausendmarkschein wird dringend für die anstehenden Folgekosten benötigt. Die auf den nachfolgenden Seiten gezeigten Checkpunkte mögen einen Anhaltspunkt geben, worauf man beim Kauf eines betagten Wagens – als Beispiel dient hier einer der so begehrten Mk. II – achten sollte.

Links: Kritische Überprüfung eines alten Wagens durch einen Experten ist ratsam.

Oben: Leonard Potter, ehedem ein aktiver Jaguar-Rennfahrer, am Steuer eines SS 100. Der Mercedes ist für den Butler…

TÜV- und Zulassungsprobleme gibt es erfahrungsgemäß bei einem älteren Jaguar nicht. Bei den Behörden liegen noch sämtliche ABE-Unterlagen vor (Allgemeine Betriebs-Erlaubnis), und wo dies einmal nicht der Fall sein sollte, wissen die Clubs Rat. Umrüstungen sind in den seltensten Fällen nötig. Einzig Winker müssen durch Blinker ersetzt werden (bei den ältesten Modellen), und die Flügelmuttern der Räder mit Zentralverschluß dürfen über die Karosserielinie nicht nach außen hervorstehen. Rechtslenkung oder nach vorn öffnende Türen, wie etwa bei den alten 2.5/3.5 Litre, sind keine Hürde, und das Fehlen von Sicherheitsgurten bei älteren Wagen ebensowenig. Verlangt wird indessen eine Diebstahlschutz-Einrichtung (Lenkradschloß) und eine Warnblinkanlage, die zu installieren kein Problem darstellt.

Eine große Zahl exzellenter Fachbücher hilft dem Jaguar-Liebhaber, mehr über seinen Wagen zu erfahren als dieses Buch zu vermitteln vermag. In England gibt es eine Buchreihe, die ausschließlich ältere und jüngere Testberichte aus britischen und amerikanischen Zeitschriften zum Inhalt hat. Das ist äußerst aufschlußreich, und man erfährt hier zudem eine Menge Details aus zeitgenössischen Berichten, an die man heute kaum mehr denken würde. 1967 »fühlte« sich auch ein Jaguar noch anders an als 1987…

Gerade um die längst zu raren Sammlerstücken avancierten Klassiker der sechziger Jahre, ihre Ausstrahlung und ihre zeitlose Schönheit geht es auch einigen Firmen, die sich diesen Fahrzeugen unter ganz bestimmten Gesichtspunkten widmen. Es ist vorzugsweise der Mk. II, dem ihr Interesse gilt.
Die britischen Unternehmen Vicarage, Autocats und Beacham wurden weit über Großbritannien hinaus berühmt für ihre Spezialität, aus einem serienmäßigen Jaguar Mk. II ein Hochleistungs-Reisefahrzeug mit zeitgemäß aktualisierter Technik zu machen – Wölfe im Schafspelz. Oder besser: Supercats im Jaguarfell. Der Begriff »Restaurierung« ist kaum mehr angebracht, denn vom XJ6- oder XJ12-Motor mit Katalysator und elektronischem Motormanagement bis zu moderner Getriebeautomatik, Klimaanlage, elektrischen Scheibenhebern und ebensolcher Sitzverstellung gibt es kein Komfort-Attribut, das diesen Fahrzeugen fehlen könnte. Die von Geoff Maycock von AutoCats in Rayleigh aufgebauten Mk.II, XK- und E-Type-Roadster sind nicht nur restauiert, sondern weitgehend optimiert – man könnte sie als »better than never before« bezeichnen...
Es liegt ein großer Reiz darin, in einen Klassiker à la Jaguar Mk. II die Technik von heu-

Gegenüberliegende Seite: 1938 karossierte die Pariser Firma Saoutchik diesen Jaguar SS 100 als Einzelstück im Auftrage eines deutschen Grafen, der in Polen lebte. Über Umwege gelangte der Roadster später wieder nach Deutschland und wurde von einem Jaguar-Händler in Frankfurt/Main restauriert. Der Wagen dürfte einer der interessantesten SS 100 sein, die noch existieren.

Rechts: Wenn es so unter der Haube eines Mk. II aussehen soll, wird eine fünfstellige DM-Summe auf der Rechnung stehen...

Unten: Die Experten von AutoCats in Rayleigh, Essex (England), gehören zu den Perfektionisten der Branche. Diesen 3.8 Liter Mk. II restaurierten sie im Auftrage eines griechischen Kunden.

te einzubauen, ohne daß sie besonders auffällig wird. Auch die in Soesterberg, Niederlande, ansässige Roadster Group macht aus einem Mk. II einen 4,2-Liter-Traumwagen mit Benzineinspritzung, Klimaautomatik, getönten Scheiben, Zentralverriegelung und so weiter. Der Originalspezifikation entsprechende Restaurierungen verstehen sich für diese holländischen Perfektionisten von selbst, und sie führen sie auch durch, doch Optionen für ein technisches Updating sind für viele Kunden natürlich verführerisch. Die Firma M & R Automobile in Günding bei Dachau in Bayern nimmt solche Konversionen in Einzelanfertigung ebenfalls vor und hat sich auf den Katalysatoreinbau spezialisiert. Und der für seine Jaguar-Rennhistorie weit über die Grenzen Deutschlands hinaus bekannte Experte und Perfektionist Roger Schweickert aus Pforzheim hat für seine Restaurierungs- und Aufrüstarbeiten an klassischen Jaguar Sportlimousinen einen beson-

Links: Man sieht es dem Interieur des 1961er Mk. II an, daß hier nicht gespart wurde. Von Seiten des Auftraggebers wurde auf die Optimierung der Sitzpolster Wert gelegt.

Unten: Von AutoCats 1990 wieder aufgebauter Jaguar E-Type Baujahr 1969.

ders guten Namen. Für manchen Besitzer eines mit Katalysator und anderen Modifikationen versehenen Jaguar-Klassikers, den er täglich fahren möchte, stellt sich die Frage nach prospektgetreuer Authentizität erst in zweiter Linie.
Last not least seien die Le Riche Automobile Restorers auf der Insel Jersey erwähnt, die systematisch alte Austin-Seven-Komponenten der späten zwanziger, frühen dreißiger Jahre aufkaufen – wie man sie in Großbritannien noch immer finden kann – und sie mit neu angefertigten Karosserien bestücken. Die Besonderheit: Es sind Aufbauten, die exakt den einst von William Lyons gebauten Swallow Seven Roadstern entsprechen.

Die äußerst reizvollen Vintage-Zweisitzer entsprechen mechanisch ganz dem Original, sind also nicht modernisiert, lediglich der Aufbau ist eine Reproduktion. Mit generalüberholtem Chassis/Motor/Interieur bot Le Riche diese Liebhaberstücke 1998 in fahrbereitem Zustand für rund 20.000 Pfund Sterling an. Wer die Komponenten in Baukastenform orderte, um sie in eigener Regie zusammenzusetzen, zahlte die Hälfte. Der kleine Swallow ist der Blickfang jeder Show und ein extravagantes Sammlerstück für Freunde kleiner Autos der besonderern Art.

Rechts: Besser als fabrikneu...? Cockpit des restaurierten E-Type – ausnahmsweise einmal keine linksgelenkte Exportversion.

Unten: Klaus Müller von der Firma M&R Automobile in Günding bei München führt eine kleine, auf individuelle Kundenwünsche spezialisierte Werkstatt. Für Jaguar-Liebhaber ein echter Geheimtip...

Vor dem Kauf sollte man die Spachtelstärke unter dem Lack testen, etwa durch den Filler-Finder, der mit Leuchtdioden-Elektronik arbeitet.

Nicht die Lackdose auf die Karosserie stellen und mit einem Bürstenpinsel den E-Type bearbeiten!

Hier dringt gern Regenwasser ein. Die Edelholzfurniere können dadurch anlaufen und nach einer Weile auch faulen.

Auch im Kofferraum unter die Bodenmatten schauen. Eine nur oberflächliche Inspektion genügt in keinem Falle.

Auch mit einem Stabmagneten läßt sich feststellen, ob eine dicke Spachtelmasse zwischen Blech und Lack sitzt!

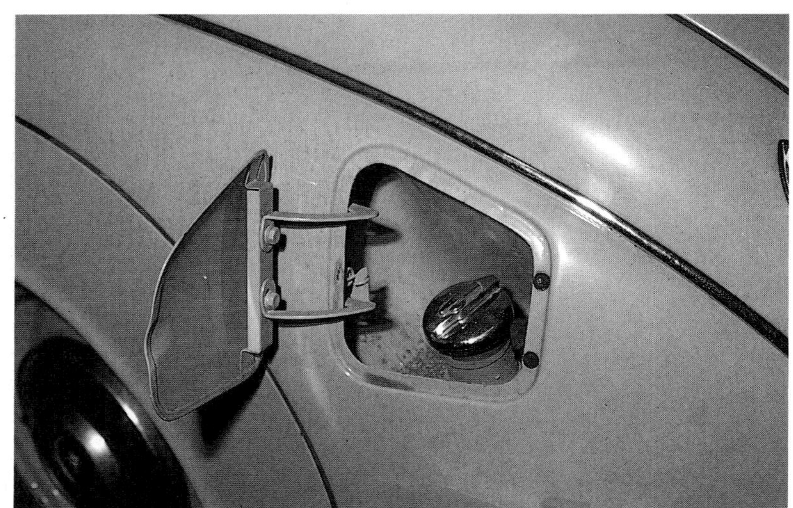

Ein typisches Rostnest ist die Innenseite der Klappe für den Kraftstoff-Einfüllstutzen – nicht nur beim Jaguar.

Ein Blick unter die Motorhaube läßt auf den ersten Blick erkennen, ob man es mit einem gepflegten Aggregat zu tun hat.

Kompression prüfen. Es kommt darauf an, daß sie auf allen Zylindern gleich hoch ist. Abweichungen deuten auf Defekte hin.

Sehr wichtig: Am Ölmeßstab dürfen unten weder feine Metallspäne erkennbar sein noch Spuren von Wassertropfen …

Bei älteren Fahrzeugen ist die Lenkung ein kritischer Punkt. Alle Gelenke sorgfältig checken (Grube, Hebebühne).

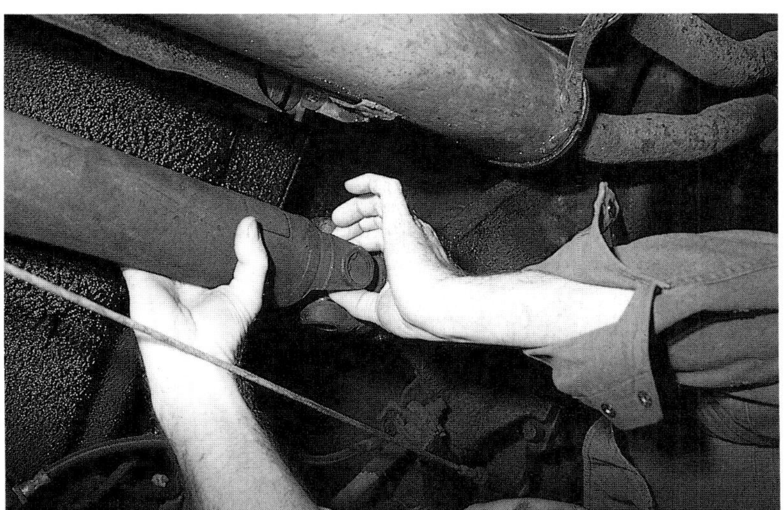

Spiel in den Kardangelenken? Eine natürliche Verschleißerscheinung eigentlich bei fast allen Wagen mit hoher Laufleistung.

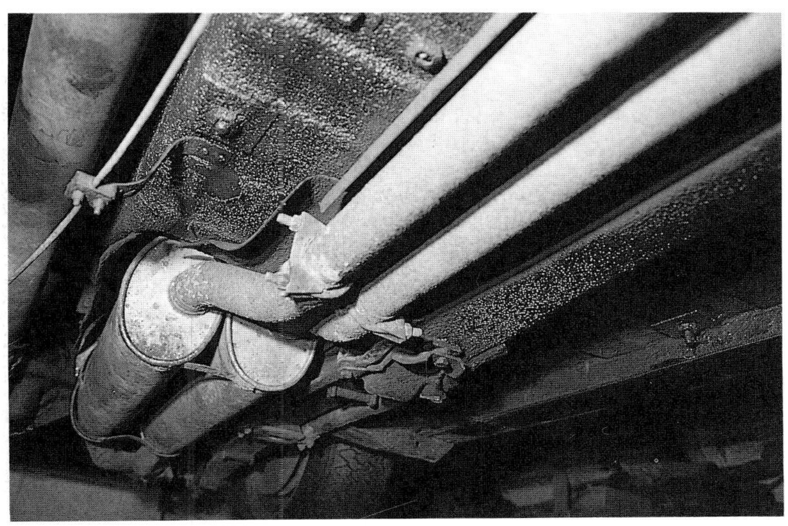

Auspuffanlagen sind immer anfällig. Eine aus rostfreiem Edelstahl hält beinahe ein ganzes Autoleben lang, ist aber teuer.

JAGUAR IN ZAHLEN UND DATEN

Für den Historiker zählen reale Fakten; den Blick verklärende, von Nostalgie getragene Sympathieerklärungen können ihn nicht beeindrucken. Wie schön, daß dieses Buch aber beiden Aspekten Rechnung trägt. Es soll dem Leser die sprichwörtliche Jaguar-Faszination vermitteln, ihn aber auch zugleich mit wichtigen Informationen, Fakten und Daten zur Marken- und Modellgeschichte versorgen.

Die nachfolgenden Seiten enthalten, wie man meinen könnte, »trockene« Substanz, doch der Jaguar-Enthusiast wird sich das heraussuchen, was ihn interessiert. Drei Angaben vorweg: Wer auf der Suche nach den Namen der dienstältesten Jaguar-Händler in Großbritannien, Deutschland, Österreich und Schweiz ist, dem seien sie hier verraten. In England war es Percy J. Evans in Birmingham, der bei William 1928 die ersten 50 Swallows in Auftrag gab. In der Schweiz trat Emil Frey schon in den frühen zwanziger Jahren als Swallow-Importeur auf und verkaufte in Zürich auch die ersten SS- und Jaguar-Automobile. In Deutschland darf das 1945 gegründete Autohaus Birkelbach & Unkrüer für sich in Anspruch nehmen, älteste offizielle Jaguar-Repräsentanz zu sein: das Unternehmen ist seit 1949 dabei. In Österreich zählt das Autohaus Meisinger GmbH in Innsbruck-Völs seit 1970 zu jenen ersten Jaguar-Vertragspartnern, die auch heue noch dabei sind; vorher oblag der Jaguar-Import einzelnen Händlern, die im Kundenauftrag aktiv wurden.

Noch ein paar bemerkenswerte Zahlen? Nun, an der Entstehung und am Bau des Jaguar XJ220 waren von 1990 bis 1994 48 Zulieferfirmen involviert. Oder: 800 PS leistete ein V12-Jaguar-Motor mit zwei Abgas-Turboladern, den die Firma Broadspeed 1982 für ein Rennboot tunte. Oder: Exakt 2050 Jaguar Mk.II wurden in Teilen nach Fernost und Südamerika verschifft, um dort zusammengebaut zu werden. Oder: Von 17.620 Daimler V8 bzw. V8-250 wurden von 1962 bis 1969 nur 760 mit Handschaltung gebaut, und von diesen besaßen nur 60 keinen Overdrive. Oder: 16.900 Kilometer absolvierten Nigel Webb und Derek Radcliffe mit ihrem Mk. VII Baujahr als Teilnehmer der Peking-Paris-Wettfahrt 1997. Nicht ganz pannenfrei, aber immerhin »am Stück«!

Der Sultan von Brunei, der über eine der umfangreichsten Automobilsammlungen der Welt verfügt, besitzt – wie gut informierte Insider zu berichten wissen – über 98 Jaguar-Modelle. Wenn er eines von ihnen benutzt, dann grundsätzlich ohne Kennzeichen. Apropos Kennzeichen: Die britische Nummer JAG-1, unter Brüdern mehr als 10.000 Pfund Sterling wert, ziert einen XK-SS, den 1997 der Apotheker Allen Lloyd dem Jaguar Daimler Heritage Trust zum Geschenk machte. Es war das 111. Fahrzeug der JDHT-Kollektion...

JAGUAR AUTOMOBIL-ABSATZ UND EXPORT 1931–1997

Jahr	Auslieferungen insgesamt	Export insgesamt	Export Deutschland	Export Österreich	Export Schweiz
1931-32	776	40	k. A.	k. A.	k. A.
1933	1525	131	k. A.	k. A.	k. A.
1934	1783	219	k. A.	k. A.	k. A.
1935	1720	213	k. A.	k. A.	k. A.
1936	2469	186	k. A.	k. A.	k. A.
1937	3554	243	k. A.	k. A.	k. A.
1938	2209	188	k. A.	k. A.	k. A.
1939	5378	252	k. A.	k. A.	k. A.
1940	899	82	k. A.	k. A.	k. A.
1946	1132	316	k. A.	k. A.	k. A.
1947	4342	949	k. A.	k. A.	k. A.
1948	4186	2173	k. A.	k. A.	k. A.
1949	3313	1224	k. A.	5	k. A.
1950	6647	3926	k. A.	17	k. A.
1951	5805	4273	k. A.	8	k. A.
1952	8979	7978	192	6	k. A.
1953	10114	7643	121	14	k. A.
1954	10031	5335	93	5	k. A.
1955	9900	5438	137	8	k. A.
1956	12153	6847	132	15	k. A.
1957	12952	6614	92	17	k. A.
1958	17552	9177	138	32	k. A.
1959	20876	10476	136	20	k. A.
1960	19341	9877	266	34	k. A.
1961	24018	10174	342	88	k. A.
1962	22030	11135	493	68	k. A.
1963	24989	12235	390	84	k. A.
1964	24348	10206	354	69	k. A.
1965	24601	9560	312	88	k. A.
1966	25939	12098	329	80	k. A.
1967	22650	12026	307	88	k. A.
1968	24315	9800	275	202	453
1969	27209	14970	506	229	855
1970	30423	18422	556	345	790
1971	32589	18406	741	255	938
1972	22988	11174	419	327	630
1973	29815	16883	456	206	639
1974	26632	12175	376	119	394
1975	24469	12211	772	148	335
1976	35042	14641	1557	282	389
1977	21953	12566	1367	260	452
1978	24980	12168	1547	110	417
1979	17160	9125	1158	100	272
1980	15011	9091	1112	106	394
1981	15562	9874	974	60	340
1982	21619	15179	744	66	400
1983	29175	22106	1234	99	353
1984	33147	25873	1938	80	430
1985	37745	29696	2350	132	426
1986	40971	33392	1793	126	418
1987	46643	35541	2175	138	655
1988	49494	34990	2291	157	797
1989	47400	33157	2391	177	768
1990	42754	32090	2353	166	777
1991	25661	19852	2148	199	464
1992	22478	16835	1930	115	326
1993	27338	21123	2020	139	362
1994	30020	23335	1449	166	402
1995	39727	30929	2667	277	527
1996	39001	30579	2512	219	635
1997	43775	34251	3189	247	703

Anmerkung: Die erfaßten Werte beziehen sich auf das Jaguar-Geschäftsjahr; bis 1968 endete es mit dem 31. Juli, danach bis 1975 mit dem 30. September. Ab 1976 entspricht es dem Kalenderjahr.
Exporte nach Deutschland wurden vor 1949 statistisch nicht erfaßt, für Österreich liegen vor 1952 keine Angaben vor, für die Schweiz nicht vor 1968.
Nicht berücksichtigt sind die bis 1934 noch hergestellten Swallow-Seitenwagen und Sonderkarosserien (Standard, Wolseley, Austin).

Jaguar Fahrzeugbestand in Deutschland 1972–1997

	1972	1973	1974	1975	1976	1977	1978	1979	1980	1981	1982	1983	1984	1985	1986	1987	1988	1989	1990	1991	1992	1993	1994	1995	1996	1997
000	3023	3225	3102	2966	2944	2965	2950	0908	2708	2393	2063	2351	3733	6012	7509	8762	10714	12557	14268	15831	17559	19356	20855	22418	24195	26234
100	-	-	-	-	-	-	-	-	-	-	-	1985	2203	2313	2290	2432	2728	3178	3471	3772	4154	4996	5487	5738	5883	5861
300	-	-	-	-	-	-	-	-	-	-	-	233	948	1885	2636	3001	3236	3268	3143	3007	2890	2741	2548	2406	2238	2007
301	-	-	-	-	-	-	-	-	-	-	-	117	496	1425	1765	1500	1376	1330	1290	1245	1218	1178	1145	1081	1039	944
302	-	-	-	-	-	-	-	-	-	-	-	16	85	121	121	116	108	101	101	103	99	94	88	87	75	63
303	-	-	-	-	-	-	-	-	-	-	-	-	1	162	292	370	421	437	423	401	377	358	336	320	282	257
304	-	-	-	-	-	-	-	-	-	-	-	-	-	88	133	138	144	130	127	124	114	115	106	100	94	89
305	-	-	-	-	-	-	-	-	-	-	-	-	-	18	107	78	73	72	70	67	67	65	60	60	59	51
306	-	-	-	-	-	-	-	-	-	-	-	-	-	-	114	125	155	175	162	151	150	144	133	129	117	105
307	-	-	-	-	-	-	-	-	-	-	-	-	-	-	30	52	49	48	49	47	47	45	44	44	43	40
310	-	-	-	-	-	-	-	-	-	-	-	-	-	-	-	-	-	-	-	-	1	1	2	2	2	2
311	-	-	-	-	-	-	-	-	-	-	-	-	-	-	21	40	39	37	37	37	36	36	34	32	31	30
312	-	-	-	-	-	-	-	-	-	-	-	-	-	-	-	-	-	-	1	1	1	1	1	1	1	-
314	-	-	-	-	-	-	-	-	-	-	-	-	-	-	-	10	28	65	62	69	58	59	57	53	51	51
315	-	-	-	-	-	-	-	-	-	-	-	-	-	-	-	5	27	141	135	130	126	125	126	117	109	101
317	-	-	-	-	-	-	-	-	-	-	-	-	-	-	-	61	176	574	1013	1422	1852	1936	1919	1890	1863	1817
320	-	-	-	-	-	-	-	-	-	-	-	-	-	-	-	700	1678	1344	1116	1009	950	898	859	817	748	667
321	-	-	-	-	-	-	-	-	-	-	-	-	-	-	-	134	294	282	278	264	258	248	236	222	210	198
322	-	-	-	-	-	-	-	-	-	-	-	-	-	-	-	-	40	59	51	47	46	45	43	40	38	35
324	-	-	-	-	-	-	-	-	-	-	-	-	-	-	-	-	3	5	5	4	4	4	5	5	5	5
325	-	-	-	-	-	-	-	-	-	-	-	-	-	-	-	-	3	1	1	1	1	1	1	1	1	1
326	-	-	-	-	-	-	-	-	-	-	-	-	-	-	-	-	132	1054	1093	944	912	880	846	817	777	717
327	-	-	-	-	-	-	-	-	-	-	-	-	-	-	-	-	3	21	24	17	15	13	12	13	14	11
328	-	-	-	-	-	-	-	-	-	-	-	-	-	-	-	-	1	70	232	301	291	272	273	262	248	239
329	-	-	-	-	-	-	-	-	-	-	-	-	-	-	-	-	-	10	16	11	11	11	11	11	11	9
330	-															-	-	127	380	506	499	490	486	482	461	443
331	-															-	-	28	74	87	86	82	80	81	76	74
332	-															-	-	-	914	1709	2255	2760	3224	3308	3195	3070
333	-															-	-	-	-	353	726	977	1319	1266	1121	1092
334	-															-	-	-	-	8	154	210	241	240	234	224
335	-															-	-	-	-	8	55	93	89	85	85	82
336	-															-	-	-	-	-	105	145	154	152	147	141
337	-															-	-	-	-	-	1	32	100	117	120	116
338	-															-	-	-	-	-	-	287	672	776	757	734
339	-															-	-	-	-	-	-	5	51	63	65	62
340	-															-	-	-	-	-	-	9	66	99	107	107
341	-															-	-	-	-	-	-	-	-	6	18	18
342	-															-	-	-	-	-	-	-	1	25	50	55
343	-															-	-	-	-	-	-	-	-	623	1402	2165
344	-															-	-	-	-	-	-	-	-	313	554	642
345	-															-	-	-	-	-	-	-	-	270	1376	1997
346	-	-	-	-	-	-	-	-	-	-	-	-	-	-	-	-	-	-	-	-	-	-	-	264	488	640
347	-	-	-	-	-	-	-	-	-	-	-	-	-	-	-	-	-	-	-	-	-	-	-	-	-	564
348	-	-	-	-	-	-	-	-	-	-	-	-	-	-	-	-	-	-	-	-	-	-	-	-	-	708

Erläuterungen zu den Modell-Schlüsselnummern:
Alle Angaben nach Erfassungen durch das Kraftfahrt-Bundesamt in Flensburg. 000 = vom KBA nicht spezifizierte Modelle bis einschl. Serie II (erfaßt 1972-1982) • 100 = vom KBA nicht spezifizierte Modelle bis einschl. Serie II (erfaßt 1983-1997) • 300 = XJ 12 Serie III und Daimler Double Six • 301 = XJ6 4.2 und Daimler Sovereign 4.2 • 302 = XJ6 3.4 • 303 = XJS V12 Coupé • 304 = XJS 3.6 Coupé • 305 = XJ-SC 3.6 Cabriolet • 306 = XJ-SC V12 Cabriolet • 307 = Sovereign V12 und Daimler Double Six • 308 = XJS V12 Coupé • 309 = XJ-SC V12 Cabriolet • 310 = XJ6 4.2 Sovereign mit Kat • 311 = XJ6 4.2 Sovereign ohne Kat • 312 = XJS V12 Coupé mit Kat • 313 = XJ-SC V12 Cabriolet mit Kat • 314 = XJ-SC V12 Cabriolet ohne Kat • 315 = XJ-SC V12 Cabriolet ohne Kat • 316 = Sovereign V12 und Daimler Double Six mit Kat • 317 = Sovereign V12 und Daimler Double Six ohne Kat • 318 = XJ6 (XJ40) 2.9 mit Kat • 319 = XJ6 (XJ40) 2.9 ohne Kat • 320 = XJ6 (XJ40) 3.6 und Daimler 3.6 ohne Kat • 321 = XJ6 (XJ40) 3.6 und Daimler 3.6 mit Kat •322 = XJS 3.6 Coupé ohne Kat • 323 = XJ-SC 3.6 Cabriolet ohne Kat • 324 = XJS 3.6 Coupé mit Kat • 325 = XJ-SC 3.6 Cabriolet mit Kat • 326 = XJ6 (XJ40) 3.6 und Daimler 3.6 • 327 = XJS V12 Coupé ohne Kat • 328 = XJS V12 Coupé mit Kat • 329 = XJ-SC V12 Cabriolet mit Kat • 330 = XJ-SC V12 Cabriolet ohne Kat • 331 = XJS 3.6 Coupé • 332 = XJ6 (XJ40) und Daimler 4.0 • 333 = XJ6 (XJ40) 3.2 • 334 = XJS 4.0 Coupé • 335 = XJS V12 Coupé • 336 = XJ-SC V12 Cabriolet • 337 = XJS Cabriolet 4.0 • 338 = XJ12 und Daimler Double Six 6.0 • 339 = XJS V12 6.0 Coupé • 340 = XJ-SC V12 6.0 Cabriolet • 341 = XJS 4.0 Coupé • 342 = XJS 4.0 Cabriolet • 343 = XJ6 (X300) und Daimler 4.0 • 344 = XJ6 (X300) Kompressor • 345 = XJ6 (X300) 3.2 • 346 = XJ12 (X300) und Daimler Double Six • 347 = XK8 Coupé • 348 = XK8 Cabriolet.

In Deutschland eingeführte Jaguar und Daimler Automobile 1951–1998

Liste der in Deutschland eingeführten Jaguar Serienmodelle 1951-1998 (ab 1962 einschließlich Daimler) mit Basis-Listenpreisen in DM inkl. MWSt, jeweils Stand März bzw. Juli, bei neuen Modellen ab Datum der Markteinführung. Kein Anspruch auf Vollständigkeit (z. B. bei Getriebe- und Ausstattungsvarianten). Modellbezeichnungen und -schreibweisen wurden werkseitig nicht immer konsequent verwendet; alle Angaben ohne Gewähr nach zeitgenössischen Quellen und Importeur- bzw. Händlerinformationen sowie Eurotax-Marktdaten (n. a. = Modell in Deutschland nicht angeboten, n. b. = Neupreis nicht belegbar).

1951	XK 120 Roadster	DM 18.000
	XK 120 Coupé (ab Mai)	DM 18.000
	Mk.VII Saloon	DM 19.000
1952	XK 120 Roadster	DM 18.000
	XK 120 Coupé	DM 18.000
	Mk.VII Saloon	DM 19.000
1953	XK 120 Roadster	DM 18.250
	XK 120 Coupé	DM 18.250
	XK 120 Cabriolet	DM 22.000
	Mk.VII Saloon	DM 19.400
1954	XK 120 Roadster	DM 18.975
	XK 120 Coupé	DM 20.150
	XK 120 Cabriolet	DM 22.260
	Mk.VII Saloon	DM 19.750
1955	XK 140 Roadster	DM 18.975
	XK 140 Coupé	DM 20.150
	XK 140 Cabriolet	DM 22.260
	Mk.VII M Saloon	DM 19.750
	2.4 Litre Saloon (Mk.I)	DM 16.400
	D-Type 3.5 Litre	DM 36.500
1956	XK 140 Roadster	DM 18.000
	XK 140 Coupé	DM 19.400
	XK 140 Cabriolet	DM 20.000
	Mk.VII M Saloon 4-Gang oder Automatik	DM 18.750
	2.4 Litre Saloon (Mk.I)	DM 16.250
1957	XK 140 Roadster	DM 18.000
	XK 140 Coupé	DM 19.400
	XK 140 Cabriolet	DM 20.000
	Mk.VII M Saloon4-Gang oder Automatik	DM 18.750
	Mk.VIII Saloon	DM 18.750
	2.4 Litre Saloon (Mk.I)	DM 16.250
	3.4 Litre Saloon (Mk.I)	DM 18.700
	3.4 Litre Saloon (Mk.I) Autom.	DM 20.700
1958	XK 150 Roadster	DM 21.500
	XK 150 S Roadster	DM 24.250
	Mk.VIII Saloon	DM 20.300
	Mk.VIII Saloon Automatik	DM 21.800
	Mk. IX 4-Gang oder Automatik (ab November)	(n. b.)
	2.4 Litre Saloon (Mk.I)	DM 16.400
	2.4 Litre Saloon (Mk.I) Automatik	DM 18.400
	3.4 Litre Saloon (Mk.I)	DM 18.700
	3.4 Litre Saloon (Mk.I) Automatik	DM 20.700
1959	XK 150 S Coupé	DM 25.550
	XK 150 S Roadster	DM 23.300
	Mk.VIII Saloon	DM 20.300
	Mk. IX 4-Gang oder Automatik	(n. a.)
	2.4 Litre Saloon (Mk.I) (bis November)	DM 16.800
	2.4 Litre Saloon (Mk.I) Automatik (bis November)	DM 18.800
	3.4 Litre Saloon (Mk.I) (bis November)	DM 18.100
	3.4 Litre Saloon (Mk.I) Automatik (bis November)	DM 19.800
	3.8 Litre Saloon (Mk.I) Automatik (bis November)	DM 23.000
1960	XK 150 Roadster	DM 22.800
	XK 150 Coupé	DM 22.800
	XK 150 Cabriolet	DM 23.150
	XK 150 S Roadster	DM 25.500
	XK 150 S Coupé	DM 25.500
	XK 150 S Cabriolet	DM 25.900
	Mk. IX 4-Gang oder Automatik	(n. a.)
	2.4 Litre Saloon Mk.II	DM 18.950
	3.4 Litre Saloon Mk.II	DM 20.450
	3.4 Litre Saloon Mk.II Automatik	DM 22.450
	3.8 Litre Saloon Mk.II Automatik	DM 23.000
1961	XK 150 S Coupé	DM 22.950
	XK 150 S Roadster	DM 23.300
	E-Type 3.8 Roadster	DM 25.000
	E-Type 3.8 Coupé	DM 26.000
	Mk. IX Saloon 4-Gang oder Automatik	DM (n. b.)
	Mk.X Saloon 4-Gang oder Automatik (ab Nov.)	DM 29.500
	2.4 Litre Saloon Mk.II	DM 19.100
	3.4 Litre Saloon Mk.II	DM 21.500
	3.4 Litre Saloon Mk.II Automatik	DM 23.500
	3.8 Litre Saloon Mk.II Automatik	DM 22.850
1962	E-Type 3.8 Roadster	DM 26.000
	E-Type 3.8 Coupé	DM 27.000
	Mk.X Saloon 4-Gang oder Automatik	DM 29.500
	2.4 Litre Saloon Mk.II	DM 19.850
	2.4 Litre Saloon Mk.II Automatik	DM 21.100
	3.4 Litre Saloon Mk.II	DM 21.500
	3.4 Litre Saloon Mk.II Automatik	DM 22.750
	3.8 Litre Saloon Mk.II	DM 23.500
	3.8 Litre Saloon Mk.II Automatik	DM 24.750
	Daimler SP 250 Roadster	DM 17.950
	Daimler 2.5 V8 Saloon	(in Deutschland noch nicht erhältlich)
	Daimler Majestic 4.8 V8 Saloon	DM 37.000
	Daimler Majestic 4,8 V8 Limousine	DM 45.000

1963	E-Type 3.8 Roadster	DM 26.000
	E-Type 3.8 Coupé	DM 27.000
	Mk.X Saloon 4-Gang oder Automatik	DM 18.250
	2.4 Litre Saloon Mk.II	DM 19.850
	3.4 Litre Saloon Mk.II	DM 21.500
	3.4 Litre Saloon Mk.II Automatik	DM 22.750
	3.8 Litre Saloon Mk.II Automatik	DM 29.500
	S-Type 3.4 Litre (ab September)	DM 24.500
	S-Type 3.8 Litre (ab September)	DM 26.500
	Daimler 2.5 V8 Saloon	DM 22.500
	Daimler SP 250 Roadster	DM 18.500
	Daimler Majestic 4,8 V8 Limousine	DM 45.500
1964	E-Type 3.8 Roadster	DM 26.000
	E-Type 3.8 Coupé	DM 27.000
	E-Type 4.2 Roadster (ab Oktober)	DM 27.500
	E-Type 4.2 Coupé (ab Oktober)	DM 29.000
	E-Type 4.2 2+2 (ab Oktober)	DM 32.500
	2.4 Litre Saloon Mk.II	DM 19.850
	3.4 Litre Saloon Mk.II	DM 21.500
	3.4 Litre Saloon Mk.II Automatik	DM 22.750
	3.8 Litre Saloon Mk.II	DM 23.500
	3.8 Litre Saloon Mk.II Automatik	DM 24.750
	S-Type 3.4 Litre	DM 24.500
	S-Type 3.8 Litre	DM 26.500
	Mk.X Saloon 4.2	DM 28.250
	Mk.X Saloon 4.2 Automatik	DM 29.500
	Daimler 2.5 V8 Saloon	DM 22.500
	Daimler Majestic 4,8 V8 Limousine	DM 45.500
1965	E-Type 4.2 Roadster	DM 27.500
	E-Type 4.2 Coupé	DM 29.000
	E-Type 4.2 2+2	DM 32.500
	2.4 Litre Saloon Mk.II	DM 18.900
	3.4 Litre Saloon Mk.II	DM 21.500
	3.4 Litre Saloon Mk.II Automatik	DM 22.750
	3.8 Litre Saloon Mk.II Automatik	DM 24.750
	S-Type 3.4 Litre	DM 24.500
	S-Type 3.8 Litre	DM 25.900
	420 G 4.2 Litre Saloon Automatik	DM 33.700
	Mk.X Saloon 4.2 4-Gang oder Automatik	DM 31.500
	Daimler 2.5 V8 Saloon	DM 22.500
	Daimler Majestic 4,8 V8 Limousine	DM 45.500
1966	E-Type 4.2 Roadster	DM 27.500
	E-Type 4.2 Coupé	DM 29.000
	E-Type 4.2 2+2	DM 32.500
	2.4 Litre Saloon Mk.II	DM 18.900
	2.4 Litre Saloon Mk.II Automatik	DM 21.100
	3.4 Litre Saloon Mk.II	DM 22.750
	3.4 Litre Saloon Mk.II Automatik	DM 22.750
	3.8 Litre Saloon Mk.II	DM 22.150
	3.8 Litre Saloon Mk.II Automatik	DM 23.750
	S-Type 3.4 Litre	DM 24.150
	S-Type 3.8 Litre	DM 25.900
	420 4.2 Litre Saloon 4-Gang od. Aut. (ab Oktober)	DM 31.500
	420 G 4.2 Litre Saloon Autom. (ab Oktober)	DM 32.750
	Mk.X Saloon 4.2 »L« Automatik	DM 36.750
	Daimler 2.5 V8 Saloon	DM 22.500
	Daimler Sovereign 4.2	DM 29.200
	Daimler Majestic 4,8 V8 Limousine	DM 47.500
1967	E-Type 4.2 Roadster	DM 27.500
	E-Type 4.2 Coupé	DM 29.000
	E-Type 4.2 2+2	DM 32.500
	2.4 Litre Saloon Mk.II (bis November)	DM 15.900
	3.4 Litre Saloon Mk.II (bis November)	DM 18.600
1967	3.4 Litre Saloon Mk.II Autom. (bis Nov.)	DM 19.850
	3.8 Litre Saloon Mk.II (bis Nov.)	DM 22.900
	3.8 Litre Saloon Mk.II Autom. (bis Nov.)	DM 24.150
	S-Type 3.4 Litre	DM 20.550
	S-Type 3.8 Litre	DM 21.750
	240 Saloon (ab September)	DM 15.900
	340 Saloon (ab September)	DM 18.150
	420 4.2 Litre Saloon 4-Gang od. Autom.	DM 28.200
	420 G 4.2 Litre Saloon Autom.	DM 33.700
	Daimler 2.5 V8 Saloon	DM 22.500
	Daimler Sovereign 4.2 Automatik	DM 30.450
	Daimler Majestic 4.8 V8 Limousine	(n. a.)
1968	E-Type 4.2 Serie II Roadster	DM 26.950
	E-Type 4.2 Serie II Coupé	DM 28.270
	E-Type 4.2 Serie II 2+2	DM 30.250
	S-Type 3.4 Litre (bis August)	DM 20.570
	S-Type 3.8 Litre (bis Juni)	DM 21.890
	240 Saloon	DM 16.280
	340 Saloon (bis September)	DM 18.150
	XJ6 2.8	(in Deutschland noch nicht erhältlich)
	XJ6 2.8 de luxe	(in Deutschland noch nicht erhältlich)
	XJ6 4.2 de luxe Automatik	DM 30.738
	420 4.2 Litre Saloon Automatik	DM 28.380
	420 G 4.2 Litre Saloon Automatik	DM 34.375
	Daimler 250 V8 Saloon	DM 22.181
	Daimler Sovereign 4.2	DM (n. b.)
	Daimler Majestic 4.8 V8 Limousine	(n. a.)
1969	E-Type 4.2 Serie II Roadster	DM 27.195
	E-Type 4.2 Serie II Coupé	DM 28.638
	E-Type 4.2 Serie II 2+2	DM 31.191
	240 Saloon (bis April)	DM 19.732
	XJ6 2.8 4-Gang	DM 22.195
	XJ6 2.8 de luxe	DM 25.291
	XJ6 4.2 de luxe Automatik	DM 30.336
	420 G 4.2 Automatik	DM 35.779
	Daimler 250 V8 Saloon	DM 22.181
	Daimler 420 Limousine	(n. a.)
1970	E-Type 4.2 Serie II Roadster	DM 27.195
	E-Type 4.2 Serie II Coupé	DM 28.638
	E-Type 4.2 Serie II 2+2	DM 31.191
	XJ6 2.8 4-Gang	DM 22.194
	XJ6 2.8 de luxe	DM 24.136
	XJ6 4.2	DM 28.600
	XJ6 4.2 de luxe Automatik	DM 30.646
	420 G 4.2 Automatik	DM 35.779
	Daimler 250 V8 Saloon	DM 21.181
	Daimler 420 Limousine	(n. a.)
1971	E-Type V12 Roadster	DM 36.050
	E-Type V12 2+2 Coupé	DM 37.750
	XJ6 2.8 4-Gang	DM 30.000
	XJ6 4.2 de luxe Automatik	DM 35.000
	Daimler 420 Limousine	(n. a.)
1972	E-Type V12 Roadster	DM 36.050
	E-Type V12 2+2 Coupé	DM 37.750
	XJ6 2.8 4-Gang	DM 26.620
	XJ6 4.2 de luxe Automatik	DM 30.740
	XJ12 5.3 V12 Serie I Aut. (ab Feb. 1973)	DM 39.500
	Daimler 4.2 Six	(n. b.)
	Daimler Double Six	(n. b.)
	Daimler 420 Limousine	(n. a.)
1973	XJ6 2.8 Ser. II 4-Gang (ab September)	DM 26.900
	XJ6 4.2 Ser. II 4-Gang (ab September)	DM 33.545

1973

XJ6 4.2 Ser. II Automatik (ab September)	DM 34.045
XJ12 5.3 V12 Ser. II Automatik	DM 41.000
XJC 5.3 V12 Coupé Automatik (ab Okt.)	(n. b.)
XJC 4.2 Coupé 4-Gang od. Autom. (ab Okt.)	DM 39.900
E-Type V12 Roadster	DM 36.360
E-Type V12 Coupé	DM 40.135
Daimler 4.2 Six	(n. b.)
Daimler Double Six	(n. b.)
Daimler 420 Limousine	(n. a.)

1974

XJ6 4.2 Ser. II 4-Gang	DM 33.545
XJ6 4.2 Ser. II Automatik	DM 34.045
XJ12 5.3 V12 Ser. II Automatik	DM 43.350
XJC 5.3 V12 Coupé Automatik	(n. b.)
XJC 4.2 Coupé 4-Gang oder Automatik	DM 39.900
E-Type V12 Roadster	DM 36.360
E-Type V12 Coupé	DM 40.135
Daimler 4.2 Six	(n. b.)
Daimler Double Six	(n. b.)
Daimler 420 Limousine	(n. a.)

1975

XJ6 3.4 Ser. II 4-Gang oder Automatik	(n. b.)
XJ6 4.2 Ser. II 4-Gg. od. Aut., im Mai Kaross.-Mod.	DM 39.194
XJ6 4.2 Coupé 4-Gang oder Automatik	(n. b.)
XJ12 5.3 V12 Ser. II Automatik	DM 50.890
XJC 5.3 V12 Coupé Automatik	DM 54.476
XJC 4.2 Coupé 4-Gang oder Automatik	DM 41.268
XJ-S 3.4 Coupé 4-Gang oder Automatik	(n. b.)
E-Type V12 Roadster (aus Baujahr 1974; nur US Export)	
Daimler Sovereign 3.4 4-Gang oder Automatik	(n. a.)
Daimler Sovereign 4.2 4-Gang oder Automatik	(n. a.)
Daimler Double Six Automatik	(n. a.)
Daimler Double Six Vanden Plas Automatik	(n. a.)
Daimler Double Six Coupé Automatik	(n. a.)
Daimler 420 Limousine	(n. a.)

1976

XJ6 3.4 Ser. II 4-Gang oder Automatik	(n. b.)
XJ6 4.2 Ser. II 4-Gang oder Automatik	DM 35.150
XJ12 5.3 Ser. II Automatik	DM 47.290
XJC 4.2 Coupé 4-Gang oder Automatik	DM 37.610
XJC 5.3 V12 Coupé Automatik	DM 50.500
XJ-S 3.4 Coupé 4-Gang oder Automatik	(n. b.)
XJ-S 5.3 V12 Coupé Automatik	DM 54.200
Daimler Sovereign 3.4 4-Gang oder Automatik	(n. a.)
Daimler Sovereign 4.2 4-Gang oder Automatik	(n. a.)
Daimler Double Six Automatik	(n. a.)
Daimler Double Six Vanden Plas Automatik	(n. a.)
Daimler Double Six Coupé Automatik	(n. a.)
Daimler 420 Limousine	(n. a.)

1977

XJ6 3.4 Ser. II 4-Gang oder Automatik	(n. b.)
XJ6 4.2 Ser. II 4-Gang oder Automatik	DM 35.150
XJ12 5.3 Ser. II Automatik	DM 47.290
XJC 5.3 V12 Coupé Automatik	DM 50.500
XJC 4.2 Coupé 4-Gang oder Automatik	DM 37.610
XJ-S 3.4 Coupé 4-Gang oder Automatik	(n. b.)
XJ-S 5.3 V12 Coupé Automatik	DM 54.200
Daimler Sovereign 3.4 4-Gang oder Automatik	(n. a.)
Daimler Sovereign 4.2 4-Gang oder Automatik	(n. a.)
Daimler Double Six Automatik	(n. a.)
Daimler Double Six Vanden Plas Automatik	(n. a.)
Daimler Double Six Coupé Automatik	(n. a.)
Daimler 420 Limousine	(n. a.)

1978

XJ6 3.4 Ser. II 5-Gang oder Automatik	(n. b.)
XJ6 4.2 5-Gang oder Automatik	DM 38.847
XJ12 5.3 Ser. II Automatik	DM 50.440

1978

XJC 5.3 V12 Coupé Automatik	(n. b.)
XJC 4.2 Coupé 4-Gang oder Automatik	(n. b.)
XJ-S 5.3 V12 Coupé Automatik	DM 57.413
Daimler Sovereign 3.4 5-Gang oder Automatik	(n. a.)
Daimler Sovereign 4.2 5-Gang oder Automatik	(n. a.)
Daimler Double Six Automatik	(n. a.)
Daimler Double Six Vanden Plas Automatik	(n. a.)
Daimler 420 Limousine	(n. a.)

1979

XJ6 3.4 Ser. III 5-Gang oder Automatik	(n. b.)
XJ6 4.2 Ser. III 5-Gang oder Automatik	DM 38.847
XJ12 5.3 Ser. III Automatik	DM 50.440
XJ-S 5.3 V12 Coupé Automatik	DM 57.413
Daimler Sovereign 3.4 5-Gang oder Automatik	(n. a.)
Daimler Sovereign 4.2 5-Gang oder Automatik	(n. a.)
Daimler Double Six Ser. III Automatik	(n. a.)
Daimler Double Six Vanden Plas Automatik	(n. a.)
Daimler 420 Limousine	(n. a.)

1980

XJ6 3.4 Ser. III 5-Gang oder Automatik	(n. b.)
XJ6 4.2 Ser. III 5-Gang oder Automatik	DM 46.950
XJ12 5.3 Ser. III Saloon Automatik	DM 53.950
XJ-S 5.3 V12 Coupé Auto.; ab Okt. mit Einspr.	DM 54.480
Daimler Sovereign 4.2 5-Gang oder Automatik	(n. ab.)
Daimler Double Six Automatik	(n. b.)
Daimler Double Six Vanden Plas Autom.	DM 88.600
Daimler 420 Limousine	(n. a.)

1981

XJ6 3.4 Ser. III 5-Gang oder Automatik	DM 47.700
XJ6 4.2 Ser. III 5-Gang oder Automatik	DM 56.550
XJ12 5.3 Ser. III H.E.-Motor, Automatik (ab Juli)	DM 64.650
XJ-S 3,6 Coupé H.E.-Motor	(n. b.)
XJ-S 5.3 V12 Coupé H.E.-Motor, Autom. (ab Juli)	DM 79.880
Daimler Sovereign 4.2 5-Gang oder Autom.	DM 58.800
Daimler Vanden Plas 4.2 Automatik	(n. b.)
Daimler Double Six Automatik	(n. b.)
Daimler Double Six Vanden Plas Automatik	DM 75.550
Daimler 420 Limousine	(n. a.)

1982

XJ6 3.4 Ser. III 5-Gang oder Automatik	DM 47.700
XJ6 4.2 Ser. III 5-Gang oder Automatik	DM 56.550
XJ12 5.3 Ser. III H.E., Automatik	DM 64.650
XJ-S 3,6 Coupé H.E.	(n. b.)
XJ-S 5.3 V12 Coupé H.E., Automatik	DM 68.150
Daimler Sovereign 4.2 5-Gang oder Automatik	DM 83.000
Daimler Vanden Plas 4.2 Automatik	(n. b.)
Daimler Double Six H.E., Automatik	DM 88.600
Daimler 420 Limousine	(n. a.)

1983

XJ6 3.4 Ser. III 5-Gang oder Automatik	DM 46.300
XJ6 4.2 Ser. III 5-Gang oder Automatik	DM 51.850
XJ6 4.2 Sovereign Ser. III Automatik	DM 57.000
XJ12 5.3 Sovereign H.E., Automatik	DM 70.500
XJ12 5.3 Vanden Plas H.E., Automatik	DM 86.000
XJ-S 3.6 Coupé (ab Oktober mit AJ6-Motor)	(n. b.)
XJ-SC 3.6 Cabriolet (ab Oktober mit AJ6-Motor)	(n. b.)
XJ-S 5.3 V12 Coupé H.E., Automatik	DM 74.800
Daimler Sovereign 4.2 5-Gang od. Automatik	(n. a.)
Daimler Vanden Plas 4.2 Automatik	(n. a.)
Daimler Double Six H.E., Automatik	(n. a.)
Daimler 420 Limousine	(n. a.)

1984

XJ6 3.4 Ser. III 5-Gang oder Automatik	DM 46.300
XJ6 4.2 Ser. III 5-Gang oder Automatik	DM 51.850
XJ6 4.2 Sovereign Ser. III Automatik	DM 57.000
XJ12 5.3 Sovereign Ser. III H.E., Autom.	DM 70.500
XJ12 5.3 Vanden Plas Ser. III H.E., Autom.	DM 86.600
XJS 3.6 Coupé 5-Gang	DM 72.880

1984	XJ-SC 3.6 Cabriolet 5-Gang	DM 76.880
	XJS 5.3 V12 Coupé H.E., Automatik	DM 74.800
	Daimler Sovereign 4.2 5-Gang od. Autom.	(n. a.)
	Daimler Vanden Plas 4.2 Automatik	(n. a.)
	Daimler Double Six H.E., Automatik	(n. a.)
	Daimler 420 Limousine Automatik	(n. a.)
	Daimler 420 Limousine Executive	(n. a.)
1985	XJ6 3.4 Ser. III 5-Gang oder Automatik	DM 47.700
	XJ6 4.2 Ser. III 5-Gang oder Automatik	DM 57.400
	XJ6 4.2 Sovereign Ser. III Automatik	DM 65.800
	XJ12 5.3 Sovereign Ser. III H.E., Autom.	DM 75.200
	XJ12 5.3 Vanden Plas Ser. III H.E., Autom.	DM 88.600
	XJS 3.6 Coupé 5-Gang	DM 75.500
	XJS 5.3 V12 Coupé H.E., Autom. (ab August)	DM 83.900
	XJ-SC 3.6 Cabriolet 5-Gang	DM 80.700
	XJ-SC 5.3 V12 Cabriolet H.E., 5-Gang od. Autom.	(n. b.)
	Daimler Sovereign 4.2 5-Gang oder Autom.	(n. b.)
	Daimler Vanden Plas 4.2 Automatik	(n. b.)
	Daimler Double Six H.E., Automatik	DM 91.700
	Daimler 420 Limousine Executive	(n. a.)
1986	XJ6 4.2 Ser. III 5-Gang oder Automatik	DM 59.400
	XJ6 4.2 Sovereign Saloon Ser. III Automatik	DM 69.615
	XJ12 5.3 Sovereign Saloon Ser. III H.E., Autom.	DM 80.245
	XJ-S 3.6 Coupé 5-Gang	DM 78.100
	XJ-SC 3.6 Cabriolet 5-Gang	DM 83.500
	XJ-S 5.3 V12 Coupé H.E., Automatik (ab Aug.)	DM 86.800
	XJ-SC 5.3 V12 Cabriolet H.E., 5-Gang od. Autom.	DM 95.500
	XJ6 2.9 (XJ40) 5-Gang oder Automatik)	(n. a.)
	XJ6 3.6 Saloon (XJ40) 5-Gang od. Aut. (ab Okt.)	DM 68.000
	XJ6 3.6 Sovereign (XJ40) Autom. (ab Okt.)	DM 83.000
	Daimler 3.6 (XJ40) Automatik (ab Okt.)	DM 95.000
	Daimler Sovereign 4.2 5-Gang oder Automatik	(n. b.)
	Daimler Double Six H.E., Automatik	DM 94.900
	Daimler 420 Limousine Executive	(n. a.)
1987	XJ6 2.9 (XJ40) 5-Gang oder Automatik	(n. a.)
	XJ6 3.6 (XJ40) 5-Gang oder Automatik	DM 68.000
	XJ6 3.6 Sovereign (XJ40) Automatik	DM 83.000
	XJ12 5.3 Sovereign Ser. III H.E., Automatik	DM 83.000
	XJ-S 3.6 Coupé 5-Gang	DM 78.800
	XJ-S 5.3 V12 Coupé H.E., Automatik (ab August)	DM 86.800
	XJ-SC 3.6 Cabriolet 5-Gang	DM 84.200
	XJ-SC 5.3 V12 Cabriolet H.E., 5-Gang oder Aut.	DM 95.500
	Daimler 3.6 5-Gang oder Automatik	DM 95.000
	Daimler Double Six H.E., Automatik	DM 95.000
	Daimler 420 Limousine Executive	(n. a.)
1988	XJ6 2.9 5-Gang oder Automatik	(n. a.)
	XJ6 3.6 5-Gang oder Automatik	DM 75.000
	Sovereign 3.6 Automatik	DM 86.500
	XJ12 5.3 Sovereign Saloon Ser. III H.E., Autom.	DM 91.000
	XJ-S 3.6 Coupé 5-Gang	DM 84.000
	XJ-SC 3.6 Vollcabriolet 5-Gang	DM 88.200
	XJ-S 5.3 V12 Coupé H.E., Automatik	DM 98.000
	XJ-SC 5.3 V12 Vollcabrio H.E., 5-Gang od. Autom.	DM 113.000
	Daimler 3.6 5-Gang oder Automatik	DM 99.000
	Daimler Double Six H.E., Automatik	DM 101.000
	Daimler 420 Limousine Executive	(n. a.)
1989	XJ6 2.9 5-Gang oder Automatik	(n. a.)
	XJ6 2.9 Sovereign 5-Gang oder Automatik	(n. a.)
	XJ6 3.6 5-Gang oder Automatik; Karosserie-Mod.	DM 76.300
	XJ6 3.6 Sovereign 5-Gang oder Automatik	DM 98.800
	XJ6 4.0 Litre (ab Okt.) 5-Gang oder Automatik	DM 79.868
	XJ6 4.0 Litre Sovereign (ab Okt.) 5-Gang od. Aut.	DM 93.822
	XJ12 5.3 Ser. III H.E., Automatik; Kaross-Mod.	DM 98.040
1989	XJ-S 3.6 Coupé Automatik	DM 90.972
	XJ-S 5.3 V12 Coupé H.E., Aut. (ab August)	DM 105.564
	XJ-SC 5.3 V12 Convertible H.E., 5-Gang oder Aut.	DM 122.550
	Daimler 3.6 5-Gang oder Automatik; Kaross.-Mod.	DM 102.300
	Daimler 4.0 Litre Automatik (ab Oktober)	DM 110.580
	Daimler Double Six Ser. III H.E., Automatik	DM 111.036
	Daimler 420 Limousine Executive	(n. a.)
1990	XJ6 2.9 5-Gang oder Automatik	(n. a.)
	XJ6 2.9 Sovereign 5-Gang od. Autom.	(n. a.)
	XJ6 3.2 Litre (ab Oktober) 5-Gang od. Autom.	DM 75.012
	XJ6 4.0 Litre 5-Gang oder Automatik	DM 79.686
	XJ6 4.0 Litre Sovereign 5-Gang od. Autom.	DM 93.822
	XJ12 5.3 Ser. III H.E., Automatik	DM 98.040
	XJS 3.6 Coupé 5-Gang	DM 90.972
	XJS 5.3 V12 Coupé H.E., Automatik	DM 107.502
	XJS 5.3 V12 Convertible H.E., 5-Gang oder Aut.	DM 124.488
	XJR-15 6.0 Litre V12, 6-Gang (ab November)	(n. b.)
	Daimler 4.0 Litre 5-Gang oder Automatik	DM 110.850
	Daimler Double Six Ser. III H.E, Automatik	DM 111.036
	Daimler 420 Limousine Executive	(n. a.)
1991	XJ6 3.2 Litre 5-Gang oder Automatik	DM 76.494
	XJ6 4.0 Litre 5-Gang oder Automatik	DM 88.236
	XJ6 4.0 Litre Sovereign 5-Gang oder Automatik	DM 108.642
	XJ12 5.3 Ser. III H.E., Automatik	DM 114.456
	XJS 4.0 Coupé 5-Gang oder Automatik (ab Juni)	DM 99.750
	XJS 5.3 V12 Coupé H.E. Automatik	DM 121.866
	XJS 5.3 V12 Convertible H.E, 5-Gang oder Aut.	DM 138.369
	XJ 220 3.5 V6	£ 332.000
	XJR-S 6.0 Litre V12, 5-Gang	DM 159.600
	XJR-15 6.0 Litre V12, 6-Gang	(n. b.)
	Daimler 4.0 Litre 5-Gang oder Automatik	DM 119.358
	Daimler Double Six Ser. III H.E. Automatik	DM 122.550
	Daimler 420 Limousine Executive	(n. a.)
1992	XJ6 3.2 Litre 5-Gang oder Automatik	DM 79.900
	XJ6 4.0 Litre 5-Gang oder Automatik	DM 86.900
	Sovereign 4.0 5-Gang oder Automatik	DM 105.000
	XJR 4.0 Litre 5-Gang oder Automatik (ab Oktober)	DM 130.074
	XJ12 5.3 H.E.-Motor, Automatik (bis Mai)	DM 117.300
	XJ12 6.0 Automatik (ab Mai)	(n. b.)
	XJS 4.0 Coupé 5-Gang od. Aut. (ab Okt.)	DM 99.750
	XJS 4.0 Convertible 5-Gang oder Aut. (ab Okt.)	DM 117.200
	XJS 5.3 V12 Coupé H.E., Automatik	DM 121.866
	XJS 5.3 V12 Convertible H.E., Automatik	DM 138.396
	XJ 220 3.5 V6	£ 332.000
	XJR-S 6.0 Litre V12 Coupé Automatik	DM 139.650
	Daimler 4.0 Litre 5-Gang oder Automatik	DM 129.800
	Daimler Double Six H.E. Aut. (letzter Serie III)	DM 133.722
	Daimler 420 Limousine Executive	(n. a.)
1993	XJ6 3.2 Litre 5-Gang oder Automatik	DM 80.600
	XJ6 4.0 Litre 5-Gang oder Automatik	DM 87.700
	Sovereign 4.0 Automatik	DM 106.000
	XJR 4.0 Litre Saloon Automatik	DM 131.300
	XJ12 6.0 Automatik	DM 129.500
	XJS 4.0 Litre Coupé 5-Gang	DM 100.700
	XJS 4.0 Litre Convertible 5-Gang	DM 118.200
	XJS 6.0 V12 Coupé Automatik (ab August)	DM 123.000
	XJ-S 6.0 V12 Convertible Automatik (ab August)	DM 139.700
	XJ 220 3.5 V6	£ 332.000
	XJR-S 6.0 Litre V12 Coupé Automatik	DM 140.950
	Daimler 4.0 Litre Saloon Automatik	DM 131.000
	Daimler Double Six 6.0 Litre Saloon Automatik	DM 134.895
	Daimler Double Six 6.0 Litre Majestic lwb Aut.	DM 154.300
	Daimler 420 Limousine Executive	(n. a.)

1994

XJ6 3.2 5-Gg. od. Aut.; neue Kar. (X300, ab Sept.)	DM 88.600
XJ6 3.2 S Automatik (X300, ab Sept.)	DM 93.500
XJ6 4.0 5-Gang od. Aut. (X300, ab Sept.)	DM 96.200
XJ6 4.0 Sovereign Langversion Automatik	DM 121.500
XJ6 4.0 S Aut.; neue Kar. (X300, ab September)	DM 102.250
XJ6 4.0 Sovereign Aut.; neue Kar. (X300, ab Sept.)	DM 119.900
XJR 4.0 Kompressor (X300, ab September)	DM 132.000
XJ12 6.0 Automatik; neue Kar. (X300, ab Sept.)	DM 141.200
XJ-S 4.0 Coupé 5-Gang	DM 112.500
XJ-SC 4.0 Convertible 2+2 5-Gang	DM 133.600
XJ-S 6.0 V12 Coupé Automatik	DM 133.600
XJ-SC 6.0 V12 Convertible 2+2 Automatik	DM 163.100
XJ 220 3.5 V6	£ 332.000
Daimler Six 5-Gang od. Aut. (X300, ab Sept.)	DM 140.450
Daimler Double Six 6.0 Aut. (X300, ab Sept.)	DM 167.400
Daimler Double Six 6.0 Majestic lwb Automatik	DM 192.700

1995

XJ6 3.2 Classic 5-Gang oder Automatik	DM 89.000
XJ6 3.2 Sport 5-Gang oder Automatik	DM 98.400
XJ6 3.2 Executive Jubiläumsmodell Automatik	DM 108.000
XJ6 4.0 Litre Sport 5-Gang oder Automatik	DM 105.500
XJ6 4.0 Litre Sovereign Automatik	DM 122.900
XJ6 4.0 Sovereign Langversion Automatik	DM 131.400
XJR 4.0 Kompressor Automatik	DM 132.000
XJ12 6.0 Automatik	DM 147.500
XJ12 6.0 Langversion Automatik	DM 156.000
XJ-S 4.0 Litre Coupé Automatik	DM 112.500
XJ-SC 4.0 Litre Convertible 2+2 5-Gang	DM 133.600
XJ-S 6.0 V12 Coupé Automatik	DM 142.000
XJ-SC 6.0 V12 Convertible 2+2 Automatik	DM 163.100
Daimler Six 5-Gang oder Automatik	DM 145.200
Daimler Six Langversion 5-Gang oder Aut.	DM 145.200
Daimler Double Six 6.0 Automatik	DM 167.500
Daimler Double Six 6.0 Langversion Automatik	DM 167.500

1996

XJ6 3.2 Business 5-Gang oder Automatik	DM 83.000
XJ6 3.2 Executive Automatik	DM 95.500
XJ6 4.0 Sport	DM 105.500
XJ6 4.0 Executive 5-Gang oder Automatik	DM 107.500
XJ6 4.0 Sovereign Automatik	DM 122.900
XJ6 4.0 Sovereign Langversion Automatik	DM 131.400
XJR 4.0 Kompressor Automatik	DM 135.900
XJ12 6.0 Automatik	DM 147.500
XJ12 6.0 Langversion Automatik	DM 156.000
XJS 4.0 Litre Coupé 5-Gang(bis April)	DM 112.500
XJS 4.0 Litre Convertible 2+2 5-Gang (bis April)	DM 133.600
XJS 6.0 V12 Coupé Automatik (bis April)	DM 142.000
XJS 6.0 V12 Convertible 2+2 Automatik (bis April)	DM 163.199
XK8 4.0 Litre V8 Coupé (ab März), Automatik	DM 112.500
XK8 4.0 Litre V8 Convertible (ab März), Automatik	DM 128.900
Daimler Six 5-Gang oder Automatik	DM 149.500
Daimler Six Langversion 5-Gang oder Automatik	DM 145.200
Daimler Double Six 6.0 Automatik	DM 167.500
Daimler Double Six 6.0 Langversion Automatik	DM 167.500
Daimler Six Century Jubiläumsmodell	DM 163.300
Daimler Double Six Century Jubiläumsmodell	DM 179.200

1997

XJ6 3.2 Business 5-Gang oder Automatik	DM 83.000
XJ6 3.2 Executive Automatik	DM 95.500
XJ6 4.0 Sport (bis September)	DM 135.900
XJ6 4.0 Executive 5-Gang oder Automatik	DM 107.500
XJ6 4.0 Sovereign Automatik	DM 122.900
XJ6 4.0 Sovereign Langversion Automatik	DM 131.400
XJR 4.0 Kompressor Automatik	DM 135.900
XJ12 6.0 Aut. (nur auf Sonderbestellung, bis April)	DM 147.500
XJ12 6.0 lwb Aut. (nur auf Sonderbest., bis April)	DM 156.000
XK8 4.0 Litre V8 Coupé Automatik	DM 114.700
XK8 4.0 Litre V8 Convertible Automatik	DM 129.600
XJ8 3.2 Classic Automatik (ab September)	DM 93.000
XJ8 3.2 Executive Automatik (ab September)	DM 97.700
XJ8 4.0 Executive Automatik (ab September)	DM 111.700
Sovereign 4.0 Automatik (ab September)	DM 118.900
Sovereign V8 4.0 lwb Automatik (ab September)	DM 127.500
XJR V8 4.0 Kompressor Automatik (ab Sept.)	DM 139.800
Daimler Double Six 6.0 Litre Aut. (bis April)	DM 167.500
Daimler Double Six 6.0 Litre lwb Aut. (bis April)	DM 167.500
Daimler V8 Automatik (ab September)	DM 151.900
Daimler Super V8 Automatik (ab September)	DM 170.900

1998

XJ V8 3.2 Classic Automatik	DM 94.700
XJ V8 Executive 3.2 Automatik	DM 99.600
XJ V8 Executive 4.0 Automatik	DM 113.600
XJ Sovereign V8 4.0 Automatik	DM 121.100
XJ Sovereign V8 4.0 Langversion Automatik	DM 129.900
XJR V8 4.0 Kompressor Automatik	DM 142.300
Daimler V8 Automatik	DM 153.300
Daimler Super V8 Automatik	DM 175.500
XK8 4.0 V8 Coupé Automatik	DM 118.600
XK8 4.0 V8 Cabriolet Automatik	DM 133.700
XKR 4.0 V8 Kompr. Coupé (ab Mai), Automatik	DM 141.200
XKR 4.0 V8 Kompr. Cabriolet (ab Mai), Aut.	DM 156.300
S-Type 3.0 V6	(bei Red.-Schl. noch nicht lieferbar)
S-Type 3.0 V6 SE	(bei Red.-Schl. noch nicht lieferbar)
S-Type 4.0 V8	(bei Red.-Schl. noch nicht lieferbar)

STICHWORT-VERZEICHNIS

A.A.A. Berlin 169, 262
Abbey Panels Ltd. 371
Adams, Ronald J. 292, 322, 323
Adenauer, Konrad 172
AJS Motorräder 17
Aldington, Harold John 291
Alfa Romeo Automobile 60, 172, 183, 304, 312
Allan, Margaret 286
Allard Automobile 148, 301, 302
Allard, Sydney 302, 304
Allemano Karosserien 362
Alpenfahrt, Internationale 21, 56, 144, 286, 287, 288, 301
Alvis Automobile 53, 82, 148
American Austin Car Co. 18
Anders, Theo 188
Appleyard, Ian 85, 284, 288, 289, 291, 301, 304, 306, 322, 323
Appleyard, Patricia, geb. Lyons 135, 284, 289, 303, 304, 323
Arden, Jochen 154, 155, 294, 364, 369
Armstrong-Siddeley 54, 110
Aston Martin Automobile 20, 21, 82, 94, 113, 148, 185, 312, 315, 325, 341
Atkins, Harry 37
Audi 152
Austin, Herbert 18, 35, 44, 50
Austin Automobile 19, 22, 25, 38, 45, 54, 110, 112, 138, 144, 147, 171, 173, 181, 184, 357
Austin-Healey Automobile 20, 286, 318
Austin-Morris Group 147
Austin Motor Co. Ltd. 30
Austin-Rover Deutschland GmbH 188
Austin-Rover Group 148, 153
Austro-Daimler Automobile 27, 28, 273
Auto-Becker 139
AutoCats Ltd. 177, 374, 376
Alvis Automobile 53, 60
Avon Karosserien 39, 41, 59

Baily, Claude W. 71, 301, 327, 328
Bailey, Sir Gwayne 78, 322
Bantam Automobile 18
Barker Karosserien 268
Barter, Nick 15
Beasley, Michael E. 153, 155
Beaulieu 115
Bedington, Guy 329
Behra, Jean 323
Bell, Derek 331, 338, 343
Bennett, D. C. T. 323
Bentley Automobile 20, 82, 110, 131, 148
Bentley, Walter Owen 20, 21, 35
Benz, Carl 265, 269
Bernath Karosserien 360
Berry, Bob 308
Bertone Karosserien 294, 361, 364, 365
Beutler Karosserien 360
Biggar, Frank 292, 323
Biondetti, Clemente 303, 304, 308
Birabongse, Prinz 84, 302
Birgels, Irma 187
Birkelbach, Kurt 181, 184
Birkelbach & Unkrüer 14, 183, 184, 381
Birkin, Sir Henry 84
Birmingham 157, 169, 254, 262
Black, Sir John P. 39, 40, 41, 42, 44, 59, 60, 73, 78, 83
Bloxham 162, 346
BL Northern Europe 187
BLMC 138
Blythe, Alec 51
BMC 130, 138, 144,
BMW Automobile 60, 82, 104, 110, 153, 156, 160, 169, 172, 183, 187, 276, 331, 363
BMW AG 143, 188
Boano Karosserien 363
Boardman, J. P. 323
Boddy, William 13
Boesel, Raoul 334, 335, 338, 340
Boole, David A. 14
Borgward Automobile 183
Borg-Warner-Getriebe 100, 131, 200, 220, 278
Bosch 39, 246
Bouillon, Pierre (Levegh) 318
Bourgois, Joska 81, 84, 91, 94, 301
Brabham, David und Geoff 343, 347
Bradley, Herbert E. 291
Brands Hatch 309, 324, 340, 341
Brauchitsch, Manfred v. 276
Bristol Automobile 82, 105
Bristol Fugmotoren 108
British Leyland (BL) 100, 138, 141, 143, 147, 148, 187, 280, 281, 329
British Leyland Inc. 332
British Motor Corporation s. BMC
British Motor Holding (BMH) 100
Brittle, B. J. 292
BRDC 302
Broad, Ralph 329
Broadsped Racing 329, 335, 381
Brockbank, Russel 185
Brooklands 20, 289, 290
Brough Superior Motorräder 28
Brown, Greta 28
Brown & Mallalieu 30, 33
Brüggemann & Co. 14, 181, 184, 187
Brünn 331
Brütsch Automobile 182
Brundle, Martin 331, 335, 338, 340, 341
Bryson, Jack 81, 82, 129
BSA-Daimler-Konzern 21, 265, 282
BSA Automobile 21, 22, 271, 272
BSA Motorräder 17, 276
Buckingham 26
Bueb, Ivor 318, 320, 321, 323
Bugatti Automobile 21, 60, 172, 286, 291
Buick, David D. 35
Burman-Lenkung 114

Cadillac Automobile 20, 22, 304
Calderari, Enzo 331
Canzler, Georg F. 14
Caracciola, Rudolf 276
Castle Bromwich 154, 164, 169
Castle Three Automobile 17
Castrol 324, 340, 343
CATS-Fahrwerk 166, 258, 260, 262, 282
Chamberlain, Arthur Neville 59
Champion Automobile 182
Chapman, Colin 149
Cheever, Eddie 334, 337, 338, 340
Chevrolet Automobile 102, 172
Chinetti, Luigi 304
Chiron, Louis 302, 307, 322
Chrysler Automobile 30, 172, 187
Chrysler Corporation 159
Chrysler UK 21
Cimarosti, Adriano 337
Citroën Automobile 106, 112, 172, 276
Claes, John 307, 317, 322
Claese, Douglas 48, 287
Clarkson, Jeremy 167, 168
Clyno Automobile 19, 33
Cohnen, Willy 188
Cole, Tom 291
Colliss, Leroy 169
Coleman-Millne-Karosserien 367
Consten, Bernard 316, 323
Cook, Colin 13
Cooke & Sons 57
Coombs, John 212, 323, 325, 327, 363
Cooper-Jaguar 366
Cosworth 342
Cotton, Richard 292, 323
Coulthard, David 343, 347
Coventry-Climax 130, 136, 144
Cretschmar, Spedition 182, 184
Crisp, Trevor 166, 314
Crosby, F. Gordon 357
Cross, Mike 166
Crystal Palace Race 325
Culpan, Norman 302, 303
Cunningham, Briggs 99, 304, 316, 317, 326
Currie, William 290

Daimler, Gottlieb 265
Daimler-Benz AG 113, 160
Daimler Automobile (Coventry) 18, 19, 22, 138, 110, 126, 166, 167, 224, 225, 236, 242, 257, 265-284
Daimler-Benz AG 148, 279, 283
Daimler Corsica 180, 371
Daimler, Gottlieb 265, 267
Daimler Motor Company 22, 84, 106, 108, 113, 265, 267, 282
Daimler Motoren-Gesellschaft 35, 266
Daimler Motor Syndicate Ltd. 267
Daimler Nutzfahrzeuge 138, 271-275
Danne, Franz-Joseph 188
DAT Automobile 18

Daytona 324, 335, 340, 341, 342
Decauville Automobile 268
De Dion-Bouton 268
Delage Automobile 60
Delahaye Automobile 172
Delecroix, Charles 81, 84
Del Mar 341
Demand, Carlo 14
Dewis, Norman 309
Diana, Prinzessin v. Wales 163
Dieudonnée, Pierre 331
Dixi Automobile 19
Docker, Sir Bernard 265
Donington 290, 331
DOT Motorräder 28
Dryden, H. M. 291
Dumfries, John 340
Dunlop 57, 116, 211, 312
Dykstra, Lee 332

Earl of Denbeigh 325
East Anglian Rally 301
Eaton, Colleen 286
Eaton Kompressor 258, 260
Ecurie Ecosse 309, 311, 317, 319, 321, 325
Ecurie Endeavour 325, 326
Ecurie Francorchamps 312
Ecurie National Belge 317
Edinburgh, Herzog von 277
Edward VII. König v. England 268
Edwardes, Michael 141
Edwards, John 188
Egan, Sir John Leopold 134, 141, 145, 149, 152, 154, 155, 158, 160, 188, 332, 340
Eichhorn, Heike 14
Eifelrennen 317, 320
Elizabeth II. 130, 145, 152
Elkhart Lake 311
Ellis, Evelyn Hon. 266
Emil Frey AG 82, 145, 153, 188, 360, 361
England, F. R. W. 13, 77, 83, 84, 94, 97, 112, 125, 126, 129, 131, 135, 138, 145, 152, 302, 303, 308, 309, 320, 329
Enna 331, 332
ERA Automobile 21, 84, 302
Erdmann & Rossi 172
Erhard, Prof. Ludwig 172, 184
Evans, Percy J. 32, 381

Fabi, Teo 344
Fairman, Jack 308, 320, 321
Fane, Albert 291
Fangio, Juan Manuel 304, 318, 320
Farina Karosserien 360, 362
Faroux, Charles 318
Fendler & Lüdemann 14, 184, 186, 187
Fenton, Alice 51, 84
Ferrari Automobile 82, 94, 102, 113, 289, 315, 317, 317, 325, 326, 327
Fersen, Baron Olaf v. 314
Ferté, Alain und Michel 341
Fiat Automobile 41, 144, 159
Fitch, John 311
Fitzpatrick, John 329, 331
Fleury, Marcel 91, 360
Flockhart, William Ronald 320, 321, 322
F. N. Motorräder 28
Ford Automobile 97, 168, 182, 184
Ford of Europe 159, 161, 189
Ford of Mexico 162
Ford Motor Company 40, 41, 145, 148, 159, 152, 160, 164
Ford Motoren 74
Frazer-Nash Automobile 20, 148, 286, 291, 301, 303
Freestone & Webb Karosserien 275
Frère, Paul 81, 96, 97, 320, 322
Frey, Emil 26, 29, 45, 84, 91, 141, 171, 172, 182, 381
Frey, Walter 188

Gardner, Fred 77
Gardner, John F. 187
Gardner, Goldie 88, 91, 301
Garnier, Peter 273
Garrett Turbolader 162
Gatsonides, Maurice 284
General Motors 40, 41, 137, 148, 159, 160
Genfer Salon
1948 82
1951 183
1961 324
1966 100
1971 220
1979 145
1988 145, 246
1996 145, 165, 371
1998 145, 258, 259
Georg V. König v. England 268
Georgano, G. N. 13
Ghia Aigle Karosserien 275, 360, 362
Gill, Harry 45, 287
Girling Bremsen 223
Giugiaro, Giorgetto 178, 371
Glaser, Hans 139, 290
Goodwood 157, 288, 311, 312, 319, 320, 327
Goodyear 332
Gonzales, Froilan 317
Gordon. A.D.C. 291
Grand Garage de la Pl. E. Claparède 172
Gray, Harry 312
Grice, R. W. 97, 125
Grier, Richard 343
Grinham, Edward 43, 44, 53
Gross, Christoph 14
Großer Preis v. Deutschland 187
Grounds, Frank 322
Group 44 332, 335
Guerney, Dan 325
Günther, Renate 14
Guy Motors Ltd. 280
Guy Nutzfahrzeuge 138, 144, 280, 281
Guy, Sydney 280

Haddon, Eric 322
Hahn, Dr. Carl 158
Hahne, Armin 338
Hahnemann, Paul G. 104
Hailwood, Mike 45
Hailwood, W. B. 45
Haines, Nick 303, 304
Halstead, Lindsay 159
Hamilton, J. Duncan 97, 310, 311, 312, 317, 318, 322
Hanomag Automobile 172
Hansgen, Walter 325
Harley-Davidson Motorräder 26
Harriman, Sir George 138
Harrods 369
Harrop, Jack 289, 290
Hassan, Walter 59, 71, 77, 84, 88, 105, 126, 130, 136, 145, 289, 301, 302
Hawthorn, Mike 116, 307, 320, 321, 322
Hayden, Bill 145, 161, 162
Haywood, Hurley 340
Head, M. W. 322
Healey Automobile 182, 186, 301, 302
Healey, Donald 25, 82
Heliwell Ltd. 72
Henly, Herbert 33, 41, 43, 44, 82, 90, 372
Henly's Ltd. 33, 38, 39, 45, 49, 60, 104, 372
Henne, Ernst 19
Herteaux, J, 323
Hetherington, V. E. M. 291
Hewland-Getriebe 253
Heyer, Hans 331, 332
Heyes, Charles 33
Heynes, William Munger 53, 59, 78, 84, 88, 94, 96, 97, 101, 105, 113, 125, 144, 145, 197, 304, 308
Higgins, Keith 14, 189
Hill, Graham 325, 326, 327
Hill, Phil 311, 329
Hillman Automobile 21, 35, 40, 138, 184
Hobbs, David 343
Hoffman(n), Max 82, 108, 172
Holland, Cyril 29, 33, 36, 43, 77
Honda 188
Hooper Karosserien 275, 276, 278
Horch Automobile 35
Hotchkiss Automobile 290
Hough, Frank 39
Howarth, George 322
Huckvale, E. F. 84, 95
Hudson Automobile 172
Huffaker Engineering 335
Hulme, Denis 324
Humber Automobile 19, 21, 22, 110, 138
Hunter, Hugh 291
HWM-Jaguar 366

IAA 132, 133, 155, 169, 188, 260
Ihle Karosserien 19
IMSA 340, 341, 346, 348
Indianapolis 347
Invicta Automobile 21
Ireland, Innes 325
Isotta Fraschini Automobile 20, 35
Itala Automobile 35
ItalDesign 178, 371

Jacob, E. H, 143, 286
Jaguar Association Germany (JAG) 221
Jaguar Austria 14
Jaguar Cars Ltd. 77, 143, 321
Jaguar Daimler Heritage Trust 14, 168, 256, 381
Jaguar Deutschland GmbH 14, 161, 188, 300
Jaguar Drivers Club Switzerland 158
Jaguar-Rover-Triumph Ltd. 141
JaguarSport 162, 248, 253, 343, 346-348
Jaguar Switzerland 14
Jankel, Robert 371
Jarama 299, 340
JAP-Motoren 73
Jenkinson, Denis 13, 100, 156, 318
Jennings, Christopher 311
Jensen, Alan und Richard 39, 41
Jensen Automobile 82
Jörß, Werner 14
Johnson, Leslie 302, 304, 306, 309
Johnson, Neil 149, 188
Johnston, Derek 292
Johnston, Sherwood 311, 313, 317
Jones, Alan 340
Jones, Davy 341, 348
Jones, Parnelli 343
Jones, Thomas 71

Karmann Karosserien 155
Keller, George F. 14
Kent, The Duke of 112, 129
Keser, Arthur 319
Kieven, Hartmut W. 161, 165, 186, 189
Kimber, Cecil 22
Knight-Motor 270, 274
Knight, Robert 71, 130
Koch, Hans-Georg 81, 286
Kuenheim, Eberhard v. 188
Kuntz, Norbert 14

Ladbroke Motor Group 364
Lachswehr, Autohaus 245, 371
Lagerwij, Jan W. 81
Lagonda Automobile 19, 20, 55, 60, 302
Laguna Seca 341
Lammers, Jan 334, 338, 340, 341
Lanchester Automobile 19, 21, 22
Lanchester, Frederick und George 269, 270
Lancia Automobile 182
Land-Rover Automobile 184
Lang, Friedhelm 188
Langenthal Karosserien 360, 362
Langeveld, Ingrid 14
Laurent, Roger 312, 320
Lawrence, A. E. 187
Lawson, Geoffrey 15, 164
Lawson, Harry J. 267
Lea, John 307
Lea Francis Automobile 19
Lee, George 37, 125
Leinster Trophy 313
Le Mans 21, 84, 144, 145, 167, 253, 298, 304-310, 312, 313, 317, 318, 321, 322, 326, 328, 332, 333, 335, 336, 337, 340, 342, 343, 345
Le Riche Swallow Automobile 173
Leston, Les 292
Lewis, Brian 36, 288
Leyland GmbH 188
Leyland Group 83, 100
Leyland Nutzfahrzeuge 21, 23
Light, Sydney 286
Lindner, Peter 14, 84, 97, 110, 132, 144, 178, 181, 183, 185, 186, 187, 218, 313, 314, 322, 323, 324, 326, 327
Linke, Harald 14
Lister Jaguar 366
Lloyd, Allen 381
Loades Prototypenbau 254, 371
Lockheed 110, 207
Loewy, Raymond 363, 364
London Motor Show
1929 25, 39
1930 39
1931 43, 192
1932 48
1933 50
1935 55
1938 60
1948 87, 91, 107, 144
1950 107
1959 211
1968 100, 132
1986 154
London Rally 301, 307
Lotus Automobile 185
Lowe, John 14
Lüttich-Rom-Lüttich 307, 322
Lumsden, Peter 326
Lyle, Oliver 21
Lyons, Michael John 319, 322
Lyons, Sir William 13, 23, 25, 26, 28, 33, 35, 36, 37, 42, 44, 49, 51, 58, 59, 72, 75, 77, 79, 81, 82, 84, 87, 89, 90, 94, 97, 105, 106, 112, 113, 114, 125, 126, 130, 134, 135, 138, 144, 145, 149, 152, 162, 168, 171, 276, 280, 285, 289, 291, 312, 319, 357, 359, 381

Macklin, Lance 318
Macklin, Noel 21
Mairesse, Willy 325
Maltby Karosserien 360
Mann, Cyril 291
Marbach, Peter 188, 189
March-Chevrolet 332
Margulies, Dan 320
Marmon Automobile 35
Martha-Pokal 324
Martin, Michael 322
Mason, Benjamin 91
Massey-Ferguson 141
Matador Motorräder 28
Matthews, George 56, 286
Matthews, H. E. 291
Maudslay, Reginald 23, 40
May, Michael 145, 149, 227, 238, 314
Maycock, George 374
Mayhill, Major 181
Mays, Raymond 20, 21
MCC Rallye 323
McConkey, Ron 321, 322
McCulloch, Ed 343
McLaren, Bruce 327
McMillan, John 125
Meisinger GmbbH 381
Mercedes-Benz Automobile 20, 82, 102, 110, 116, 132, 137, 153, 157, 160, 169, 172, 187, 276, 310, 316, 317, 318, 324
Mercier, Jean 91
Mermod, Marie-Louise 323
M. G. Automobile 20, 21, 31, 39, 41, 42, 60, 82, 105, 112, 138, 147, 148, 182, 185
Mille Miglia 291, 304, 309, 311, 318
Möhle-Birkelbach, Ingrid 15
Montagu, Lord Edward John 13, 273
Montagu, Rebecca 14
Montgomery, Feldmarschall 81
Montlhéry 186, 306, 327
Monza 318, 324, 331, 339, 343
Morecambe Rally 301
Morgan Automobile 82
Morgan, Frank W. 287
Morgan, H.S.F. 82
Morley, Don und Earl 322
Morris Automobile 19, 20, 22, 23, 31, 39, 54, 138, 144, 147
Morris, William (Lord Nuffield) 21, 35
Morton, John 340
Moss, Stirling 273, 306, 307, 308, 309, 310, 311, 312, 318, 320, 322, 323, 325
Mosport 332
Motor Panels Ltd. 57, 59, 72
Motul 330, 331
M & R Automobile 14, 177, 375, 377
Mueller, Lee 327
Müller, Klaus 14
Mulliner Karosserien 59, 360
Mundy, Harry 136

Napier Automobile 20, 35
NASCAR Speed Week 324, 346
National Motor Museum 13
Needham, Charles 286, 287
Nehru, Pandit 46
Neumann Automobil GmbH 13, 172
Neumann, Johnny v. 172, 291
Newsome, Alan 59, 125
Newsome, Samuel C. 288, 291
New York Motor Show 106, 166, 276
Nicholson, Chuck 331
Nicholson, T. R. 191
Nielssen, John 340, 343, 347
Nissan Automobile 342
Nöcker, Peter 144, 186, 314, 324, 327
Norris, Ian 13
Norton Motorräder 28
NSU Automobile 131
Nürburgring 167, 186, 313, 319, 323, 331, 340, 344

Oblin Karosserien 360, 362
Österreichring 331
Oliveira, Casimiro de 289
Opel Automobile 35, 110, 183
Orssich, Graf 286
Oulton Park 320, 325
Overseas Motor Sales GmbH 181, 183, 184, 185
Packard Automobile 20, 172
Panhard-Levassor Automobile 268
Panther Automobile 178, 366, 367, 368
Pariser Salon 132, 157, 227, 362
Park Sheet Metal Works 278
Parker, Stanley 29
Parkes, Mike 326, 327
Parkes, Robert 322
Parnell, Reg 304
Pegaso Automobile 172
Percy, Win 332
Peterson, Ronnie 329
Peugeot Automobile 35
Pierce Arrrow Automobile 35
Pierce, George N. 35
Pietsch, Paul 172
Pininfarina Karosserien 364, 366
Pocono 332
Pöschmann, Udo G. 14
Pointing, K. F.. 323
Pomeroy, Laurence 282
Porsche Automobile 102, 112, 113, 154, 157, 312, 327, 332, 333, 338, 342, 343
Porsche, Prof. Ferdinand 273
Porsche, Ferry 149
Porter, Philip 14
Potheroe, Richard 327
Potter, Leonard 14, 373
Praga Automobile 172
Pressed Steel Ltd. 89, 91, 113
PSA-Gruppe 148
Putnam, Roger 149
Pycroft, Paul 290

Quaker State Jaguar 326, 327, 332
Quester, Dieter 330
Qvale, Kjell 327

RAC Rally 289, 301, 307, 322, 323
Radcliffe, Derek 381
Radford 136, 152, 154, 282
RAG Vergaser 55
Railton Automobile 21
Rainbow, Frank 307
Rallye Lissabon 323
Rallye Monte-Carlo 21, 55, 59, 107, 144, 167, 289, 290, 292, 322. 323,
Randle, Jim 137, 332
Rankin, Ernest Bill 54, 80, 143, 286, 287, 302, 357
Rapport International Group 371
Redman, Brian 332, 337, 343
Reed, Ian 348
Reims 322
Renault Automobile 112, 332
Rendall, Dave 348
Renel, Jacques 323
Reuter, Edzard 160

Richard, René 323
Ridley, Nicholas 160
Riley Automobile 19, 21, 43
Riley, Percy 35
Rivers, Osmond 276
Riverside 340
Roadster Group 177, 374
Robinson, Geoffrey 135 137, 138, 141, 145
Robinson, John 175
Rolls-Royce Automobile 19, 20, 22, 35, 82, 106, 110, 131, 136, 138, 172, 185, 270, 277, 286
Rolls-Royce Flugmotoren 71, 273
Rolt, Anthony 305, 311, 312, 316, 318, 322
Rootes-Konzern 21, 138
Rosengart Automobile 18
Rosier, Louis 304
Rouse, Andy 331
Rover Automobile 19, 106, 147, 163
Royal Air Force 71, 84
Royal Automobile Club (RAC) 267
Royal Enfield 171
Royal Motors 154, 155, 369
Royce, Henry 35
Rudge-Whitworth 57
Rühmann, Heinz 185
Ryder, Don 141

Salazar, Elio 341
Salmon, Guy 369
Salmons, Michael 212
Salvadori, Roy 320, 322, 324, 325, 326
Sanderson, Ninian 320, 322
Saoutchik Karosserien 320, 375
Sargent, Peter 324, 325
Sauber-Mercedes 341
Sayer, Malcolm 315, 324, 328
Sayn-Wittgenstein, Otto Prinz zu 153, 186, 188, 189
Schack, Peter 189
Schauinsland-Rennen 182
Scheele, Nicholas (Nick) V. 15, 145, 161, 162, 168, 169
Schlesser, Jean-Louis 336
Schenken, Tim 329
Schmidt, Jutta 14
Schmidt, Lars Roger 153, 154, 189
Schmidt, Werner 187
Schuhbauer, Wolfgang 14
Schweickert, Roger 14, 182, 186, 187, 322, 374
Scott, Jeffrey L. 14, 189
Scott-Brown, W. A. 320
Scott-Douglas, James 312
Sebring 320, 322
Sedgwick, Michael 191
Shelly, Tony 312
Siemens & Halske 265
Silk Cut Jaguar 299, 333, 335, 336, 337, 339, 340, 343
Silver, John 71, 95
Silverstone 84, 144, 308, 318, 320, 322, 323, 331, 340, 341, 348
Simmen, Richard 169
Simms, Frederick 265, 266
Simpson, Julia 14
Singer Automobile 19, 21, 138
Skilleter, Paul 14, 167, 191, 321
SMMT 49, 50, 144, 267
Snetterton 322
Soisbault, Annie 323
Sommer, Ole und Eric 81
Sommer, Raymond 304
Sopwith, Thomas 322
Southgate, Tony 333, 342, 347
Spa-Francorchamps 290, 307, 322, 325, 332, 340, 345
Spear, Bill 317
Speck, Hans 182
Speck, Wilhelm 14, 182, 183
Sports Car Club of America (SCCA) 98, 321, 335
SS Automobile 45, 56-58, 171, 191-193, 286, 287, 357, 359
SS Cars Ltd. 50, 57, 58, 69, 72, 73, 77, 171
Standard Automobile 19, 22, 25, 39, 41, 45, 46
Standard Motor Co. 39, 40, 44, 49, 53, 58, 73, 78
Standard Motoren/Chassis 39, 77, 78, 83, 192-195
Standard-Triumph 83
Stanhope Automobile 17
Stankette Automobile 17
Stewart, Ian 310, 312
Stewart, Jackie 327
Stewart, Jimmy 312, 320
Stevens, Peter 347
Stoewer Automobile 35
Stokes, Lord Donald 101, 135
Straight, Whitney 84
Stromberg-Vergaser 101
Stuck, Hans-J. 334, 338
SU-Vergaser 41, 55, 101, 202
Sunbeam (Talbot) Automobile 20, 21, 82 138, 148, 286
Sunbeam Motorräder 26, 28, 171
Suter, Thomas 332
Sutton, Ron 91
Swallow Automobile, Karosserien 25, 28, 30, 31, 33, 35, 38, 376, 381
Swallow Carriage & Chassis Works 39, 40, 50
Swallow Coach Building Ltd. 51
Swallow Doretti Automobile 72
Swallow Seitenwagen 26, 27, 72, 171, 255
Swallow Sidecar Company Ltd. 27, 33, 144
Swaters, Jacques 317, 320, 322
Swift Automobile 38, 144
Symon, Humphrey 286
Szczupak, David 155, 166

Talbot Automobile 19, 28, 30, 60, 157
Tambay, Patrick 341
Targa Florio 320
Tauber-Hofmann, Helga 14, 189
Taylor, H. 322
Taylor, Peter 335
Taylor, Richard G. 51
Teather, Harry 37
Tempo Nutzfahrzeuge 187
Teves 159
Texier, Louisette 323
Thatcher, Margaret 143, 145
Thomas, Parry 21
Thomson & Taylor 289
Thurstans, Arthur W. 125
Titterington, Desmond 317, 320, 321, 322
Tivy, Colin 169
Tokyo Motor Show 162
Tom Walkinshaw Racing s. TWR Team
Tornaco, Charles de 312
Tour de France 290, 307, 316, 322
Tourist Trophy 306, 309, 317
TransAm-Rennen 145
Trintignant, Maurice 304
Triumph Automobile 19, 60, 75, 78, 83, 105, 147, 148, 184, 286
Triumph Motor Co. Ltd. 60, 75
Tüscher Karosserien 360, 361
Tullius, Bob 145, 326, 332, 333, 335, 339
Tulpen-Rallye 301, 307, 311, 322, 323
Turin 166, 364
Turner, Edward 276
TWR (Group of Companies) 158, 161, 162, 348
TWR Team 14, 145, 330, 335, 336, 337, 339, 341, 342, 347

Uhlik Karosseriebau 320
Universal Motors GmbH 181
Unkrüer, Anton 182, 184

Van den Plas Karosserien 81, 277
Vanden Plas 277, 278, 279, 281
Vard, Cecil 322
Vauxhall Automobile 20, 41, 148
Vernon, Lord 290
Vicarage 374
Vidal & Sohn 14, 187
Vincent Motorräder 17
V.I.P. Car Service 371
Volkswagen Automobile 81, 172
Volkswagen AG 148, 152, 158
Volvo Automobile 82, 186, 188, 189

Wakefield Trophy 311
Walker, Peter 302, 303, 304, 305, 308, 310, 311, 320, 322
Walker, Rob 116
Walkinshaw, Tom 161, 252, 253, 254, 329, 331, 333, 334, 337, 341, 345, 348
Wallace, Andy 340, 341
Walmsley, William 25, 26, 27, 28, 33, 35, 36, 40, 43, 49, 50, 51, 72, 144
Walter, Hans-Joachim 186, 322
Walters, Phil 317
Walton, Philip 322
Ware, Michael 13
Warren, Daniel 84
Warwick, Derek 344, 348
Warwick's UK Ltd. 14
Watkins Glen 311
Watson, John 168, 299, 334, 340, 341
Watsonian Seitenwagen 26
Webb, Nigel 381
Weber-Vergaser 202, 312, 317, 325
Welsh Rally 56, 143, 291
Weslake, Harry 55, 59, 88, 94, 97, 194, 287, 301
Westwind Co. Ltd. 366, 368
White, Derek 328
Whitehead, Peter 149, 304, 308, 310, 316, 320, 322
Whitley Bomber 69
Whitley Engineering Centre 145, 156, 160, 169
Whittaker, Arthur 31, 51, 59, 78, 84, 95, 125
Whyte, Andrew J. A. 13, 53, 191, 202
Widder, Wilhelm Cardinal v. 15
Wieselmann, H. U. 183
Wigan-Barlow Automobile 17
Wilder, Robert 313, 320
Wisdom, Thomas (Elsie) 288, 290, 302, 303, 211
Wolf, Heinz 14
Wolseley Automobile 19, 21, 22, 39, 45, 138, 171, 184
Woodhouse, J. A. 185
Wooler Automobile 17
Wright, James 286

Zandvoort 311, 323
Zeltweg 331
Zenith-Vergaser 41
ZF-Getriebe 166, 258
Zolder 331

Motor Klassik
Preiswertes Luxus-Cabrio
Mercedes SL
9/1998 DM 7,-
Reportage Historic Festival in Silverstone
Fahrberichte mit Kaufberatung
Morris Minor
8/1998 DM 7,-
REPORTAGE Festival of Speed in Goodwood
Martin DB 5
Opel Kapitän
7/1998 DM 7,-
REPORTAGE Mille Miglia '98
Restaurierung
FORD 15 M